3. 在章节选择界面中，可以选择一个案例进行学习，单击某个案例标题，即可进入该案例视频界面进行学习，比如单击**15.3 调料包装**，打开如图3所示的界面。

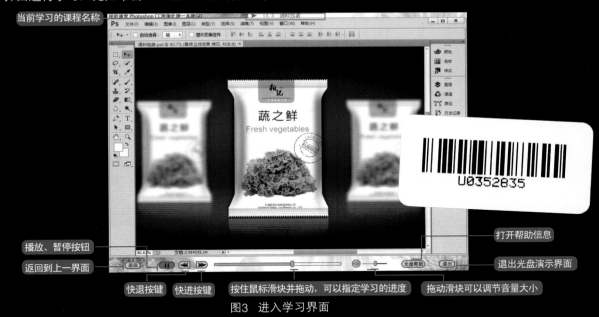

图3 进入学习界面

4. 在任意界面中，单击"退出"按钮退出多媒体学习，显示如图4所示的界面，将完全结束程序运行。

图4 退出界面

二、运行环境

本光盘可以运行于Windows 2000/XP/Vista/7的操作系统下。

注意：本书配套光盘中的文件，仅供学习和练习时使用，未经许可不能用于任何商业行为。

三、使用注意事项

1. 本教学光盘中所有视频文件均采用TSCC视频编码进行压缩，如果发现光盘中的视频不能正确播放，请在主界面中，单击"安装视频解码器"按钮，安装解码器，然后再运行本光盘，即可正确播放视频文件了。

2. 放入光盘，程序自动运行，或者执行start.exe文件。

3. 本程序运行最佳屏幕分辨率为1024×768，否则将出现意想不到的错误。

四、技术支持

对本书及光盘中的任何疑问和技术问题，可发邮件至：bookshelp@163.com与作者联系。

120集大型高清多媒体实例演示

视频名称：1.1 Camera Raw支持滤镜效果

光盘路径：01\movie\1.1 Camera Raw支持滤镜效果.avi

视频时间：4分52秒

视频名称：1.2 Camera Raw的污点去除功能

光盘路径：01\movie\1.2 Camera Raw的污点去除功能.avi

视频时间：2分52秒

视频名称：1.3 Camera Raw的径向滤镜

光盘路径：01\movie\1.3 Camera Raw的径向滤镜.avi

视频时间：3分14秒

视频名称：1.4 镜头校正中的垂直模式

光盘路径：01\movie\1.4 镜头校正中的垂直模式.avi

视频时间：4分03秒

视频名称：1.6 调整图像大小改进

光盘路径：01\movie\1.6 调整图像大小改进.avi

视频时间：3分10秒

视频名称：1.8 多个路径选择

光盘路径：01\movie\1.8 多个路径选择.avi

视频时间：1分41秒

视频名称：1.9 隔离图层

光盘路径：01\movie\1.9 隔离图层.avi

视频时间：3分12秒

视频名称：1.10 改进的智能锐化滤镜

光盘路径：01\movie\1.10 改进的智能锐化滤镜.avi

视频时间：2分49秒

视频名称：1.11 认识文档窗口

光盘路径：01\movie\1.11 认识文档窗口.avi

视频时间：7分54秒

视频名称：1.16 常用参数设置

光盘路径：01\movie\1.16 常用参数设置.avi

视频名称：2.2 使用【打开】命令打开文件

光盘路径：01\movie\2.2 使用【打开】命令打开文件.avi

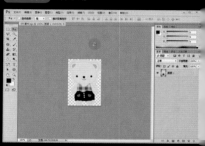

视频名称：2.3 打开 EPS 文件

光盘路径：01\movie\2.3 打开 EPS 文件.avi

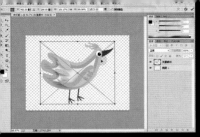

视频名称：2.4 置入PDF或矢量文件

光盘路径：01\movie\2.4 置入PDF或矢量文件.avi

视频时间：4分13秒

视频名称：2.5 不同格式的保存方法

光盘路径：01\movie\2.5 不同格式的保存方法.avi

视频时间：4分22秒

视频名称：3.1 标尺的使用

光盘路径：01\movie\3.1 标尺的使用.avi

视频时间：3分40秒

视频名称：3.2 用【标尺工具】定位

光盘路径：01\movie\3.2 用【标尺工具】定位.avi

视频时间：4分11秒

视频名称：3.3 参考线的使用

光盘路径：01\movie\3.3 参考线的使用.avi

视频时间：9分08秒

视频名称：3.4 使用【缩放工具】查看图像

光盘路径：01\movie\3.4 使用【缩放工具】查看图像.avi

视频时间：7分00秒

视频名称：3.5 使用【抓手工具】查看图像

光盘路径：01\movie\3.5 使用【抓手工具】查看图像.avi

视频时间：3分51秒

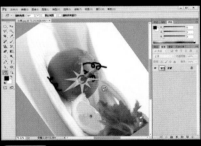

视频名称：3.6 使用【旋转视图工具】查看图像

光盘路径：01\movie\3.6 使用【旋转视图工具】查看图像.avi

视频时间：3分14秒

视频名称：3.7 使用【导航器】面板查看图像

光盘路径：01\movie\3.7 使用【导航器】面板查看图像.avi

视频时间：3分22秒

视频名称：3.8 修改图像大小和分辨率

光盘路径：01\movie\3.8 修改图像大小和分辨率.avi

视频名称：3.9 修改画布大小

光盘路径：01\movie\3.9 修改画布大小.avi

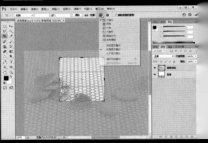

视频名称：3.10 使用【裁剪工具】裁剪图像

光盘路径：01\movie\3.10 使用【裁剪工具】裁剪图像.avi

视频名称： 4.2 使用【吸管工具】快速吸取颜色

光盘路径： 01\movie\4.2 使用【吸管工具】快速吸取颜色.avi

视频时间： 3分30秒

视频名称： 4.5 创建透明渐变

光盘路径： 01\movie\4.5 创建透明渐变.avi

视频时间： 4分35秒

视频名称： 6.1 选区选项栏详解

光盘路径： 01\movie\6.1 选区选项栏详解.avi

视频时间： 8分45秒

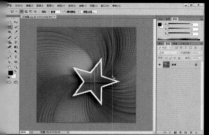

视频名称： 6.2 使用多边形套索选择五角星

光盘路径： 01\movie\6.2 使用多边形套索选择五角星.avi

视频时间： 4分20秒

视频名称： 6.3 使用磁性套索将卡通牛抠像

光盘路径： 01\movie\6.3 使用磁性套索将卡通牛抠像.avi

视频时间： 3分11秒

视频名称： 6.4 使用快速选择工具将花抠像

光盘路径： 01\movie\6.4 使用快速选择工具将花抠像.avi

视频时间： 2分58秒

视频名称： 6.5 利用魔棒工具将仓鼠抠像

光盘路径： 01\movie\6.5 利用魔棒工具将仓鼠抠像.avi

视频时间： 3分49秒

视频名称： 6.7 选区的羽化及修饰

光盘路径： 01\movie\6.7 选区的羽化及修饰.avi

视频时间： 3分56秒

视频名称： 7.1 污点修复画笔的使用

光盘路径： 01\movie\7.1 污点修复画笔的使用.avi

视频时间： 2分48秒

视频名称： 7.2 修复画笔工具的使用

光盘路径： 01\movie\7.2 修复画笔工具的使用.avi

视频名称： 7.3 修补工具的使用

光盘路径： 01\movie\7.3 修补工具的使用.avi

视频名称： 7.4 内容感知移动工具

光盘路径： 01\movie\7.4 内容感知移动工具.avi

视频名称： 7.5 红眼工具的使用

光盘路径： 01\movie\7.5 红眼工具的使用.avi

视频时间： 1分48秒

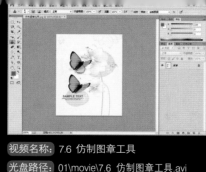

视频名称： 7.6 仿制图章工具

光盘路径： 01\movie\7.6 仿制图章工具.avi

视频时间： 4分22秒

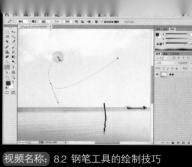

视频名称： 8.2 钢笔工具的绘制技巧

光盘路径： 02\movie\8.2 钢笔工具的绘制技巧.a

视频时间： 4分22秒

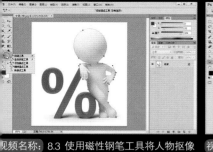

视频名称： 8.3 使用磁性钢笔工具将人物抠像

光盘路径： 02\movie\8.3 使用磁性钢笔工具将人物抠像.avi

视频时间： 5分19秒

视频名称： 8.4 路径的基本调整

光盘路径： 02\movie\8.4 路径的基本调整.avi

视频时间： 4分50秒

视频名称： 8.5 路径锚点的添加或删除

光盘路径： 02\movie\8.5 路径锚点的添加或删除.av

视频时间： 1分17秒

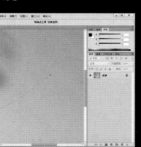

视频名称： 8.6 路径点的转换

光盘路径： 02\movie\8.6 路径点的转换.avi

视频时间： 3分08秒

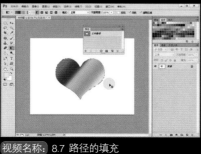

视频名称： 8.7 路径的填充

光盘路径： 02\movie\8.7 路径的填充.avi

视频时间： 2分43秒

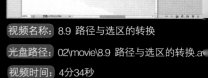

视频名称： 8.9 路径与选区的转换

光盘路径： 02\movie\8.9 路径与选区的转换.a

视频时间： 4分34秒

视频名称： 8.11 创建自定形状

光盘路径： 02\movie\8.11 创建自定形状.avi

视频名称： 9.1 创建调整图层

光盘路径： 02\movie\9.1 创建调整图层.avi

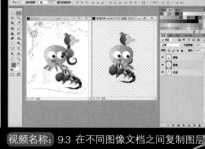

视频名称： 9.3 在不同图像文档之间复制图层

光盘路径： 02\movie\9.3 在不同图像文档之间复制图层

视频名称：9.6 分布图层

光盘路径：02\movie\9.6 分布图层.avi

视频时间：2分39秒

视频名称：9.7 将图层与选区对齐

光盘路径：02\movie\9.7 将图层与选区对齐.avi

视频时间：2分03秒

视频名称：9.8 使用命令复制图层样式

光盘路径：02\movie\9.8 使用命令复制图层样式.avi

视频时间：1分29秒

视频名称：10.2 创建图层蒙版

光盘路径：02\movie\10.2 创建图层蒙版.avi

视频时间：3分37秒

视频名称：10.3 管理图层蒙版

光盘路径：02\movie\10.3 管理图层蒙版.avi

视频时间：7分27秒

视频名称：10.5 载入选区

光盘路径：02\movie\10.5 载入选区.avi

视频时间：1分56秒

视频名称：11.1 创建点文字

光盘路径：02\movie\11.1 创建点文字.avi

视频时间：1分16秒

视频名称：11.3 创建路径文字

光盘路径：02\movie\11.3 创建路径文字.avi

视频时间：2分19秒

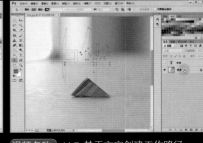

视频名称：11.7 基于文字创建工作路径

光盘路径：02\movie\11.7 基于文字创建工作路径.avi

视频时间：2分09秒

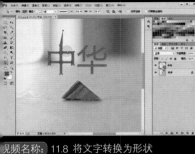

视频名称：11.8 将文字转换为形状

光盘路径：02\movie\11.8 将文字转换为形状.avi

视频名称：12.1 使用【替换颜色】命令替换点心颜色

光盘路径：02\movie\12.1 使用【替换颜色】命令替换点心颜色.avi

视频名称：12.2 使用【匹配颜色】命令匹配图像

光盘路径：02\movie\12.2 使用【匹配颜色】命令匹配图像.avi

视频名称：12.3 应用【变化】命令快速为图像着色

光盘路径：02\movie\12.3 应用【变化】命令快速为图像着色.avi

视频时间：1分52秒

视频名称：12.4 利用【渐变映射】命令快速为黑白图像着色

光盘路径：02\movie\12.4 利用【渐变映射】命令快速为黑白图像着色.avi

视频时间：1分43秒

视频名称：12.5 使用【黑白】命令快速将彩色图像变单色

光盘路径：02\movie\12.5 使用【黑白】命令快速将彩色图像变单色.avi

视频时间：2分53秒

视频名称：12.6 利用【曝光度】命令调整曝光不足照片

光盘路径：02\movie\12.6 利用【曝光度】命令调整曝光不足照片.avi

视频时间：1分05秒

视频名称：13.1 使用滤镜库

光盘路径：02\movie\13.1 使用滤镜库.avi

视频时间：6分19秒

视频名称：13.2 消失点滤镜

光盘路径：02\movie\13.2 消失点滤镜.avi

视频时间：7分35秒

视频名称：13.3 风格化滤镜组

光盘路径：02\movie\13.3 风格化滤镜组.avi

视频时间：13分22秒

视频名称：13.4 画笔描边滤镜组

光盘路径：02\movie\13.4 画笔描边滤镜组.avi

视频时间：6分09秒

视频名称：13.5 模糊滤镜组

光盘路径：02\movie\13.5 模糊滤镜组.avi

视频时间：6分01秒

视频名称：13.6 素描滤镜组

光盘路径：02\movie\13.6 素描滤镜组.avi

视频时间：7分12秒

视频名称：13.7 扭曲滤镜组

光盘路径：02\movie\13.7 扭曲滤镜组.avi

视频时间：5分45秒

视频名称：13.8 纹理滤镜组

光盘路径：02\movie\13.8 纹理滤镜组.avi

视频时间：3分45秒

视频名称：13.9 锐化滤镜组

光盘路径：02\movie\13.9 锐化滤镜组.avi

视频时间：2分45秒

视频名称：13.10 像素化滤镜组

光盘路径：02\movie\13.10 像素化滤镜组.avi

视频时间：4分40秒

视频名称：13.11 渲染滤镜组

光盘路径：02\movie\13.11 渲染滤镜组.avi

视频时间：5分43秒

视频名称：13.12 艺术效果滤镜组

光盘路径：02\movie\13.12 艺术效果滤镜组.avi

视频时间：2分16秒

视频名称：13.13 杂色滤镜组

光盘路径：02\movie\13.13 杂色滤镜组.avi

视频时间：2分14秒

视频名称：15.1 坚果包装

光盘路径：02\movie\15.1 坚果包装.avi

视频时间：26分43秒

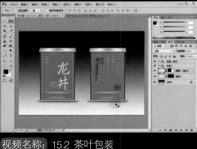

视频名称：15.2 茶叶包装

光盘路径：02\movie\15.2 茶叶包装.avi

视频时间：28分45秒

视频名称：15.3 调料包装

光盘路径：02\movie\15.3 调料包装.avi

视频时间：45分22秒

视频名称：16.1 音乐手机广告

光盘路径：02\movie\16.1 音乐手机广告.avi

视频时间：26分37秒

视频名称：16.2 抽油烟机广告

光盘路径：02\movie\16.2 抽油烟机广告.avi

视频时间：18分04秒

视频名称：16.3 电饭锅广告

光盘路径：02\movie\16.3 电饭锅广告.avi

视频时间：30分20秒

视频名称：16.4 空调广告

光盘路径：02\movie\16.4 空调广告.avi

视频时间：11分28秒

视听课堂

PHOTOSHOP CC

图像处理

王红卫 编著

一本就 Go

中国铁道出版社

CHINA RAILWAY PUBLISHING HOUSE

内 容 简 介

本书以 Photoshop CC 中文版为工具，以理论知识与实例操作相结合的形式，详细地介绍了 Adobe 公司最新推出的图像处理软件 Photoshop CC 的使用方法和技巧。全书共分为 16 章，前 14 章主要讲解 Photoshop 快速入门，图像知识与工作环境设置，辅助功能、图像及画布的应用，颜色设置与图案填充，绘图工具的使用，选区功能及抠图应用，数码照片编修工具的使用，路径和形状工具的使用，图层及图层样式，通道与蒙版基本操作方法，文本的创建与编辑，色彩的调整与校正技术、滤镜功能大全和输出打印与印刷知识。最后两章通过商业包装及商业广告案例，详细讲解了平面艺术创意和设计思想。

另外，本书还制作了两张交互式多媒体语音教学光盘，不但收录了全部实例作品的视频讲解以及大量基础知识的讲解，还收录了在制作过程中用到的素材图片及源文件。

本书适合于学习 Photoshop 的初级用户，从事平面广告设计、工业设计、CIS 企业形象策划、产品包装造型、印刷制版等工作人员以及电脑美术爱好者阅读，也可作为社会培训学校、大中专院校相关专业的教学参考书或上机实践指导用书。

图书在版编目（CIP）数据

Photoshop CC图像处理一本就Go ／ 王红卫编著. ——
北京 ： 中国铁道出版社，2014.6
（视听课堂）
ISBN 978-7-113-17754-6

Ⅰ．①P… Ⅱ．①王… Ⅲ. ①图象处理软件 Ⅳ.
①TP391.41

中国版本图书馆CIP数据核字（2013）第288353号

书　　名：视听课堂 Photoshop CC 图像处理一本就 GO
作　　者：王红卫　编著

策　　划：王　宏　　　　　　读者热线电话：010-63560056
责任编辑：张　丹　　　　　　编辑助理：吴伟丽
责任印制：赵星辰　　　　　　封面设计：多宝格

出版发行：中国铁道出版社（北京市西城区右安门西街 8 号　邮政编码：100054）
印　　刷：三河市兴达印务有限公司
版　　次：2014 年 6 月第 1 版　　　　2014 年 6 月第 1 次印刷
开　　本：787mm×1 092mm　1/16　印张：30　插页：4　字数：705 千
书　　号：ISBN 978-7-113-17754-6
定　　价：59.00 元（附赠 2DVD）

Adobe Photoshop CC简介

　　Adobe公司出品的Photoshop CC软件是图形图像处理领域中使用最为广泛的一个软件，它因功能强大、操作灵活性以及层出不穷的艺术效果而被广泛地应用于各个设计工作领域中，包括广告、摄影、网页动画和印刷等，几乎占领了平面设计领域，成为平面设计师们最得力的助手。

主要内容

　　本书是作者从多年的教学实践中汲取宝贵的经验编写而成的，主要是为准备学习Photoshop的初学者、平面广告设计者以及爱好者编写的。针对这些群体的实际需要，本书以讲解命令为主，全面、系统地讲解了图像处理过程中常用工具和命令的功能以及使用方法。在本书的最后，还设置了两章综合实战案例，包括大量特效及商业性质的包装、广告实例，每一个实例都渗透了设计理念、创意思想和Photoshop CC的操作技巧，不仅详细地介绍了实例的制作技巧和不同效果的实现，还为读者展示了包装设计、户外广告等综合创意效果，为读者提供了一个较好的"临摹"蓝本。

　　另外在本书的配套光盘中，不但提供了相关的素材和源文件，而且还提供了交互式多媒体语言教学文件，使读者能够在家中感觉到自由教学的乐趣。同时赠送近千种笔刷、形状、样式、动作资源，超值享受。

编写特色

　　1．写作方式明确。本书以"艺术插画图示 + 详细文字讲解 + 实例讲解"为主线，在详解基础知识的同时穿插实例的讲解，以实例来巩固知识，使读者能够以全新的感受轻松掌握软件应用和技巧。

　　2．全程多媒体跟踪语音教学。详细讲解了本书中基础内容的实战案例操作，让读者身在家中享受专业老师面对面的讲解。

　　3．全新问答模式。本书为了突出学习中的常见问题，设置了全新的问答模式，使读者在学习中遇到问题能及时找到解决方案，提高学习效率。

　　4．提示与技巧。在写作中穿插技巧提示，让读者可以随时查看，在不知不觉中学习到专业应用案例的制作方法和技巧。

　　5．实用性强，易于获得成就感。本书对于每个重点知识都安排了一个实例，每个实例解决一个小问题或介绍一个小技巧，以便使读者在最短的时间内掌握操作技巧，并应用在实践工作中，从而产生一定的成就感。

　　由于编者知识有限，书中存在不足之处在所难免，希望广大读者批评指正。如果在学习过程中发现问题，或有更好的建议，欢迎发邮件到lych@foxmail.com与我们联系。

编　者

2014年2月

目 录 Contents

Chapter 01　Photoshop CC 快速入门

本章视频导读

Camera Raw支持滤镜效果	视频时间4:52	改进的智能锐化滤镜	视频时间2:49
Camera Raw的污点去除功能	视频时间2:52	认识文档窗口	视频时间7:54
Camera Raw的径向滤镜	视频时间3:14	面板的基本操作	视频时间6:32
镜头校正中的垂直模式	视频时间4:03	自定义属于自己的工作区	视频时间4:13
减少相机抖动模糊	视频时间4:37	认识选项栏	视频时间3:20
调整图像大小改进	视频时间3:10	认识工具箱	视频时间4:42
可以编辑的圆角矩形	视频时间3:11	常用参数设置	视频时间5:55
多个路径选择	视频时间1:41	使用菜单命令	视频时间9:13
隔离图层	视频时间3:12		

Sample text

Chapter 02　图像知识及工作环境设置

本章视频导读

创建一个新文件	视频时间：8:53	置入PDF或矢量文件	视频时间：4:13
使用【打开】命令打开文件	视频时间：2:48	不同格式的保存方法	视频时间：4:22
打开 EPS 文件	视频时间：2:43		

Chapter 03　辅助功能、图像及画布的应用

本章视频导读

标尺的使用	视频时间：3:40	使用【旋转视图工具】查看图像	视频时间：3:14
用【标尺工具】定位	视频时间：4:11	使用【导航器】面板查看图像	视频时间：3:22
参考线的使用	视频时间：9:08	修改图像大小和分辨率	视频时间：4:27
使用【缩放工具】查看图像	视频时间：7:00	修改画布大小	视频时间：4:02
使用【抓手工具】查看图像	视频时间：3:51	使用【裁剪工具】裁剪图像	视频时间：5:26

Chapter 04　单色、渐变及图案填充

本章视频导读

初识前景和背景色	视频时间：8:33	创建透明渐变　　　　视频时间：4:35
使用【吸管工具】快速吸取颜色	视频时间：3:30	创建杂色渐变　　　　视频时间：4:06
渐变样式及使用技法	视频时间：5:43	整体图案的定义　　　视频时间：2:17
使用渐变编辑器	视频时间：5:54	局部图案的定义　　　视频时间：2:32

Chapter 05　强大的绘图工具

本章视频导读

自定义画笔预设	视频时间：5:15	画笔形状动态选项　　视频时间：7:22
直径、硬度和笔触	视频时间：3:30	画笔散布选项　　　　视频时间：3:54
不透明度	视频时间：1:39	画笔颜色动态选项　　视频时间：5:54
标准画笔笔尖形状选项	视频时间：7:12	

Chapter 06　选区功能解析及抠图应用

本章视频导读

选区选项栏详解	视频时间：8:45	利用魔棒工具将仓鼠抠像	视频时间：3:49
使用多边形套索选择五角星	视频时间：4:20	选区的编辑与调整	视频时间：5:35
使用磁性套索将卡通牛抠像	视频时间：3:11	选区的羽化及修饰	视频时间：3:56
使用快速选择工具将花抠像	视频时间：2:58		

Chapter 07　　数码照片编修工具的使用

本章视频导读

污点修复画笔的使用	视频时间：2:48	红眼工具的使用	视频时间：1:48
修复画笔工具的使用	视频时间：5:06	仿制图章工具	视频时间：4:22
修补工具的使用	视频时间：3:55	图案图章工具的使用	视频时间：2:55
内容感知移动工具	视频时间：2:08		

Chapter 08　　路径和形状工具

> **本章视频导读**
>
> | | | | |
> |---|---|---|---|
> | 认识绘图模式 | 视频时间：5:11 | 路径的填充 | 视频时间：2:43 |
> | 钢笔工具的绘制技巧 | 视频时间：4:22 | 路径的描边 | 视频时间：3:13 |
> | 使用磁性钢笔工具将人物抠像 | 视频时间：5:19 | 路径与选区的转换 | 视频时间：4:34 |
> | 路径的基本调整 | 视频时间：4:50 | 编辑自定形状拾色器 | 视频时间：4:38 |
> | 路径锚点的添加或删除 | 视频时间：1:17 | 创建自定形状 | 视频时间：2:42 |
> | 路径点的转换 | 视频时间：3:08 | | |

Chapter 09　　图层及图层样式

本章视频导读

创建调整图层	视频时间：3:10	分布图层	视频时间：2:39
在同一文档中复制图层	视频时间：2:49	将图层与选区对齐	视频时间：2:03
在不同图像文档之间复制图层	视频时间：1:59	使用命令复制图层样式	视频时间：1:29
改变图层的排列顺序	视频时间：2:55	通过拖动复制图层样式	视频时间：1:25
对齐图层	视频时间：3:08		

Chapter 10　强大的通道与蒙版功能

本章视频导读

创建新通道	视频时间：4:11	存储选区	视频时间：2:46
创建图层蒙版	视频时间：3:37	载入选区	视频时间：1:56
管理图层蒙版	视频时间：7:27		

Chapter 11　文本的创建与编辑

本章视频导读

创建点文字	视频时间：1:16	创建和取消文字变形	视频时间：2:20
创建段落文字	视频时间：2:12	基于文字创建工作路径	视频时间：2:09
创建路径文字	视频时间：2:19	将文字转换为形状	视频时间：2:17
移动或翻转路径文字	视频时间：1:59		
移动及调整文字路径	视频时间：2:14		

Chapter 12　色彩的调整与校正技术

本章视频导读

使用【替换颜色】命令替换点心颜色	视频时间：3:32
使用【匹配颜色】命令匹配图像	视频时间：3:27
应用【变化】命令快速为图像着色	视频时间：1:52
利用【渐变映射】命令快速为黑白图像着色	视频时间：1:43
使用【黑白】命令快速将彩色图像变单色	视频时间：2:53
利用【曝光度】命令调整曝光不足照片	视频时间：1:05

Chapter 13　滤镜功能大全

本章视频导读

使用滤镜库	视频时间：6:19	纹理滤镜组	视频时间：3:45
消失点滤镜	视频时间：7:35	锐化滤镜组	视频时间：2:45
风格化滤镜组	视频时间：13:22	像素化滤镜组	视频时间：4:40
画笔描边滤镜组	视频时间：6:09	渲染滤镜组	视频时间：5:43
模糊滤镜组	视频时间：6:01	艺术效果滤镜组	视频时间：2:16
素描滤镜组	视频时间：7:12	杂色滤镜组	视频时间：2:14
扭曲滤镜组	视频时间：5:45		

Chapter 14　　输出打印与印刷知识

Chapter 15　　高档商业包装设计

本章视频导读

坚果包装	视频时间：26:43	调料包装	视频时间：45:22
茶叶包装	视频时间：28:45		

Chapter 16　商业广告设计精粹

本章视频导读

音乐手机广告	视频时间：26:37	电饭锅广告	视频时间：30:20
抽油烟机广告	视频时间：18:04	空调广告	视频时间：11:28

Photoshop CC 快速入门

Photoshop CC是Adobe公司推出的一款优秀的图形处理软件，功能强大，使用方便。本章主要讲解Photoshop CC基础知识，首先向读者介绍Photoshop CC新增功能，然后详细讲解Photoshop CC的工作区、各主要组成部分的功能、常用参数设置及菜单命令，最后讲解Photoshop CC 撤销与还原，掌握这些基础知识是使用Photoshop CC的前提。希望读者仔细阅读本章所介绍的内容并多加练习。

Chapter

01

 教学视频

Adobe Photoshop CC为Adobe Photoshop Creative Cloud简写，是Photoshop CS6 的下一个全新版本，并已经在2013年6月18日全球发布。对用户来说，CC版软件将带来一种新的"云端"工作方式。

首先，所有CC软件取消了传统的购买单个序列号的授权方式，改为在线订阅制。用户可以按月或按年付费订阅，可以订阅单个软件也可以订阅全套产品。

其次，"云端"意味着"同步"。Adobe宣称CC版软件可以将你的所有设置，包括首选项、窗口、笔刷、资料库等，以及正在创作的文件，全部同步至云端。无论你用的是PC或Mac，即使更换了新的电脑，安装了新的软件，只需登录自己的Adobe ID，即可立即找回熟悉的工作区。新版本除了Adobe推崇的Creative Cloud云概念之外也简单更新了部分功能，下面简单介绍一下新增功能。

1.1.1 Camera Raw支持滤镜效果

Adobe在Photoshop CC中将最新的Camera Raw 8.0集成到了软件中，并且其中的Camera Raw 8.0不再如以往单独以插件形式存在，而是与Photoshop紧密结合在一起，通过滤镜菜单就可以直接打开Camera Raw 8.0，随时编辑照片，非常方便。用户可将Camera Raw 所做的编辑以滤镜方式套用到 Photoshop 内的任何图层或文件，然后再随心所欲地加以美化，方便更精确地修改影像、修正透视扭曲的现象，并建立晕映效果。

当在Photoshop中处理图像时，您可以在 Photoshop 中已经打开的图像上选择应用Camera Raw滤镜。这意味着可以将 Camera Raw 调整应用于更多文件类型，如PNG、视频剪辑、TIFF、JPEG等。使用 Camera Raw 滤镜进行处理的图像可位于任意图层上。此外，对图像类型进行的所有编辑操作均不会造成破坏。Camera Raw滤镜如图1.1所示。

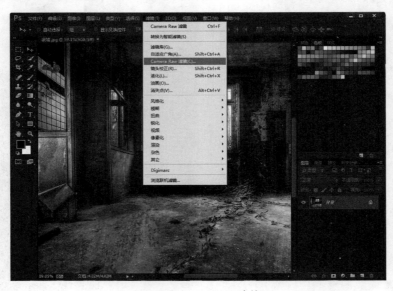

图1.1 Camera Raw滤镜

1.1.2 Camera Raw的污点去除功能

在Camera Raw对话框中，单击【污点去除】🖉按钮或按【B】键即可选择【污点去除】🖉工具。Camera Raw的【污点去除】🖉功能有很大的改进，不再需要每次去除污点时修改笔触大小的复杂操作，直接按住鼠标拖动即可涂抹一个修复范围，操作上有点类似于【污点修复画笔工具】。拖动后该工具会帮助完成剩下的工作，然后还可以通过源点与目标点的对应调整来完善照片污点修复，如果按正斜杠/键，可以让Camera Raw自动选择源区域，污点修复手动操作过程如图1.2所示。

图1.2 污点修复操作过程

1.1.3 Camera Raw的径向滤镜

全新【径向滤镜】⭕工具可以通过绘制椭圆选框，然后将局部校正应用到这些区域。可以在选框区域的内部或外部应用校正，可以在一张图像上放置多个径向滤镜，并为每个径向滤镜应用一套不同的调整。相对于传统的渐变滤镜而言，全新的径向滤镜让你在处理照片的时候可以更加灵活。

比如下面的这幅图片，本身月亮部分并不是特别突出，而通过在月亮部分定义径向滤镜，并将效果应用于外部，然后高低曝光，即可将外部暗化从而将月亮更清晰地显示出来，如图1.3所示。

图1.3 径向滤镜应用前后效果

1.1.4 镜头校正中的垂直模式

在Camera Raw 中单击【镜头校正】🖼工具，并切换到【手动】选项卡，可以通过此选项卡中的选项对图像进行自动的拉直校正，垂直模式会自动校正照片中元素的透视。该功能具有四个选项设置，下面来讲解这4个选项的不同用法。

1. 自动

【自动】A功能可以快速将图像应用平衡透视校正，应用该功能的前后效果对比如图1.4所示。

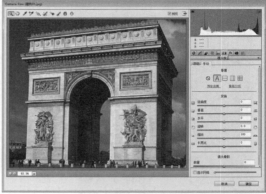

图1.4 【自动】功能校正前后对比

2. 水平

【水平】█功能可以将图像以横向细节为衡量标准进行透视校正，应用该功能的前后效果对比如图1.5所示。

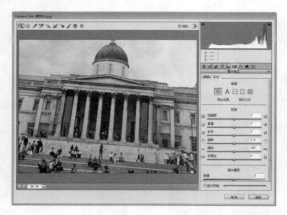

图1.5 【水平】功能校正前后对比

3. 纵向

【纵向】█功能可以将图像以垂直细节为衡量标准进行透视校正，应用该功能的前后效果对比如图1.6所示。

4. 完全

【完全】█功能是集自动、水平和纵向透视校正的组合，应用该功能的前后效果对比如图1.7所示。

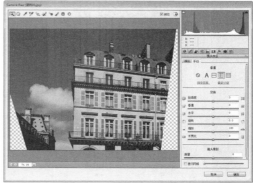

图1.6 【纵向】功能校正前后对比

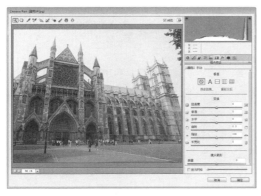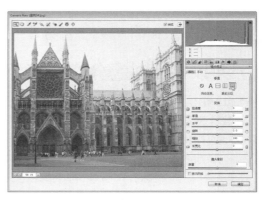

图1.7 【完全】功能校正前后对比

1.1.5 减少相机抖动模糊

相机防抖功能从前两个版本就已经开始宣传其强大的功能，现在终于在最新CC版本上出现，为Photoshop增添了更加令人期待的新功能。

该功能最大的用途便是可以将拍摄时因慢速快门、长焦距以及手抖动等不清晰的照片通过软件分析相机在拍摄过程中的移动方向，然后应用一个反向补偿，消除模糊画面，还原为清晰的照片。相机防抖功能可减少由某些相机运动类型产生的模糊，包括线性运动、弧形运动、旋转运动和 Z 字形运动。如图1.8所示为【防抖】滤镜应用的效果对比。

图1.8 【防抖】滤镜应用前后效果对比

1.1.6　调整图像大小改进

在设计过程中，经常会遇到要使用的素材太小，需要将图片放大才能使用，但放大后图像会变得模糊和杂色增多，这在以前的Photoshop版本中是无法解决的，当然Photoshop CC出现以后，这种问题就加以改进了，这就是调整图像大小的同时保留更多细节和锐度的采样模式的改进。如图1.9所示为放大前后的效果对比。

图1.9　放大前后的效果对比

1.1.7　可以编辑的圆角矩形

Photoshop CC在【属性】面板中也进行了改进，特别是对矩形圆角化的改进，这点对于设计师来说非常实用，特别是网页设计师，该功能比Illustrator更加方便，有点与CorelDRAW相似。它不但可以对矩形4个边角进行圆角编辑，还可以独立编辑4个边角的圆角度，非常方便。需要注意的是，它只对形状或路径绘图模式的【矩形工具】或【圆角矩形工具】起作用。如图1.10所示为编辑矩形圆角效果。

图1.10　编辑矩形圆角效果

1.1.8　多个路径选择

在Photoshop以前的版本中，当创建多个矢量图形并选中时，在【路径】面板中是不会显示路径的，并且在路径面板中一次只能选择一个路径层，而Photoshop CC则提供了路径的显示和多重选择功能，当选择矢量图形路径时，在【路径】面板中将显示这些路径层，有了这种功能大大方便了路径的各种操作，从而提高工作效果。选择矢量图形及路径显示效果如图1.11所示。

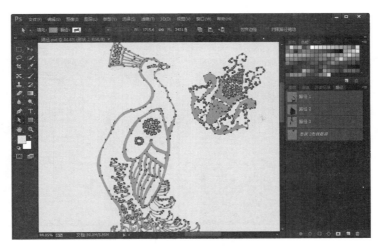

图1.11 选择矢量图形及路径显示效果

1.1.9 隔离图层

作为一个设计师，肯定遇到过多层文件的编辑问题，特别是多层的矢量图层。有些矢量图层还会有层级关系，在编辑这些路径时将是设计师的灾难，就算是相当的细心也会发现是非常难以操作的。此时很多设计师会将其处理到Illustrator中进行编辑，因为在Illustrator有一个非常实用的隔离功能。如今，Photoshop CC增加了隔离图层的功能，该功能将以前这些困难的操作变得如此简单。

要想隔离图层，只需要选择该图层后，执行菜单栏中的【选择】|【隔离图层】命令，或在画布中单击鼠标右键，从弹出的快捷菜单中选择【隔离图层】命令即可，隔离后在【图层】面板中将只显示当前图层，其他图层会处于隔离状态，在图层的编辑中不会对其他图层造成任何影响。如图1.12所示为图层隔离前后的效果对比。

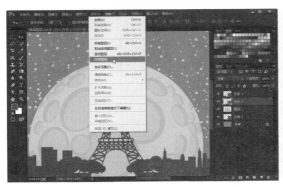

图1.12 图层隔离前后的效果对比

1.1.10 改进的智能锐化滤镜

智能锐化很早就存在了，智能锐化是迄今为止最为先进的锐化技术。该技术会分析图像，能够丰富纹理，让边缘更清晰，同时让细节更突出，将清晰度最大化并同时将噪点和色斑最小化，保证得到最高的清晰度和最少的噪点与杂色。该技术在Photoshop CC中得到了更大的改进，新功能的智能程度能够让软件分辨出真实细节与噪点，做到只对细节锐化，忽略噪点，使锐化图像变得更加真实和自然，更能体现出"智能"的内涵。如图1.13所示为使用【智能锐化】前后效果对比。

图1.13 使用【智能锐化】前后效果对比

Section 1.2 认识Photoshop CC的工作区

可以使用各种元素，如面板、栏以及窗口等来创建和处理文档和文件。这些元素的任何排列方式称为工作区。可以通过从多个预设工作区中进行选择或创建自己的工作区来调整各个应用程序。

Photoshop CC的工作区主要由菜单栏、选项栏、选项卡式文档窗口、工具箱、面板组和状态栏等组成，如图1.14所示。

图1.14 Photoshop CC的工作区

Questions 如何快速调整调整工作界面的颜色？

Answered 按【Alt+F1】组合键，可以将工作界面的亮度调暗（从深灰到黑色）；按【Alt+F2】组合键，可以将工作界面调亮。

1.2.1 认识文档窗口

Photoshop CC可以对文档窗口进行调整，以满足不同用户的需要，如浮动或合并文档窗口、缩放或移动文档窗口等。

1. 浮动或合并文档窗口

默认状态下，打开的文档窗口处于合并状态，可以通过拖动的方法将其变成浮动。当然，如果当前窗口处于浮动状态，也可以通过拖动将其变成合并状态。将光标移动到窗口选项卡位置，即文档窗口的标题栏位置。按住鼠标向外拖动，以窗口边缘不出现蓝色边框为限，释放鼠标即可将其由合并变成浮动状态。合并变浮动窗口操作过程如图1.15所示。

图1.15 合并变浮动窗口操作过程

当窗口处于浮动状态时，将光标旋转在标题栏位置，按住鼠标将其向工作区边缘靠近，当工作区边缘出现蓝色边框时，释放鼠标，即可将窗口由浮动变成合并状态。操作过程如图1.16所示。

图1.16 浮动变合并窗口操作过程

Questions 如何快捷将窗口悬浮？

Answered 执行菜单栏中的【窗口】|【排列】|【在窗口中浮动】命令，即可将当前窗口悬浮。

Tip 文档窗口不但可以和工作区合并，还可以将多个文档窗口进行合并，操作方法相同，这里不再赘述。

除了使用前面讲解的利用拖动方法来浮动或合并窗口外，还可以使用菜单命令来快速合并或浮动文档窗口。执行菜单栏中的【窗口】|【排列】命令，在其子菜单中选择【在窗口中浮动】、【使所有内容在窗口中浮动】或【将所有内容合并到选项卡中】命令，可以快速将单个窗口浮动、所有文档窗口浮动或所有文档窗口合并，如图1.17所示。

图1.17　【排列】子菜单

Questions 如何按顺序切换图像窗口？

Answered 按【Ctrl + Tab】组合键，可以按顺序切换图像窗口。

2．移动文档窗口的位置

　　为了操作的方便，可以将文档窗口随意地移动，但需要注意的是，文档窗口不能处于选项卡式或最大化，处于选项卡式或最大化的文档窗口是不能移动的。将光标移动到标题栏位置，按住鼠标将文档窗口向需要的位置拖动，到达合适的位置后释放鼠标即可完成文档窗口的移动。移动文档窗口的位置操作过程如图1.18所示。

图1.18　移动文档窗口的位置操作过程

Skill 在移动文档窗口时，经常会不小心将文档窗口与工作区或其他文档窗口合并，为了避免这种现象发生，可以在移动位置时按住【Ctrl】键。

3．调整文档窗口大小

为了操作的方便，还可以调整文档窗口的大小，将光标移动窗口的右下角位置，光标将变成一个双箭头。如果想放大文档窗口，按住鼠标向右下角拖动，即可将文档窗口放大。如果想缩小文档窗口，按住鼠标向左上方拖动，即可将文档窗口缩小。缩小文档窗口操作过程如图1.19所示。

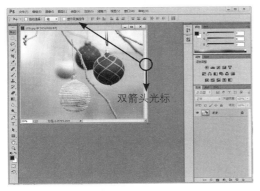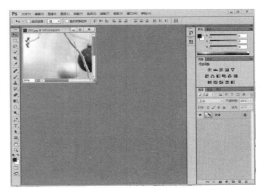

图1.19 缩小文档窗口操作过程

Tip 缩放文档窗口时，不但可以放在右下角，还可以放在左上角、右上角、左下角、上、下、左、右边缘位置。只要注意光标变成双箭头即可拖动调整。

1.2.2 面板的基本操作

默认情况下，面板是以面板组的形式出现的，位于Photoshop CC界面的右侧，主要用于对当前图像的颜色、图层、信息导航、样式以及相关的操作进行设置。Photoshop的面板可以任意进行分离、移动和组合。首先以【色板】面板为例来看一下面板的基本组成，如图1.20所示。

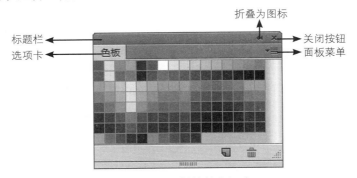

图1.20 面板的基本组成

Questions 如何快速显示或隐藏选项栏、工具箱和所有面板？

Answered 按键盘上的【Tab】键，可以快速显示或隐藏选项栏、工具箱和所有面板。

面板有多种操作，各种操作方法如下：

1. 打开或关闭面板

在【窗口】菜单中选择不同的面板名称，可以打开或关闭不同的面板，也可以单击面板右上方的关闭按钮来"关闭"该面板。

Skill 按【Tab】键可以隐藏或显示所有面板、工具箱和选项栏；按【Shift + Tab】组合键可以只隐藏或显示所有面板，不包括工具箱和选项栏。

2. 显示面板内容

在多个面板组中，如果想查看某个面板内容，可以直接单击该面板的选项卡名称。如单击【色板】选项卡，即可显示该面板内容。其操作过程如图1.21所示。

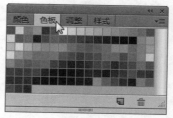

图1.21 显示面板内容的操作过程

Questions 如何快速显示或隐藏所有面板？

Answered 按键盘中的【Shift + Tab】组合键，可以快速显示或隐藏所有面板。

3. 移动面板

在移动面板时，可以看到灰色突出显示的放置区域，可以在该区域中移动面板。例如，通过将一个面板拖动到另一个面板上面或下面的窄蓝色放置区域中，可以在停放中向上或向下移动该面板。如果拖动到的区域不是放置区域，该面板将在工作区中自由浮动。

● 要移动单独某个面板，可以拖动该面板顶部的标题栏或选项卡位置。
● 要移动面板组或堆叠的浮动面板，需要拖动该面板组或堆叠面板的标题栏。

Questions 在移动面板时，如何避免其与其他面板停靠或组合在一起？

Answered 在移动面板时，按住【Ctrl】键，可以防止其与其他面板停靠或组合在一起。

4. 分离面板

面板组中，在某个选项卡名称处按住鼠标左键向该面板组以外的位置拖动，即可将该面板分离出来。操作过程如图1.22所示。

Questions 在移动面板的同时？如何取消移动操作？

Answered 在移动面板的同时按【Esc】键，可以取消移动操作。

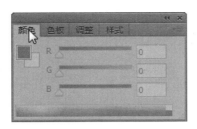
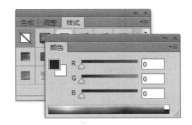

图1.22 分离面板效果

5. 组合面板

在一个独立面板的选项卡名称位置按住鼠标，然后将其拖动到另一个浮动面板上，当另一个面板周围出现蓝色的方框时，释放鼠标即可将面板组合在一起，操作过程及效果如图1.23所示。

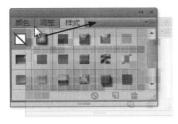
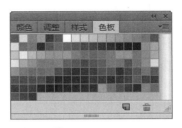

图1.23 组合面板操作过程及效果

6. 停靠面板组

为了节省空间，还可以将组合的面板停靠在右侧软件的边缘位置，或与其他的面板组停靠在一起。

拖动面板组上方的标题栏或选项卡位置，将其移动到另一组或一个面板边缘位置，当看到一条蓝色线条时，释放鼠标即可将该面板组停靠在其他面板或面板组的边缘位置，操作过程及效果如图1.24所示。

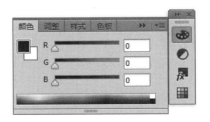

图1.24 停靠面板操作过程及效果

Skill 可以将面板或面板组从停靠的面板或面板组中分离出来，只需要拖动选项卡或标题栏位置，将其拖动，即可到另一个位置停靠，或使其变为自由浮动面板。

7．堆叠面板

当将面板拖出停放区但并不将其拖入放置区域时，面板会自由浮动。可以将浮动的面板放在工作区的任何位置。也可以将浮动的面板或面板组堆叠在一起，以便在拖动最上面的标题栏时将它们作为一个整体进行移动。堆叠不同于停靠，停靠是将面板或面板组停靠在另一面板或面板组的左侧或右侧，而堆叠则是将面板或面板组堆叠起来，形成上下的面板组效果。

要堆叠浮动的面板，拖动面板的选项卡或标题栏位置到另一个面板底部的放置区域，当面板的底部产生一条蓝色的直线时，释放鼠标即可完成堆叠。要更改堆叠顺序，可以向上或向下拖动面板选项卡。堆叠面板操作过程及效果如图1.25所示。

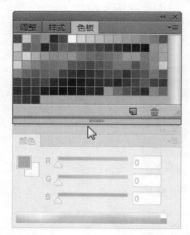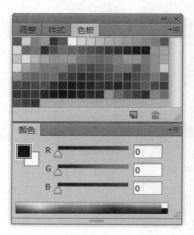

图1.25 堆叠面板操作过程及效果

Questions 如何对面板进行堆叠处理？

Answered 可以拖动面板标题栏到停放面板或面板组的顶部、底部或两个其他面板之间，当出现一条蓝色的水平线时释放鼠标即可将其堆叠。

Skill 如果想从堆叠中分离出面板或面板组使其自由浮动，可以拖动其选项卡或标题栏到面板以外位置即可。

8．折叠面板组

为了节省空间，Photoshop 提供了面板组的折叠操作，可以将面板组折叠起来，以图标的形式来显示。

单击折叠为图标▥按钮，可以将面板组折叠起来，以节省更大的空间，如果想展开折叠面板组，可以单击展开面板▥按钮，将面板组展开，如图1.26所示。

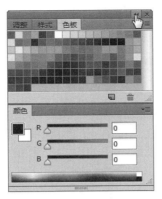

图1.26 面板组折叠效果

1.2.3　自定义属于自己的工作区

Photoshop CC为用户提供了多种工作区供选择，还提供了自定工作区的方法，用户可以根据自己的需要，定制属于自己工作习惯的工作区。

（1）用户可以根据自己的需要，对工具和面板进行拆分、组合、停靠或堆叠，并可以根据自己的需要关闭或打开工具或面板，创建属于自己的工作区。

（2）执行菜单栏中的【窗口】|【工作区】|【新建工作区】命令，打开【新建工作区】对话框，如图1.27所示。

Tip　【名称】用来指定新建工作区的名称。选中【键盘快捷键】复选框，将保存当前的键盘快捷键；选中【菜单】复选框，将存储当前的菜单组。

（3）设置完成后，单击【存储】按钮，即可将当前的工作区进行保存，存储后的工作区将显示在【窗口】|【工作区】的子菜单中，如图1.28所示。

图1.27　【新建工作区】对话框

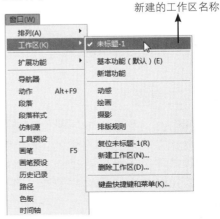

图1.28　创建新工作区

1.2.4 认识选项栏

选项栏也叫工具选项栏，默认位于菜单栏的下方，用于对相应的工具进行各种属性设置。选项栏内容不是固定的，它会随所选工具的不同而改变，在工具箱中选择一个工具，选项栏中就会显示该工具对应的属性设置。例如，在工具箱中选择了【矩形选框工具】，选项栏的显示效果如图1.29所示。

手柄区

图1.29 选项栏

Questions **如何显示或隐藏选项栏？**

Answered 如果想显示或隐藏选项栏，可以执行菜单栏中的【窗口】|【选项】命令。

1.2.5 复位工具和复位所有工具

在选项栏中设置完参数后，如果想将该工具选项栏中的参数恢复为默认，可以在工具选项栏左侧的工具图标处单击右键，从弹出的菜单中选择【复位工具】命令，即可将当前工具选项栏中的参数恢复为默认值。如果想将所有工具选项栏的参数恢复为默认，选择【复位所有工具】命令，如图1.30所示。

工具图标

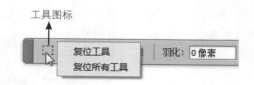

图1.30 右键菜单

1.2.6 工具箱

工具箱在初始状态下一般位于窗口的左侧，当然也可以根据自己的习惯拖动到其他的位置。利用工具箱中所提供的工具，可以进行选择、绘画、取样、编辑、移动、注释和查看图像等操作。还可以更改前景色和背景色以及进行图像的快速蒙版等操作。

若想知道各个工具的快捷键，可以将鼠标指向工具箱中某个工具按钮图标，如【套索工具】，稍等片刻后，即会出现一个工具名称的提示，提示括号中的字母即为该工具的快捷键，如图1.31所示。

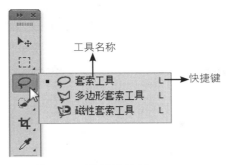

图1.31 工具提示效果

Tip 工具提示右侧的字母为该工具的快捷键，有些处于一个隐藏组中的工具有相同的快捷键，如【魔棒工具】和【快速选择工具】的快捷键都是W，此时可以按【Shift + W】组合键，在工具中进行循环选择。

工具箱中工具的展开效果如图1.32所示。

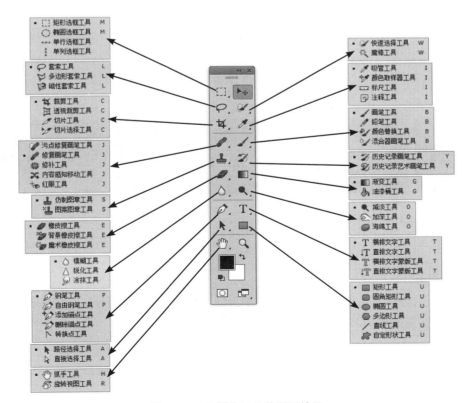

图1.32 工具箱中工具的展开效果

Skill 在英文输入法状态下，选择带有隐藏工具的工具后，按住【Shift】键的同时，连续按下所选工具的快捷键，可以依次选择隐藏的工具。

1.2.7 隐藏工具

在工具箱中没有显示出全部工具，有些工具被隐藏起来了。只要细心观察，会发现有些工具图标中有一个小三角形的符号▄，这表明在该工具中还有与之相关的其他工具。要打开这些工具，有两种方法：

方法1：将鼠标移至含有多个工具的图标上，按住鼠标不放，此时出现一个工具选择菜单，然后拖动鼠标到想要选择的工具处释放鼠标即可。如选择【铅笔工具】✐的操作效果如图1.33所示。

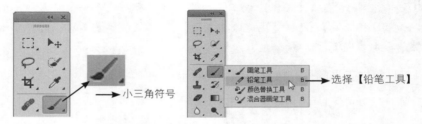

图1.33 选择【铅笔工具】的操作效果

方法2：在含有多个工具的图标上单击鼠标右键，就会弹出工具选项菜单，单击选择相应的工具即可。

Section 1.3 参数设置及菜单命令

在Photoshop中有多种参数设置及菜单显示形式，为了方便读者学习，这里将介绍常用参数和菜单的显示及使用方法。

1.3.1 常用参数设置

Photoshop CC中参数设置有多种，如文本框、下拉菜单、小滑块、滑块和转盘等，下面来讲解这些参数的设置方法。

1. 在选项栏中输入值

如图1.34所示为选择【矩形选框工具】▢工具时选项栏中相关参数显示。

图1.34 【矩形选框工具】选项栏

要修改相关参数，可以进行以下操作：

● 在文本框中输入一个值，然后按【Enter】键。
● 将光标放在滑块和弹出式滑块的标题上之前，小滑块处于隐藏状态。将光标移到滑块或弹出滑块的标题上，当光标变为指向手指时，将小滑块向左或向右拖动即可改变参数。在拖动的同时按住【Shift】键可以以 10 为增量进行加速。
● 单击文本框，然后使用键盘上的向上箭头键和向下箭头键来增大或减小值。
● 单击菜单箭头，从弹出的下拉菜单中选择一个选项或命令。

2. 在对话框或面板中输入值

如图1.35所示为【图层】面板及【投影】对话框中相关参数显示。

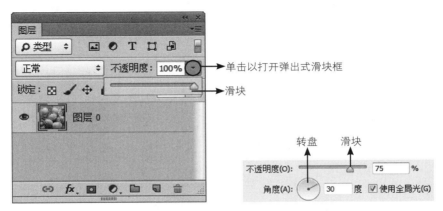

图 1.35 【图层】面板及【投影】对话框中相关参数显示

要修改相关参数，可以进行以下操作：

● 某些面板、对话框和选项栏包含使用弹出式滑块的设置，例如【图层】面板中的【不透明度】。如果文本框旁边有三角形，则可以通过单击该三角形来激活弹出式滑块。通过拖动上面的滑块来修改当前参数，在滑块框外单击或按【Enter】键关闭滑块框。如果要取消更改，按【Esc】键。
● 某些对话框或选项栏中包括转盘，例如【投影】对话框，将光标放置在转盘上，按住鼠标拖动，即可改变当前参数。
● 在弹出式滑块框处于打开状态时，按住【Shift】键并按向上或向下箭头键，可以以10% 的增量增大或减小参数。

3. 使用弹出式面板

在Photoshop CC中包含了多个弹出式面板，如画笔、色板、渐变、样式、图案、等高线和形状等。当然面板是一个统称，有些时候软件根据系统会显示不同的名称，比如使用画笔时显示的是选取器，使用渐变时显示的是拾色器等，虽然名称不同，但打开方式和操作方法基本一样。通过访问这些面板可以快速选择需要的选项，还可以对选项进行重命名和删除操作。比如通过载入、存储或替换命令，可以自定义弹出式面板项目内容。当然也可以修改面板的显示，如仅文本、缩览图或列表等。下面以画笔工具为例为讲解弹出式面板的使用。

在工具箱中选择【画笔工具】 ✐，在选项栏中单击【点按可打开"画笔预设"选取器】按钮，打开【"画笔预设"选取器】，在其中单击就可以选择某个项目。画笔弹出面板和菜单效果如图1.36所示。

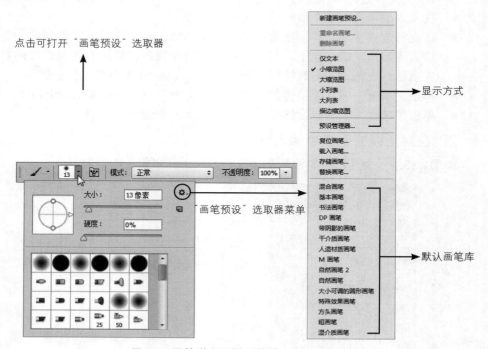

图1.36 画笔弹出面板及菜单

【"画笔预设"选取器】菜单中的常用选项介绍如下：

● 【重命名画笔】：如果要对某个画笔重命名，单击选择该画笔，单击弹出式面板右上角的三角形，从弹出的面板菜单中选择【重命名画笔】命令，输入新名称即可。

● 【删除画笔】：如果要删除某个画笔，选择该画笔后，从弹出的面板菜单中选择【删除画笔】命令即可。

> **Skill** 按住【Alt】键的同时，单击要删除的画笔也可以快速删除画笔。

● 【复位画笔】：选择该命令，可以替换当前选取器列表，或将默认画笔库添加到当前选取器列表。

● 【载入画笔】：选择该命令，可以将外部画笔库载入到当前选取器列表中。

● 【存储画笔】：选择该命令，可以将当前画笔选取器中的画笔保存起来，以备后用。

● 【替换画笔】：选择该命令，可以选择一个画笔库替换当前选取器列表中的画笔。

● 【默认画笔库】：Photoshop CC为用户提供了15种默认画笔库，直接选择该命令即可将其打开，在打开时将弹出一个询问对话框，单击【确定】按钮替换当前选取器列表；单击【追加】按钮将其添加到当前选取器列表。

● 【显示方式】：可以在该区域选择一个视图选项，如仅文本、小缩览图、大列表和描边缩览图等。

1.3.2 使用菜单命令

Photoshop CC为用户提供了不同的菜单命令显示效果，以方便用户的使用，不同的显示标记含有不同的意义。Photoshop 的菜单大体可以分为三类：应用程序菜单、面板菜单和快捷菜单，各菜单都有相同的操作技巧，下面来讲解这些操作技巧。

- 子菜单：在菜单栏中，有些命令的后面有右指向的黑色三角形箭头▶，当光标在该命令上稍停片刻后，便会出现一个子菜单。例如，执行菜单栏中的【图像】|【模式】命令，可以看到【模式】命令下一级子菜单。如图1.37所示。

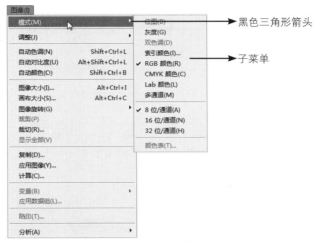

图1.37 【模式】子菜单

Questions 菜单命令的后侧，有些有英文字母组合是什么意思？

Answered 该字母组合表示的就是该命令的快捷键，按该字母组合，可以快速执行该命令。

- 执行命令：在菜单栏中，有些命令被选择后，在前面会出现对号✓标记，表示此命令为当前执行的命令。例如，【窗口】菜单中已经打开的面板名称前出现的对号✓标记，如导航器，如图1.38所示。
- 快捷键：在菜单栏中，菜单命令还可使用快捷键的方式来选择。在菜单栏中有些命令后面有英文字母组合，如菜单【文件】|【打开】命令的后面有Ctrl + O 字母组合，如图1.39所示，表示的就是打开命令的快捷键。如果想执行打开命令，可以直接按键盘上的【Ctrl + O】组合键，即可启用执行命令。

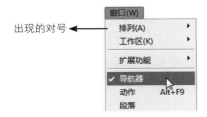

图1.38 执行命令

图1.39 快捷键

● 对话框：在菜单栏中，有些命令的后面有省略号"…"标记，表示选择此命令后将打开相应的对话框。例如，执行菜单栏中的【图像】|【画布大小】命令，将打开【画布大小】对话框，操作效果如图1.40所示。

图1.40 对话框操作效果

Tip 在菜单栏中，对于当前不可操作的命令，将以灰色显示，表示无法进行选取，如图1.41所示。对于包含子菜单的菜单命令，如果不可用，则不会弹出子菜单。

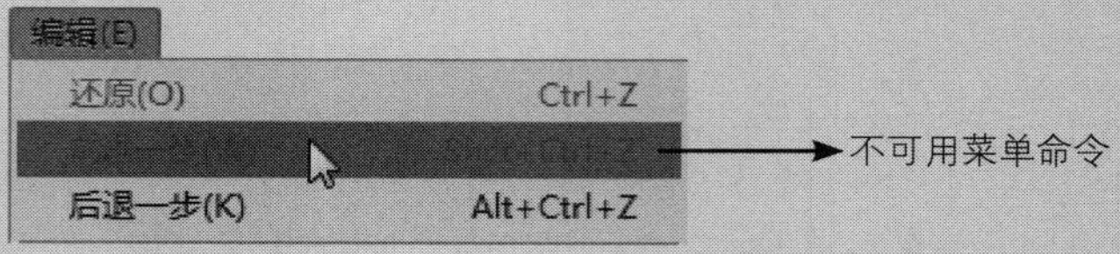

图1.41 不可操作的菜单命令

1. 应用程序菜单

Photoshop的应用程序菜单就是菜单栏，位于应用程序栏的下方，如图1.42所示。菜单栏通过各个命令菜单提供对Photoshop CC的绝大多数操作以及窗口的定制，包括【文件】、【编辑】、【图像】、【图层】、【类型】、【选择】、【滤镜】、【视图】、【窗口】和【帮助】10个菜单命令。

图1.42 Photoshop CC的菜单栏

2. 面板菜单

面板菜单就是Photoshop各面板所显示的菜单，如图1.43所示为【颜色】面板及面板菜单显示效果。

3. 快捷菜单

快捷菜单也称右键菜单，它与工作区顶部的菜单不同，一般常用于快捷操作。比如在应用【自由变换】命令后，在画布中单击鼠标右键所弹出的菜单就称快捷菜单，如图1.44所示。

4. 自定义菜单

自定义菜单主要是对菜单的可见性、颜色和快捷键进行自定义。对于一个成熟的设计师来说，掌握快捷键是非常必要的。不但要掌握系统默认的快捷键，还要掌握自定义菜单命令快捷键的方法。自定义菜单可执行以下操作之一，可以打开【键盘快捷键和菜单】对话框，如图1.45所示。

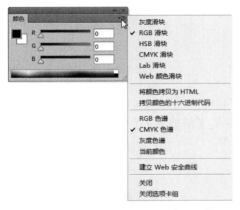

图1.43 【颜色】面板及面板菜单显示效果

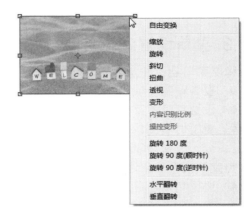

图1.44 自由变换的快捷菜单

- 执行菜单栏中的【编辑】|【菜单】命令。
- 执行菜单栏中的【窗口】|【工作区】|【键盘快捷键和菜单】命令，然后单击【菜单】选项卡。
- 按【Alt + Shift + Ctrl + M】组合键。

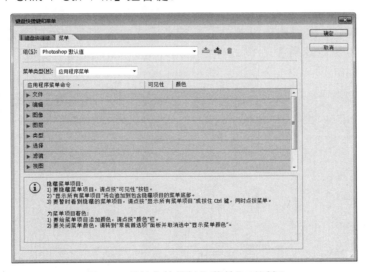

图1.45 【键盘快捷键和菜单】对话框

【菜单】选项卡中各选项含义说明如下：

- 【组】：指定要基于当前菜单组创建的组。要存储对当前菜单组所做的所有更改，可以单击【存储组】 按钮，将其进行保存；要基于当前的菜单组创建新的组，可以单击【存储新组】 按钮。
- 【菜单类型】：指定要修改的菜单类型。包括应用程序菜单和面板菜单。
- 【应用程序菜单命令】：该选项会随着【菜单类型】选择的不同而发生变化。其下显示相关的菜单命令，单击菜单命令左侧的三角箭头 ▷，可以展开菜单或折叠菜单。

- 【可见性】：指定菜单项的可见性。单击可见性按钮，将其图标中的眼睛隐藏，变成□按钮，即可将该菜单项隐藏。再次单击将眼睛显示，即可将隐藏的菜单项显示。
- 【颜色】：指定菜单项底纹的显示颜色。单击颜色栏，从下拉菜单中选择一种颜色即可。如果不想使用彩色效果，请选择"无"选项。

1.3.3 菜单设置注意事项

隐藏菜单项目注意事项：
- 要隐藏菜单项目，请单击【可见性】按钮。
- 设置完隐藏菜单后，【显示所有菜单项目】将会追加到包含隐藏项目的菜单底部。
- 要暂时看到隐藏的菜单项目，执行菜单栏中的【编辑】|【显示所有菜单项目】命令，或按住Ctrl键的同时单击菜单。

为菜单项目着色注意事项：
- 要给菜单项目添加颜色，请单击【颜色】栏。
- 要关闭菜单颜色，可以执行菜单栏中的【编辑】|【首选项】|【界面】命令，在打开的对话框的【常规】选项组中，取消选择【显示菜单颜色】复选框。

1.3.4 自定义彩色菜单命令

下面来详细讲解自定义彩色菜单命令的操作方法：

（1）执行菜单栏中的【编辑】|【菜单】命令，打开【键盘快捷键和菜单】对话框。

（2）在【键盘快捷键和菜单】对话框中的【菜单类型】下拉菜单中选择【应用程序菜单】命令，以确定修改应用程序菜单。然后单击【滤镜】左侧的三角箭头▶，展开其菜单，单击【转换为智能滤镜】右侧的颜色栏，从弹出的下拉菜单中选择一种颜色，比如【红色】，如图1.46所示。

图1.46 修改颜色

（3）设置完成后，单击【确定】按钮，即可将【滤镜】菜单中的【转换为智能滤镜】命令变成红色底纹菜单效果，如图1.47所示。

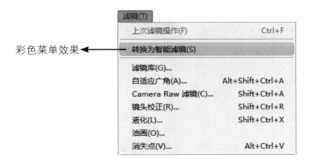

图1.47 彩色菜单效果

Tip 在【键盘快捷键和菜单】对话框中，也可以从【菜单类型】下拉菜单中选择【面板菜单】，对面板菜单进行彩色化修改，设置方法与【应用程序菜单】的方法相同，这里不再赘述。

1.3.5 显示与隐藏菜单颜色

　　设置完菜单颜色后，如果看不到彩色菜单，请执行菜单栏中的【编辑】|【首选项】|【界面】命令，打开【首选项】对话框，在【选项】选项组中选中【显示菜单颜色】复选框，如图1.48所示。如果不想显示菜单颜色，取消选中该复选框即可。

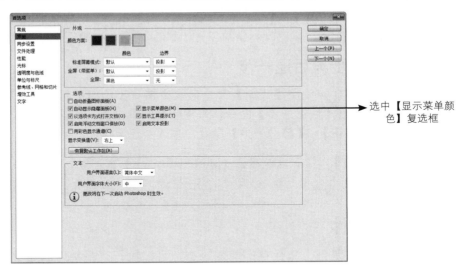

图1.48 【首选项】对话框

Questions **为什么设置菜单颜色后，打开菜单时看不到彩色的菜单？**

　　Answered 设置完菜单颜色后，还要确认【首选项】对话框中的【显示菜单颜色】复选框是否已选择，只有选中了该复选框，才可以看到彩色菜单效果。

在处理图像的过程中，难免会出现这样或那样的错误，这时就需要撤销或还原操作来恢复或重做图像，下面来详细讲解这些操作方法。

1.4.1 还原与重做

所谓还原，就是将图像还原到上一步的操作，即当前的最后一步操作。重做就是将还原的步骤再次重做。还原与重做是相辅相承的。【还原】和【重做】命令允许您还原或重做操作。

执行菜单栏中的【编辑】|【还原】或【编辑】|【重做】命令，即可还原上一步的操作或重做还原的操作。如果操作不能还原，则将显示灰色的【无法还原】。

Tip 按【Ctrl + Z】组合键，可以在还原与重做间切换。

Questions **如何设置历史记录数量?**

Answered 执行菜单栏中的【编辑】|【首选项】|【性能】命令，可以打开【首选项】|【性能】对话框，在【历史记录与高速缓存】选项组中，通过指定【历史记录状态】数值，即可设置历史记录的最大数量，默认值为20，表示可以保存20步的历史记录信息。用户可以根据需要进行增加或减少。但建议不要设置得太高，否则会占用更多的系统空间，影响程序的运行速度。

1.4.2 前进一步与后退一步

当误操作较多时，使用【还原】命令只能撤销一步。如果想连续撤销，就需要执行菜单栏中的【编辑】|【后退一步】命令，来逐步撤销。当然，如果撤销得过多了，则可以执行菜单栏中的【编辑】|【前进一步】命令，来逐步还原撤销的步骤。

Skill 【前进一步】命令的快捷键为【Shift + Ctrl + Z】组合键；【后退一步】命令的快捷键为【Alt + Ctrl + Z】组合键。

1.4.3 恢复文件

如果想直接恢复到上次保存的版本状态，可以执行菜单栏中的【文件】|【恢复】命令，将其一次恢复到上次保存的状态。

Tip 【恢复】与其他撤销不同，它的操作将作为历史记录添加到【历史记录】面板中，并可以还原。

Skill 按【F12】键，可以快速应用【恢复】命令。

图像知识及工作环境设置

本章主要介绍了Photoshop CC的一些基础知识及基本操作，包括图像基础知识、文件的新建、打开、置入和存储的方法。通过本章的学习，应对Photoshop CC有进一步的了解，能够掌握Photoshop CC文档基本工作环境设置操作。

Chapter 02

 教学视频

○ 创建一个新文件	视频时间：8:53
○ 使用【打开】命令打开文件	视频时间：2:48
○ 打开 EPS 文件	视频时间：2:43
○ 置入PDF或矢量文件	视频时间：4:13
○ 不同格式的保存方法	视频时间：4:22

Photoshop的基本概念主要包括位图、矢量图和分辨率的知识，在使用软件前了解这些基本知识，有利用后期的设计制作。

2.1.1 位图和矢量图

平面设计软件制作的图像类型大致分为两种：位图与矢量图。Photoshop CC虽然可以置入多种文件类型包括矢量图，但是还不能处理矢量图。不过Photoshop CC在处理位图方面的能力是其他软件所不能及的，这也正是它的成功之处。下面对这两种图像进行逐一介绍。

1. 位图图像

位图图像在技术上称作栅格图像，它使用像素表现图像。每个像素都分配有特定的位置和颜色值。在处理位图时所编辑的是像素，而不是对象或形状。位图图像与分辨率有关，也可以说位图包含固定数量的像素。因此，如果在屏幕上放大比例或以低于创建时的分辨率来打印它们，则将丢失其中的细节使图像产生锯齿现象。

- 位图图像的优点：位图能够制作出色彩和色调变化丰富的图像，可以逼真地表现自然界的景象，同时也可以很容易地在不同软件之间交换文件。
- 位图图像的缺点：它无法制作真正的3D图像，并且图像缩放和旋转时会产生失真的现象，同时文件较大，对内存和硬盘空间容量的需求也较高，用数码相机和扫描仪获取的图像都属于位图。

如图2.1、图2.2所示为位图及其放大后的效果图。

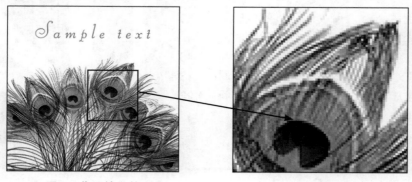

图2.1 位图放大前　　　　　　　　　　　图2.2 位图放大后

2. 矢量图像

矢量图形有时称作矢量形状或矢量对象，是由称作矢量的数学对象定义的直线和曲线构成的。矢量根据图像的几何特征对图像进行描述，基于这种特点，矢量图可以任意移动或修改，而不会丢失细节或影响清晰度，因为矢量图形是与分辨率无关的，即当矢量图放大时将保持清晰的边缘。因此，对于将在各种输出媒体中按照不同大小使用的图稿（如徽标），矢量图形是最佳选择。

- 矢量图像的优点：矢量图像也可以说是向量式图像，用数学的矢量方式来记录图像内容，以线条和色块为主。例如一条线段的数据只需要记录两个端点的坐标、线段的粗细和色彩等，因此它的文件所占的容量较小，也可以很容易地进行放大、缩小或旋转等操作，并且不会失真，精确度较高可以制作3D图像。
- 矢量图像的缺点：不易制作色调丰富或色彩变化太多的图像，而且绘制出来的图形不是很逼真，无法像照片一样精确地描写自然界的景象，同时也不易在不同的软件间交换文件。

如图2.3、图2.4所示为一个矢量图放大前后的效果图。

图2.3 矢量图放大前

图2.4 矢量图放大后

Questions | **如何快速识别位图和矢量图？**

Answered 使用【缩放工具】将其放大，如果放大后失真则是位图；如果放大后没有失真则为矢量图。所谓失真，就是图像放大后产生锯齿状边缘或模糊效果。

Tip 因为计算机的显示器是通过网格上的"点"显示来成像的，因此矢量图形和位图在屏幕上都是以像素显示的。

2.1.2 认识位深度

位深度也称色彩深度，用于指定图像中的每个像素可以使用的颜色信息数量。计算机之所以能够表示图形，是采用了一种称作"位"（bit）的记数单位来记录所表示图形的数据。当这些数据按照一定的编排方式被记录在计算机中，就构成了一个数字图形的计算机文件。"位"（bit）是计算机存储器里的最小单元，它用来记录每一个像素颜色的值。图形的色彩越丰富，"位"的值就会越大。每一个像素在计算机中所使用的这种位数就是"位深度"。例如，位深度为1的图像的像素有两个可能的值：黑色和白色。位深度为8的图像有 2^8（用2的8次幂即256）个可能的值。位深度为8的灰度模式图像有256个可能的灰色值。24位颜色可称之为真彩色，位深度是24，它能组合成2的24次幂种颜色，即：16、777、216种颜色（或称千万种颜色），超出了人眼能够分辨的颜色数量。Photoshop不但可以处理8位/通道的图像，还可以处理包含16位/通道或32位/通道的图像。

在Photoshop中可以轻松在8位/通道、16位/通道和32位/通道中进行切换。执行菜单栏中的【图像】|【模式】，然后在子菜单中选择8位/通道、16位/通道或32位/通道即可完成切换。

2.1.3 像素尺寸和打印图像分辨率

像素尺寸和分辨率关系到图像的质量和大小，像素和分辨率是成正比的，像素越大，分辨率也越高。

1．像素尺寸

要想理解像素尺寸，首先要认识像素，像素（pixel）是图形单元（picture element）的简称，是位图图像中最小的完整单位。这种最小的图形单元能在屏幕上显示通常是单个的染色点，像素不能再被划分为更小的单位。像素尺寸其实就是整个图像总的像素数量。像素越大，图像的分辨率也越大，打印尺寸在不降低打印质量的同时也越大。

2．打印的分辨率

分辨率就是指在单位长度内含有的点（像素）的多少。打印的分辨率就是每英寸图像含有多少个点或者像素，分辨率的单位为dpi，例如72dpi就表示该图像每英寸含有72个点或者像素。因此，当知道图像的尺寸和图像分辨率的情况下，就可以精确地计算出该图像中全部像素的数目。每英寸的像素越多，分辨率越高。

在数字化图像中，分辨率的大小直接影响图像的质量，分辨率越高，图像就越清晰，所产生的文件就越大，在工作中所需的内存和CPU处理时间就越长。所以在创作图像时，不同品质、不同用途的图像就应该设置不同的图像分辨率，这样才能最合理地制作生成图像作品。例如要打印输出的图像分辨率就需要高一些，若仅在屏幕上显示使用就可以低一些。

另外，图像文件的大小与图像的尺寸和分辨率息息相关。当图像的分辨率相同时，图像的尺寸越大，图像文件的大小也就越大。当图像的尺寸相同时，图像的分辨率越大，图像文件的大小也就越大。如图2.5所示为两幅相同的图像，分辨率分别为72像素/英寸和300像素/英寸，缩放比例为200时的不同显示效果。

图2.5 分辨率不同时的显示效果

2.1.4 认识图像格式

图像的格式决定了图像的特点和使用，不同格式的图像在实际应用中区别非常大，不同的用途决定使用不同的图像格式，下面来讲解不同格式的含义及应用。

1. PSD格式

这是著名的Adobe公司的图像处理软件Photoshop的专用格式Photoshop Document（PSD）。PSD其实是Photoshop进行平面设计的一张"草稿图"，它里面包含有各种图层、通道、遮罩等多种设计的样稿，以便于下次打开时可以修改上一次的设计。在Photoshop所支持的各种图像格式中，PSD的存取速度比其他格式快很多，功能也很强大。由于Photoshop越来越广泛地被应用，所以我们有理由相信，这种格式也会逐渐流行起来。

2. EPS格式

PostScript可以保存数学概念上的矢量对象和光栅图像数据。把PostScript定义的对象和光栅图像存放在组合框或页面边界中，就成为EPS（Encapsulated PostScript）文件。EPS文件格式是Photoshop可以保存的其他非自身图像格式中比较独特的一个，因为它可以包容光栅信息和矢量信息。

Photoshop保存下来的EPS文件可以支持除多通道之外的任何图像模式。尽管EPS文件不支持Alpha通道，但它的另外一种存储格式DCS（Desktop Color Separations）可以支持Alpha通道和专色通道。EPS格式支持剪切路径并用来在页面布局程序或图表应用程序中为图像制作蒙版。

Encapsulate PostScript文件大多用于印刷以及在Photoshop和页面布局应用程序之间交换图像数据。当保存EPS文件时，Photoshop将出现一个EPS 选项对话框，如图2.6所示。

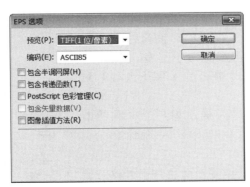

图2.6 EPS选项对话框

在保存EPS文件时指定的【预览】方式决定了要在目标应用程序中查看的低分辨率图像。选取【TIFF】，在Windows和Mac OS系统之间共享EPS文件。8位预览所提供的显示品质比1位预览高，但文件大小也更大。也可以选择【无】。在编码中ASCII是最常用的一种格式，尤其是在Windows环境中，但是它所用的文件也是最大的。【二进制】的文件比ASCII要小一些，但很多应用程序和打印设备都不支持。该格式在Macintosh平台上应用较多。JPEG编码使用JPEG压缩，这种压缩方法要损失一些数据。

3. PDF格式

PDF（Portable Document Format）是Adobe Acrobat所使用的格式，这种格式是为了能够在大多数主流操作系统中查看该文件。

尽管PDF格式被看做为保存包含图像和文本图层的格式，但是它也可以包含光栅信息。这种图像数据常常使用JPEG压缩格式，同时它也支持ZIP压缩格式。以PDF格式保存的数据可以通过万维网（World Wide Web）传送，或传送到其他PDF文件中。以Photoshop PDF格式保存的文件可以是位图、灰阶、索引色、RGB、CMYK以及Lab颜色模式，但不支持Alpha通道。

4. Targa（*.TGA;*.VDA;*.ICB;*.VST）格式

Targa格式专用于电视广播，此种格式广泛应用于PC领域，用户可以在3DS中生成TGA文件，在Photoshop、Freehand、Painter等应用程序软件将此种格式的文件打开，并可以对其进行修改。该格式支持一个Alpha通道32位RGB文件和不带Alpha 通道的索引颜色、灰度、16位和24位RGB文件。

5. TIFF格式

TIFF（Tagged Image File Format）是应用最广泛的图像文件格式之一，运行于各种平台上的大多数应用程序都支持该格式。TIFF能够有效地处理多种颜色深度、Alpha通道和Photoshop的大多数图像格式。TIFF格式的出现是为了便于应用软件之间进行图像数据的交换。

TIFF文件支持位图、灰阶、索引色、RGB、CMYK和Lab等图像模式。RGB、CMYK和灰阶图像中都支持Alpha通道，TIFF文件还可以包含文件信息命令创建的标题。

TIFF支持任意的LZW压缩格式，LZW是光栅图像中应用最广泛的一种压缩格式。因为LZW压缩是无损失的，所以不会有数据丢失。使用LZW压缩方式可以大大减小文件的大小，特别是包含大面积单色区的图像。但是LZW压缩文件要花很长的时间来打开和保存，因为该文件必须要进行解压缩和压缩。如图2.7所示为进行TIFF格式存储时弹出的【TIFF选项】对话框。

Photoshop将会在保存时提示用户选择图像的【压缩方式】，以及是否使用IBM PC或Macintosh机上的【字节顺序】。

由于TIFF格式已被广泛接受，而且TIFF可以方便地进行转换，因此该格式常用于出版和印刷业中。另外，大多数扫描仪也都支持TIFF格式，这使得TIFF格式成为数字图像处理的最佳选择。

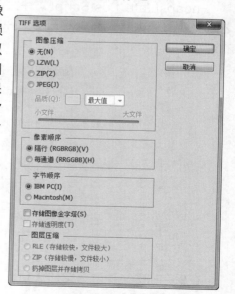

图2.7 【TIFF选项】对话框

6. PCX

PCX文件格式是由Zsoft公司在20世纪80年代初期设计的，当时是专用于存储该公司开发的PC Paintbrush绘图软件所生成的图像画面数据，后来成为MS－DOS平台下常用的格式。进入Windows操作系统后，现在他已经成为PC上较为流行的图像文件格式。

Section 2.2 创建工作环境

在这一小节中，将详细介绍有关Photoshop CC的一些基本操作，包括图像文件的新建、打开、存储和置入等基本操作，为以后的深入学习打下一个良好的基础。

2.2.1 创建一个用于印刷的新画布

创建新文件的方法非常简单，具体的操作方法如下：

（1）执行菜单栏中的【文件】|【新建】命令，打开如图2.8所示的【新建】对话框。

> **Skill** 按键盘中的【Ctrl＋N】组合键，可以快速打开【新建】对话框。

（2）在【名称】文本框中输入新建的文件的名称，其默认的名称为"未标题-1"，比如这里输入名称为珠宝设计。

（3）可以从【预设】下拉菜单中选择新建文件的图像大小，也可以直接在【宽度】和【高度】文本框中输入大小，不过需要注意的是，要先改变单位再输入大小，不然可能会出现错误。比如设置【宽度】的值为60厘米，【高度】的值为80厘米，如图2.9所示。

（4）在【分辨率】文本框中设置适当的分辨率。一般用于彩色印刷的图像分辨率应达到300；用于报刊、杂志等一般印刷的图像分辨率应达到150；用于网页、屏幕浏览的图像分辨率可设置为72，单位通常采用【像素/英寸】。因为这里新建的是印刷海报，所以设置为300像素/英寸。

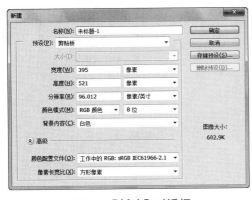

图2.8 【新建】对话框

图2.9 设置宽度和高度

（5）在【颜色模式】下拉菜单中选择图像所要应用的颜色模式。可选的模式有：【位图】、【灰度】、【RGB颜色】、【CMYK颜色】、【Lab颜色】及【1位】、【8 位】、【16 位】和【32位】4个通道模式选项。根据文件输出的需要可以自行设置，一般情况下选择【RGB颜色】和【CMYK颜色】模式以及【8位】通道模式。另外，如果用于网页制作，要选择【RGB颜色】模式，如果要印刷一般选择【CMYK颜色】模式。这里选择【CMYK颜色】模式。

（6）在【背景内容】下拉菜单中，选择新建文件的背景颜色。比如选择白色。设置背景内容，在【新建】对话框的【背景内容】下拉菜单中包括3个选项。选择【白色】选项，则新建的文件背景色为白色；选择【背景色】选项，则新建的图像文件以当前的工具箱中设置的颜色作为新文件的背景色；选择【透明】选项，则新创建的图像文件背景为透明，背景将显示灰白相间的方格。选择不同背景内容创建的画布效果，如图2.10所示。

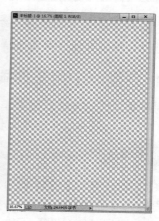

图2.10 选择不同背景内容创建的画布效果

（7）设置好文件参数后，单击【确定】按钮，即可创建一个用于印刷的新文件，如图2.11所示。

Skill 在新建文件时，如果用户希望新建的图像文件与工作区中已经打开的一个图像文件的参数设置相同。可在执行菜单栏中的【文件】|【新建】命令后，执行菜单栏中的【窗口】命令，然后在弹出的菜单底部选择需要与之匹配的图像文件名称即可。

图2.11 创建的新文件效果

Answered 首先将该图像选中，然后将其复制到剪贴板中，再执行菜单栏中的【文件】|
【新建】命令，则弹出的【新建】对话框中的尺寸、分辨率和颜色模式等参数与复制到剪贴板
中的图像文件参数相同。

2.2.2 使用【打开】命令打开文件

要编辑或修改已存在的Photoshop文件或其他软件生成的图像文件时，可以使用【打
开】命令将其打开，具体操作如下：

（1）执行菜单栏中的【文件】|【打开】命令，或在工作区空白处双击，弹出【打
开】对话框。

Skill 按【Ctrl + O】组合键，可以快速启动【打开】对话框。

（2）在【查找范围】下拉列表中，可以查找要打开图像文件的路径。如果打开时
看不到图像预览，可以单击对话框右上角的【更多选项】 ▣▾ 按钮，从弹出的菜单中选
择以缩略图显示图片的命令，如图2.12所示。以显示图片的缩略图，方便查找相应的图
像文件。

（3）将鼠标指向要打开的文件名称或缩略图位置时，系统将显示出该图像的尺寸、类
型和大小等信息，如图2.13所示。

图2.12 【打开】对话框

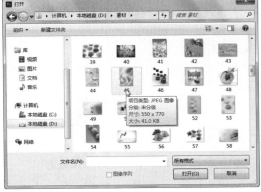

图2.13 显示图像信息

（4）单击选择要打开的图像文件，比如选择配套光盘中"调用素材/ 第2章 /鼠标.jpg"
文件，如图2.14所示。

（5）单击【打开】按钮，即可将该图像文件打开，打开的效果如图2.15所示。

图2.14 选择图像文件　　　　　　　　　　图2.15 打开的图像

Questions **如何快速打开旧文件？**

Answered 按【Ctrl + O】组合键，或在Photoshop工作界面的空白处双击，都可以打开【打开】对话框，以打开所需要的旧文件。

2.2.3 打开最近使用的文件

在【文件】|【最近打开文件】子菜单中显示了最近打开过的9个图像文件，如图2.16所示。如果要打开的图像文件名称显示在该子菜单中，选中该文件名即可打开该文件，省去了查找该图像文件的烦琐操作。

Skill 如果要清除【最近打开文件】子菜单中的选项命令，可以执行菜单栏中的【文件】|【最近打开文件】|【清除最近的文件列表】命令即可。

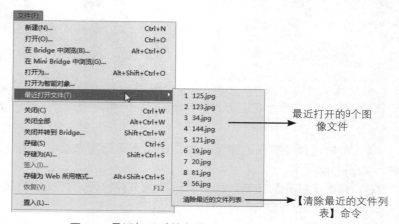

图2.16 最近打开过的文件

Skill 如果要同时打开相同存储位置下的多个图像文件，按住【Ctrl】键单击所需要打开的图像文件，单击【打开】按钮即可。在选取图像文件时，按住【Shift】键可以连续选择多个图像文件。

Answered 执行菜单栏中的【文件】|【最近打开的文件】命令，从子菜单中可以看到最近打开的一些文件数量，默认最多显示为10个，如果想修改其数值，可以执行菜单栏中的【编辑】|【首选项】|【文件处理】命令，可以打开【首选项】|【文件处理】对话框，在【近期文件列表包含】右侧的文本框中输入一个数值，即可指定显示的数量。默认是10个文件，用户可在0~30之间进行选择。此项功能对于经常编辑的文件提供了一个快捷的打开方式。

Tip 除了使用【打开】命令，还可以使用【打开为】命令打开文件。【打开为】命令与【打开】命令不同之处在于，该命令可以打开一些使用【打开】命令无法辨认的文件，例如某些图像从网络下载后在保存时如果以错误的格式保存，使用【打开】命令则有可能无法打开，此时可以尝试使用【打开为】命令。

打开的文档窗口分为两种模式：以选项卡方式和浮动形式。执行菜单栏中的【编辑】|【首选项】|【界面】命令，将打开【首选项】|【界面】选项，如图2.17所示。

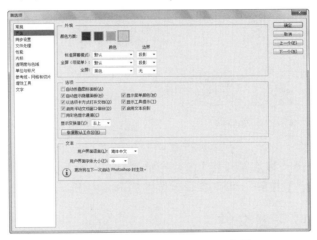

图2.17 【首选项】|【界面】选项

在【面板和文档】选项组中，如果勾选【以选项卡方式打开文档】复选框，则新打开的文档窗口将以选项卡的形式显示，如图2.18所示；如果不勾选【以选项卡方式打开文档】复选框，则新打开的文档窗口将以浮动形式显示，如图2.19所示。

图2.18 以选项卡形式显示

图2.19 以浮动形式显示

2.2.4 打开 EPS 文件

EPS格式文件是 PostScript的简称，可以表示矢量数据和位图数据，在设计中应用相当广泛，几乎所有的图形、插画和排版软件都支持这种格式。EPS格式文件主要是Adobe Illustrator软件生成的。当打开包含矢量图片的EPS文件时，将对它进行栅格化，矢量图片中经过数学定义的直线和曲线会转换为位图图像的像素或位。要打开EPS文件可执行如下操作。

（1）执行菜单栏中的【文件】|【打开】命令，在【打开】对话框中选择一个EPS文件，比如选择配套光盘中"调用素材/ 第2章 /EPS素材.eps"文件，如图2.20所示。单击【打开】按钮，此时将弹出【栅格化EPS格式】对话框，如图2.21所示。

图2.20 【打开】对话框

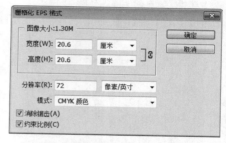

图2.21 【栅格化EPS格式】对话框

（2）指定所需要的尺寸、分辨率和模式。如果要保持高宽比例，可以勾选【约束比例】复选框，如果想最大限度减少图片边缘的锯齿现象，可以勾选【消除锯齿】复选框。设置完成后单击【确定】按钮，即可将其以位图的形式打开。

2.2.5 置入PDF或矢量文件

Adobe Photoshop CC中可以置入其他程序设计的矢量图形文件和PDF文件，如Adobe Illustrator图形处理软件设计的AI格式的文件，还有其他符合需要格式的位图图像及PDF文件。置入的矢量素材将以智能对象的形式存在，对智能对象进行缩放、变形等操作不会对图像造成质量上的影响。置入素材操作方法如下：

（1）要想使用【置入】命令要有一个文件，所以首先随意创建一个新文件，这样才可以使用【置入】命令。比如按【Ctrl+N】组合键，创建一个如图2.22所示的新文件。执行菜单栏中的【文件】|【置入】命令，打开【置入】对话框，选择要置入的矢量文件，比如选择配套光盘中"调用素材/ 第2章 /矢量素材.ai"文件，如图2.23所示。

（2）单击【置入】按钮，将打开如图所示的【置入PDF】对话框，如图2.24所示。在【选择】下根据要导入的 PDF 文档的元素，选择【页面】或【图像】单选按钮。如果 PDF 文件包含多个页面或图像，可以单击选择要置入的页面或图像的缩览图，并可以使用【缩览图大小】下拉菜单来调整在预览窗口中的缩览图视图。可以以【小】、【大】或【适合页面】的形式显示。

图2.22 创建新文件

图2.23 选择素材

（3）可以从【裁剪到】下拉菜单中选择一个命令，指定裁剪的方式。选择【边框】表示裁剪到包含页面所有文本和图形的最小矩形区域，多用于去除多余的空白；选择【媒体框】表示裁剪到页面的原始大小；选择【裁剪框】表示裁剪到PDF文件的剪切区域，即裁剪边距；选择【出血框】表示裁剪到PDF文件中指定的区域，如折叠、出血等固有限制；选择【裁切框】表示裁剪到为得到预期的最终页面尺寸而指定的区域；选择【作品框】表示裁剪到PDF文件中指定的区域，用于将PDF数据嵌入其他应用程序中。

（4）设置完成后，单击【确定】按钮，即可将文件置入，同时可以看到，在图像的周围显示一个变换框，如图2.25所示。

（5）如果此时拖动变换框的8个控制点的任意一个，可以对置入的图像进行放大或缩小操作，缩小操作如图所示。

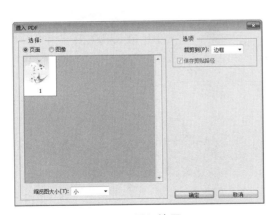

图2.24 置入效果

图2.25 拖动缩小

（6）按键盘上的【Enter】键，或在变换框内双击鼠标，即可将矢量文件置入。置入的文件自动变成智能对象，在【图层】面板中将产生一个新的图层，并在该层缩览图的右下角显示一个智能对象缩览图，如图2.26所示。

> **Tip** 置入与打开非常相似，都是将外部文件添加到当前操作中，但打开命令所打开的文件单独位于一个独立的窗口中；而置入的图片将自动添加到当前图像编辑窗口中，不会单独出现窗口。

图2.26 置入后的图像及图层显示

2.2.6 不同格式的保存方法

当完成一件作品或者处理完一幅打开的图像时，需要将完成的图像进行存储，这时就可应用存储命令，存储文件时格式非常关键，下面以实例的形式来讲解文件的保存。

（1）首先打开一个分层素材。执行菜单栏中的【文件】|【打开】命令，打开配套光盘中"调用素材/ 第2章 /蝴蝶.psd"文件。打开该图像后，可以在图层面板中看到当前图像的分层效果，如图2.27所示。

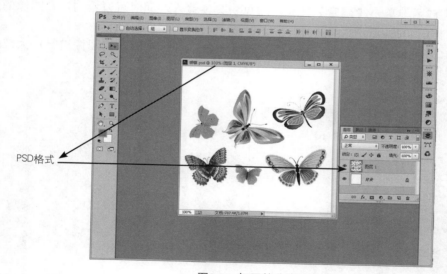

图2.27 打开的分层图像

（2）执行菜单栏中的【文件】|【存储为】命令，打开【存储为】对话框，指定保存的位置和文件名后，在【保存菜单】下拉菜单中，选择jpeg格式，如图2.28所示。

Skill 【存储】的快捷键为【Ctrl＋S】；【存储为】的快捷键为【Ctrl＋Shift＋S】。

（3）单击【保存】按钮，将弹出【JPEG选项】对话框，可以对图像品质、基线等进行设置，然后单击【确定】按钮，如图2.29所示，即可将图像保存为JPG格式。

Tip JPG和JPEG是完全一样的一种图像格式，只是一般习惯将JPEG简写为JPG。

图2.28 选择jpeg格式   图2.29 【JPEG选项】对话框

（4）保存完成后，使用【打开】命令，打开刚保存的JPG格式的图像文件，可以在【图层】面板中看到当前图像只有一个图层，如图2.30所示。

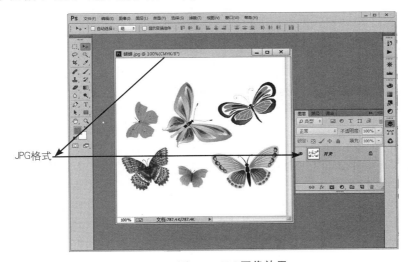

图2.30 JPG图像效果

2.2.7 【存储】与【存储为】

在【文件】菜单下面有两个命令可以将文件进行存储，分别为【文件】|【存储】和【文件】|【存储为】命令。

当应用新建命令，创建一个新的文档并进行编辑后，要将该文档进行保存。这时，应用【存储】和【存储为】命令性质是一样的，都将打开【存储为】对话框，将当前文件进行存储。

当对一个新建的文档应用过保存后，或打开一个图像进行编辑后，再次应用【存储】命令时，不会打开【存储为】对话框，而是直接将原文档覆盖。

如果不想将原有的文档覆盖，就需要使用【存储为】命令。利用【存储为】命令进行存储，无论是新创建的文件还是打开的图片都可以弹出【存储为】对话框，如图2.31所示，将编辑后的图像重新命名进行存储。

保存位置 →
文件名 →
格式 →
存储选项 →
颜色 →
缩览图 →

图2.31 【另存为】对话框

【存储为】对话框中各选项的含义分别如下：

- 【保存位置】：可以在其右侧的下拉菜单中选择要存储图像文件的路径位置。
- 【文件名】：可以在其右侧的文本框中，输入要保存文件的名称。
- 【保存类型】：可以从右侧的下拉菜单中选择要保存的文件格式。一般默认的保存格式为PSD格式。
- 【存储选项】：如果当前文件具有通道、图层、路径、专色或注解，而且在【格式】下拉列表框中选择了支持保存这些信息的文件格式时，对话框中的【Alpha通道】、【图层】、【注释】、【专色】等复选框被激活。【作为副本】可以将编辑的文件作为副本进行存储，保留原文件。【注释】用来设置是否将注释保存，勾选该复选框表示保存批注，否则不保存。勾选【Alpha通道】选项将Alpha通道存储。如果编辑的文件中设置有专色通道，勾选【专色】选项，将保存该专色通道。如果编辑的文件中，包含有多个图层，勾选【图层】复选框，将分层文件进行分层保存。
- 【颜色】：为存储的文件配置颜色信息。
- 【缩览图】：为存储的文件创建缩览图。默认情况下，Photoshop CC软件自动为其创建。

Questions 对于设计的一个作品，应该保存成什么格式？

Answered 保存格式要根据需要来确定。不过，一般要保存一个PSD格式的源文件，以便出现问题时再进行修改。

Tip 如果图像中包含的图层不止一个，或对背景层重命名，必须使用Photoshop的PSD格式才能保证不会丢失图层信息。如果要在不能识别Photoshop文件的应用程序中打开该文件，那么必须将其保存为该应用程序所支持的文件格式。

辅助功能、图像及画布的应用

本章主要讲解Photoshop CC的辅助功能及画布和图像的常用操作，包括参考线、网格和标尺的使用，以及查看图像、修改图像等内容。通过本章的学习，能够熟悉Photoshop CC图像查看的基本操作和相关辅助工具的使用，掌握图像修改的技巧。

Chapter

03

 教学视频

○ 标尺的使用	视频时间：3:40
○ 用【标尺工具】定位	视频时间：4:11
○ 参考线的使用	视频时间：9:08
○ 使用【缩放工具】查看图像	视频时间：7:00
○ 使用【抓手工具】查看图像	视频时间：3:51
○ 使用【旋转视图工具】查看图像	视频时间：3:14
○ 使用【导航器】面板查看图像	视频时间：3:22
○ 修改图像大小和分辨率	视频时间：4:27
○ 修改画布大小	视频时间：4:02
○ 使用【裁剪工具】裁剪图像	视频时间：5:26

标尺、网格和参考线

标尺和参考线主要用来辅助绘图，是精确制作中不可或缺的功能。它们可帮助精确定位图像或元素。

3.1.1 标尺的使用

标尺用来显示当前鼠标指针所在位置的坐标。使用标尺可以更准确地对齐对象和精确选取一定范围。

1. 显示标尺或隐藏

执行菜单栏中的【视图】|【标尺】命令，可以看到在【标尺】命令的左侧出现一个✓对号，即可启动标尺。标尺显示在当前文档中的顶部和左侧。

当标尺处于显示状态时，执行菜单栏中的【视图】|【标尺】命令，可以看到在【标尺】命令的左侧出现的✓对号消失，表示标尺隐藏。

Questions 有没有快速显示或隐藏标尺的方法？

Answered 按【Ctrl + R】组合键，可以快速显示或隐藏标尺。

2. 更改标尺原点

标尺的默认原点，位于文档标尺左上角（0，0）的位置，将鼠标光标移动到图像窗口左上角的标尺交叉处，然后按下鼠标向外拖动。此时，跟随鼠标会出现一组十字线，释放鼠标键后，标尺上的新原点就出现在刚才释放鼠标键的位置。其操作效果如图3.1所示。

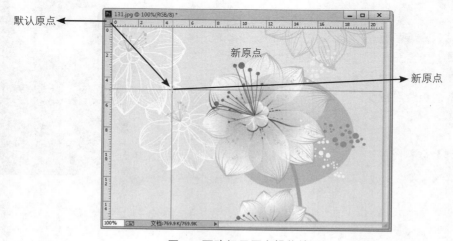

图3.1 更改标尺原点操作效果

3．还原标尺原点

在图像窗口左上角的标尺交叉处双击，即可将标尺原点还原到默认位置。

4．标尺的设置

执行菜单栏中的【编辑】|【首选项】|【单位与标尺】命令，或在图像窗口中的标尺上双击，将打开【首选项】对话框，在此对话框中可以设置标尺的单位等选项。

> **Tip** 如果想以最小刻度为单位移动标尺原点，在拖动标尺原点的过程中按住【Shift】键即可。如果要将标尺原点恢复为默认位置，双击横向标尺和纵向标尺的交接处 即可。

3.1.2 用【标尺工具】定位

标尺工具可以度量图像任何两点之间的距离，也可以度量物体的角度。利用它还可以校正倾斜的图像。

1．测量长度

单击工具箱中的【标尺工具】▦ ，然后在图像文件中需要测量长度的开始位置单击鼠标，然后按住鼠标拖动到结束的位置释放鼠标键即可。测量完成后，从选项栏和【信息】面板中，可以看到测量的结果如图3.2所示。

图3.2 度量效果

2．测量角度

单击工具箱中的【标尺工具】▦ ，在要测量角度的一边按下鼠标，然后拖动出一条直线，绘制测量角度的其中一条线，然后按住键盘中的【Alt】键，将光标移动到要测量角度的测量线顶点位置，当光标变成◣状时，按下鼠标拖动绘制出另一条测量线，两条测量线便形成一个夹角，如图3.3所示。

测量完成后，从【选项】栏和【信息】面板中，可以看到测量的角度信息。分别如图3.4、图3.5所示。

图3.3 测量角度效果

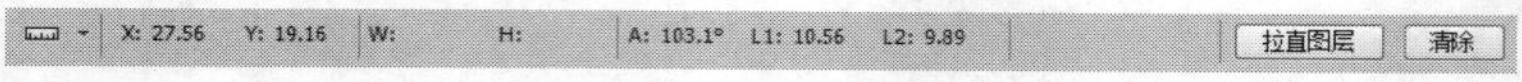

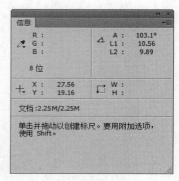

图3.4 工具【选项】栏

图3.5 【信息】面板

工具【选项】栏和【信息】面板中各参数的含义如下：

- 【A】：显示测量的角度值。
- 【L1】：显示第1条测量线的长度。
- 【L2】：显示第2条测量线的长度。
- 【X】和【Y】：显示测量时当前鼠标的坐标值。
- 【W】和【H】：显示测量开始位置和结束位置的水平和垂直距离。用于水平或垂直距离的测试时使用。

Questions 【标尺工具】的使用有什么技巧？

Answered 在使用【标尺工具】时，按住【Shift】键，可以沿水平、垂直或45°角方向测量。

3.1.3 网格的使用

网格的主要用途是对齐参考线，以便在操作中对齐物体，方便绘图中位置排放的准确操作。

1．显示网格

执行菜单栏中的【视图】|【显示】|【网格】命令，可以看到在【网格】命令左侧出现的✓对号，即可在当前图像文档中显示网格。网格在默认情况下显示为灰色直线效果，显示网格前后的效果对比，如图3.6所示。

图3.6 显示网格前后的效果

2．隐藏网格

当网格处于显示状态时，执行菜单栏中的【视图】|【显示】|【网格】命令，可以看到在【网格】命令左侧出现的✓对号消失，表示网格隐藏。

3．对齐网格

执行菜单栏中的【视图】|【对齐到】|【网格】命令后，可以看到在【网格】命令的左侧出现一个✓对号标志，表示启用了网格对齐命令，当在该文档中绘制选区、路径、裁切框、切片或移动图形时，都会与网格对齐。再次执行菜单栏中的【视图】|【对齐到】|【网格】命令，可以看到在【网格】命令左侧的✓对号标志消失，表示关闭了对齐网格命令。

4．网格的设置

执行菜单栏中的【编辑】|【首选项】|【参考线、网格和切片】命令，将打开【首先项】对话框，在该对话框的网格设置选项组中，可以设置网格的颜色、样式、网格线间隔及子网格的数目。

3.1.4 参考线的使用

参考线是辅助精确绘图时用来作为参考的线，它只是显示在文档画面中方便对齐图像，并不参加打印。可以移动或删除参考线，也可以锁定参考线，以免不小心移动它。它的优点在于可以任意设定它的位置。

1．创建参考线

要想创建参考线，首先要启动标尺，可以参考前面读过的方法来打开标尺，然后将鼠标光标移动到水平标尺上，按住鼠标向下拖动，即可创建一条水平参考线；将鼠标光标移动到垂直标尺上，按住鼠标向下拖动，即可创建一条垂直参考线。添加水平和垂直参考线的效果，如图3.7所示。

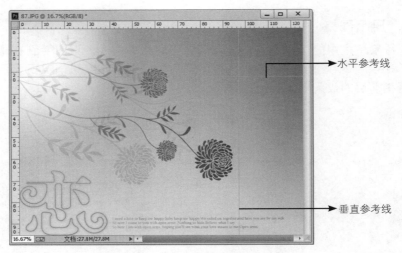

水平参考线

垂直参考线

图3.7 水平和垂直参考线效果

Questions 在以拖动的方法创建参考线时，怎样使参考线与刻度对齐？

Answered 按住【Shift】键创建参考线，可以将参考线与标尺刻度对齐。

Tip 按住Alt键，从垂直标尺上拖动可以创建水平参考线，从水平标尺上拖动可以创建垂直参考线。

3.1.5 精确创建参考线

如果想精确地创建参考线，可以执行菜单栏中的【视图】|【新建参考线】命令，打开【新建参考线】对话框，在该对话框中选择【水平】或【垂直】取向，然后在【位置】右侧的文本框中输入参考线的位置，单击【确定】按钮即可精确创建参考线，如图3.8所示。

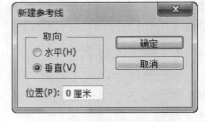

图3.8 【新建参考线】对话框

1. 隐藏参考线

当创建完参考线后，如果暂时用不到参考线，又不想将其删除，为了不影响操作，可以将参考线隐藏。执行菜单栏中的【视图】|【显示】|【参考线】命令，即可将其隐藏。

2. 显示参考线

将参考线隐藏后，如果想再次应用参考线，可以将隐藏的参考线再次显示出来。执行菜单栏中的【视图】|【显示】|【参考线】，即可显示隐藏的参考线。

Answered 按【Ctrl + ；】组合键可以快速显示或隐藏参考线。

Tip 如果没有创建过参考线，参考线命令将变成灰色的不可用状态，此时不能显示和隐藏参考线。

3．移动参考线

创建完参考线后，如果对现存的参考线位置不满意，可以利用移动工具来移动参考线的位置。单击工具箱中的【移动工具】▶✛按钮，然后将光标移到参考线上，如果当前参考线是水平参考线，光标呈✛状；如果当前参考线是垂直参考线，光标呈◄║►状，此时按住鼠标拖动，到达合适的位置后释放鼠标，即可移动参考线的位置。水平移动参考线的操作过程，如图3.9所示。

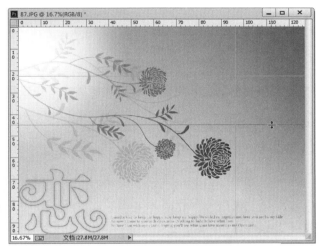

图3.9　水平移动参考线效果

Skill 按住【Alt】键单击参考线，可将参考线从水平改为垂直，或从垂直改为水平。

4．删除参考线

创建了多个参考线后，如果想删除其中的某条参考线，可以将鼠标光标移动到该参考线上，按住鼠标拖动该参考线到文档窗口之外，即可将该参考线删除，同样的方法，可以删除其他不需要的参考线。

如果想删除文档中所有的参考线，可以执行菜单栏中的【视图】|【清除参考线】命令，即可将全部参考线删除。

5．开启和关闭对齐参考线

执行菜单栏中的【视图】|【对齐到】|【参考线】命令后，当该命令的左侧出现✓对号时，表示开启了对齐参考线命令，当在该文档中绘制选区、路径、裁切框、切片或移动图形时，都将对齐参考线；再次执行菜单栏中的【视图】|【对齐到】|【参考线】命令，当

该命令左侧的✓对号消失时，即可将对齐参考线设置关闭。

6. 锁定和解锁参考线

为了避免在操作中误移动参考线，可以将参考线锁定，锁定的参考线将不能再进行编辑操作。执行菜单栏中的【视图】|【锁定参考线】命令，可以将参考线锁定。如果想解除锁定，可以再次执行菜单栏中的【视图】|【锁定参考线】命令，即可解除参考线的锁定。

7. 参考线的设置

执行菜单栏中的【编辑】|【首选项】|【参考线、网格和切片】命令，将打开【首先项】对话框，在该对话框的参考线选项组中，可以设置参考线的颜色和样式。

Questions 如何快速锁定或解锁参考线？

Answered 按住【Ctrl +Alt +；】组合键，可以快速将参考线锁定或解锁。

3.1.6 智能参考线

所谓智能参考线，就是具有智能化的一种参考线，在移动图像时，智能参考线可以与其他的图像、选区、切片等进行对齐。

执行菜单栏中的【视图】|【显示】|【智能参考线】命令，即可启用智能参考线功能。如图3.10所示为拖动右侧图形时，与左侧出现对齐与居中对齐效果。

图3.10 智能参考线效果

Section 3.2 图像的查看技巧

为了方便用户查看图像内容，Photoshop CC可以通过更改屏幕显示模式，更改Photoshop CC工作区域的外观。同时，还提供了【缩放工具】🔍、缩放命令、【抓手工具】✋和【导航器】面板等多种查看工具，可以方便地按照不同的放大倍数查看图像，并可以利用抓手工具查看图像的不同区域。

3.2.1 切换屏幕显示模式

Photoshop CC中有3种不同的屏幕显示模式，如图3.11所示，执行菜单栏中的【视图】|【屏幕模式】下的子菜单来完成。这些命令分别是【标准屏幕模式】、【带有菜单栏的全屏幕模式】和【全屏模式】。

1．标准屏幕模式

在这种模式下，Photoshop的所有组件，如菜单栏，工具栏，标题栏和状态栏都将被显示在屏幕上，这也是Photoshop的默认效果，如图3.12所示。

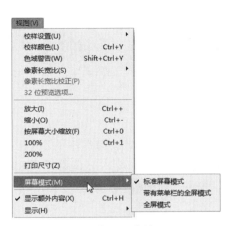

图3.11 屏幕模式菜单　　　　　　　　　　图3.12 标准屏幕模式

2．带有菜单栏的屏幕模式

选择【带有菜单栏的屏幕模式】命令，屏幕显示模式切换为带有菜单栏的全屏显示模式。该模式下，只显示带有菜单栏和50%背景，但没有文档窗口标题栏和滚动条的全屏窗口，如图3.13所示。

3．全屏模式

选择全屏模式命令，可以把屏幕显示模式切换到全屏显示模式。显示没有标题栏、菜单栏和滚动条只有黑色背景的全屏窗口，以获得图像的最大显示空间，如图3.14所示。

图3.13 带有菜单栏的屏幕模式

图3.14 全屏模式

3.2.2 使用【缩放工具】查看图像

处理图像时，可能需要进行精细的调整，此时常常需要将文件的局部放大或缩小；当文件太大而不便于处理时，需要缩小图像的显示比例；当文件太小而不容易操作时，又需要在显示器上扩大图像的显示范围。

> **Skill** 如果想放大所有窗口，可以按住Shift键的同时单击放大；如果想缩小所有窗口，可以按住【Shift＋Alt】组合键的同时单击缩小。

1. 放大图像

放大图像有多种操作方法，具体方法如下：

● 方法1：单击放大。单击工具箱中的【缩放工具】🔍按钮，或按键盘中的Z键，将光标移动到想要放大的图像窗口中，此时光标变为🔍状，在要放大的位置单击，即可将图像放大。每单击一次，图像就会放大一个预定的百分比。

> **Tip** 最大可以放大到3200%，此时光标将变成🔍状，表示不能再进行放大。

● 方法2：快捷键放大。直接按【Ctrl ＋ ＋】组合键，可以对选择的图像窗口进行放大。多次按该组合键，图像将按预定的百分比进行逐次放大。

2. 缩小图像

缩小图像有多种操作方法，具体方法如下：

● 方法1：单击缩小。单击工具箱中的【缩放工具】🔍按钮，或按键盘中的Z键，将光标移动到想要缩小的图像窗口中，按下键盘上的【Alt】键，此时光标变为🔍状，在要缩小的位置单击，即可将图像缩小。每单击一次，图像就会缩小一个预定的百分比。

> **Tip** 当图像到达最大放大级别3200%或最小尺寸1像素时，放大镜看起来是空的。

● 方法2：快捷键缩小。直接按【Ctrl ＋ -】组合键，可以对选择的图像窗口进行缩小。多次按该组合键，图像将按预定的百分比进行逐次缩小。

3. 缩放工具选项栏

在选择【缩放工具】🔍时，工具选项栏也将变化，显示出缩放工具属性设置，如图3.15所示。

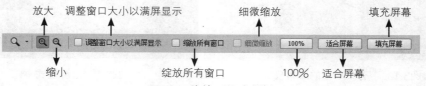

图3.15 缩放工具选项栏

缩放工具选项栏中各选项的含义如下：

- 放大：单击该按钮，然后在图像窗口中单击，可以将图像放大。
- 缩小：单击该按钮，然后在图像窗口中单击，可以将图像缩小。
- 【调整窗口大小以满屏显示】：勾选该复选框，在应用放大或缩小命令时，图像的窗口将随着图像进行放大缩小处理。
- 【缩放所有窗口】：勾选该复选框，在应用放大或缩小命令时，将缩放所有图像窗口大小。
- 【细微缩放】：勾选该复选框，在图像中向左拖动可以缩小图像，向右拖动可以放大图像。
- 【100%】：单击该按钮，图像将以100%的比例显示。
- 【适合屏幕】按钮：单击该按钮，图像窗口将以适合当前屏幕的大小进行显示。
- 【填充屏幕】：单击该按钮，图像窗口将根据当前屏幕空间的大小，进行全空白填充。

Questions 有没有快速放大或缩小图像显示的方法？

Answered 按【Ctrl + +】组合键，可以放大图像；按【Ctrl + −】组合键，可以缩小图像；按【Ctrl + 0】组合键，可以将当前图像窗口按屏幕大小缩放；按【Ctrl +Alt + 0】或【Ctrl + 1】组合键，可以将当前图像窗口以实际像素显示，即100%显示当前窗口图像。直接双击工具箱中的【缩放工具】按钮，可以将当前图像窗口以100%显示。

3.2.3 使用【抓手工具】查看图像

如果打开的图像很大，或者操作中将图像放大，以至于窗口中无法显示完整的图像时，要查看图像的各个部分，可以使用【抓手工具】来移动图像的显示区域。

Skill 选择抓手工具并拖动以平移图像，要在已选定其他工具的情况下使用抓手工具，在图像内拖动时按住空格键。

当整个图像放大到出现滑块时，在工具箱中单击【抓手工具】按钮，然后将鼠标指针移至图像窗口中，按住鼠标左键，然后将其拖动到合适的位置释放鼠标即可。如图3.16所示为拖动前的效果，如图3.17所示为拖动后的效果

图3.16 拖动前的效果

图3.17 拖动后的效果

Skill 在选择抓手工具时，工具选项栏中有4个按钮与缩放工具相同，还有一个【滚动所有窗口】复选框，如果勾选该复选框，使用抓手工具移动图像时，将同时移动其他所有打开的窗口图像。

3.2.4 使用【旋转视图工具】查看图像

【旋转视图工具】 可以在不破坏图像的情况下旋转画布，而且不会使图像变形，就像平时写生时为了方便不同角度的绘制，转动画板那样从另一个角度来修改图像，以方便不同角度的修改。旋转画布在很多情况下很有用，能使绘画或绘制更加省事。

（1）选择配套光盘中"调用素材/第3章/花纹.jpg"文件，选择工具箱中的【旋转视图工具】 ，如图3.18所示，将光标移动到画布中，此时光标将变成 状，如图3.19所示。

图3.18 选择【旋转视图工具】　　　　　　图3.19 光标效果

（2）此时，按下鼠标，可以看到一个罗盘效果，并且无论怎样旋转，红色的指针都指向正北方，如图3.20所示。

Tip 如果勾选选项栏中的【旋转所有视图】复选框，则在旋转当前图像时，也将同时旋转所有其他文档窗口中的图像。

（3）按住鼠标拖动，即可旋转当前的画面，并在工具选项栏中可以看到【旋转角度】的值随着拖动旋转进行变化。当然，直接在【旋转角度】文本框中输入数值，也可以旋转画面。旋转效果如图3.21所示。

图3.20 罗盘效果

图3.21 旋转效果

Skill 要将画布恢复到原始角度，可以单击选项栏中的【复位视图】按钮。

3.2.5 使用【导航器】面板查看图像

执行菜单栏中的【窗口】|【导航器】命令，将打开【导航器】面板，如图3.22所示。利用该面板可以对图像进行快速的定位和缩放。

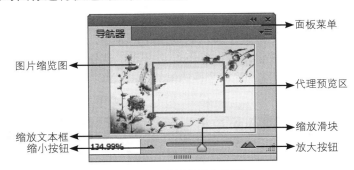
图3.22 【导航器】面板

【导航器】面板中各项含义如下：
- 面板菜单：单击将打开面板菜单。通过菜单中的【面板选项】命令，可以打开【面板选项】对话框，如图3.23所示，可以修改图片缩览图中代理预览区显示框的显示颜色。也可以关闭面板或选项卡组。

图3.23 【面板选项】对话框

- 图片缩览图：显示整个图像的缩览图，并可以通过拖动预览区域中的显示框，快速浏览图像的不同区域。
- 代理预览区：该区域与文档窗口中的图像相对应，代理预览区显示的图像，即显示框中的图像，会在文档窗口的中心位置显示。将光标移动到代理预览区中，光标将变成手形 ✋，按住鼠标可以移动图像的预览区域，并在文档窗口中同步显示出来。移动预览画面效果如图3.24所示。

图3.24 移动预览画面效果

- 缩放文本框：显示当前图像的缩放比例。在该文本框中输入数值，然后按键盘上的Enter键，即回车键，图像将以输入的数值比例显示。
- ◣ 缩小按钮：单击该按钮，可以将图像按一定的比例缩小。
- ▭ 缩放滑块：拖动上面的缩放滑块，可以快速地放大或缩小当前图像。
- ◢ 放大按钮：单击该按钮，可以将图像按一定的比例放大。

Questions 在【导航器】面板中，如何利用快捷键预览图像？

Answered 在【导航器】面板中，按键盘上的【Home】键可以将显示框移动到左上角；按键盘上的【End】键可将显示框移动到右下角；按【Page Up】键可将显示框向上移动；按【Page Down】键可将显示框向下移动。

3.2.6 在文档窗口中查看图像

状态栏位于Photoshop文档窗口的底部，用来缩放和显示当前图像的各种参数信息以及当前所用的工具信息。

在缩放比例文本框中输入要缩放的数值，然后按Enter键，即可缩放当前文档。在状态栏位置按住鼠标左键片刻，将弹出一个信息框，显示当前文档的宽度、高度、通道和分辨率的相关信息，如图3.25所示。

信息框 ←

缩放比例 ←

在该位置按住鼠标 →

图3.25 状态栏

单击状态栏中的三角形▶按钮，可以弹出一个如图3.26所示的菜单。从中可以选择在状态栏要提示的信息项。

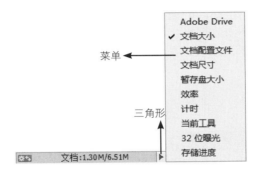

菜单 ←

三角形

图3.26 状态栏以及选项菜单

选项菜单中的相关选项使用说明如下：
- Adobe Drive：显示 Adobe Drive工作组状态。Adobe Drive可以集中管理共享的项目文件、使用直观的版本控制系统与他人齐头并进、使用注释跟踪文件状态、使用 Adobe Bridge 可视查找文件、搜索 XMP 元数据和托管 Adobe PDF 审阅。
- 【文档大小】：显示当前图像文件的大小。左侧的数字标识合并图层后的文件大小；右侧数据表示未合并图层时的文件大小。如图中文档：1.30M/6.51M，表示合并图层文件后的大小为1.30M，未合并图层时的文件大小为6.51M。
- 【文档配置文件】：显示当前图像文件的特征信息，例如图像模式等。
- 【文档尺寸】：当前图像文件尺寸，具体用长×宽进行表示。
- 【暂存盘大小】：显示有关用于处理图像的 RAM 量和暂存盘的信息。左边的数字表示在显示所有打开的图像时程序所占用的内存，右侧数据表示系统的可用内存数。
- 【效率】：以百分数表示图像的可用内存大小。显示执行操作所花时间的百分比，而非读写暂存盘所花时间的百分比。如果此值低于 100%，则Photoshop 正在使用暂存盘，因此操作速度会较慢。
- 【计时】：显示上一次操作所使用的时间。

- 【当前工具】：显示当前正在使用的工具名称。
- 【32位曝光】：用于调整预览图像，以便在计算机显示器上查看32位/通道高动态范围（HDR）图像的选项。只有当文档窗口显示HDR图像时，该滑块才可用。

Section 3.3 修改图像和画布大小

图像大小是指图像尺寸，当改变图像大小时，当前图像文档窗口中的所有图像会随之发生改变，这也会影响图像的分辨率。除非对图像进行重新取样，否则当您更改像素尺寸或分辨率时，图像的数据量将保持不变。例如，如果更改文件的分辨率，则会相应地更改文件的宽度和高度以便使图像的数据量保持不变。

3.3.1 修改图像大小和分辨率

在制作不同需求的设计时，有时要重新修改图像的尺寸。图像的尺寸和分辨率息息相关，同样尺寸的图像，分辨率越高的图像就会越清晰。在 Photoshop 中，可以在【图像大小】对话框中查看图像大小和分辨率之间的关系。执行菜单栏中的【图像】|【图像大小】命令，会打开【图像大小】对话框，如图3.27所示。可在其中改变图像的尺寸、分辨率以及图像的像素数目。

> **Tip** 按Alt + Ctrl + I组合键，可以快速打开【图像大小】对话框。

图3.27 【图像大小】对话框

- 尺寸：显示当前图像的尺寸。单击 按钮，可以从弹出的下拉列表中选择显示尺寸的单位，如图3.28所示。
- 调整为：从该下拉列表中可以重新对该图像的纸张尺寸进行调整。

图3.28 显示尺寸的单位

- 宽度和高度：可以直接在文本框中输入数值，并可从右侧的下拉列表框中选择单位，以修改像素大小。在【宽度】和【高度】值的右侧将显示一个链接图标，修改参数时会按比例进行修改。等比与非等比缩放的显示效果如图3.29所示。

图3.29 等比与非等比缩放的显示效果

如果勾选了【重新采样】复选框，则可以从下方的下拉菜单中，选择一个重新取样的选项。
- 【自动】：根据图像自动进行计算。
- 【保留细节（扩大）】：该项是可以保留图像的细节部分，从而生成较高品质的图像。
- 【两次立方（平滑）（扩大）】：是一种基于两次立方插值且旨在产生更平滑效果的有效图像放大方法。
- 【两次立方（较锐利）（缩减）】：一种基于两次立方插值且具有增强锐化效果的有效图像减小方法。此方法在重新取样后的图像中保留细节。如果使用两次立方（较锐利）会使图像中某些区域的锐化程度过高，请尝试使用两次立方。
- 【两次立方（平滑渐变）】：一种将周围像素值分析作为依据的方法，插补像素时会依据插入点像素的颜色变化情况插入中间色，速度较慢，但精度较高。两次立方使用更复杂的计算，产生的色调渐变，比邻近或两次线性更为平滑。
- 【邻近（硬边缘）】：选择该项，Photoshop会以邻近的像素颜色插入，其结果不太精确，且可能会造成锯齿效果。在对图像进行扭曲或缩放时或在某个选区上执行多次操作时，这种效果会变得非常明显，但执行速度较快。
- 【两次线性】：它是一种通过平均周围像素颜色值来添加像素的方法。该方法可生成中等品质的图像。

Questions 【重新取样】的作用？

Answered 在【图像大小】对话框中勾选【重新取样】复选框之后对当前的图像大小修改直接会影响到其本身的像素值，反之取消勾选之后仅能影响其分辨率。

3.3.2 修改画布大小

画布大小指定的是整个文档的大小，包括图像以外的文档区域。需要注意的是，当放大画布时，对图像的大小是没有任何影响的；只有当缩小画布并将多除部分修剪时，才会影响图像的大小。

执行菜单栏中的【图像】|【画布大小】，打开【画布大小】对话框，通过修改宽度和高度值来修改画布的尺寸，如图3.30所示。

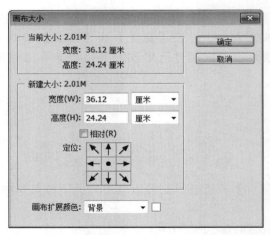

图3.30 【画面大小】对话框

Questions 如何快速打开【画布大小】对话框?

Answered 按【Alt + Ctrl + C】组合键，可以快速打开【画布大小】对话框。

1. 当前大小

显示出当前图像的宽度和高度大小和文档的实际大小。

2. 新建大小

在没有改变参数的情况下，该值与当前大小是相同的。可以通过修改【宽度】和【高度】的值来设置画布的修改大小。如果设定的宽度和高度大于图像的尺寸，Photoshop就会在原图的基础上增加画布尺寸，如图3.31所示；反之，将缩小画布尺寸。

图3.31 扩大画布前后的效果

Questions 如何节约画布空间?

Answered 单击工具栏顶部的小三角符号即可将工具栏快速地折叠成单列显示的样式，这样可节约一部分的画布空间。

3. 相对

勾选该复选框，将在原来尺寸的基础上修改当前画布大小。即只显示新画布在原画布基础上放大或缩小的尺寸值。正值表示增加画布尺寸，负值表示缩小画布尺寸。

4. 定位

在该显示区中，通过选择不同的指示位置，可以确定图像在修改后的画布中的相对位置，有9个指示位置可以选择，默认为水平、垂直居中。不同定位效果如图3.32所示。

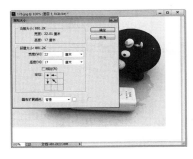  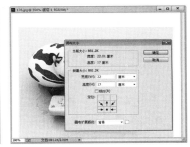

图3.32 不同定位效果

5. 画面扩展颜色

【画面扩展颜色】用来设置画布扩展后显示的背景颜色。可以从右侧的下拉菜单中选择一种颜色，也可以自定义一种颜色，也可以单击右侧的颜色块，打开【选择画布扩展颜色】对话框来设置颜色。

Questions 如何在扩大画布时指定背景颜色？

Answered 在【画面扩展颜色】下拉列表框中指定需要的颜色即可。

Section 3.4　图像的裁剪

除了利用【图像大小】和【画布大小】修改命令修改图像，还可以使用裁剪的方法来修改图像。裁剪可以剪切掉部分图像以突出构图效果。可以使用【裁剪工具】🔲和【裁剪】命令裁剪图像，也可以使用【裁切】命令来裁切像素。

3.4.1　使用【裁剪工具】

要使用【裁剪工具】🔲裁剪图像，首先来了解【裁剪工具】🔲选项栏各属性含义。在Photoshop CC中，改变了裁剪工具的方式，选择工具箱中的【裁剪工具】🔲后，选项栏显示如图3.33所示。

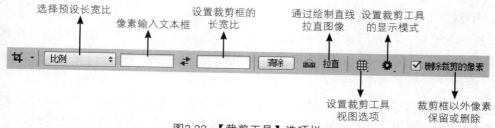

图3.33 【裁剪工具】选项栏

【透视裁剪工具】与Photoshop传统和裁剪工具类似，选项栏显示如图3.34所示。

图3.34 【透视裁切工具】选项栏

【裁剪工具】🔲选项栏的使用方法如下：

● 要裁剪图像而不重新取样，不要在【分辨率】文本框中输入任何数值，即【分辨率】文本框是空白的。可以单击【清除】按钮清除所有文本框参数。

● 要裁剪图像并进行重新取样，可以在【宽度】、【高度】和【分辨率】文本框中输入数值。要交换【宽度】和【高度】参数，可以单击【高度和宽度互换】⇄图标。

● 如果想基于某一图像的尺寸和分辨率对图像进行重新取样，可以先选择图像，然后选择【裁剪工具】🔲并单击选项栏中的【前图像】按钮，

● 如果在裁剪时进行重新取样，可以在【常规】首选项中设置默认的插值方法。

选择工具箱中的【裁剪工具】🔲后，在图像中拖动出裁剪框。

【裁剪工具】🔲选项栏参数含义：

● 【裁剪区域】：鼠标指针成▶状时，拖动图像可移动裁剪外的区域至裁剪框中。

● 【裁剪工具视图选项】：用来设置裁剪参数线效果。选择【三等分】将显示三等分参考线，方便利用三等分原理裁剪图像；选择【网格】可以根据裁剪大小显示具有间距的固定参考线。不同裁剪参考线显示效果如图3.35所示。

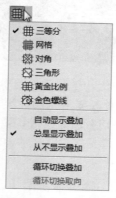

图3.35 不同裁剪参考线显示选项

● 【显示网格覆盖】：勾选该复选框，可以精确地使用裁剪工具。勾选与撤选【显示网格覆盖】复选框的显示效果对比如图3.36所示。

图3.36 勾选与撤选【显示网格覆盖】复选框的显示效果对比

- 【透视裁剪工具】：可以使用透视功能以透视修改裁剪框。鼠标单击图像可绘制线段，以进行透视裁剪。

Questions 如何巧用定界框构图？

Answered 在对图像进行裁剪的时候可以单击选项栏中【视图】后面的按钮，在弹出的选项中可以选择包括【三等分】、【网格】、【对角】等选项，这里所提供的各个视图选项可以方便我们对图像进行裁剪时的构图。比如在对风景图像进行裁剪时我们就可以选择【黄金分割】选项，在出现的定界框内可以看到当前的定界框是以黄金分割的形式出现的，当对不同图像进行裁剪时就可以选择不同的视图选项。

3.4.2 使用【裁剪工具】裁剪图像

使用【裁剪工具】 裁剪图像比【图像大小】和【画布大小】修改图像更加灵活，不仅可以自由控制裁切范围的大小和位置，还可以在裁切的同时对图像进行旋转、透视等操作，使用方法如下：

（1）打开配套光盘中"调用素材 \ 第3章 \裁剪图像.jpg"。选择工具箱中【裁剪工具】 ，如图3.37所示。

（2）移动鼠标指针到图像窗口中，在合适的位置按下鼠标左键并拖动鼠标绘制一个剪切区域，拖动过程如图3.38所示。

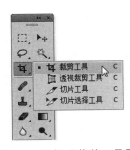

图3.37 选择【裁剪工具】

图3.38 拖动剪切过程

（3）释放鼠标左键后，会出现一个四周有8个控制点的裁剪框，并重点显示剪切区域，剪切外的区域将以更深的颜色显示。如图3.39所示。

（4）移动裁剪框。将鼠标光标移动到裁剪框内，鼠标将变成▶状，按住鼠标键拖动裁剪框，可将图像移动到其他位置，移动过程如图3.40所示。

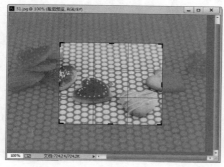

图3.39 裁剪框效果　　　　　　　图3.40 移动图像

（5）旋转裁剪框。将光标放在裁剪框的外面，当光标变成↻状时，按住鼠标左键拖动，就可以旋转当前的图像，旋转图像效果如图3.41所示。

（6）缩放裁剪框，将光标放在8个控制点的任意一个上，当光标变为双箭头时，按住鼠标左键拖动，就可以把裁切范围放大或缩小，如图3.42所示为放大效果。

（7）使用【透视裁剪工具】时，拖动裁剪框的控制点，可以将裁剪框透视变形，拖动中间控制点可以放大或缩小剪裁框。

（8）设置完成后，在裁剪框内双击鼠标或按【Enter】键即可完成裁剪。透视裁剪过程如图3.43所示。

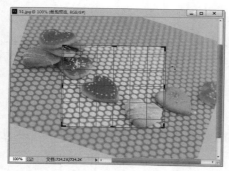

图3.41 旋转图像　　　　　　　图3.42 放大裁剪框

图3.43 透视裁剪过程

使用【裁剪】命令裁剪图像：

【裁剪】命令主要是基于当前选区对图像进行裁剪，使用方法相当的简单，只需要使用选区工具选择要保留的图像区域，然后执行菜单栏中的【图像】|【裁剪】命令即可。使用【裁剪】命令裁剪图像操作效果如图3.44所示。

图3.44 使用【裁剪】命令裁剪图像操作效果

3.4.3 使用【裁切】命令裁剪图像

【裁切】命令与【裁剪】命令有所不同，裁剪命令主要通过选区的方式来修剪图像，而【裁切】命令主要通过图像周围透明像素或指定的颜色背景像素来裁剪图像。

执行菜单栏中的【图像】|【裁切】命令，打开【裁切】对话框，如图3.45所示。

图3.45 【裁切】对话框

【裁切】对话框中各选项参数含义如下：

- 【基于】：设置裁切的依据。选择【透明像素】单选按钮，将裁剪掉图像边缘的透明区域，保留包含非透明像素的最小图像；选择【左上角像素颜色】单选按钮，将裁剪掉与左上角颜色相同的颜色区域；选择【右下角像素颜色】单选按钮，将裁剪掉与右下角颜色相同的颜色区域。不过，后两项多适用于单色区域图像，对于复杂的图像颜色就显得无力。如图3.46所示为选择【左上角像素颜色】单选按钮后裁剪的前后效果对比。

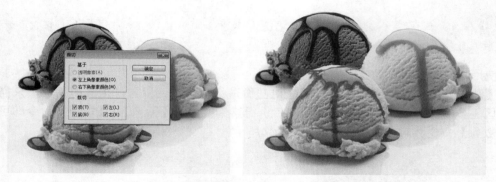

图3.46 选择【左上角像素颜色】单选按钮后裁剪的前后效果对比

● 【裁切】：指定裁剪的区域。可以指定一个也可以同时指定多个，包括【顶】、【底】、【左】或【右】4个选项。

单色、渐变及图案填充

本章介绍了【色板】、【颜色】面板的使用以及【吸管工具】吸取颜色的方法，阐述了前景色和背景色的不同设置方法，单一颜色和渐变颜色的设置与修改以及图案的创建方法。只有掌握了绘图功能的使用，才能设计出多姿多彩的艺术效果。

Chapter 04

 教学视频

在进行绘图前，首先学习绘画颜色的设置方法，在Photoshop CC中，设置颜色通常指设置前景色和背景色。设置前景色和背景色方法很多，比较常用的有利用【工具箱】设置、利用【颜色】面板设置、利用【色板】设置、利用【吸管工具】设置。下面分别介绍这些设置前景色和背景色的方法。

4.1.1 初识前景和背景色

前景色和背景色一般应用在绘画、填充和描边选区上，比如使用【画笔工具】 绘图时，在画布中拖动绘制的颜色即为前景色，如图4.1所示。

背景色一般可以在擦除、删除和涂抹图像时显示，比如在使用【橡皮擦工具】 在画布中拖动擦除图像，显示出来的颜色就是背景色，如图4.2所示。在某些滤镜特效中，也会用到前景色和背景色。

图4.1 前景色效果

图4.2 背景色效果

4.1.2 在【工具箱】中设置前景色和背景色

在【工具箱】的底部，有一个 颜色设置区域，利用该区域，可以进行前景色和背景色的设置，默认情况下前景色显示为黑色，背景色显示为白色，如图4.3所示。

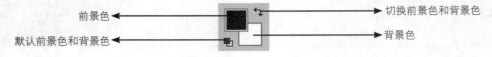

图4.4 颜色设置区域

Skill 单击工具箱中的【切换前景色和背景色】 按钮，按键盘上的【X】键，可以交换前景色和背景色。单击工具箱中的【默认前景色和背景色】 按钮，或按键盘上的【D】键，可以将前景色和背景色恢复默认效果。

更改前景色或背景色的方法很简单，在【工具箱】中只需要在代表前景色或背景色的颜色区域内单击鼠标，即可打开【拾色器】对话框。在【拾色器】颜色域中单击即可选择所需的颜色。

4.1.3 了解【拾色器】对话框

在【拾色器】对话框中，可以使用4种颜色模型来拾取颜色：HSB、RGB、Lab和CMYK。使用【拾色器】可以设置前景色、背景色和文本颜色，也可以为不同的工具、命令和选项设置目标颜色。【拾色器】对话框如图4.5所示。

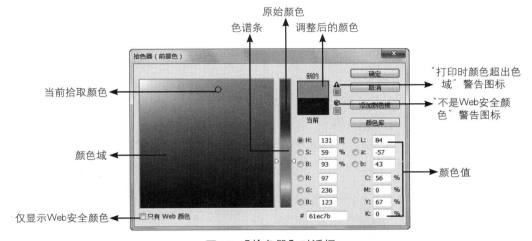

图4.5 【拾色器】对话框

在颜色预览区域的右侧，根据选择颜色的不同，会出现【打印时颜色超出色域】 ⚠ 和【不是Web安全颜色】 ⬡ 标志，这是由于用于印刷的颜色和浏览器显示的颜色有一定的显示范围造成的。

当选择的颜色超出印刷色范围时，将出现【打印时颜色超出色域】 ⚠ 标志以示警告，并在其下面的颜色小方块中显示打印机能识别的颜色中与所选色彩最接近的颜色。一般它比所选的颜色要暗一些。单击【打印时颜色超出色域】 ⚠ 标志或小方的颜色小方块，即可将当前所选颜色置换成与之相对应的打印机所能识别的颜色。

当选择的色彩超出浏览器支持的色彩显示范围时，将出现【不是Web安全颜色】 ⬡ 标志以示警告，并在其下方的颜色小方块中显示浏览器支持的与所选色彩最接近的颜色。单击【不是Web安全颜色】 ⬡ 标志或小方的颜色小方块，即可将当前所选颜色置换成与之相对应的Web安全色，以确保制作的Web图片在256色的显示系统上不会出现仿色。

在对话框右下角，还有9个单选框，即HSB、RGB、Lab色彩模式的三原色按钮，当选中某单选框时，滑块即成为该颜色的控制器。例如单击选中R单选框，即滑块变为控制红色，然后在颜色域中选择决定G与B颜色值，如图4.6所示。因此，通过调整滑块并配合颜色域即可选择成千上万种颜色。每个单选框所代表控制的颜色功能分别为：【H】——色相、【S】——饱和度、【B】——亮度、【R】——红、【G】——绿、【B】——蓝、【L】——明度、【a】——由绿到鲜红、【b】——由蓝到黄。

另外，在【拾色器】对话框的左侧底部，有一个【只有Web颜色】复选框，选择该复选框后，在颜色域中就只显示Web安全色，便于Web图像的制作，如图4.7所示。

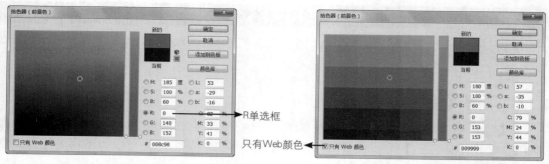

图4.6 选择R单选框效果　　　　　　　图4.7 选择【只有Web颜色】复选框

在【拾色器】对话框中单击【颜色库】按钮，将打开【颜色库】对话框，如图4.8所示，通过该对话框，可以从【色库】下拉菜单中，选择不同的色库，颜色库中的颜色将显示在其下方的颜色列表中；也可以从颜色条位置选择不同的颜色，在左侧的颜色列表中显示相关的一些颜色，单击选择需要的颜色即可。

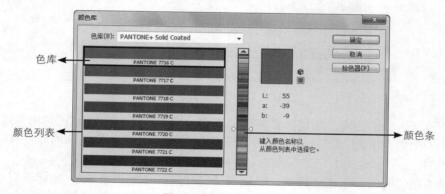

图4.8 【颜色库】对话框

4.1.4 【色板】面板的使用

Photoshop CC提供了一个【色板】面板，如图4.9所示，【色板】有很多颜色块组成，单击某个颜色块，可快速选择该颜色。该面板中的颜色都是预设好的，不需要进行配置即可使用。当然，为了满足自己的需要，还可以在【色板】面板中添加自己常用的颜色，比如使用【创建前景色的新色板】🔲创建新颜色，或使用【删除色板】🗑按钮，删除一些不需要的颜色。使用色板菜单，还可以修改色板的显示效果、复位、载入或存储色板。

要使用色板，首先执行菜单栏中的【窗口】|【色板】命令，将【色板】面板设置为当前状态，然后移动鼠标至【色板】面板的色块中，此时光标将变成吸管形状，单击即可选定当前指定颜色。通过【色板】的相关命令，用户还可以修改【色板】面板中的颜色，其具体操作方法如下：

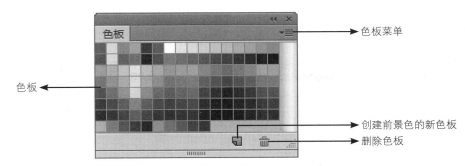

色板菜单

色板

创建前景色的新色板
删除色板

图4.9 【色板】面板

1．添加颜色

如果要在【色板】面板中添加颜色，将鼠标移至【色板】面板的空白处，当光标变成油漆桶状时，单击鼠标打开【色板名称】对话框，输入名称后单击【确定】按钮即可添加颜色，添加的颜色为当前工具箱中的前景色，直接单击添加颜色的操作过程，如图4.10所示。

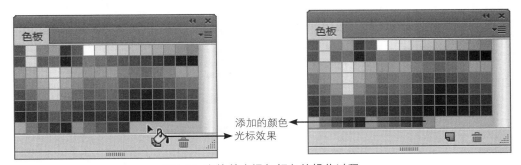

添加的颜色
光标效果

图4.10 直接单击添加颜色的操作过程

> **Tip**　使用【色板】面板下方的【创建前景色的新色板】按钮或单击【色板】面板右上的按钮，从弹出的面板菜单中，选择【新建色板】命令，都可以添加颜色。

2．删除颜色

如果要删除【色板】面板中的颜色需按住【Alt】键，将光标放置在不需要的色块上，当光标变成剪刀状时单击，即可删除该色块，如图4.11所示。

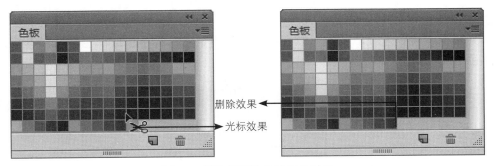

删除效果
光标效果

图4.11 辅助键删除色块操作过程

Tip 在【色板】中，拖动不需要的色块到【删除色板】 🗑 按钮上，也可以删除色块。

Questions 利用【色板】面板能改变前景色和背景色吗？

Answered 在【色板】面板中直接单击色块，可以修改前景色；按住【Ctrl】键单击色块，也可修改前景色；如果按住【Alt】键单击色块，可删除该色块。

4.1.5 【颜色】面板的使用

使用【颜色】面板选择颜色，如同在【拾色器】对话框中选色一样轻松。在【颜色】面板中不仅能显示当前前景色和背景色的颜色值，而且使用【颜色】面板中的颜色滑块，可以根据几种不同的颜色模式编辑前景色和背景色。也可以从显示在面板底部的色谱条中选取前景色或背景色。

执行菜单栏中的【窗口】|【颜色】命令，将【颜色】面板设置为当前状态。单击其右上角的 ▼≡ 按钮，在弹出的面板菜单中还可以选择不同的色彩模式和色谱条显示，如图4.12所示。

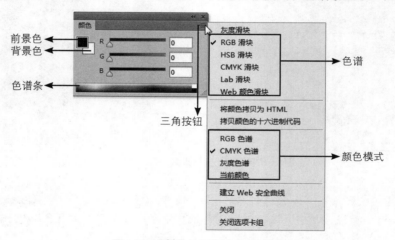

图4.12 【颜色】面板与面板菜单

单击选择前景色或背景色区域，选中后该区域将有白色的边框显示。将鼠标移动到右侧的【C】、【M】、【Y】或【K】任一颜色的滑块上按住鼠标左右拖动，比如【Y】下方的滑块，或在最右侧的文本框中输入相应的数值，即可改变前景色或背景色的颜色值；也可以选择要修改的前景色或背景色区域后，在底部的色谱条中直接单击，选择前景色或背景色。如果想设置白色或黑色，可以直接单击色谱条右侧的白色或黑色区域，直接选择白色或黑色，如图4.13所示。

图4.13 滑块与数值

Questions 如何快速打开【颜色】面板?

Answered 按键盘上的【F6】键，可以快速打开【颜色】面板。

4.1.6 使用【吸管工具】快速吸取颜色

使用【工具箱】中的【吸管工具】，在图像内任意位置单击，可以吸取前景色；或者将指针放置在图像上，按住鼠标左键在图像上任何位置拖动，前景色范围框内的颜色会随着鼠标的移动而发生变化，释放鼠标左键，即可采集新的颜色，如图4.14所示。

Skill 在图像上采集颜色时，直接在需要的颜色位置单击，可以改变前景色；按住键盘上的【Alt】键，在需要的颜色位置单击，可以改变背景色。

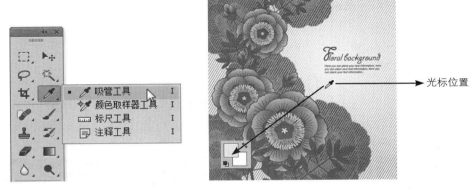

图4.14 使用吸管工具选择颜色

选择【吸管工具】后，在选项栏中，不但可以设置取样大小，还可以指定图层或显示取样环，选项栏如图4.15所示。

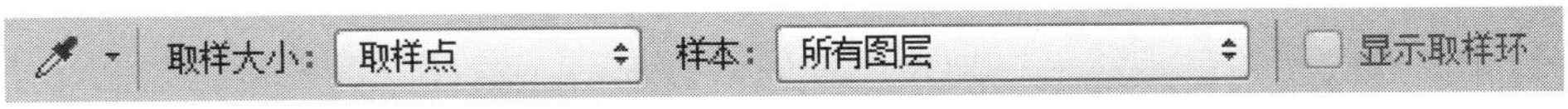

图4.15 取样大小菜单

选项栏中各选项含义说明如下：

- 【取样大小】：指定取样区域。包含7种选择颜色的方式；选择【取样点】表示读取单击像素的精确值；选取【33×3平均】表示在单击区域内以3×3像素范围的平均值作为选取的颜色。

Tip 除了【3×3平均】取样外，还有【5×5平均】、【11×11平均】……，用法和含义与【3×3平均】相似，这里不再赘述。

- 【样本】：指定取样的样本图层。选择【当前图层】表示从当前图层中采集色样；选择【所有图层】表示从文档中的所有图层中采集色样。
- 【显示取样环】：勾选该复选框，可预览取样颜色的圆环，以更好地采集色样。显示取样环效果如图4.16所示。

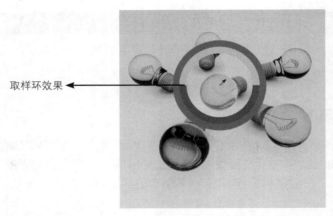

取样环效果 ◄

图4.16 显示取样环效果

Questions 使用【吸管工具】吸取颜色时，能准确知道颜色的色值吗?

Answered 按【F8】键打开【信息】面板，在使用【吸管工具】吸取颜色时，可以从【信息】面板中看到当前光标处的RGB和CMYK颜色值。

Tip 要使用【显示取样环】功能，需要勾选【首选项】|【性能】|【GPU设置】选项栏中的【启用OpenGL设置】复选框。

Section 4.2 渐变颜色的创建与编辑

渐变工具可以创建多种颜色的逐渐混合效果。选择【渐变工具】■后，在选项栏中设置需要的渐变样式和颜色，然后在画布中按住鼠标拖动，就可以填充渐变颜色。【渐变工具】选项栏，如图4.17所示。

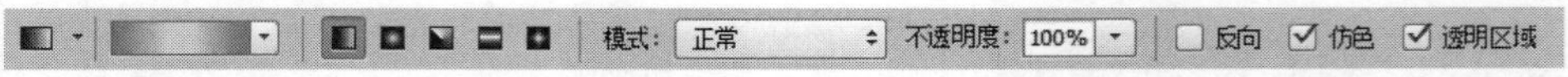

图4.17 【渐变工具】选项栏

4.2.1 "渐变"拾色器的设置

在工具箱中选择【渐变工具】■后单击工具选项栏中 右侧的【点按可打开"渐变"拾色器】三角形▾按钮，将弹出【"渐变"拾色器】。从中可以看到现有的一些渐变，如果想使用某个渐变，直接单击该渐变即可。

单击【"渐变"拾色器】的右上角的三角形图标▶按钮，将打开【"渐变"拾色器】菜单，如图4.18所示。

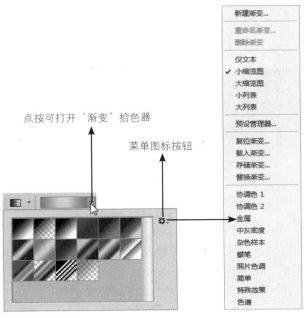

图4.18 【"渐变"拾色器】及菜单

【"渐变"拾色器】菜单各命令的含义说明如下：

● 【新建渐变】：选择该命令，将打开【渐变名称】对话框，可以将当前渐变保存到【"渐变"拾色器】中，以创建新的渐变。

● 【重命名渐变】：为渐变重新命名。在【"渐变"拾色器】中，单击选择一个渐变，然后选择该命令，在打开的【渐变名称】对话框中，输入新的渐变名称即可。如果没有选择渐变，该命令将处于灰色的不可用状态。

● 【删除渐变】：用来删除不需要的渐变。在【"渐变"拾色器】中，单击选择一个渐变，然后选择该命令，可以将选择的渐变删除。

● 【仅文本】、【小缩览图】、【大缩览图】、【小列表】和【大列表】：用来改变【"渐变"拾色器】中渐变的显示方式。

● 【预设管理器】：选取该命令，将打开【预设管理器】对话框。对渐变预设进行管理。

● 【复位渐变】：将【"渐变"拾色器】中的渐变恢复到默认状态。

● 【载入渐变】：可以将其他的渐变添加到当前的【"渐变"拾色器】中。

● 【存储渐变】：将设置好的渐变保存起来，供以后调用。

● 【替换渐变】：与【载入渐变】相似，将其他的渐变添加到当前【"渐变"拾色器】中，不同的是【替换渐变】将新载入的渐变替换掉原有的渐变。

● 【协调色1】、【协调色2】、【杂色样本】……：选取不同的命令，在【"渐变"拾色器】中将显示与其对应的渐变。

4.2.2 渐变样式及使用技法

在Photoshop CC中包括5种渐变样式，分别为线性渐变 ■、径向渐变 ■、角度渐变 ■、对称渐变 ■ 和菱形渐变 ■。5种渐变样式具体的效果和应用方法如下：

● 【线性渐变】 ■：单击该按钮，在图像或选区中拖动，将从起点到终点产生直线型渐变效果，拖动线及渐变效果，如图4.19所示。

● 【径向渐变】：单击该按钮，在图像或选区中拖动，将以圆形方式从起点到终点产生环形渐变效果，拖动线及渐变效果，如图4.20所示。

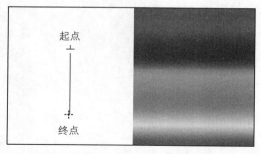

图4.19 线性渐变拖动线及渐变效果

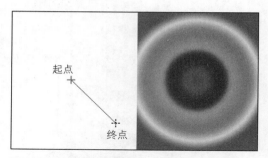

图4.20 径向渐变拖动线及渐变效果

● 【角度渐变】：单击该按钮，在图像或选区中拖动，以逆时针扫过的方式围绕起点产生渐变效果，拖动线及渐变效果，如图4.21所示。

● 【对称渐变】：单击该按钮，在图像或选区中拖动，将从起点的两侧产生镜向渐变效果，拖动线及渐变效果，如图4.22所示。

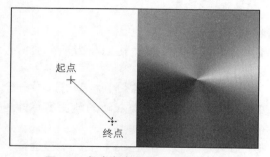

图4.21 角度渐变拖动线及渐变效果

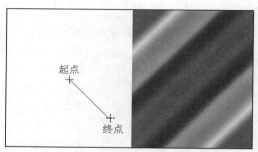

图4.22 对称渐变拖动线及渐变效果

> **Tip** 【对称渐变】如果对称点设置在画布外，将产生与【线性渐变】一样的渐变效果。所以在某些时候，【对称渐变】可以代替【线性渐变】来使用。

● 【菱形渐变】：单击该按钮，在图像或选区中拖动，将从起点向外形成菱形的渐变效果，拖动线及渐变效果，如图4.23所示。

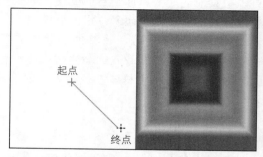

图4.23 菱形渐变拖动线及渐变效果

> **Tip** 在进行渐变填充时，如果按住【Shift】键拖动填充，可以将线条的角度限定为45度的位数。

4.2.3 渐变工具选项栏参数设置

【渐变工具】选项栏除了【"渐变"拾色器】和渐变样式选项外，还包括【模式】、【不透明度】、【反向】、【仿色】和【透明区域】5个选项，如图4.24所示。

图4.24 渐变工具选项栏其他选项

其他选项具体的应用方法介绍如下：

- 【模式】：设置渐变填充与图像的混合模式。详情可参考第7章7.1.2节图层混合模式详解内容。
- 【不透明度】：设置渐变填充颜色的不透明程度，值越小越透明。原图、不透明度为30%和不透明度为60%的不同填充效果，如图4.25所示。

原图

不透明度为30%

不透明度为60%

图4.25 不同不透明度填充效果

- 【反向】：勾选该复选框，可以将编辑的渐变颜色的顺序反转过来。比如黑白渐变可以变成白黑渐变。
- 【仿色】：勾选该复选框，可以使渐变颜色间产生较为平滑的过渡效果。
- 【透明区域】：该项主要用于对透明渐变的设置。勾选该复选框，当编辑透明渐变时，填充的渐变将产生透明效果。如果不勾选该复选框，填充的透明渐变将不会出现透明效果。

4.2.4 使用渐变编辑器

在工具箱中选择【渐变工具】■后，单击选项栏中的【点按可编辑渐变】■■■区域，将打开【渐变编辑器】对话框，如图4.26所示。通过【渐变编辑器】可以选择需要的现有渐变，也可以创建自己需要的新渐变。

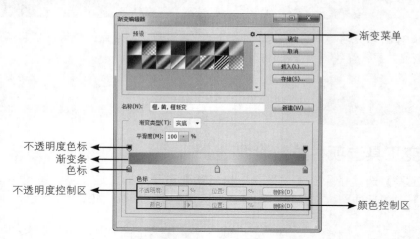

图4.26 【渐变编辑器】对话框

Questions 有没有快速编辑两种颜色渐变的方法？

Answered 在工具箱中设置前景色和背景色，然后在【渐变编辑器】窗口中选择前景色到背景色的渐变即可。

【渐变编辑器】对话框各选项的含义说明如下：

- 【预设】：显示当前默认或载入的渐变，如果需要使用某个渐变，直接单击即可选择。要使新渐变基于现有渐变，可以在该区域选择一种渐变。
- 【渐变菜单】：单击该 ✿ 按钮，将打开面板菜单，可以对渐变进行预览、复位、替换等操作。
- 【名称】：显示当前选择的渐变名称。也可以直接输入一个新的名称，然后单击右侧的【新建】按钮，创建一个新的渐变，新渐变将显示在【预设】栏中。
- 【渐变类型】：从弹出的菜单中，选择渐变的类型，包括【实底】和【杂色】两个选项。
- 【平滑度】：设置渐变颜色的过渡平滑，值越大，过渡越平滑。
- 渐变条：显示当前渐变效果，并可以通过下方的色标和上方的不透明度色标来编辑渐变。

Tip 在渐变条的上方和下方都有编辑色彩的标志，上面的叫不透明度色标，用来设置渐变的透明度，与不透明度控制区对应；下面的叫色标，用来设置渐变的颜色，与颜色控制区对应。只有选定相应色标时，对应选项才可以编辑。

1. 添加/删除色标

将鼠标光标移动到渐变条的上方，当光标变成手形 🖑 标志时单击鼠标，可以创建一个不透明度色标；将鼠标光标移动到渐变条的下方，当光标变成手形 🖑 标志时单击鼠标，可以创建一个色标。多次单击可以添加多个色标，添加色标前后的效果如图4.27所示。

| 光标效果 | 添加色标 |

图4.27 色标添加前后效果

如果想删除不需要的色标或不透明度色标，选择色标或不透明度色标后，单击【色标】选项组对应的【删除】按钮即可；也可以直接将色标或不透明度色标拖动到【渐变编辑器】对话框以外，释放鼠标即可将选择的色标或不透明度色标删除。当然也可以选择该色标或不透明度色标后，直接按【Delete】键。

2. 编辑色标颜色

单击渐变条下方的色标，该色标上方的三角形变黑，表示选中了该色标，可以使用如下方法来修改色标的颜色：

- 方法1：双击法。在需要修改颜色的色标上，双击鼠标，打开【选择色标颜色】对话框，选择需要的颜色后，单击【确定】按钮即可。

> **Tip**　【选择色标颜色】对话框与前面讲解的【拾色器】对话框用法相同，这里不再赘述。

- 方法2：利用【颜色】选项。选择色标后，在【色标】选项组中，激活颜色控制区，单击【颜色】右侧的【更改所选色标的颜色】区域，打开【选择色标颜色】对话框，选择需要的颜色后，单击【确定】按钮即可。
- 方法3：直接吸取。选择色标后，将光标移动到【颜色】面板的色谱条或打开的图像中需要的颜色上，单击鼠标即可采集吸管位置的颜色。

3. 移动或复制色标

直接左右拖动色标，即可移动色标的位置。如果在拖动时按住【Alt】键，可以复制出一个新的色标。移动色标的操作效果，如图4.28所示。

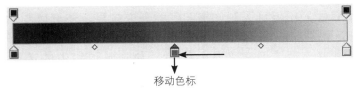

移动色标

图4.28 移动色标操作效果

如果要精确移动色标，可以选择色标或不透明度色标后，在【色标】选项组中，修改颜色控制区中的【位置】参数，精确调整色标或不透明度色标的位置，如图4.29所示。

图4.29 精确移动色标

4.编辑色标和不透明度色标中点

当选择一个色标时，在当前色标与临近的色标之间将出现一个菱形标记，这个标记称为颜色中点，拖动该点，可以修改颜色中点两侧的颜色比例，操作效果如图4.30所示。

图4.30 编辑中点

位于【渐变条】上方的色块叫做不透明度色标。同样，当选择一个不透明度色标时，在当前不透明色标与临近的不透明度色标之间将出现一个菱形标记，这个标记称为不透明度中点，拖动该点，可以修改不透明度中点两侧的透明度所占比例，操作效果如图4.31所示。

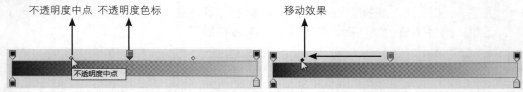

图4.31 编辑不透明度中点

Questions 为何移动色标时总是将色标删除？

Answered 在拖动色标时，如果拖动的范围超出了色标的有效位置，色标就会消失，此时释放鼠标，将删除该色标；如果此时按住鼠标左键不放，将光标拖动到渐变条的附近，色标会再次出现。

4.2.5 创建透明渐变

利用【渐变编辑器】不但可以制作出实色的渐变效果，还可以制作出透明的渐变填充，具体的设置方法如下：

（1）在工具箱中选择【渐变工具】 后，单击选项栏中的【点按可编辑渐变】 区域，打开【渐变编辑器】对话框。在【预设】栏中单击选取一个渐变，如选择【黑，白渐变】，如图4.32所示。

（2）首先来改变渐变的颜色。双击渐变条下方左侧的色标，打开【选择色标颜色】对话框，并设置颜色为白色，如图4.33所示。

在编辑渐变时，最好将不透明度渐变的色标颜色与它临近的颜色设置为一致，这样才不至于在过渡中产生其他颜色。

（3）单击选择渐变条上方左侧的不透明度色标，然后在【色标】选项组中，修改【不透明度】的值为0%，使其完全透明，并修改【位置】为50%，此时从【渐变条】中可以看到颜色出现了透明效果，位置也发生了变化，如图4.34所示。

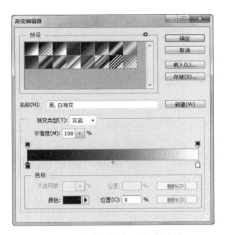

图4.32 选择【黑，白渐变】

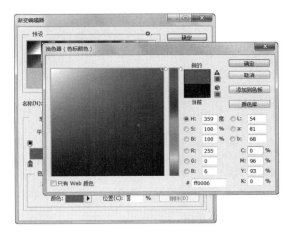

图4.33 设置色标颜色技巧

不透明度 ◄—————   —————► 位置

图4.34 修改不透明度和位置

Questions 为何编辑透明渐变填充后中间会有其他颜色?

Answered 在编辑渐变时，不透明度色标下方的色标颜色会根据不透明度来显示，所以在与其他颜色过渡时，会产生浅浅的颜色，如果不想让中间有颜色过渡，可以将相邻的色标颜色设置为同色。

Skill 如果想删除不需要的不透明度色标，首先选择该不透明度色标，然后单击【删除】按钮即可，也可以直接拖动该不透明度色标到【渐变条】以外的区域，释放鼠标即可将其删除。需要注意的是，不透明度色标至少要保持两个。

（4）设置完成后，单击【确定】按钮，完成透明渐变的编辑。为了更好地说明效果，这里执行菜单栏中的【文件】|【打开】命令，选择配套光盘中"调用素材/第4章/海天一色.jpg"图片，将其打开。

（5）选择工具箱中的【椭圆选框工具】 ○ ，按住【Shift】键的同时，绘制一个正圆形选区，如图4.35所示。

（6）在【图层】面板中，单击底部的【创建新图层】 ◰ 按钮，创建一个新的图层，如图4.36所示。

（7）选择工具箱中的【渐变工具】 ■ ，在选项栏中单击【径向渐变】 ◉ 按钮。从正圆选区的内部合适位置，按住鼠标向外部拖动，如图4.37所示。释放鼠标即可为其填充透明渐变。执行菜单栏中的【选择】|【取消选择】命令，将选区取消，填充后的效果如图4.38所示。

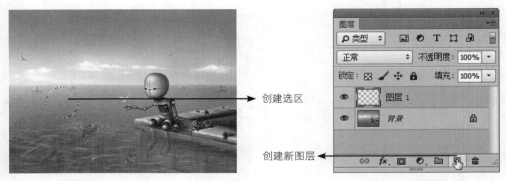

图4.35 绘制正圆选区　　　　　　　　　　　图4.36 创建新图层

图4.37 拖动填充效果　　　　　　　　　　　图4.38 填充透明渐变效果

（8）使用【选择工具】，按住【Alt】键将其复制多份，并修改不同的大小，制作出气泡效果，如图4.39所示。在【图层】面板中，将所有气泡层选中并将其合并，然后将合并层的不透明度设置为40%，效果如图4.40所示。

图4.39 复制调整效果

图4.40 降低不透明度

4.2.6　创建杂色渐变

除了创建上面的实色渐变和透明渐变外，利用【渐变编辑器】对话框还可以创建杂色渐变，具体的创建方法如下：

（1）在工具箱中选择【渐变工具】，单击选项栏中【点按可编辑渐变】区域，打开【渐变编辑器】面板，然后选择一种渐变，比如选择【色谱】渐变。在【渐变类型】下拉列表中，选择【杂色】选项，此时渐变条将显示杂色效果，如图4.41所示。

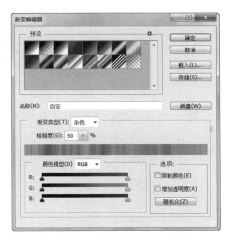

图4.41 【渐变编辑器】面板

Tip 杂色渐变效果与选择的预设或自定义渐变无关，即不管开始选择的什么渐变，选择【杂色】选项后，显示的效果都是一样的。要修改杂色渐变，可以通过【颜色模型】和相关的参数值来修改。

- 【粗糙度】：设置整个渐变颜色之间的粗糙程度。可以在文本框中输入数值，也可以拖动弹出式滑块来修改数值。值越大，颜色之间的粗糙度就越大，颜色之间的对比度就越大。不同的值将显示不同的粗糙程度。
- 【颜色模型】：设置不同的颜色模式。包括RGB、HSB和Lab3种颜色模式。选择不同的颜色模式，其下方将显示不同的颜色设置条，拖动不同颜色滑块，可以修改颜色的显示，以创建不同的杂色效果。
- 【限制颜色】：勾选该复选框，可以防止颜色过度饱和。
- 【增加透明度】：勾选该复选框，可以向渐变中添加透明杂色，以制作带有透明度的杂色效果。
- 【随机化】：单击该按钮，可以在不改变其他参数的情况下，创建随机的杂色渐变。

（2）读者可以根据上面的相关参数，自行设置一个杂色渐变。利用【渐变工具】■进行填充，填充几种不同渐变样式的杂色渐变效果，如图4.42所示。

 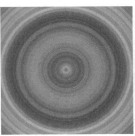  

图4.42 填充几种不同渐变样式的杂色渐变效果

在应用填充工具进行填充时，除了单色和渐变，还可以填充图案。图案是在绘图过程中被重复使用或拼接粘贴的图像，Photoshop CC为用户提供了各种默认图案。在Photoshop CC中，也可以自定义创建新图案，然后将它们存储起来，供不同的工具和命令使用。

4.3.1 整体图案的定义

整体定义图案，就是将打开的图片素材整个定义为图案，以填充其他画布制作背景或其他用途，具体的操作方法如下：

（1）打开配套光盘中"调用素材/第4章/定义图案.jpg"文件，单击【打开】按钮，打开图片如图4.43所示。

（2）执行菜单栏中的【编辑】|【定义图案】命令，打开【图案名称】对话框，为图案进行命名，如"整体图案"，如图4.44所示，然后单击【确定】按钮，完成图案的定义。

图4.43 打开的图片

设置名称

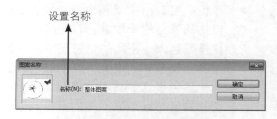

图4.44 【图案名称】对话框

（3）按【Ctrl + N】组合键，创建一个画布。然后执行菜单栏中的【编辑】|【填充】命令，打开【填充】对话框，设置【使用】为图案，并单击【自定图案】右侧的【点按可打开"图案"拾色器】区域，打开【"图案"拾色器】，选择刚才定义的"整体图案"图案，如图4.45所示。

Skill 按【Shift + F5】组合键，可以快速打开【填充】对话框。

Questions 为何填充的图案并不显示拼贴状态，而只显示图片的局部？

Answered 想要使填充的图案产生拼贴状，要注意所定义图案的尺寸与所要填充的画布尺寸，如果图案的尺寸大于要填充的画布，当然不会出现拼贴效果。

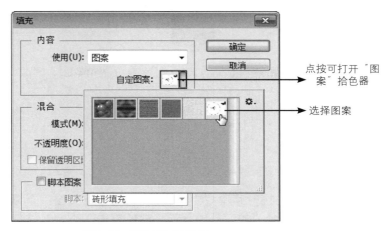

图4.45 【填充】对话框

Tip 【填充】对话框中的【点按可打开"图案"拾色器】与使用【油漆桶工具】时，工具选项栏中的图案相同。

（4）设置完成后，单击【确定】按钮确认图案填充，即可将选择的图案填充到当前的画布中，填充后的效果如图4.46所示。

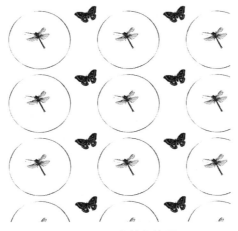

图4.46 图案填充效果

4.3.2 局部图案的定义

整体定义图案是将打开的整个图片定义为一个图案，这就局限了图案的定义。而Photoshop CS4为了更好地定义图案，提供了局部图案的定义方法，即可以选择打开图片中任意喜欢的局部效果，将其定义为图案，具体的操作方法如下：

（1）打开配套光盘中"调用素材/第4章/定义图案.jpg"文件，单击【打开】按钮，打开图片如图4.47所示。

（2）下面将蝴蝶的右下角的花纹定义为图案。单击工具箱中的【矩形选框工具】按钮，在图像中合适位置按住鼠标拖动，绘制一个矩形的选区，将蝴蝶选中，效果如图4.48所示。

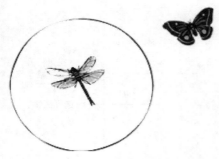
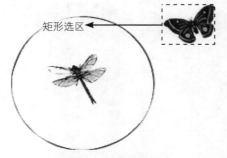

图4.47 打开的图片效果　　　　　　　　图4.48 选区选择效果

（3）选择图案后，执行菜单栏中的【编辑】|【定义图案】命令，打开【图案名称】对话框，为图案进行命名，如图4.49所示，然后单击【确定】按钮，完成图案的自定义。此时，从"图案"拾色器中，可以看到新创建的自定义图案效果，如图4.50所示。

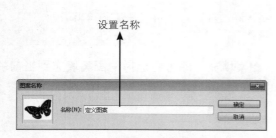
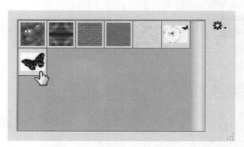

图4.49 【图案名称】对话框　　　　　　　图4.50 局部定义的图案

（4）创建一个新的画布，然后应用填充命令中的图案填充，选择刚定义的局部定义图案，即可应用刚创建的图案进行填充了，如图4.51所示。

图4.51 图案填充效果

Questions 为什么使用【椭圆选框工具】绘制一个选区后，【定义图案】命令不能使用？

Answered 在选择图案后，只能使用【矩形选框工具】绘制矩形选区，不能使用其他工具绘制非矩形选区，绘制的矩形选区可以移动，但不能变换，也不能羽化，否则不能定义图案。

强大的绘图工具

Photoshop CC在绘画功能上，拥有强大的绘画工具，如【混合器画笔工具】和硬毛笔刷等。本章从最基本的绘画工具讲起，如铅笔、橡皮擦等，然后详细讲解了与之相关的【画笔】面板参数设置及使用方法。通过本章的学习，可以掌握绘图工具的使用技巧。

Chapter
05

 教学视频

Section 5.1 认识绘画工具

Photoshop CC 为用户提供了多个绘画工具。主要包括【画笔工具】、【铅笔工具】、【混合器画笔工具】、【历史记录画笔工具】、【历史记录艺术画笔工具】、橡皮擦工具、【背景橡皮擦工具】和【魔术橡皮擦工具】等。

Questions 为何我的画笔笔触显示为画笔状，别人的则显示为圆形？

Answered 这和光标的默认显示有关，可以执行菜单栏中的【编辑】|【首选项】|【光标】命令，可在打开的对话框中的【绘画光标】选项组中修改画笔的显示效果。

5.1.1 绘画工具选项

在使用绘画工具进行绘图前，首先来了解一下绘画工具选项栏的相关选项，以更好地使用这些绘画工具进行绘图操作。绘画工具选项有很多是相同的，下面以【画笔工具】选项栏为例进行详解。选择工具箱中的【画笔工具】后，选项栏显示如图5.1所示。

图5.1 【画笔工具】选项栏

- 【点按可打开"画笔预设"选取器】：单击该区域，将打开【画笔预设】选取器，如图5.2所示。用来设置笔触的大小、硬度或选择不同的笔触。具体使用方法请参考本章5.2.3节标准画笔笔尖形状选项内容讲解。
- 【切换画笔面板】：单击该按钮，可以打开【画笔】面板，如图5.3所示。

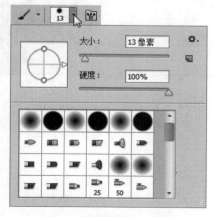

图5.2 【画笔预设】选取器

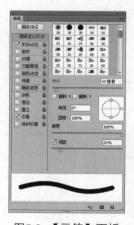

图5.3 【画笔】面板

Questions 为何画笔笔触有的显示为虚的，有的显示为实的？

Answered 因为画笔笔触的硬度值不同。值越大，边缘显示就越实。

- 【模式】：单击【模式】选项右侧的 正常 ⬍ 区域，将打开模式下拉列表，从该下拉列表中，选择需要的模式，然后在画面中绘图，可以产生神奇的效果。

> **Tip** 关于模式的使用，可参考第9章9.1.2节图层混合模式详解内容。

- 【不透明度】：单击【不透明度】选项右侧的三角形 ⬍ 按钮，将打开弹出式滑块框，通过拖动上面的滑块来修改笔触不透明度，也可以直接在文本框中输入数值修改不透明度。当值为100%时，绘制的颜色完全不透明，将覆盖下面的背景图像；当值小于100%时，将根据不同的值透出背景中的图像，值越小，透明性越大，当值为0%时，将完全显示背景图像。不同透明度绘画效果如图5.4所示。

值为100%　　　　　　　　　值为60%　　　　　　　　　值为10%

图5.4 不同透明度的绘画效果

- 【绘图板压力控制不透明度】🖌️：单击该按钮，使用压力可覆盖【画笔】面板中的不透明度设置。
- 【流量】：表示笔触颜色的流出量，流出量越大，颜色越深，说白了就是流量可以控制画笔颜色的深浅。在画笔选项栏中，单击【流量】选项右侧的 ⬍ 按钮，将打开弹出式滑块框，通过拖动上面的滑块可以修改笔触流量，也可以直接在文本框中输入数值修改笔触流量。值为100%时，绘制的颜色最深最浓；当值小于100%时，绘制的颜色将变浅，值越小，颜色越淡。不同流量所绘制的效果，如图5.5所示。

值为100%　　　　　　　　　值为70%　　　　　　　　　值为20%

图5.5 不同流量所绘制的效果

- 【启用喷枪模式】：单击该按钮将启用喷枪模式。喷枪模式在硬度值小于100%时，即使用边缘柔和度大的笔触时，按住鼠标不动，喷枪可以连续喷出颜料，扩充柔和的边缘。单击此按钮可打开或关闭此选项。
- 【绘图板压力控制大小】：单击该按钮，使用光笔压力可覆盖【画笔】面板中的大小设置。

5.1.2 使用画笔或铅笔工具绘画

【画笔工具】和【铅笔工具】可在图像上绘制当前的前景色。不过，【画笔工具】创建的笔触较柔和，而【铅笔工具】创建的笔触较生硬。要使用【画笔工具】或【铅笔工具】进行绘画，可执行如下操作：

（1）首先在工具箱中设置一种前景色。

（2）选择【画笔工具】或【铅笔工具】，在选项栏的【"画笔预设"选取器】或【画笔】面板中选择合适的画笔，并设置【模式】和【不透明度】等选项。

（3）在画布中直接单击拖动即可进行绘画。使用【画笔工具】和【铅笔工具】绘画效果分别如图5.6、图5.7所示。

图5.6 【画笔工具】绘画效果　　　　　　图5.7 【铅笔工具】绘画效果

Skill 要绘制直线，可以在画布中单击起点，然后按住【Shift】键并单击终点。

5.1.3 使用颜色替换工具

使用【颜色替换工具】，在图像特定颜色区域中涂抹，可使用已设置的颜色，替换原有的颜色。【颜色替换工具】选项栏如图5.8所示。

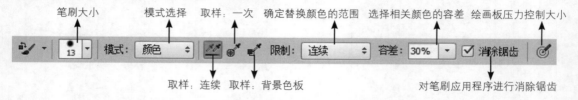

图5.8 【颜色替换工具】选项栏

设置前景色为黄绿色，使用【颜色替换工具】在需要替换颜色的部位进行涂抹，替换完成效果如图5.9所示。

图5.9 使用【颜色替换工具】效果

5.1.4 使用混合器画笔工具绘画

【混合器画笔工具】  可以模拟真实的绘画技术，比如混合画布上的颜色、组合画笔上的颜色或绘制过程中使用不同的绘画湿度等。

【混合器画笔工具】 有两个绘画色管：一个是储槽，另一个是拾取器。储槽色管存储最终应用于画布的颜色，并且具有较多的油彩容量。拾取色管接收来自画布的油彩，其内容与画布颜色是连续混合的。【混合器画笔工具】选项栏如图5.10所示。

每次描边后载入画笔

当前画笔载入

每次描边后清理画笔

图5.10 【混合器画笔工具】选项栏

【混合器画笔工具】选项栏各选项含义如下：

- 【当前画笔载入】：可以单击色块，打开【选择绘画颜色】对话框，设置一种纯色。单击三角形按钮，将弹出一个菜单，选择【载入画笔】命令，将使用储槽颜色填充画笔；选择【清理画笔】命令将移去画笔中的油彩。如果要在每次描边后执行这些操作，可以单击【每次描边后载入画笔】 按钮或【每次描边后清理画笔】 按钮。

> **Skill** 按住Alt键的同时单击画布或直接在工具箱中选取前景色，可以直接将油彩载入储槽。当载入油彩时，画笔笔尖可以反映出取样区域中的任何颜色变化。如果希望画笔笔尖的颜色均匀，可从【当前画笔载入】菜单中选择【只载入纯色】命令。

- 【潮湿】：用来控制画笔从图像中拾取的油彩量。值越大，拾取的油彩量越多，产生越长的绘画条痕。【潮湿】值分别为0%和50%时产生的不同绘画效果如图5.11所示。
- 【载入】：指定储槽中载入的油彩量大小。载入速率越低，绘画干燥的速度就越快。即值越小，绘画过程中油彩量减少量越快。【载入】值分别为1%和100%时产生的不同绘画效果如图5.12所示。

图5.11 【潮湿】值分别为0%和50%时产生的不同绘画效果

图5.12 【载入】值分别为1%和100%时产生的不同绘画效果

- 【混合】：控制画布油彩理同储槽油彩量的比例。当比例为0%时，所有油彩都来自储槽；比例为100%时，所有油彩将从画布中拾取。不过，该项会受到【潮湿】选项的影响。

Tip 【混合器画笔工具】选项栏中还有其他的选项，这些选项与绘画工具选项相同，详情请参考本章5.1.1节认识绘画工具选项内容的讲解。

- 【对所有图层取样】：勾选该复选框，可以拾取所有可见图层中的画布颜色。

Skill 要绘制直线，可以在画布中单击起点，然后按住【Shift】键并单击终点。

5.1.5 使用历史记录艺术画笔工具

【历史记录艺术画笔工具】 ✍ 可以使用指定历史记录状态或快照中的源数据，以风格化笔触进行绘画。通过尝试使用不同的绘画样式、区域和容差选项，可以用不同的色彩和艺术风格模拟绘画的纹理，以产生各种不同的艺术效果。

与【历史记录画笔工具】 ✍ 相似，【历史记录艺术画笔工具】 ✍ 也可以用指定的历史记录源或快照作为源数据。但是，【历史记录画笔工具】 ✍ 是通过重新创建指定的源数据来绘画，而【历史记录艺术画笔工具】 ⚙ 在使用这些数据的同时，还加入了为创建不同的色彩和艺术风格设置的效果。其选项栏如图5.13所示。

图5.13 【历史记录艺术画笔工具】选项栏

> **Tip**　【历史记录艺术画笔工具】选项栏中很多选项与【画笔工具】选项栏相同，详情请参考本章5.1.1节认识绘画工具选项内容的讲解。

历史记录艺术画笔工具的【选项】栏各选项的含义如下：

- 【样式】：设置使用历史记录艺术画笔绘画时所使用的风格。包括绷紧短、绷紧中、绷紧长、松散中等、松散长、轻涂、绷紧卷曲、绷紧卷曲长、松散卷曲、松散卷曲长10种样式，如图5.14所示，使用不同的样式绘图所产生的不同艺术效果。

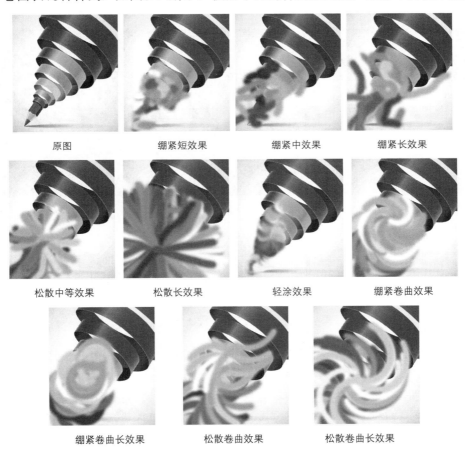

| 原图 | 绷紧短效果 | 绷紧中效果 | 绷紧长效果 |

| 松散中等效果 | 松散长效果 | 轻涂效果 | 绷紧卷曲效果 |

| 绷紧卷曲长效果 | 松散卷曲效果 | 松散卷曲长效果 |

图5.14 使用不同的样式绘图所产生的不同艺术效果

- 【区域】：设置历史艺术画笔的感应范围，即绘图时艺术效果产生的区域大小。值越大，艺术效果产生的区域也越大。
- 【容差】：控制图像的色彩变化程度，取值范围为0~100%。值越大，所产生的效果与原图像越接近。

5.1.6 使用橡皮擦工具

选择【橡皮擦工具】 ▨ 后，其选项栏如图5.15所示。包括【画笔】、【模式】、【不透明度】、【流量】和【抹到历史记录】等。

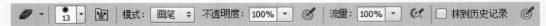

图5.15 【橡皮擦工具】选项栏

> **Tip** 【橡皮擦工具】选项栏中很多选项与【画笔工具】选项栏相同，详情请参考本章5.1.1节认识绘画工具选项内容的讲解。

橡皮擦工具【选项】栏各选项的含义如下：

● 【模式】：选择橡皮的擦除方式，包括【画笔】、【铅笔】和【块】3种方式。3种方式不同的擦除效果如图5.16所示。

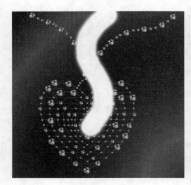 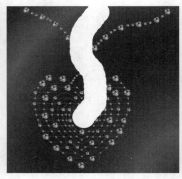 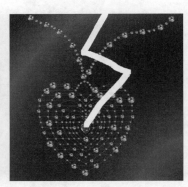

画笔方式　　　　　　　　　　铅笔方式　　　　　　　　　　块方式

图5.16 不同模式的橡皮擦除效果

● 【抹到历史记录】：勾选该复选框后，在【历史记录】面板中可以设置擦除的历史记录画笔位置或历史快照位置，擦除时可以将擦除区域恢复到设置的历史记录位置。

> **Skill** 在使用橡皮擦工具时，按住键盘中的【Shift】键在图像中拖动，可以沿水平或垂直方向擦除图像；按住【Shift】键在图像中多次单击，可以连续擦除图像。

【橡皮擦工具】 ▨ 的使用方法很简单，首先在【工具箱】中选择【橡皮擦工具】，然后在工具选项栏中设置合适的橡皮擦参数，然后将鼠标移动到图像中，在需要的地方按住鼠标左键拖动擦除即可。在应用橡皮擦工具时，根据图层的不同，擦除的效果也不同，具体的擦除效果如下：

● 如果正在背景中或在透明被锁定的图层中擦除时，被擦除的部分将显示为背景色。擦除的效果如图5.17所示。
● 在背景层上双击鼠标，将背景层转换为普通层。当在没有被锁定透明的普通层中擦除时，被擦除的部分将显示为透明擦除的效果，如图5.18所示。

图5.17 在背景层上擦除效果

图5.18 在普通层上擦除效果

5.1.7 使用背景橡皮擦工具

【背景橡皮工具】选项栏如图5.19所示，其中包括【画笔】、【取样】、【限制】、【容差】和【保护前景色】。【背景橡皮擦工具】无论在背景层上擦除还是在普通层上擦除，都将直接擦除到透明效果，还可以通过指定不同的取样和容差选项，精确控制擦除的区域。

图5.19 【背景橡皮擦工具】选项栏

> **Tip** 【背景橡皮擦工具】选项栏中很多选项与【画笔工具】选项栏相同，详情请参考本章 5.1.1节认识绘画工具选项内容的讲解。

【背景橡皮擦工具】选项栏各选项的含义如下：

● 【取样：连续】：用法等同于橡皮擦工具，在擦除过程随着拖动连续采取色样，可以擦除拖动光标经过的所有图像像素。

- 【取样：一次】![icon]：擦除前先进行颜色取样，即光标定位的位置颜色，然后按住鼠标拖动，可以在图像上擦除与取样颜色相同或相近的颜色，而且每次单击取样的颜色只能做一次连续的擦除，如果释放鼠标后想继续擦除，需要再次单击重新取样。
- 【取样：背景色板】![icon]：在擦除前先设置好背景色，即设置好取样颜色，然后可以擦除与背景色相同或相近的颜色。
- 【限制】：控制背景橡皮擦工具擦除的颜色界限。包括3个选项，分别为【不连续】、【连续】和【查找边缘】。选择【不连续】选项，在图像上拖动可以擦除所有包含取样点颜色的区域；选择【连续】选项，在图像上拖动只擦除相互连接的包含取样点颜色的区域；选择【查找边缘】选项，将擦除包含取样点颜色的相互连接区域，可以更好地保留形状边缘的锐化程度。
- 【容差】：控制擦除颜色的相近范围。输入值或拖动滑块可以修改图像颜色的精度，值越大，擦除相近颜色的范围就越大；值越小，擦除相近颜色的范围就越小。
- 【保护前景色】：勾选该复选框，在擦除图像时，可防止擦除与工具箱中的前景色相匹配的颜色区域。使用【背景橡皮擦工具】并按下【取样：连续】按钮进行擦除。如图5.20所示为设置黄色前景色的原始图像效果；如图5.21所示为不勾选【保护前景色】复选框的擦除效果；如图5.22所示为选中【保护前景色】的擦除效果。

图5.20 原始图像与前景色　　图5.21 不使用【保护前景色】　　图5.22 使用【保护前景色】

Questions 【背景橡皮擦工具】与【橡皮擦工具】的区别是什么？

Answered 【背景橡皮擦工具】和【颜色替换工具】比较相似，此工具有三种选项，第一种是【取样：连续】，和【橡皮擦工具】在使用上相同；第二种是【取样：一次】，首次取样后按住鼠标拖动只能擦掉与该次取样颜色相同或相近的颜色；第三种是【取样：背景色板】，该项与设置的背景颜色一致，只擦除与当前背景颜色相同或相近的颜色。总的来说，【背景橡皮擦工具】在功能上比【橡皮擦工具】要强大得多。

5.1.8 使用背景橡皮擦工具将铃铛抠像

　　【背景橡皮工具】![icon]采集画笔中心的色样，并删除在画笔内的任何位置出现的该颜色。下面以实例的形式来讲解【背景橡皮工具】![icon]的使用。

　　（1）打开配套光盘中"调用素材/第5章/铃铛.jpg"图片，选择工具箱中的【背景橡皮擦工具】![icon]，在选项栏中设置画笔的【大小】为60像素，【硬度】为22%，【间距】为1%，并单击【取样：一次】![icon]按钮，其他参数设置如图5.23所示。

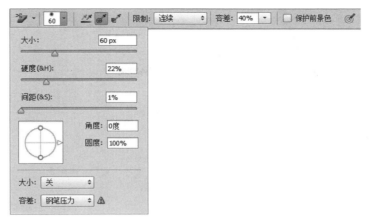

图5.23 选项栏参数设置

（2）将光标移动到图像中，然后将光标移动到铃铛外的背景中，以指定取样点的颜色，如图5.24所示。

（3）按住鼠标拖动，可以看到擦除的效果，背景图像被擦除了，而其他的颜色没有任何的变化，如图5.25所示。

图5.24 取样点的位置

图5.25 擦除绿色背景

Tip 在设置完取样点拖动擦除时，鼠标要一直保持按下状态，如果在没有达到要求时就释放了鼠标，再次擦除时需要重新设置取样点。

5.1.9 魔术橡皮擦工具

【魔术橡皮擦工具】 的用法与【魔棒工具】相似，使用【魔术橡皮擦工具】 在图像中单击，可以擦除图像中与光标单击处颜色相近的像素。如果在锁定了透明的图层中擦除图像时，被擦除的像素会更改为背景色；如果在背景层或普通层中擦除图像时，被擦除的像素会显示为透明效果。原图与不锁定透明像素和锁定透明像素的不同擦除效果如图5.26所示。

原图

不锁定透明像素

锁定透明像素

图5.26 不同设置擦除效果

【魔术橡皮擦工具】 选项栏主要包括【容差】、【消除锯齿】、【连续】、【对所有图层取样】和【不透明度】几个选项，如图5.27所示。

图5.27 【魔术橡皮擦工具】选项栏

【魔术橡皮擦工具】选项栏各选项的含义如下：
- 【容差】：控制擦除的颜色范围。在其右侧的文本框中输入容差数值，值越大，擦除相近颜色的范围就越大；值越小，擦除相近颜色的范围就越小。取值范围为0~255之间的整数。不同的容差值擦除的效果，如图5.28所示。

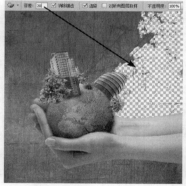
原图

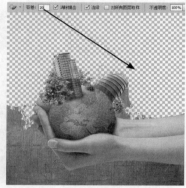
容差值为20

容差值为100

图5.28 不同容差值的擦除效果

- 【消除锯齿】：勾选该复选框，可使擦除区域的边缘与其他像素的边缘产生平滑过渡效果。
- 【连续】：勾选该复选框，将擦除与鼠标单击点颜色相似并相连接的颜色像素；取消该复选框，将擦除与鼠标单击点颜色相似的所有颜色像素。原图、勾选与不勾选【连续】复选框的擦除效果如图5.29所示。
- 【对所有图层取样】：勾选该复选框，在擦除图像时，将对所有的图层进行擦除；取消勾选该项，在擦除图像时，只擦除当前图层中的图像像素。

- 【不透明度】：指定被擦除图像的透明程度。100%的不透明度将完全擦除图像像素；较低的不透明度参数，将擦除的区域显示为半透明状态。不同透明度擦除图像的效果如图5.30所示。

原始图像

勾选【连续】复选框

不勾选【连续】复选框

图5.29 原图及勾选与不勾选【连续】复选框的擦除效果

不透明度的值为10%

不透明度的值为50%

不透明度的值为100%

图5.30 不同透明度擦除图像的效果

Questions 【魔术橡皮擦工具】的主要用法？

Answered 【魔术橡皮擦工具】的用法与【魔棒工具】相似，只是【魔棒工具】产生的是选区。使用【魔术橡皮擦工具】在图像中单击，可以擦除图像中与光标单击处颜色相近的像素，只是在擦除图像时，分为两种不同的情况，如果是在锁定了透明的图层中擦除图像，被擦除的像素会显示为背景色，如果是在背景层或普通层中擦除图像，被擦除的像素会显示为透明效果。

Section 5.2 【画笔】面板概述

执行菜单栏中的【窗口】|【画笔】命令，或在画笔选项栏的右侧，单击【切换

画笔面板】 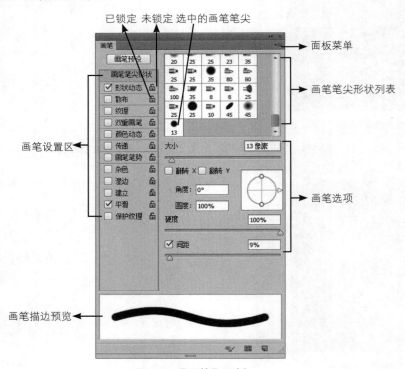按钮，都可以打开【画笔】面板。Photoshop 为用户提供了非常多的画笔，可以选择现有预设画笔，并可以修改预设画笔设计新画笔，也可以自定义创建属于自己的画笔。

在【画笔】面板的左侧是画笔设置区，选择某个选项，可以在面板的右侧显示该选项相关的画笔选项；在面板的底部，是画笔笔触预览区，可以显示当使用当前画笔选项时绘画描边的外观。另外，单击面板菜单按钮，可以打开【画笔】面板的菜单，以进行更加详细的参数设置。如图5.31所示。

图5.31 【画笔】面板

Questions 如何快速打开【画笔】面板？

Answered 按【F5】键，可以快速打开【画笔】面板。

Skill 单击选项组左侧的复选框可在不查看选项的情况下启用或停用这些选项。

5.2.1 设置画笔预设

画笔预设其实就是一种存储画笔笔尖，带有诸如大小、形状和硬度等定义的特性。画笔预设存储了Photoshop提供的众多画笔笔尖，当然也可以创建属于自己的画笔笔尖。在【画笔】面板中，单击【画笔预设】按钮，即可打开如图5.32所示的【画笔预设】面板。

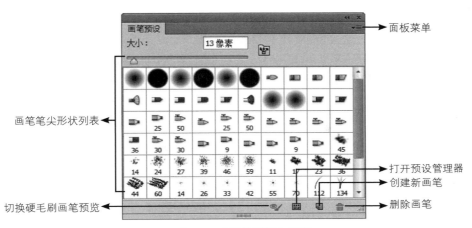

图5.32 【画笔预设】面板

1．选择预设画笔

在工具箱中选择一种绘画工具，在选项栏中单击【点按可打开"画笔预设"选取器】区域，打开【画笔预设】选取器，从画笔笔尖形状列表中单击选择预设画笔，如图5.33所示。这是最常用的一种选择预设画笔的方法。

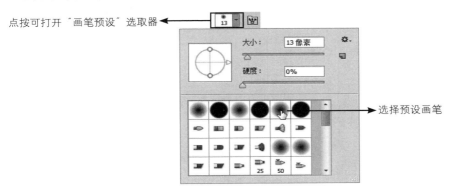

图5.33 选择预设画笔

> **Tip** 除了使用上面讲解的选择预设画笔的方法，还可以从【画笔】或【画笔预设】面板中选择预设画笔。

2．更改预设画笔的显示方式

从【画笔预设】面板菜单 ⚙ 中选择显示选项：共包括6种显示：仅文本、小缩览图、大缩览图、小列表、大列表和描边缩览图。

- 仅文本：以纯文本列表形式查看画笔。
- 小缩览图或大缩览图：分别以小或大缩览图的形式查看画笔。
- 小列表或大列表：分别以带有缩览图的小或大列表的形式查看画笔，
- 描边缩览图：不但可以查看每个画笔的缩览图，而且还可以查看样式画笔描边效果。

3．更改预设画笔库

通过【画笔预设】面板菜单 ⚙ ，还可以更改预设画笔库：

- 【载入画笔】：将指定的画笔库添加到当前画笔库。
- 【替换画笔】：用指定的画笔库替换当前画笔库。
- 预设库文件：位于面板菜单的底部，共包括15个，如混合画笔、基本画笔、方头画笔等。在选择库文件时，将弹出一个询问对话框，单击【确定】按钮，将以选择的画笔库替换当前的画笔库；单击【追加】按钮，可以将选择的画笔库添加到当前的画笔库中。

Skill 如果想返回到预设画笔的默认库，可以从【画笔预设】面板菜单中选择【复位画笔】命令。可以替换当前画笔库或将默认库追加到当前画笔库中。当然，如果想将当前画笔库保存起来，可以选择【存储画笔】命令。

5.2.2 自定义画笔预设

前面讲解了画笔预设的应用，可以看到，虽然Photoshop为用户提供了许多的预设画笔，但还远远不能满足用户的需要，下面来讲解自定义画笔预设的方法。

（1）执行菜单栏中的【文件】|【打开】命令，或按【Ctrl+O】组合键，将弹出【打开】对话框，选择配套光盘中"调用素材/第5章/蝴蝶.jpg"图片，将其打开，如图5.34所示。

（2）执行菜单栏中的【编辑】|【定义画笔预设】命令，打开如图5.35所示的【画笔名称】对话框，为其命名，比如"蝴蝶"，然后单击【确定】按钮，即可将素材定义为画笔预设。

图5.34 打开的图片

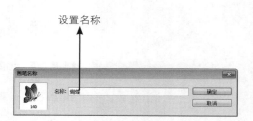

图5.35 【画笔名称】对话框

（3）选择【画笔工具】 后，在工具选项栏中，单击【画笔】选项右侧的【点按可打开"画笔预设"选取器】区域，打开【"画笔预设"选取器】，在笔触选择区的最后将显示出刚才定义的画笔笔触——蝴蝶，效果如图5.36所示。

Questions 画笔能不能进行局部定义？

Answered 画笔可以像图像一样进行局部定义。与图案定义不同的是，它不但支持矩形选区，还支持其他的不规则选区、羽化或变换的选区，定义画笔的方法非常简单，只要将需要定义的部分使用选区选中，然后按照自定义画笔预设的方法，即可定义画笔。

（4）为了更好地说明笔触的使用，下面设置蝴蝶笔触的不同参数，绘制漂亮的图案效果。单击选项栏中的【切换画笔面板】 按钮，打开【画笔】面板，分别设置画笔的参数，如图5.37所示。

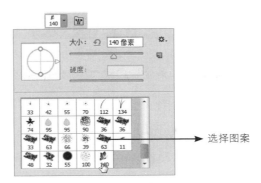
选择图案

图5.36 创建的画笔笔触效果

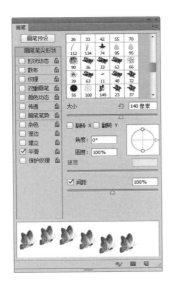
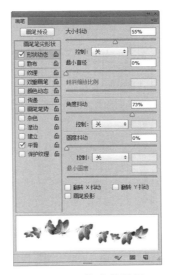

图5.37 画笔参数设置

（5）参数设置完成后，执行菜单栏中的【文件】|【打开】命令，选择配套光盘中"调用素材/第5章/画笔背景.jpg"图片，将其打开，如图5.38所示。

（6）将前景色设置为白色，使用设置好参数的【画笔工具】 ✏，在图片中拖动绘图，绘制完成的效果如图5.39所示。

图5.38 打开的图片

图5.39 绘制后的效果

5.2.3 标准画笔笔尖形状选项

在【画笔】面板左侧的画笔设置区中，单击选择【画笔笔尖形状】选项，在面板的右侧将显示画笔笔尖形状的相关画笔参数，包括大小、角度、圆度和间距等参数设置，如图5.40所示。

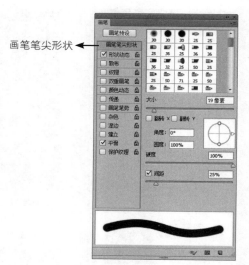

图5.40 【画笔】|【画笔笔尖形状】选项

【画笔】|【画笔笔尖形状】各选项的含义如下：

● 【大小】：调整画笔笔触的直径大小。可以通过拖动下方的滑块来修改直径，也可以在右侧的文本框中输入数值来改变直径大小。值越大，笔触也越粗。具有不同大小值的画笔描边效果如图5.41所示。

图5.41 具有不同大小值的画笔描边效果

● 【翻转X】、【翻转Y】：控制画笔笔尖的水平、垂直翻转。勾选【翻转X】复选框，将画笔笔尖水平翻转；勾选【翻转Y】复选框，将画笔笔尖垂直翻转。如图所示为原始画笔、【翻转X】和【翻转Y】的效果对比，如图5.42所示。

  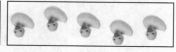

原始效果　　　　　　　　　翻转X　　　　　　　　　翻转Y

图5.42 原始画笔、【翻转X】和【翻转Y】的效果对比

- 【角度】：设置笔尖的绘画角度。可以在其右侧的文本框中输入数值，也可以在笔尖形状预览窗口中，拖动箭头标志来修改画笔的角度值，不同角度值绘制的形状效果，如图5.43所示。

图5.43 不同角度值绘制的形状效果

- 【圆度】：设置笔尖的圆形程度。在其右侧文本框中输入数值，也可以在笔尖形状预览窗口中，拖动控制点来修改笔尖的圆度。当值为100%时，笔尖为圆形；当值小于100%时，笔头为椭圆形。不同圆角度绘画效果如图5.44所示。

图5.44 同圆角度绘画效果

- 【硬度】：设置画笔笔触边缘的柔和程度。在其右侧文本框中输入数值，也可以通过拖动其下方的滑块来修改笔触硬度。值越大，边缘越生硬；值越小，边缘柔化程度越大。不同硬度值绘制出的形状如图5.45所示。

硬度值为100%　　　　　　　硬度值为50%　　　　　　　硬度值为0%

图5.45 不同硬度值绘画的效果

- 【间距】：设置画笔笔触间的间距大小。值越小，所绘制的形状间距越小；值越大，所绘制的形状间距越大。不同间距大小绘画描边效果如图5.46所示。

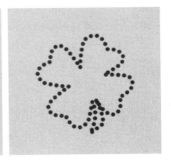

间距值为25%　　　　　　　间距值为100%　　　　　　　间距值为150%

图5.46 不同间距大小绘画描边效果

5.2.4 硬毛刷笔尖形状选项

硬毛刷可以通过硬毛刷笔尖指定精确的毛刷特性，从而创建十分逼真、自然的描边。硬毛笔刷位于默认的画笔库中，在画笔笔尖形状列表单击选择某个硬毛笔刷后，在画笔选项区将显示硬毛笔刷的参数，如图5.47所示。

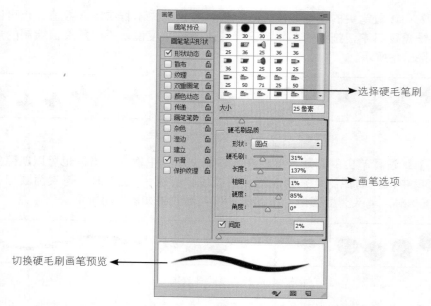

选择硬毛笔刷

画笔选项

切换硬毛刷画笔预览

图5.47 硬毛笔刷的参数

硬毛笔刷的参数含义如下：

- 【形状】：指定硬毛笔刷的整体排列。从右侧的下拉菜单中，可以选择一种形状，包括圆点、圆钝形、圆曲线、圆角、圆扇形、平点、平钝形、平曲线、平角和平扇形10种形状。不同形状笔刷效果如图5.48所示。

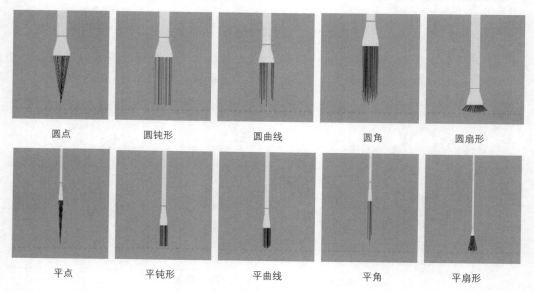

| 圆点 | 圆钝形 | 圆曲线 | 圆角 | 圆扇形 |
| 平点 | 平钝形 | 平曲线 | 平角 | 平扇形 |

图5.48 不同形状笔刷效果

- 【硬毛刷】：指定硬毛刷整体的毛刷密度。值越大，毛刷的密度就越大。不同硬毛刷值的绘画效果如图5.49所示。
- 【长度】：指定毛刷刷毛的长度。不同长度值的硬毛刷效果如图5.50所示。

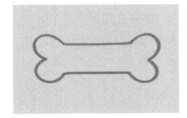  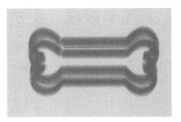

图5.49 不同硬毛刷值的绘画效果

图5.50 不同长度值的硬毛刷效果

● 【粗细】：指定各个硬毛刷的宽度。
● 【硬度】：指定毛刷的强度。值越大，绘制的笔触越浓重；如果设置的值较低，则画笔绘画时容易发生变形。
● 【角度】：指定使用鼠标绘画时的画笔笔尖角度。
● 【间距】：指定描边中两个画笔笔迹之间的距离。如果取消选择此复选框，则使用鼠标拖动绘画时，光标的速度将决定间距的大小。
● 硬毛笔刷预览：

在【画笔】面板的底部有一个【切换实时硬毛刷画笔预览】 图标，通过单击该图标，可以启用或关闭硬毛笔刷在画布中的预览效果。不过需要注意的是，如果想使用该功能，需要在【首选项】对话框中勾选【性能】选项中的【启用OpenGL绘图】复选框。启用硬毛刷画笔预览效果如图5.51所示。

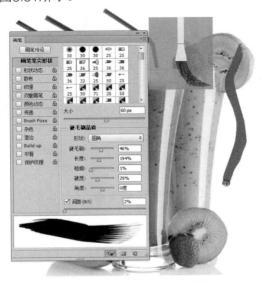

图5.51 启用硬毛刷画笔预览效果

5.2.5 画笔形状动态选项

在【画笔】面板左侧的画笔设置区中，勾选【形状动态】复选框，在面板的右侧将显示画笔笔尖形状动态的相关参数设置选项，包括大小抖动、最小直径、倾斜缩放比例、角度抖动、圆度抖动和最小圆度等参数的设置，如图5.52所示。

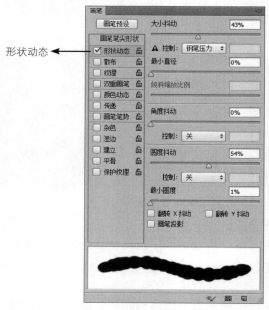

图5.52 【画笔】|【形状动态】选项

【画笔】|【形状动态】各选项的含义如下：

- 【大小抖动】：设置笔触绘制的大小变化效果。值越大，大小变化越大。在下方的【控制】选项中，还可以控制笔触的变化形式，包括关、渐隐、钢笔压力、钢笔斜度和光笔轮5个选项。大小抖动的不同显示效果，如图5.53所示。

抖动值为0%   抖动值为50%   抖动值为100%

图5.53 不同大小抖动值绘画效果

- 【最小直径】：设置画笔笔触的最小显示直径。当使用【大小抖动】时，使用该值，可以控制笔触的最小笔触的直径。
- 【倾斜缩放比例】：设置画笔笔触的倾斜缩放比例大小。只有在【控制】选项中选择了【钢笔斜度】命令后，此项才可以应用。
- 【角度抖动】：设置画笔笔触的角度变化程度。值越大，角度变化也越大，绘制的形状越复杂。不同角度抖动值绘制的形状效果，如图5.54所示。

抖动值为0%　　　　　　　　抖动值为30%　　　　　　　　抖动值为80%

图5.54 不同角度抖动值绘画效果

- 【圆度抖动】：设置画笔笔触的圆角变化程度。可以从下方的【控制】选项中，选择一种圆度的变化方式。不同的圆度抖动值绘制的形状效果如图5.55所示。

圆度抖动值为0%　　　　　　圆度抖动值为50%　　　　　　圆度抖动值为100%

图5.55 不同的圆度抖动值绘制的形状效果

- 【最小圆度】：设置画笔笔触的最小圆度值。当使用【圆度抖动】时，该项才可以使用。值越小，圆度抖动的变化程度越大。

> **Tip** 【翻转X抖动】和【翻转Y抖动】与【画笔笔尖形状】选项中的【翻转X】、【翻转Y】用法相似，不同的是，前者在翻转时不是全部翻转，而是随机性的翻转。

5.2.6 画笔散布选项

画笔散布选项设置可确定在绘制过程中画笔笔迹的数目和位置。在【画笔】面板左侧的画笔设置区中，勾选【散布】复选框，在面板的右侧将显示画笔笔尖散布的相关参数设置选项，包括散布、数量和数量抖动等参数项，如图5.56所示。

【画笔】|【散布】各选项的含义说明如下：

- 【散布】：设置画笔笔迹在绘制过程中的分布方式。当勾选【两轴】复选框时，画笔的笔迹按水平方向分布；当取消【两轴】复选框时，画笔的笔迹按垂直方向分布。在其下方的【控制】选项中可以设置画笔笔迹散布的变化方式。不同散布参数值绘画效果如图5.57所示。

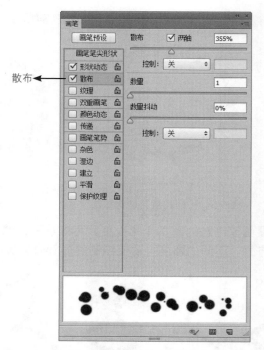

图5.56 【画笔】|【散布】选项

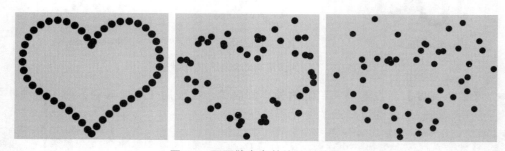

图5.57 不同散布参数值绘画效果

- 【数量】：设置在每个间距间隔中应用的画笔笔迹散布数量。需要注意的是，如果在不增加间距值或散布值的情况下增加数量，绘画性能可能会降低。不同数量值绘画效果如图5.58所示。

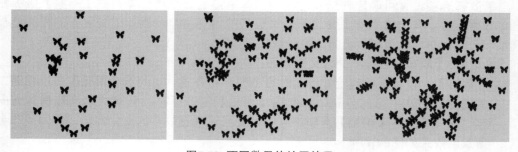

图5.58 不同数量值绘画效果

- 【数量抖动】：设置在每个间距间隔中应用的画笔笔迹散布的变化百分比。在其下方的【控制】选项中可以设置以何种方式来控制画笔笔迹的数量变化。

5.2.7　画笔纹理选项

　　纹理画笔利用添加的图案使画笔绘制的图像看起来像是在带纹理的画布上绘制的一样，产生明显的纹理效果。在【画笔】面板左侧的画笔设置区中，勾选【纹理】复选框，在面板的右侧将显示纹理的相关参数设置选项，包括缩放、模式、深度、最小深度和深度抖动等参数项，如图5.59所示。

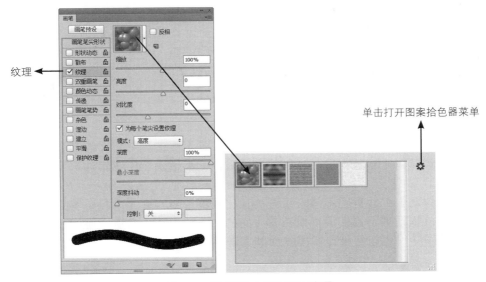

图5.59　【画笔】|【纹理】选项

　　【画笔】|【纹理】各选项的含义如下：

- 【图案拾色器】：单击【点按可打开"图案"拾色器】区域，将打开【图案"拾色器】，从中可以选择所需的图案，可以通过【"图案"拾色器】菜单，打开更多的图案。
- 【反相】：勾选该复选框，图案中的亮暗区域将进行反转。图案中的最亮区域转换为暗区域，图案中的最暗区域转换为亮区域。
- 【缩放】：设置图案的缩放比例。键入数字或拖动滑块来改变图案大小的百分比值。不同缩放效果如图5.60所示。

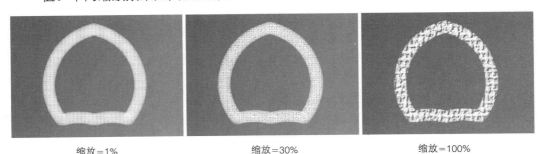

缩放=1%　　　　　　　缩放=30%　　　　　　缩放=100%

图5.60　不同缩放效果

- 【为每个笔尖设置纹理】：勾选该复选框，在绘画时，为每个笔尖都应用纹理。如果不勾选该复选框，则无法使用下面的【最小深度】和【深度抖动】两个选项。

- 【模式】：设置画笔和图案的混合模式。使用不同的模式，可以绘制出不同的混合笔迹效果。
- 【深度】：设置图案油彩渗入纹理的深度。键入数字或拖动滑块渗入的程度，值越大，渗入的纹理深度越深，图案越明显。不同深度值绘图效果如图5.61所示。

图5.61　不同深度值绘图效果

- 【最小深度】：当勾选【为每个笔尖设置纹理】复选框并将【控制】选项设置为渐隐、钢笔压力、钢笔斜度、光笔轮选项时，此参数决定了图案油彩渗入纹理的最小深度。
- 【深度抖动】：设置图案渗入纹理的变化程度。当勾选【为每个笔尖设置纹理】复选框时，拖动其下方的滑块或在其右侧的文本框中输入数值，可以在其下方的【控制】选项中设置以何种方式控制画笔笔迹的深度变化。

> **Tip**　为当前工具指定纹理时，可以将纹理的图案和比例拷贝到支持纹理的所有工具。例如，可以将画笔工具使用的当前纹理图案和比例拷贝到铅笔、仿制图章、图案图章、历史画笔、艺术历史画笔、橡皮擦、减淡、加深和海绵等工具。从【画笔】面板菜单中选择【将纹理拷贝到其他工具】命令，可以将纹理图案和比例拷贝到其他绘画和编辑工具。

5.2.8　双重画笔选项

双重画笔模拟使用两个笔尖创建画笔笔迹，产生两种相同或不同纹理的重叠混合效果。在【画笔】面板左侧的画笔设置区中，勾选【双重画笔】复选框，就可以绘制出双重画笔效果，如图5.62所示。

【画笔】|【双重画笔】各选项的含义如下：

- 【模式】：设置双重画笔间的混合模式。使用不同的模式，可以制作出不同的混合笔迹效果。
- 【翻转】：勾选该复选框，可以启用随机画笔翻转功能，产生笔触的随机翻转效果。
- 【大小】：控制双笔尖的大小。
- 【间距】：设置画笔中双笔尖画笔笔迹之间的距离。键入数字或拖动滑块来改变笔尖的间距大小。不同间距的绘画效果如图5.63所示。
- 【散布】：设置画笔中双笔尖画笔笔迹的分布方式。当勾选【两轴】复选框时，画笔笔迹按水平方向分布。当取消勾选【两轴】复选框时，画笔笔迹按垂直方向分布。
- 【数量】：设置在每个间距间隔应用的画笔笔迹的数量。键入数字或拖动滑块来改变笔迹的数量。

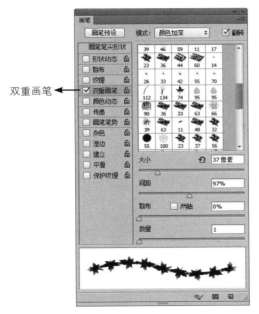

图5.62 【画笔】|【双重画笔】选项

双重画笔

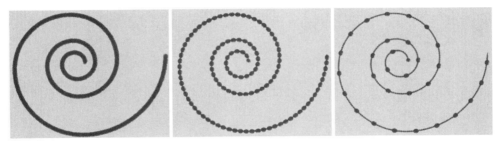

图5.63 不同间距的绘画效果

5.2.9 画笔颜色动态选项

颜色动态控制画笔中油彩色相、饱和度、亮度和纯度等的变化，在【画笔】面板左侧的画笔设置区中，勾选【颜色动态】复选框，在面板的右侧将显示颜色动态的相关参数设置选项，如图5.64所示。

Questions 纯度指什么？

Answered 纯度表示颜色的纯正程度，其实就是该颜色的深浅程度，或者说是颜色的饱和度。

【画笔】|【颜色动态】各选项的含义如下：

● 【前景/背景抖动】：键入数字或拖动滑块，可以设置前景色和背景色之间的油彩变化方式。在其下方的【控制】选项中可以设置以何种方式控制画笔笔迹的颜色变化。不同前景/背景抖动值绘画效果如图5.65所示。

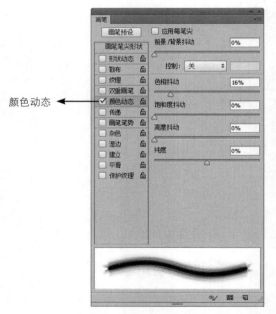

图5.64 【画笔】|【颜色动态】选项参数

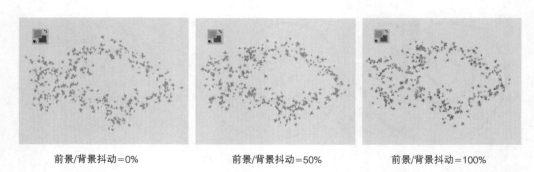

前景/背景抖动=0%　　　　　前景/背景抖动=50%　　　　　前景/背景抖动=100%

图5.65 不同前景/背景抖动值绘画效果

- 【色相抖动】：键入数字或拖动滑块，可以设置在绘制过程中颜色色彩的变化百分比。较低的值在改变色相的同时保持接近前景色的色相。较高的值增大色相间的差异。不同色相抖动绘画效果如图5.66所示。

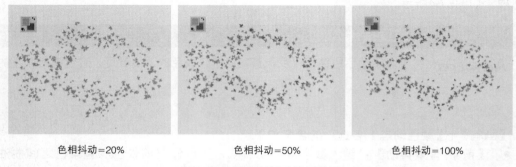

色相抖动=20%　　　　　　　色相抖动=50%　　　　　　　色相抖动=100%

图5.66 不同色相抖动绘画效果

- 【饱和度抖动】：设置在绘制过程中颜色饱和度的变化程度。较低的值在改变饱和度的同时保持接近前景色的饱和度。较高的值增大饱和度级别之间的差异。不同饱和度抖动绘图效果如画5.67所示。

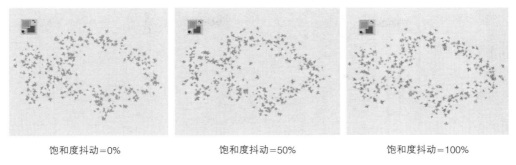

饱和度抖动=0%　　　　　　　饱和度抖动=50%　　　　　　　饱和度抖动=100%

图5.67 不同饱和度抖动绘画效果

- 【亮度抖动】：设置在绘制过程中颜色明度的变化程度。较低的值在改变亮度的同时保持接近前景色的亮度。较高的值增大亮度级别之间的差异。不同亮度抖动绘画效果如图5.68所示。

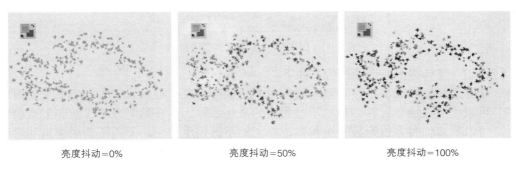

亮度抖动=0%　　　　　　　　亮度抖动=50%　　　　　　　亮度抖动=100%

图5.68 不同亮度抖动绘画效果

- 【纯度】：设置在绘制过程中颜色深度的大小。如果该值为-100，则颜色将完全去色；如果该值为100，则颜色将完全饱和。不同纯度绘画效果如图5.69所示。

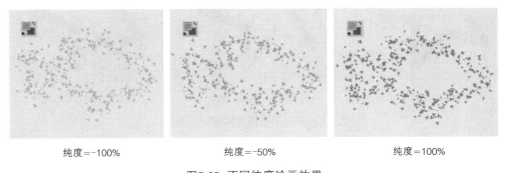

纯度=-100%　　　　　　　　纯度=-50%　　　　　　　　纯度=100%

图5.69 不同纯度绘画效果

5.2.10　画笔传递选项

　　画笔的传递用来设置画笔不透明度抖动和流量抖动。在【画笔】面板左侧的画笔设置区中，勾选【传递】复选框，在面板的右侧将显示传递的相关参数设置选项，参数设置及绘图效果如图5.70所示。

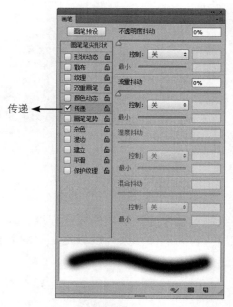

图5.70 【画笔】|【传递】选项参数

【画笔】|【传递】各选项的含义如下：

● 【不透明度抖动】：设置画笔绘画时不透明度的变化程度。键入数字或拖动滑块，可以设置在绘制过程中颜色不透明度的变化百分比。在其下方的【控制】选项中可以设置以何种方式来控制画笔笔迹颜色的不透明度变化。不同不透明度抖动绘画效果如图5.71所示。

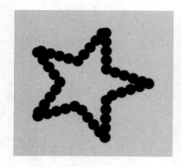
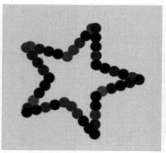
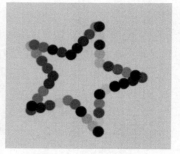

不透明度抖动=0%   不透明度抖动=50%   不透明度抖动=100%

图5.71 不同不透明度抖动绘图效果

● 【流量抖动】：设置画笔绘图时油彩的流量变化程度。键入数字或拖动滑块，可以设置在绘制过程中颜色流量的变化百分比。在其下方的【控制】选项中可以设置以何种方式来控制画笔颜色的流量变化。

Questions 利用不透明度抖动可以制作什么效果？

Answered 可以制作透明、半透明或不透明的变化效果。

5.2.11 其他画笔选项

在【画笔】面板的左侧底部，还包含一些选项，如图5.72所示。勾选这些选项，可以为画笔添加特效效果。勾选某个选项的复选框，即可为当前画笔设置添加该特效，各选项特效的具体含义如下：

图5.72 其他选项

其他选项的含义说明如下：

- 【画笔笔势】:勾选该复选框，可以设置平铺、旋转和压力等参数设置。
- 【杂色】：勾选该复选框，可以为个别的画笔笔尖添加随机的杂点。当应用于柔边画笔笔触时，此选项最有效。应用【杂点】特效画笔的前后效果，如图5.73所示。

图5.73 应用【杂点】特效画笔的前后效果

- 【湿边】：勾选该复选框，可以沿绘制出的画笔笔迹边缘增大油彩量，从而出现水彩画润湿边缘扩散的效果。应用【湿边】特效画笔的前后效果，如图5.74所示。

图5.74 应用【湿边】特效画笔的前后效果

- 【建立】：勾选该复选框，可以使画笔在绘制时模拟传统的喷枪手法。

> **Tip** 【画笔】面板中的【喷枪】选项与工具选项栏中的喷枪 按钮在使用上是完全一样的。

- 【平滑】：勾选该复选框，可以使画笔绘制出的颜色边缘较平滑。当使用光笔进行快速绘画时，此选项最有效；但是它在笔画渲染中可能会导致轻微的滞后。
- 【保护纹理】：勾选该复选框，可对所有具有纹理的画笔预设应用相同的图案和比例。当使用多个纹理画笔笔触绘画时，勾选此选项，可以模拟绘制出一致的画布纹理效果。

> **Tip** 如果设置了较多的画笔选项，想一次取消选中状态，可以从【画笔】面板菜单中选取【清除画笔控制】命令，可以轻松地清除所有画笔选项。

笔记栏

选区功能解析及抠图应用

在图形的设计制作中，经常需要确定一个工作区域，以便处理图形中的不同位置，这个区域就是选框或套索工具所确定的选区。本章对Photoshop CC中选框和套索工具各种变化操作以及选取范围的高级操作技巧等作了较为详尽的讲解，如选区的移动、扩展、收缩及羽化设置等。

Chapter
06

 教学视频

○ 选区选项栏详解	视频时间：8:45
○ 使用多边形套索选择五角星	视频时间：4:20
○ 使用磁性套索将卡通牛抠像	视频时间：3:11
○ 使用快速选择工具将花抠像	视频时间：2:58
○ 利用魔棒工具将仓鼠抠像	视频时间：3:49
○ 选区的编辑与调整	视频时间：5:35
○ 选区的羽化及修饰	视频时间：3:56

选区工具及命令使用

选区主要用于选择图像中一个或多个部分。通过选择指定区域，可以编辑指定区域或对指定区域应用滤镜效果，同时保持未选定区域不会被改动。

Photoshop 提供了单独的工具组，用于建立像素选区和矢量数据选区。例如，若要选择像素，可以使用选框工具或套索工具。可以使用【选择】菜单中的命令选择全部像素、取消选择或重新选择。要选择矢量数据，可以使用钢笔工具或形状工具，这些工具将生成名为路径的精确轮廓，当然可以将路径转换为选区或将选区转换为路径。

6.1.1 选区选项栏详解

使用任意一个选区工具，在选项栏中将显示该工具的属性。选框工具组中，相关选框工具的选项栏内容是一样的，主要有【羽化】、【消除锯齿】、【样式】等选项，下面以【矩形选框工具】 选项栏为例来讲解各选项的含义及用法，如图6.1所示。

图6.1 【矩形选框工具】选项栏

> **Tip** 单击【调整边缘】按钮，可以打开【调整边缘】对话框，关于它的使用，将在后面详细讲解，请参考本章6.2.7节调整选区边缘内容讲解。

【矩形选框工具】选项栏各选项的含义及用法介绍如下：

- 【新选区】 ：单击该按钮，将激活新选区属性，使用选区工具在图形中创建选区时，新创建的选区将替代原有的选区。
- 【添加到选区】 ：单击该按钮，将激活添加到选区属性，使用选框工具在画布中创建选区时，如果当前画布中存在选区，鼠标光标将变成双十字形状，表示添加到选区。此时绘制新选区，新建的选区将与原来的选区合并成为新的选区，操作步骤及效果如图6.2所示。

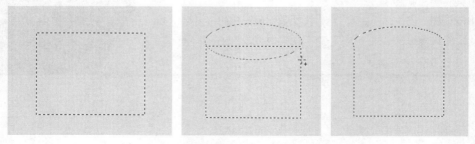

图6.2 添加到选区操作步骤及效果

- 【从选区减去】 ：单击该按钮，将激活从选区减去属性，使用选框工具在图形中创建选区时，如果当前画布中存在选区，鼠标光标将变成十状，如果新创建的选区与原来的选区有相交部分，将从原选区中减去相交的部分，余下的选择区域作为新的选区，操作步骤及效果如图6.3所示。

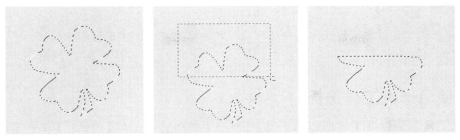

图6.3 从选区中减去操作步骤及效果

Questions 关于隐藏选区？

Answered 隐藏选区以后，选区虽然看不见了，但它仍然存在，并限定操作的有效范围。需要重新显示选区，可按【Ctrl+H】组合键。

- 【与选区交叉】 ▣ ：单击该按钮，将激活与选区交叉属性，使用选框工具在图形中创建选区时，如果当前画布中存在选区，鼠标光标将变成 +ₓ 状，如果新创建的选区与原来的选区有相交部分，结果会将相交的部分作为新的选区，操作步骤及效果如图6.4所示。

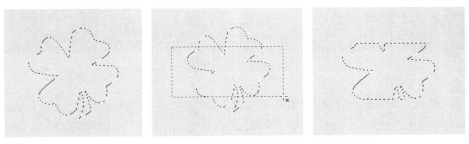

图6.4 与选区交叉操作步骤及效果

Tip 在进行选区交叉操作的时候，当两个选区没有出现交叉，释放鼠标左键将会出现一个对话框，表示不能完成保留交叉选区的操作，这时的工作区域将不保留任何选区。

- 【羽化】：在【羽化】文本框中输入数值，可以设置选区的羽化程度。对被羽化的选区填充颜色或图案后，选区内外的颜色柔和过渡，数值越大，柔和效果越明显。
- 【消除锯齿】：图像是由像素点构成，而像素点是方形的，所以在编辑和修改圆形或弧形图形时，其边缘会出现锯齿效果。勾选该复选框，可以消除选区锯齿，平滑选区边缘。
- 【样式】：在【样式】下拉列表中可以选择创建选区时选区样式。包括【正常】、【固定比例】和【固定大小】3个选项。【正常】为默认选项，可在操作文件中随意创建任意大小的选区；选择【固定比例】选项后，【宽度】及【高度】文本框被激活，在其中输入选区【高度】和【宽度】的比例，可以得到宽度和高度成比例的不同大小的选区；选择【固定大小】选项后，【宽度】及【高度】文本框被激活，在其中输入选区【高度】和【宽度】的像素值，可以得到宽度和高度都相同的选区。

6.1.2 使用选框工具选择

选框工具主要包括【矩形选框工具】、【椭圆选框工具】、【单行选框工具】和【单列选框工具】。

对于【矩形选框工具】和【椭圆选框工具】而言，直接将鼠标移动到当前图形中，在合适的位置按下鼠标，在不释放鼠标的情况下拖动鼠标，拖动到合适的位置后，释放鼠标即可创建一个矩形或椭圆选区。创建的矩形和椭圆选区效果如图6.5所示。

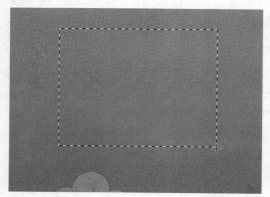 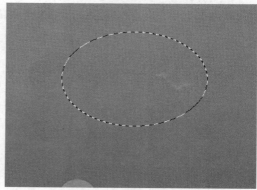

图6.5 矩形和椭圆选区

对于【单行选框工具】和【单列选框工具】工具，选择该工具后在画布中直接单击鼠标，即可创建宽度为1个像素的行或列选区。如果看不见选区，可能是由于画布视图太小，将图像放大倍数即可。单行和单列选区效果如图6.6所示。

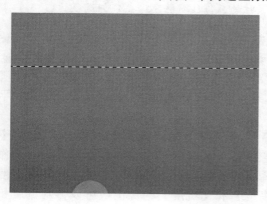 

图6.6 单行和单列选区效果

选择、取消选择和重新选择像素：

执行菜单栏中的【选择】|【全部】命令，可以选择整个图层上的全部图像像素；如果要取消选择，可以执行菜单栏中的【选择】|【取消选择】命令；如果想重新选择最近建立的选区，可以执行菜单栏中的【选择】|【重新选择】命令；如果将选择的范围反选，可以执行菜单栏中的【选择】|【反向】命令。

另外，按【Ctrl + A】组合键可以快速执行【全部】命令；按【Ctrl + D】组合键可以快速执行【取消选择】命令；按【Shift + Ctrl + D】组合键可以快速执行【重新选择】命令；按【Shift + Ctrl + I】组合键可以快速执行【反向】命令。

Questions 有没有快捷键可以快速切换创建选区的不同模式？

Answered 在使用选框工具创建选区时，如果当前已存在选区，则按住【Shift】键，可以切换到【添加到选区】模式；按住【Alt】键，可以切换到【从选区减去】模式；按【Shift + Alt】组合键，可以切换到【与选区交叉】模式。

6.1.3 使用套索工具选择

【套索工具】♀也叫自由套索工具，之所以叫自由套索工具，是因为这个工具在使用上非常的自由，可以比较随意地创建任意形状的选区。具体的使用方法如下：

（1）在工具箱中单击选择【套索工具】♀。

（2）将鼠标光标移至图像窗口，在需要选取图像处按住鼠标左键并拖动鼠标选取需要的范围。

（3）当鼠标拖回到起点位置时，释放鼠标左键，即可将图像选中。选择图像的过程如图6.7所示。

图6.7 利用套索工具选择

6.1.4 使用多边形套索选择五角星

如果要将不规则的直边图像从复杂背景中抠出来，使用【套索工具】 🔾 可能就无法得到比较理想的选区，那么【多边形套索工具】 🔽 就是最佳的选择工具了，如三角形、五角星等。虽然多边形套索工具和套索工具在工具选项栏中的参数完全相同，但其使用方法与套索工具却有些区别。操作步骤如下：

（1）打开配套光盘中"调用素材/第6章/五角星.jpg"文件。在工具箱中选择【多边形套索工具】 🔽。

（2）将光标移动到文档操作窗口中，在靠近五角星的顶点位置单击鼠标以确定起点，移动鼠标到下一个顶点位置，再次单击鼠标。

（3）以相同的方法，直到选中所有的范围并回到起点，当【多边形套索工具】光标的右下角出现一个小圆圈 🔽 时单击，即可封闭并选中该区域。选择图像的操作效果如图6.8所示。

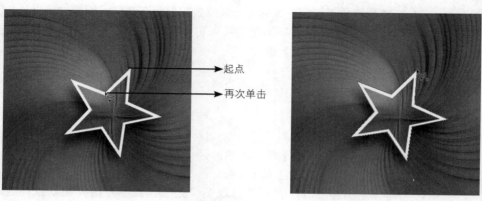

图6.8 利用多边形套索工具选择

Skill 按住【Shift】键单击可以绘制一条角度为45度倍数的直线；按住【Alt】键并拖动，可以手绘选区；按【Delete】键可以删除最近绘制的直线段。直接双击鼠标或按住【Ctrl】键单击，可以快速封闭选区。

磁性套索工具选项栏详解：

【磁性套索工具】 🔽 选项栏中的参数极为丰富，如图6.9所示，合理设置这些参数可以更加精确地确定选区。

图6.9 【磁性套索工具】选项栏

选项栏中部分选项本章前面已经讲解，可以参考本章前面相关内容的介绍，其他选项设置所代表的具体含义如下：

【宽度】：确定磁性套索工具自动查寻颜色边缘的宽度范围。该文本框中的数值越大，所要查寻的颜色就越相似。

Skill 按右方括号键] 可将磁性套索边缘宽度增大1像素；按左方括号键 [可将宽度减小1像素。

● 【对比度】：在该文本框中输入百分数，用于确定边缘的对比度。该文本框中的数值越大，磁性套索工具对颜色对比度反差的敏感程度就越低。

- 【频率】：确定磁性套索工具在自动创建选区时插入节点的数量。该文本框中的数值越大，所插入的节点就越多，而最终得到的选择区域也就越精确。
- 【使用绘图板压力以更改钢笔宽度】⊘：在使用光笔绘图板时使用，按住该按钮可以增加光笔压力，使边缘宽度减小。

Questions 在使用【多边形套索工具】时，选取过程中出现误操作有办法撤销吗？

Answered 如果出现误操作，可以按键盘的【Delete】键，每按一次，可以删除最近一次选取的一条线段，如果按住【Delete】键不放，则可以删除所有选中的线段。在绘制过程中也可以按【Esc】键来取消选择。

6.1.5 使用磁性套索将卡通牛抠像

【磁性套索工具】⊘是一款半自动化的选取工具，其优点是能够非常迅速、方便地选择边缘颜色对比度较强的图像。利用磁性套索工具即可选择图像，具体的操作方法如下：

（1）打开配套光盘中"调用素材/第6章/卡通牛.jpg"文件。在工具箱中选择【磁性套索工具】⊘。

（2）将鼠标光标移动到文档操作窗口中，在要选择图像合适的边缘位置单击以设置第一个点。

Questions 在使用【磁性套索工具】选择图像时，有些颜色相近的位置容易出现跳动现象应该怎么办？

Answered 可以通过单击以指定点来定位选区。

Skill 在使用【磁性套索工具】选择时，按住【Alt】键并按住鼠标拖动，可以切换成套索工具；按住【Alt】键并单击，可以切换成多边形套索工具。

（3）沿着要选取的物体边缘移动鼠标，当鼠标光标返回到起点位置时，光标右下角会出现一个小圆圈⊘，此时单击即可完成选取，选择图像的操作效果如图6.10所示。

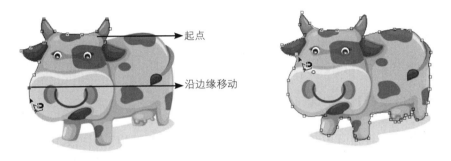

图6.10 利用磁性套索工具选择图像的操作效果

（4）为了更好地说明选择，执行菜单栏中的【图层】|【新建】|【通过拷贝的图层】命令，将其以选区为基础拷贝一个新的图层。然后在【图层】面板中，将背景层隐藏，如图6.11所示。此时可以清楚地看到抠像后的效果，如图6.12所示。

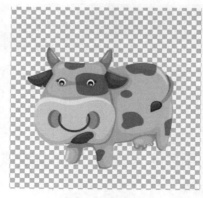

图6.11 隐藏图层　　　　　　　　图6.12 抠像后的效果

Questions 在使用【磁性套索工具】绘制选区的过程中，如何快速封闭选区？

Answered 随时可以双击来封闭选区。

快速选择工具选项栏详解：

在工具箱中单击选择【快速选择工具】，其选项栏如图6.13所示。掌握选项设置可以更好地控制快速选择工具的选择功能。

图6.13 【快速选择工具】选项栏

工具选项栏中有些选项设置可以参考本章前面相关内容的介绍，其他选项设置所代表的具体含义如下：

【新选区】：该按钮为默认选项，用来创建新选区。当使用【快速选择工具】创建选区后，此项将自动切换到【添加到选区】。

【添加到选区】：该项可以在原有选区的基础上，通过单击或拖动来添加更多的选区。

【从选区减去】：该项可以在原有选区的基础上，通过单击或拖动减去当前绘制选区。

【对所有图层取样】：勾选该复选框，可以基于所有图层创建选区，而不是仅基于当前选定图层。

【自动增强】：勾选该复选框，可以减少选区边界的粗糙度和块效应。可以通过自动将选区向图像边缘进一步流动并应用一些边缘调整，也可以通过【调整边缘】对话框中使用【平滑】、【对比度】和【半径】选项手动应用这些边缘调整。

6.1.6 使用快速选择工具将花抠像

【快速选择工具】 ✎ 是Photoshop最近几个版本中新增加的一个选择工具，它可以调整画笔的笔触而快速通过单击创建选区，拖动时，选区会向外扩展并自动查找和跟随图像中定义的边缘。比如下面是一幅图，要将左侧的花选中，使用前面讲解的工具显得比较繁杂，而使用【快速选择工具】 ✎ 可以轻松完成，具体操作方法如下。

（1）打开配套光盘中"调用素材/第6章/蝶恋花.jpg"图片，如图6.14所示。在工具箱中选择【快速选择工具】 ✎，如图6.15所示。

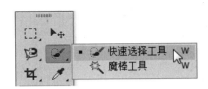

图6.14 打开的图片 　　　　　　　　　　图6.15 选择【快速选择工具】

（2）在工具选项栏中单击【添加到选区】按钮，设置画笔的【大小】为30像素，【硬度】为100%，如图6.16所示。

图6.16 选项栏参数设置

（3）然后将鼠标光标移动到图像中要选择的图像位置，如图6.17所示，按住鼠标拖动即可选择鼠标拖动区域颜色相似的图像范围，如图6.18所示。

图6.17 鼠标位置 　　　　　　　　　　图6.18 选择效果

> **Skill** 在建立选区时，按右方括号键【]】可增大快速选择工具画笔笔尖的大小；按左方括号键【[】可减小快速选择工具画笔笔尖的大小。

（4）按【Ctrl +J】键应用【通过拷贝的图层】命令，将花抠像，在【图层】面板中将背景图层隐藏，抠像后的效果如图6.19所示。

图6.19 抠像后的效果

Questions 在选择时，笔触大小经常不合适，有没有办法快速调整笔触大小？

Answered 按【]】键可以放大笔触；【[】键可以缩小笔触。这种方法适用于所有使用画笔笔触的工具。

魔棒工具选项栏详解：

在工具箱中选择【魔棒工具】 ，工具选项栏如图6.20所示，各选项设置可以更好地控制魔棒工具的选择。

图6.20 【魔棒工具】选项栏

工具选项栏左侧的选项设置可以参考本章前面相关内容的介绍，其他选项设置所代表的具体含义如下：

- 【取样大小】：打开下拉菜单可选择7中取样像素数。
- 【容差】：在【容差】文本框中的数值大小可以确定魔棒工具选取颜色的容差范围。该数值越大，则所选取的相邻颜色就越多。如图6.21所示为【容差】值为30时的效果；如图6.22所示为【容差】值为80时的效果。

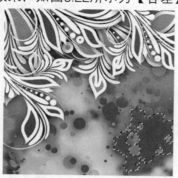
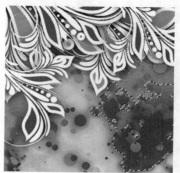

图6.21 【容差】值为30   图6.22 【容差】值为80

- 【消除锯齿】：勾选该复选框，可以创建较平滑选区边缘。

- 【连续】：勾选【连续】复选框，则只选取与单击处相邻的、容差范围内的颜色区域；不勾选【连续】复选项，将整个图像或图层中容差范围内的颜色区域均被选中。勾选与不勾选【连续】复选框的不同选择效果如图6.23所示。

勾选【连续】复选框　　　　　　　　　　　不勾选【连续】复选框

图6.23　勾选与取消【连续】复选框的不同选择效果

- 【对所有图层取样】：勾选该复选框，将在所有可见图层中选取容差范围内的颜色区域；否则，魔棒工具只选取当前图层中容差范围内的颜色区域。

Questions 　【魔棒工具】适合选择什么样的图像？

Answered 适合选择图像中颜色相同或相近的区域。

6.1.7　利用魔棒工具将仓鼠抠像

【魔棒工具】🪄根据颜色进行选取，用于选择图像中颜色相同或者相近的区域，是一款非常有用的选取工具。使用魔棒工具在图像中的某一种颜色处单击，即可选取该颜色一定容差值范围内的相邻颜色区域。

比如下面是一幅图，要选择除背景以外的所有图像，使用前面讲解的工具来选择就显得相当困难，这时就可以使用【魔棒工具】🪄选择图像以外的背景，然后使用【反向】命令即可轻松选择图像。具体操作方法如下：

（1）打开配套光盘中"调用素材/第6章/仓鼠.jpg"图片，如图6.24所示。在工具箱中选择【魔棒工具】🪄，如图6.25所示。

图6.24　打开的图片

图6.25　选择【魔棒工具】

（2）在工具选项栏中设置【容差】的值为20，并勾选【连续】复选框，参数设置如图6.26所示。

图6.26 参数设置

（3）然后将鼠标光标移动到图像左侧中，单击鼠标即可选择颜色容差相似的颜色范围，如图6.27所示，从选区中可以看到，有很小部分并没有选中，单击选项栏中的【添加到选区】，可以看到魔棒的左下角多出一个"十"字形，此时在要添加的颜色位置单击，如图6.28所示。

图6.27 选择效果

图6.28 添加选区

（4）这样就可将背景全部选取。此时并没有选择仓鼠，执行菜单栏中的【选择】|【反向】命令，即可将图像选取，选取后的效果如图6.29所示。

（5）为了更好地说明选择，执行菜单栏中的【图层】|【新建】|【通过拷贝的图层】命令，将其以选区为基础拷贝一个新的图层，如图6.30所示。

图6.29 反选后的效果

图6.30 拷贝景层

Questions 如何快速将选区反选？

Answered 按【Shift + Ctrl + I】组合键，可以快速将选区反选。

（6）然后在【图层】面板中，将背景层隐藏，如图6.31所示。此时可以清楚地看到抠像后的效果，如图6.32所示。

图6.31 隐藏背景层

图6.32 抠像效果

6.1.8 使用色彩范围命令

使用【色彩范围】命令也可以创建选区，其选取原理也是以颜色作为依据，有些类似于魔棒工具，但是其功能比魔棒工具更加强大。

打开配套光盘中"调用素材/第6章/花.jpg"图片，如图6.33所示。执行菜单栏中的【选择】|【色彩范围】命令，打开【色彩范围】对话框，在该对话框中部的矩形预览区可显示选择范围或图像，如图6.34所示。

图6.33 打开的图片

图6.34 【色彩范围】对话框

Questions 在使用【色彩范围】命令加选选区时，在图片中单击加选或减选不是太直观，有没有更直观的选择方法？

Answered 在【色彩范围】对话框的预览区中可以清楚地看到选择的效果，白色表示选中、黑色表示没有选中，只需要使用【添加到取样】或【从取样中减去】吸管在这些区域单击，即可更加直观的加、减选区。

该对话框中主要有【选择】、【本地化颜色簇】、【颜色容差】、【范围】、【预览

区】、【吸管】和【反相】等选项设置，它们的作用
及使用方法如下：

1. 选择

在【选择】命令下拉列表中包含有【取样颜
色】、【红色】、【黄色】、【绿色】、【青色】、
【蓝色】、【洋红】、【高光】、【中间调】、【暗
调】和【溢色】等命令，如图6.35所示。

对这些命令的选择可以实现图形中相应内容的选
择，例如，若要选择图形中的高光区，可以选择【选
择】命令下拉列表中的【高光】选项，单击【确定】
按钮后，图形中的高光部分就会被选中。

图6.35 【选择】中的选项

Questions 【色彩范围】中【肤色】选项的使用？

Answered 【色彩范围】命令中的【肤色】选项，在执行【色彩范围】命令时，假如此
项命令检测到图像中的色彩是人的皮肤颜色，此时它会根据人的皮肤颜色进行选取。

【选择】中的选项使用方法说明如下：

- 【取样颜色】：可以使用吸管进行颜色取样，利用鼠标在图像页面内单击选择颜
  色；在色彩范围预视窗口单击来选取当前的色彩范围。取样颜色可以配合【颜色容
  差】进行设置，颜色容差中的数值越大，则选取的色彩范围也就越大。
- 【红色】、【黄色】、【绿色】……：指定图像中的红色、黄色、绿色成分的色彩
  范围。选择该选项后，【颜色容差】就会失去作用。
- 【高光】：选择图像中的高光区域。
- 【中间调】：选择图像中的中间调区域。
- 【阴影】：选择图像中的阴影区域。
- 【皮肤】：选择图像中的皮肤色调区域。
- 【溢色】：该项可以将一些无法印刷的颜色选出来。但该选项只用于RGB和Lab模
  式下。

2. 本地化颜色簇

如果正在图像中选择多个颜色范围，则勾选【本地化颜色簇】复选框来构建更加精确
的选区。如果已勾选【本地化颜色簇】复选框，则使用【范围】滑块以控制要包含在蒙版
中的颜色与取样点的最大和最小距离。例如，图像在前景和背景中都包含一束黄色的花，
但只想选择前景中的花。对前景中的花进行颜色取样，并缩小范围，以避免选中背景中有
相似颜色的花。

3. 颜色容差

颜色容差主要是设置选择颜色的差别范围，拖动下面的滑块，或直接在右侧的文本框
中输入数值，可以对选择的范围设置大小，值越大，选择的颜色范围越大。颜色容差值分
另为0和50的不同选择效果如图6.36所示。

图6.36 颜色容差值分别为0和50的不同选择效果

Questions 什么是颜色容差?

Answered 颜色容差就是颜色的差别范围，输入的数值越大，选择的颜色范围就越大。

4. 预览区

预览区用来显示当前选取的图像范围和对图像进行选取的操作。默认情况下，白色区域是选定的像素，黑色区域是未选定的像素，而灰色区域则是部门选定的像素。预览框的下方有两个单选按钮可以选择不同的预览方式。不同预览效果如图6.37所示。

- 【选择范围】：选择该项，预览区以灰度的形式显示图像，并将选中的图像以白色显示。
- 【图像】：选择该项，预览区中显示全部图像，没有选择区域的显示，所以一般不常用。

图6.37 不同预览效果

Skill 按住【Ctrl】键，可以在【选择范围】和【图像】预览之间切换。

5. 选区预览

在【选区预览】下拉列表中包含有无、灰度、黑色杂边、白色杂边、快速蒙版5个选项，如图6.38所示。通过选择不同的选项，可以在文档操作窗口中查看原图像的显示方式。

选区预览下拉列表中各选项的含义如下：

- 【无】：选择此选项，文档操作窗口中的原图像不显示选区预览效果。
- 【灰度】：选择此选项，将以灰度的形式在文档操作窗口中显示原图像的选区效果。
- 【黑色杂边】：选择此选项，在文档操作窗口中以黑色来显示原图像中未被选取的图像区域。
- 【白色杂边】：选择此选项，在文档操作窗口中，以白色来显示原图像中未被选取的图像区域。
- 【快速蒙版】：选择此选项，在文档操作窗口中，以蒙版的形式显示原图像中未被选取的图像区域。

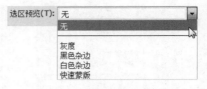

图6.38 选区预览下拉列表

Questions 为何预览区显示的是图像，而不是选择区域？

Answered 预览区的下方有两个单选按钮可用于选择预览方式。选中【选择范围】单选按钮，预览区将以灰度的形式显示图像，并将选中的图像以白色显示。

6．吸管工具

吸管工具包括3个吸管，如图6.39所示，主要用来设置选取的颜色。使用第1个【吸管工具】在图像中单击，即可选择相对应的颜色范围；选择带有"＋"号的吸管【添加到取样】，在图像中单击可以增加选取范围；选择带有"－"号的吸管【从取样中减去】，在图像中单击可以减少选取范围

图6.39 吸管工具

7．反相

反相复选框的作用是可以在选取范围和非选取范围之间切换。功能类似于菜单栏中的【选择】|【反向】命令。

Questions 色彩范围命令的特点？

Answered 【色彩范围】命令、【魔棒工具】和【快速选择工具】的相同之处是都基于色调的差异创建选区。而色彩范围命令可以创建带有羽化的选区，也就是说，选出的图像会呈现透明效果。魔棒和快速选择工具则不能。

Tip 对于创建好的选区，单击【色彩范围】对话框中的【存储】按钮，可以将其存储起来；单击【载入】按钮，可以将存储的选区载入来使用。

Section 6.2 选区的编辑与调整

有时对所创建的复杂选区不太满意，但只要通过简单的调整即可满足要求，此时就可以使用Photoshop提供的修改选区的多种方法。

6.2.1 移动选区

选区的移动非常的简单，重点是要选择正确的移动工具，它不像图像一样能使用【移动工具】▶⊕来移动选区。

选择工具箱中的任何一个选框或套索工具，在工具选项栏中单击【新选区】■按钮，将光标置于选区中，此时光标变为▶∷，按住鼠标左键向需要的位置拖动，即可移动选区，移动选区操作效果如图6.40所示。

图6.40 选区的移动操作效果

Tip 要将方向限制为45度的倍数，请开始拖动，然后再按住【Shift】键继续拖动；使用键盘上的方向键可以以1个像素的增量移动选区；按住【Shift】键并使用键盘上的方向键，可以以10个像素的增量移动选区。

6.2.2 在选区边界创建一个选区

有时需要将选区变为选区边界，此时可以在现有选区的情况下，执行菜单栏中的【选择】|【修改】|【边界】命令，并在弹出的【边界选区】对话框中输入数值，比如为10像素，即可将当前选区改变为边界选区。创建边界选区的操作过程如图6.41所示。

图6.41 创建边界选区的操作过程

6.2.3 清除杂散或尖突选区

当使用选框工具或其他选区命令选取时容易得到比较细碎或尖突的选区，该选区存在严重的锯齿状态。执行菜单栏中的【选择】|【修改】|【平滑】命令，在打开的【平滑选区】对话框中，设置【取样半径】的值，比如为10像素，即可使选区的边界平滑。选区平滑的操作过程如图6.42所示。

图6.42 平滑选区操作过程

6.2.4 按特定数量扩展选区

当需要将选区的范围进行扩展操作时，可以执行菜单栏中的【选择】|【修改】|【扩展】命令，打开【扩展选区】对话框，设置选区的【扩展量】，比如设置【扩展量】的值为10像素，然后单击【确定】按钮，即可将选区的范围向外扩展10像素。扩展选区的操作过程如图6.43所示。

图6.43 扩展选区的操作过程

6.2.5 按特定数量收缩选区

选区的收缩与选区的扩展正好相反，选区的收缩是将选区的范围进行收缩处理。确认当前有一个要收缩的选区，然后执行菜单栏中的【选择】|【修改】|【收缩】命令，打开【收缩选区】对话框，在【收缩量】文本框中，输入要收缩的量，比如输入10像素，即可使得选区向内收缩相应数值的像素。收缩选区的操作过程如图6.44所示。

图6.44 收缩选区的操作过程

6.2.6 扩大选取和选取相似

执行菜单栏中的【选择】|【修改】|【扩大选取】或【选取相似】命令有助于其他选区工具的选区设置，一般常与【魔棒工具】 ![icon] 配合使用。

执行菜单栏中的【选择】|【扩大选取】命令，可以使得选区在图像中进行相邻的扩展，类似于容差设置增大的魔棒工具使用。

执行菜单栏中的【选择】|【选取相似】命令，可以使得选区在整个图像中进行不连续的扩展，但是选区中的颜色范围基本相近，类似于在使用【魔棒工具】 ![icon] 时，在工具选项栏中取消【连续】复选框的应用。

利用魔棒工具在图像上单击以确定选区，如果执行菜单栏中的【选择】|【扩大选取】命令，得到选区扩大选择范围的效果；而执行菜单栏中的【选择】|【选取相似】命令，得到相似颜色全部选中的效果。原图与扩大选取和选取相似的效果，如图6.45所示

Tip 无法在位图模式的图像或32位/通道的图像上使用【扩大选取】和【选取相似】命令。

图6.45 原图与扩大选取和选取相似的效果

Questions 如何快速取消选区？

Answered 按【Ctrl + D】组合键，可以按快速取消选区。

Tip 【扩大选取】和【选取相似】命令可以多次执行，以扩大更多的选区或选择更多的颜色范围。

6.2.7 调整选区边缘

【调整边缘】选项可以提高选区边缘的品质，并允许对照不同的背景查看选区，以便轻松编辑选区。还可以使用【调整边缘】选项来调整图层蒙版。

使用任意一种选择工具创建选区，单击选项栏中的【调整边缘】按钮，或执行菜单栏中的【选择】|【调整边缘】命令，打开【调整边缘】对话框，如图6.46所示。

> **Skill** 按【Alt + Ctrl + R】键，可以快速打开【调整边缘】对话框。

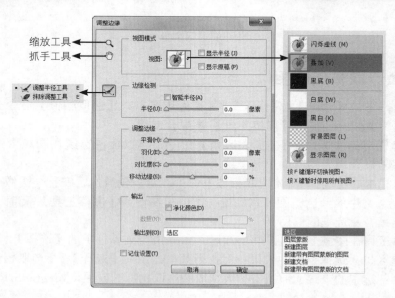

图6.46 【调整边缘】对话框

【调整边缘】对话框中各选项的含义如下：

- 【视图模式】：从右侧下拉菜单中，选择一个模式以更改选区的显示方式。勾选【显示半径】复选框，将在发生边缘调整的位置显示选区边框；勾选【显示原稿】复选框，将显示原始选区以进行对比。

> **Skill** 关于每种模式的使用信息，可以将光标放置在该模式上，稍等片刻将出现一个工具提示。

- 【调整半径工具】 和【抹除调整工具】 ：使用这两种工具可以精确调整选区的边缘区域，以增加选择或抹除选择。

> **Skill** 按【Alt】键可以在【调整半径工具】 和【抹除调整工具】 工具之间切换。如果想修改画笔大小，可以按方括号键。

- 【智能半径】：勾选该复选框，可以自动调整边界区域中发现的硬边缘和柔化边缘的半径。如果边框一律是硬边缘或柔化边缘，或者要控制半径设置并且更精确地调整画笔，则取消选择此选项。
- 【半径】：半径决定选区边界周围的区域大小，将在此区域中进行边缘调整。增加半径可以在包含柔化过渡或细节的区域中创建更加精确的选区边界，如短的毛发中的边界或模糊边界。对锐边使用较小的半径，对较柔和的边缘使用较大的半径。值越大，选区边界的区域就越大。取值范围为0～250之间的数值。

- 【平滑】：减少选区边界中的不规则区域，以创建更加平滑的轮廓。值越大，越平滑。取值范围为0～100之间的整数。
- 【羽化】：可以在选区及其周围像素之间创建柔化边缘过渡。值越大，边缘的柔化过渡效果越明显。取值范围为0～250之间的数值。
- 【对比度】：对比度可以锐化选区边缘并去除模糊的不自然感。增加对比度，可以移去由于【半径】设置过高而导致在选区边缘附近产生的过多杂色。取值范围为0～100之间的整数。通常情况下，使用【智能半径】选项和调整工具效果会更好。
- 【移动边缘】：使用负值向内移动柔化边缘的边框，或使用正值向外移动这些边框。向内移动这些边框有助于从选区边缘移去不想要的背景颜色。
- 【净化颜色】：将彩色边替换为附近完全选中的像素的颜色。颜色替换的强度与选区边缘的软化度是成比例的。
- 【数量】：更改净化和彩色边替换的程度。
- 【输出到】：决定调整后的选区是变为当前图层上的选区或蒙版，还是生成一个新图层或文档。
- 【缩放工具】🔍和【抓手工具】✋：使用【缩放工具】🔍，可以在调整选区时将其放大或缩小；使用【抓手工具】✋，可调整图像的位置

Section 6.3 选区的羽化及修饰

羽化效果就是让图片产生渐变的柔和效果，可以在选项栏中羽化后的文本框中，输入不同数值，来设定选取范围的柔化效果，也可以使用菜单中的羽化命令来设置羽化。另外，还可以使用消除锯齿选项来柔化选区。

6.3.1 利用消除锯齿柔化选区

通过【消除锯齿】选项可以平滑较硬的选区边缘。消除锯齿主要是通过软化边缘像素与背景像素之间的颜色过渡效果，使选区的锯齿状边缘平滑。由于只有边缘像素发生变化，因此不会丢失细节。消除锯齿在剪切、拷贝和粘贴选区以创建复合图像时非常有用。

消除锯齿适用于【椭圆选框工具】◯、【套索工具】◯、【多边形套索工具】◣、【磁性套索工具】◱或【魔棒工具】🪄。消除锯齿显示在这些工具的选项栏中。要应用消除锯齿功能可进行如下操作。

（1）选择【椭圆选框工具】◯、【套索工具】◯、【多边形套索工具】◣、【磁性套索工具】◱或【魔棒工具】🪄。

（2）在选项栏中勾选【消除锯齿】复选框。

6.3.2 为选择工具定义羽化

在前面所讲述的若干创建选区工具选项栏中基本都有【羽化】选项，在该文本框中输入数值即可创建边缘柔化的选区。

只要在【羽化】文本框中输入数值就可以对选区进行柔化处理。数值越大，柔化效果

越明显，同时选区形状也会发生一定变化。选项栏中羽化设置如下：

> **Tip** 应用选项栏中的【羽化】功能，要注意在绘制选区前就要设置羽化值，如果绘制选区后再设置羽化值是不起作用的。

（1）选择任一套索或选框工具。比如选择【椭圆选框工具】 ⬭ ，如图6.48所示。

| ⬭ ▾ | ▪ ▣ ▣ ▣ | 羽化: 0像素 | ☑ 消除锯齿 | 样式: 正常 ▾ |

图6.48 【椭圆选框工具】选项栏

（2）确认在【羽化】文本框中数值为0像素，在图像中创建椭圆选区，将前景色设置为白色，按【Alt + Delete】组合键进行前景色填充，此时的图像效果如图6.47所示。

（3）按两次【Alt + Ctrl + Z】组合键，将前面的填充和选区撤销。然后在【羽化】文本框中输入数值20像素，在图像中绘制椭圆选区，并按【Alt + Delete】组合键进行前景色填充，此时的图像效果如图6.48所示。

图6.47 羽化值为0时的填充效果

图6.48 羽化值为20时的填充效果

Questions 如何快速打开【羽化选区】对话框？

Answered 按【Shift + F6】组合键，可以快速打开【羽化选区】对话框。

6.3.3 为现有选区定义羽化边缘

利用菜单中的【羽化】命令，与选项栏中的在应用上正好相反，它主要对已经存在的选区设置羽化。具体使用方法如下：

（1）确认在图像中创建一个选区。

（2）执行菜单栏中的【选择】|【修改】|【羽化】命令，打开【羽化选区】对话框，设置【羽化半径】的值然后单击【确定】按钮确认。

不带羽化和带羽化使用图案填充同一选区的不同效果如图6.49所示。

> **Tip** 如果选区小而羽化半径设置得太大，则看不到选区因此而不可选。

不带羽化填充图案   带羽化填充图案

图6.49 填充效果对比

Questions 羽化是怎样产生的?

Answered 羽化部分时从选区内开始,并向外延伸,例如羽化值为20像素,从内部10像素开始,并向外延伸10像素。外部边界具有一种渐变效果,它们开始为前景色,然后逐渐变浅,最后融入背景中,这种效果称为晕映或辉光。

6.3.4 从选区中移去边缘像素

利用魔棒工具、套索工具等选框工具创建选区时,Photoshop可能会包含选区边界上的额外像素,当移动该选区中的像素时,就能查看到这些像素的存在。将明亮的图像移到黑暗的背景中或将黑暗的图像移到明亮的背景中时,这种现象就特别明显。这些额外的像素通常是Photoshop中的消除锯齿功能所产生的,该功能可使边缘像素部分模糊化,同时也会使得边界周围的额外像素添加到选区中。执行菜单栏中的【图层】|【修边】命令,就可以删除这些不想要的像素。

1. 消除粘贴图像的边缘效应

执行菜单栏中的【图层】|【修边】|【去边】命令,可删除边缘像素中不想要的颜色,采用与选区边界内最相近的颜色取代该选区边缘的颜色。使用【去边】命令时,应该将要消除边缘效应的区域位于已移动的选区中,或位于有透明背景的图层中。选择【去边】命令时会打开【去边】对话框,如图6.50所示,允许用户指定要去边的边缘区域的宽度。

图6.50 【去边】对话框

2. 移去黑色（或白色）杂边

如果在黑色背景中选择图像，可执行菜单栏中的【图层】|【修边】子菜单中的【移去黑色杂边】命令，删除边缘处多余的黑色像素。如果是在白色背景中选择图像，可执行菜单栏中的【图层】|【修边】子菜单中的【移去白色杂边】命令，删除边缘处多余的白色像素。

Questions 【修边】命令的用法？

Answered 在Photoshop中对图像抠图的时候此命令会经常用，其作用就是将抠出后的图像进行修边，将其不需要的边缘图像像素进行移除，在这里其下拉菜单中可以选择包括【去边】、【移去黑色杂边】、【移去白色杂边】等3种选项，其中【去边】可以将图像的边缘去除，执行此命令以后会自动弹出一个对话框，在此对话框中可以输入相应的数值，此数值以像素为单位，其中【移动黑色杂边】和【移去白色杂边】命令的使用方法与【去边】命令相同。

数码照片编修工具的使用

Photoshop CC对于数码照片编修及制作有着强大的功能。本章主要讲解了修复图像过程中经常使用到的工具，如修补工具、图章工具、模糊、锐化、涂抹、减淡、加深和海绵工具的使用，并以实例的形式讲解，让读者在练习的同时掌握这些工具的使用技巧。

Chapter
07

 教学视频

Section 7.1 修补工具组的使用

图像修补工具组包括【污点修复画笔工具】 🖊、【修复画笔工具】 🖊、【修补工具】 ⏺、【内容感知移动工具】 ✂和【红眼工具】 ⁺👁5种，主要用于对图像的修复与修补。在默认状态下显示的为【污点修复画笔工具】，将光标放置在该工具按钮上，按住鼠标稍等片刻或是单击鼠标右键，将显示图像修补工具组，如图7.1所示。

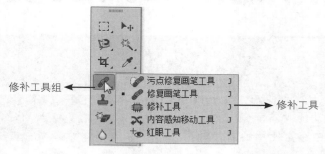

图7.1 图像修补工具组

Questions 对于折叠的工具箱，有没有其他快速切换工具的方法？

Answered 可以使用快捷键来切换。例如修复工具组，按【J】键可以选择当前的【修补工具】，按【Shift + J】组合键可以在这5种修复工具之间切换。

7.1.1 污点修复画笔工具详解

【污点修复画笔工具】 🖊主要用来修复图像中的污点，一般多用于对小污点的修复，该工具的神奇之处在于，使用该工具在污点上单击或拖动，它可以根据污点周围图像的像素值来自动分析处理，将污点去除，而且将污点位置的图像自动换成与周围图像相似的像素，以达到修复污点的目的。

选择【污点修复画笔工具】 🖊后，工具选项栏中的选项如图7.2所示。

图7.2 污点修复画笔工具选项栏

【污点修复画笔工具】选项栏中各选项的含义如下：

- 【画笔】：设置污点修复画笔的笔触，如直径、硬度、笔触形状等，与【画笔】工具的应用相同，详情可参考本章前面画笔知识的讲解。
- 【模式】：设置污点修复画笔绘制时的像素与原来像素之间的混合模式。
- 【近似匹配】：勾选该单选框，在使用污点修复画笔修改图像时，将根据图像周围像素的相似度进行匹配，以达到修复污点的效果。

- 【创建纹理】：勾选该单选框，在使用污点修复画笔修改图像时，将在修复污点的同时使图像的对比度加大，以显示出纹理效果。
- 【内容识别】：勾选该单选框，Photoshop CC会自动分析周围图像的特点，将图像进行拼接组合后填充在该区域并进行融合，从而达到快速无缝的拼接效果。
- 【对所有图层取样】：勾选该复选框，将对所有图层进行取样操作。如果不勾选该复选框，将只对当前图层取样。

7.1.2 污点修复画笔的使用

下面通过实例来讲解【污点修复画笔工具】 ，修复人物面部黑痣的操作方法和技巧。

（1）执行菜单栏中的【文件】|【打开】命令，将弹出【打开】对话框，选择配套光盘中"调用素材/第7章/污点修复画笔应用.jpg"文件，将图像打开，如图7.3所示。从图中可以看到，在人物的眉心位置有一颗黑痣，这里要应用污点修复画笔将其去除。

（2）在工具箱中，单击选择【污点修复画笔工具】，然后在选项栏中，设置【画笔】的大小为10像素，并勾选【近似匹配】单选按钮，如图7.4所示。

（3）使用【污点修复画笔工具】，在图中黑痣位置拖动，可以看到拖动时产生的黑色区域，如图7.5所示。

图7.3 打开的图像

图7.4 选项栏设置

（4）拖动完成后，释放鼠标以修复图像。如果释放鼠标后污点修复不理想，可以多次拖动来修复，以将所有的污点去除，去除后的效果如图7.6所示。

图7.5 拖动修复效果

图7.6 修复后的效果

7.1.3 修复画笔工具详解

【修复画笔工具】 可以将图像中的划痕、污点和斑点等轻松去除。与图章工具所不同的是它可以同时保留图像中的阴影、光照和纹理等效果。并且在修改图像的同时，可以将图像中的阴影、光照和纹理等与源像素进行匹配，以达到精确修复图像的作用。

选择【修复画笔工具】 ✐ 后，工具选项栏中的选项如图7.7所示。

图7.7 修复画笔工具选项栏

【修复画笔工具】选项栏中各选项含义如下：

- 【画笔】：设置修复画笔工具的笔触，如直径、硬度、笔触形状等，与【画笔】工具的应用相同，详情可参考本章前面画笔知识的讲解。
- 【模式】：设置修复画笔工具绘制时的像素与原来像素之间的混合模式。
- 【源】：设置用来修复图像的源。勾选【取样】单选按钮，表示使用当前图像中定义的像素修复图像；勾选【图案】单选按钮，则可以从右侧的"图案"拾色器中，选择一个图案来修复图像。
- 【对齐】：勾选该复选框，每次单击或拖动修复图像时，都将与第一次单击的点进行对齐操作；如果不勾选该复选框，则每次单击或拖动的起点都是取样时的单击位置。
- 【样本】：设置当前取样作用的图层。从右侧的下拉列表中，可以选择【当前图层】、【当前和下方图层】和【所有图层】3个选项，并且如果按下右侧的【打开以在修复时忽略调整图层】 ◎ 按钮，可以忽略调整的图层。

Questions 如何快速修改【污点修复画笔工具】的笔触大小？

Answered 在使用【污点修复画笔工具】时，笔触大小可以根据修改图像的大小进行更改，以更好地修复图像。按【[】键可以缩小笔触大小；按【]】键可以放大笔触大小。其他修复工具也可用这种方法调整笔触大小。

7.1.4 修复画笔工具的使用

修复画笔工具有两种使用方法，即使用取样或图案修复，而取样修复在实际应用中应用最为广泛，下面分别讲解这两种修复方法的使用。

1. 取样修复

下面通过去除人物胳膊上的花纹实例，来讲解取样修复图像的操作方法。具体的操作步骤如下：

（1）执行菜单栏中的【文件】|【打开】命令，将弹出【打开】对话框，选择配套光盘中"调用素材 / 第7章 / 取样修复应用.jpg"文件，将图像打开，从图中可以看到，在人物的胳膊上有一个纹身花纹，如图7.8所示。

（2）单击工具箱中的【修复画笔工具】 ✐，然后在工具选项栏中，单击画笔右侧【单击以打开"画笔"选取器】区域，打开"画笔"选取器，设置画笔的【直径】为13像素，【硬度】为20%，其他选项不变，并勾选【取样】单选按钮，如图7.9所示。

Skill 在设置画笔大小时，要根据当前修复的污点大小来设置，为了去除的比较柔和，可以设置一定程度的硬度，即柔化边缘。

图7.8 打开的图像

图7.9 设置修复画笔工具参数

（3）下面来进行取样，将鼠标光标移动到花纹附近的皮肤上，按住【Alt】键的同时单击鼠标，这样就设置了一个取样点，如图7.10所示。

Questions 设置取样点时，有没有什么技巧和注意事项？

Answered 取样时，光标将变成一个靶心形状，要注意靶心的位置和当前要修复的图像颜色相似度，尽管选择与要修复的图像颜色最接近的位置进行取样，以便于图像的修复。

（4）设置取样点后，释放【Alt】键，将鼠标光标移至要消除的花纹上，单击鼠标或按住鼠标拖动，此时，可以看到在取样点位置将出现一个"十"字形符号，当拖动鼠标时，该符号将随着拖动的光标进行相对应的移动。"十"字形符号处为复制的源对象，鼠标位置为复制的目的，如图7.11所示。

（5）如果单击不能很好地去除纹身花纹，可以次单击或拖动鼠标，复制取样点周围的像素，直到将纹身花纹去除掉为止，去除后的效果如图7.12所示。

图7.10 设置取样点

图7.11 拖动时的效果

图7.12 最终效果

Questions 在修复图像时需要注意什么？

Answered 在拖动修复图像时，要特别注意"十"符号的位置，因为它与当前修复图像是相对应的，直接影响修复效果。

2. 图案修复

下面通过去除人物手臂上的纹身花纹实例，来讲解图案修复图像的操作方法。具体的操作步骤如下。

（1）执行菜单栏中的【文件】|【打开】命令，将弹出【打开】对话框，选择配套光盘中"调用素材 / 第7章 / 图案修复应用.jpg"文件，将图像打开，如图7.13所示。从图中可以看到，在人物的手臂位置有一个纹身花纹，下面来将其去除。

（2）为了使用图案修复，首先来定义图案。单击工具箱中的【矩形选框工具】█按钮，选择矩形选框工具，然后在人物手臂的纹身上方，与纹身颜色相近的皮肤位置拖动绘制一个矩形选区，如图7.14所示。

图7.13 纹身照片

图7.14 绘制矩形选区

（3）执行菜单栏中的【编辑】|【定义图案】命令，打开【图案名称】对话框，设置【名称】为"皮肤"，如图7.15所示。

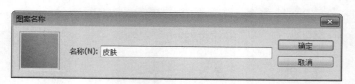

图7.15 【图案名称】对话框

Questions 定义图案时有什么需要注意的地方？

Answered 定义图案时，选择的图案区域尽量大于要修复的区域，并且要与需要修复部分的颜色相一致。

（4）单击【确定】按钮，完成图案的定义。按【Ctrl + D】组合键取消选区，然后单击工具箱中的【修复画笔工具】██按钮，选择修复画笔工具。在选项栏中设置【画笔】的直径为13像素，并设置合适的硬度，勾选【图案】单选按钮，然后单击右侧【点按可打开"图案"拾色器】区域，打开"图案"拾色器，从中选择刚才定义的"皮肤"图案，如图7.16所示。

图7.16 选项栏参数设置

（5）将光标移到照片中带纹身的位置，拖动鼠标来去除纹身，在拖动时，注意笔触的边缘尽量与纹身的边缘相一致。去除纹身后的效果，如图7.17所示。

图7.17 去除纹身后的效果

Tip　在修复时，读者可能会发现，这种去除方法并不是太好用，所以不建议使用这种方法来去除污点或疤痕，了解一下就可以了。

7.1.5　修补工具详解

【修补工具】 以选区的形式选择取样图像或使用图案填充来修补图像。它与修复画笔工具的应用有些相似，只是取样时使用的是选区的形式来取样，并将取样像素的阴影、光照和纹理等与源像素进行匹配处理，以完美修补图像。

选择【修补工具】 后，工具选项栏中的选项如图7.18所示。

图7.18　修补工具选项栏

【修补工具】选项栏各选项含义说明如下：

● 选区操作：该区域的按钮主要用来进行选区的相加、相减和相交的操作，用法与选区用法相同。
● 【修补】：设置修补时选区所表示的内容。
● 选择【源】单选按钮表示将选区定义为想要修复的区域；选择【目标】单选按钮表

示将选区定义为取样区域。

- 【透明】：不勾选该复选框，在进行修复时，图像不带有透明性质；而勾选该复选框后，修复时图像带有透明性质。比如使用图案填充时，如果勾选【透明】复选框，在填充时图案将有一定的透明度，可以显示出背景图，否则不能显示出背景图。
- 【使用图案】：该项只有在使用【修补工具】▓选择图像后才可以使用，单击该按钮，可以从"图案"拾色器中选择的图案对选区进行填充，以图案的形式进行修补。

7.1.6 修补工具的使用

修补工具不但具有修复图像的作用，还可以利用修补工具的【目标】功能复制图像，下面来分别讲解修补、源和目标的使用方法。

1. 源功能的使用

利用【修补工具】▓的【源】功能，可以进行图像的修复，下面来以实例的形式讲解利用源功能去除人物胳膊上的伤痕，具体操作方法如下：

（1）执行菜单栏中的【文件】|【打开】命令，将弹出【打开】对话框，选择配套光盘中"调用素材／第7章／源功能的使用.jpg"文件，将图片打开，如图7.19所示。从图中可以看到，人物的手部有一个伤痕，影响了整个照片的美观，下面来将其去除。

（2）选择工具箱中的【修补工具】▓，在工具选项栏中，勾选【源】单选按钮，如图7.20所示。

图7.19 打开的图片

图7.20 选项栏设置

（3）利用【修补工具】在图像上按住鼠标拖动，将人物胳膊的伤痕选中，此时可以看到一个选区效果，选中后的效果如图7.21所示。

（4）将光标移动到选区内部，光标将变成 状，按住鼠标将其移动到与该处皮肤最接近的皮肤处，此时从原选区处可以看到当前鼠标位置皮肤的替换效果，效果如图7.22所示。

（5）观察修复满意后，释放鼠标，按【Ctrl + D】组合键，取消选区，完成图像的修复，完成的最终效果如图7.23所示。

图7.21 选中伤痕效果

图7.22 拖动效果

图7.23 完成的最终效果

2. 目标功能的使用

利用【修补工具】▦ 的【目标】功能，可以进行图像的复制，下面来以实例的形式，讲解利用【目标】复制功能，复制一个蝴蝶效果，具体操作方法如下：

（1）执行菜单栏中的【文件】|【打开】命令，将弹出【打开】对话框，选择配套光盘中"调用素材 / 第7章 / 目标功能的使用.jpg"文件，将图片打开，如图7.24所示。从图中可以看到，有一只蝴蝶，下面来复制一只蝴蝶。

图7.24 打开的图片

Questions 在使用【修补工具】拖动修复图像时，应该注意些什么？

Answered 首先要注意光标的变化，其次要注意观察要修复位置的修复情况，以便更好地修复图像。

（2）选择工具箱中的【修补工具】▦，在工具选项栏中，勾选【目标】单选按钮和【透明】复选框，如图7.25所示。

图7.25 选项栏设置

（3）利用【修补工具】▦ 沿蝴蝶的轮廓拖动，将蝴蝶选中，选中后的效果如图7.26所示。

（4）选中蝴蝶后，将鼠标光标移动到选区内部，鼠标将变成 ▸⊕▸ 状，按住鼠标将其拖动到合适的位置，效果如图7.27所示。

图7.26 选中蝴蝶的效果

图7.27 拖动效果

（5）拖动到合适的位置后释放鼠标，按【Ctrl + D】组合键，取消选区，完成蝴蝶的复制，完成的最终效果如图7.28所示。

图7.28 最终效果

7.1.7 内容感知移动工具

【内容感知移动工具】 ![icon] 将平时常用的通过图层和图章工具修改照片内容的形式给予了最大的简化，在操作时通过选区和简单的移动便可以将景物的位置随意更改。合理利用【内容感知移动工具】可以在很大程度上提高编辑照片的效率。

（1）执行菜单栏中的【文件】|【打开】命令，将弹出【打开】对话框，选择配套光盘中"调用素材／第7章／内容感知移动工具使用.jpg"文件，将图片打开，如图7.29所示。从图中可以看到，有一只蓝心形图案，下面来复制出来一只蓝心形图案。

（2）利用【内容感知移动工具】 ![icon] 沿蓝心形图案的轮廓拖动，将心形图案选中，选中后的效果如图7.30所示。

图7.29 打开图片

图7.30 选中后的效果

（3）选中心形图案后，将鼠标光标移动到选区内部，鼠标将变成 ![icon] 状，按住鼠标将其拖动到合适的位置，效果如图7.31所示。

（4）拖动到合适的位置后释放鼠标，按【Ctrl ＋ D】组合键，取消选区，完成心形图案的复制，完成的最终效果如图7.32所示。

图7.31 移动位置

图7.32 最终效果

7.1.8 红眼工具详解

由于光线与一些摄像角度的问题，在照片中出现红眼现象是很普遍的，虽然不少数码相机都有防红眼的功能，但还是不能从根本上解决问题，在Photoshop CC中，使用【红眼工具】可以非常轻松地去除红眼现象。

选择【红眼工具】后，工具选项栏中的选项如图7.33所示。

图7.33 【红眼工具】选项栏

【红眼工具】选项栏各选项含义如下：

- 【瞳孔大小】：设置目标瞳孔的大小。从右侧的文本框中，可以直接输入大小数值，也可以拖动滑块来改变，取值范围为1%~100%之间的整数。
- 【变暗量】：设置去除红眼后的颜色变暗程度。从右侧的文本框中，可以直接输入大小数值，也可以拖动滑块来改变，取值范围为1%~100%之间的整数。值越大，颜色变得越深、越暗。

7.1.9 红眼工具的使用

利用【红眼工具】，只需要设置合适的【瞳孔大小】和【变暗量】，在瞳孔的位置单击鼠标，即可去除红眼，具体的操作步骤如下：

（1）执行菜单栏中的【文件】|【打开】命令，将弹出【打开】对话框，选择配套光盘中"调用素材 / 第7章 / 红眼工具的使用.jpg"文件，将图片打开，如图7.34所示。从图中可以看到，人物的眼睛由于拍摄的原因产生了红眼效果，下面利用【红眼工具】将其去除。

（2）在工具箱中选择【红眼工具】，在选项栏中，设置【瞳孔大小】为4%，【变暗量】为50%，如图7.35所示。

（3）移动光标到人物左侧眼睛的红色瞳孔上，单击鼠标，即可将左侧眼睛的红眼去除，如图7.36所示。

图7.34 打开的图像

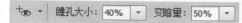

图7.35 选项栏参数设置

（4）同样的方法，根据眼睛瞳孔的大小，设置不同的【瞳孔大小】和【变暗量】参数值，在红眼瞳孔部分单击鼠标去除红眼效果，完成的最终效果如图7.37所示。

图7.36 光标效果

图7.37 最终效果

Tip 在使用【红眼工具】时，注意十字光标与红眼位置的对齐，否则将出现错误。

Section 7.2 图章工具

图章工具是一种复制工具，可以选择图像的不同部分，并将它们复制到同一个文件或其他文件中。这与复制和粘贴功能不同，在复制过程中，Photoshop对原区域进行取样读取，并将其复制到目标区域中。在文档窗口的目标区域里拖动鼠标时，取样文档区域的内容就会逐渐显示出来，这个过程能将旧像素图像和新像素图像混合得天衣无缝。

图章工具包括【仿制图章工具】🖫和【图案图章工具】🖳两个工具，在默认状态下显示的为【仿制图章工具】🖫，将光标放置在该工具按钮上，按住鼠标稍等片刻或是单击鼠标右键，将显示图章工具组，如图7.38所示。下面来讲解这两个工具的使用。

图7.38 图章工具组

Answered 按【S】键可以选择当前图章工具，按【Shift + S】组合键可以在这两种图章工具之间进行切换。

7.2.1 仿制图章工具

【仿制图章工具】 在用法上有些类似于【修复画笔工具】 ，利用【Alt】辅助键进行取样，然后在其他位置拖动鼠标，即可从取样点开始将图像复制到新的位置。其选项栏中的选项前面已经讲解过，这里不再赘述。下面通过金鱼的复制来讲解仿制图章工具具体的使用方法。

（1）执行菜单栏中的【文件】|【打开】命令，将弹出【打开】对话框，选择配套光盘中"调用素材 / 第7章 / 仿制图章应用.jpg"文件，将图片打开，如图7.39所示。从图中可以看到，当前有一只美丽的蝴蝶，下面利用仿制图章工具复制更多的蝴蝶。

（2）单击工具箱中的【仿制图章工具】 ，在选项栏中单击【点按可打开"画笔预设"选取器】区域 ，打开【"画笔预设"选取器】，设置仿制图章的画笔【大小】为50像素，【硬度】设置为50%，如图7.40所示。

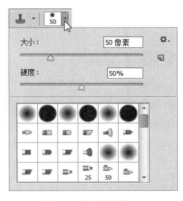

图7.39 打开的图片　　　　　　　　　图7.40 设置笔触

（3）将光标移动到照片中蝴蝶上合适的位置，按住【Alt】键的同时单击鼠标，完成图片的仿制取样，如图7.41所示。

Answered 使用【仿制图章工具】时，可以按【Caps Lock】键，将【仿制图章工具】的光标变为十字形光标。使用十字形光标的中心判断复制区域的精确位置要比使用【仿制图章工具】光标更加容易。

（4）将光标移动到照片中的其他位置，按住鼠标左键拖动，在拖动时，注意光标对应的十字光标的位置，以免复制的图形超出范围，如图7.41所示。

（5）在拖动时可以随时停止拖动，并可以改变画笔的大小，以适应不同的仿制需要，而且可以只仿制局部，比如其中的一只蝴蝶，完成的最终效果如图7.42所示。

Skill 如果仿制完成，想重新仿制其他图像，可以再次按【Alt】键重新取样，然后再进行仿制操作。

图7.41 单击取样

图7.41 拖动仿制效果

图7.42 仿制金鱼的最终效果

Questions 【仿制图章工具】与【修复画笔工具】有何不同？

Answered 【仿制图章工具】只是单纯地复制图像，而不匹配纹理、阴影或光照，但两者的使用方式类似。

7.2.2 图案图章工具

应用【图案图章工具】 🖼 可以使用图案进行描绘，使用该工具前可以先定义需要的图案，并将该图案复制到当前的图像中。图案图章可以用来创建特殊效果、背景网纹以及织物或壁纸等设计。

选择【图案图章工具】 🖼 后，工具选项栏中的选项如图7.43所示。

画笔　　　　模式　　　　不透明度　　　　流量　　　喷枪 图案 对齐 印象派效果

图7.43 【图案图章工具】选项栏

【图案图章工具】选项栏中各选项含义如下：

- 【画笔】：设置图案图章工具的笔触，如直径、硬度、笔触等，与【画笔】工具的应用相同，详情可参考本章前面画笔知识的讲解。
- 【模式】：设置修复画笔工具绘制时的像素与原来像素之间的混合模式。
- 【不透明度】：单击【不透明度】选项右侧的三角形 🔽 按钮，将打开一个调节不透明度的滑条，通过拖动上面的滑块来修改笔触的不透明度，也可以直接在文本框中输入数值修改不透明度。当值为100%时，绘制的图案完全不透明，将覆盖下面的图像；当值小于100%时，将根据不同的值透出背景中的图像，值越小，透明度越大，当值为0%时，将完全显示背景图像。
- 【流量】：表示笔触颜色的流出量，流出量越大，颜色越深，简单理解可以说成流量控制画笔颜色的深浅。在画笔选项栏中，单击【流量】选项右侧的⊡按钮，将打开一个调节流量的滑条，可以通过拖动上面的滑块来修改笔触流量，也可以直接在文本框中输入数值修改笔触流量。值为100%时，绘制的颜色最深最浓；当值小于100%时，绘制的颜色将变浅，值越小，颜色越淡。

- 【喷枪】：单击该按钮，可以启用喷枪功能。当按住鼠标不动时，可以扩展图案填充效果。
- 【图案】：单击右侧【点按可打开"图案"拾色器】区域▨▾，将打开"图案"拾色器，可以从中选择需要的图案。
- 【对齐】：勾选该复选框，每次单击或拖动绘制图案时，都将与第一次单击的点进行对齐操作；如果不勾选该复选框，则每次单击或拖动的起点都是取样时的单击位置。
- 【印象派效果】：勾选该复选框，可以对图案应用印象派艺术效果，使图案变得扭曲、模糊。不勾选和勾选【印象派效果】复选框绘图对比效果，如图7.44所示。

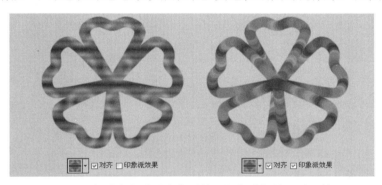

图7.44 不勾选和勾选【印象派效果】复选框绘图对比效果

Q **为何中途停止拖动，然后再进行绘制时，并不是沿原来的仿制效果继续仿制？**

Answered 在拖动时，如果中途停止拖动，要注意在工具选项栏中选中【对齐】复选框，否则，将以取样时的单击位置为起点，重新仿制。

7.2.3 图案图章工具的使用

图案图章工具与图案填充有些相似，只是比图案填充更加的灵活，操作更加方便，适合局部选区的图案填充和图案的绘制，下面以实例的形式，详细讲解图案图章工具的使用方法。

（1）首先来定义图案。执行菜单栏中的【文件】|【打开】命令，将弹出【打开】对话框，选择配套光盘中"调用素材/第7章/向日葵.jpg"文件，将图片打开，如图7.45所示。

（2）选择工具箱中的【矩形选框工具】▭，在打开的图片上拖动绘制一个矩形选区，将其中的一个图案包括在选区内，如图7.46所示。

（3）执行菜单栏中的【编辑】|【定义图案】命令，在打开的【图案名称】对话框中，设置【名称】为"向日葵"，如图7.47所示。然后单击【确定】按钮，完成图案的定义。

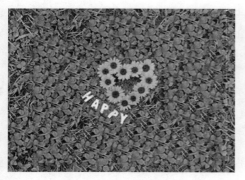

图7.45 打开的图片

图7.46 绘制矩形选区

（4）新建图层，为其填充白色前景色，如图7.48所示。

图7.47 【图案名称】对话框

图7.48 新建图层填充白色

（5）选择工具箱中的【图案图章工具】，在选项栏中，设置合适的画笔大小和硬度值，单击【点按可打开"图案"拾色器】区域，打开【"图案"拾色器】，选择刚才定义的"向日葵"图案，如图7.49所示。

图7.49 选择"向日葵"图案

（6）选择"向日葵"图案后，按住鼠标在背景选区中拖动绘制，以填充图案，效果如图7.50所示。

Tip 在使用【图案图章工具】绘制图案时，要注意选择选项栏中的【对齐】复选框，这样在释放鼠标再次绘制时，可以自动沿原来的图案效果对齐绘制，不会产生错乱效果。

（7）继续拖动绘制图案，直到将背景全部填充，然后按【Ctrl + D】组合键，取消选区，完成整个背景图案的替换，完成的最终效果如图7.51所示。

图7.50 绘制填充图案效果

图7.51 完成图案填充

Section 7.3 模糊、锐化和涂抹工具

　　【模糊工具】🌢可以柔化图像中的局部区域，使其显示模糊。而与之相反的【锐化工具】△，可以锐化图像中的局部区域，使其更加清晰。这两个工具主要通过调整相邻像素之间的对比度达到图像的模糊或锐化，前者会降低相邻像素间的对比度，后者则是增加相邻像素间的对比度。

　　【模糊工具】🌢和【锐化工具】△通常用于提高数字化图像的质量。有时扫描仪会过分加深边界，使图像显得比较刺眼，这种边界可以使用模糊工具调整得柔和些。【模糊工具】还可以柔化粘贴到某个文档中的图像参差不齐的边界，使之更加平滑地融入背景。

　　【涂抹工具】🖐以鼠标按下位置为原始颜色，并根据画笔的大小，将其拖动涂抹，类似于在没有干的图画上用手指涂抹的效果。

　　【模糊工具】🌢、【锐化工具】△和【涂抹工具】🖐处于一个工具组中，在默认状态下显示的是【模糊工具】🌢，将光标放置在该工具按钮上，按住鼠标稍等片刻或是单击鼠标右键，将显示该工具组，如图7.52所示。

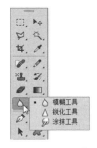

图7.52 工具组效果

7.3.1 模糊工具的使用

　　使用【模糊工具】🌢可柔化图像中因过度锐化而产生的生硬边界，也可以用于柔化图像的高亮区或阴影区。选择模糊工具后，模糊工具选项栏如图7.53所示。

　　【模糊工具】选项栏中各选项的含义如下：

● 【画笔】：设置模糊工具的笔触，如直径、硬度、笔触形状等，与【画笔工具】的应用相同，详情可参考本章前面画笔知识的讲解。

图7.53 【模糊工具】选项栏

- 【模式】：设置模糊工具在使用时指定模式与原来像素之间的混合效果。
- 【强度】：可以设置模糊的强度。数值越大，使用模糊工具拖动时图像的模糊程度越大。
- 【对所有图层取样】：勾选该复选框，将对所有图层进行取样操作。如果不勾选该复选框，将只对当前图层取样。

使用【模糊工具】在图像中拖动，对图像进行模糊，反复在某处图像上拖动，可以加深模糊的程序。运用模糊工具前后效果对比如图7.54所示。

图7.54 模糊工具的前后效果对比

Questions 如何快速选择【模糊工具】、【锐化工具】或【涂抹工具】？

Answered 按【R】键可以选择这些工具之一，按【Shift + R】组合键可以在这3种工具之间进行切换。

7.3.2 锐化工具的使用

开始锐化图像前，可以在选项栏中设置锐化工具的笔触尺寸，并设置【强度】值和【模式】等，它与【模糊工具】的选项栏相同，这里不再细讲。【锐化工具】可以加强图像的颜色，提高清晰度，以增加对比度的形式来增加图像的锐化程度。

选择【锐化工具】△后，在图像中拖动进行锐化，锐化图像的前后效果如图7.55所示。

Questions 有没有快速切换【模糊工具】、【锐化工具】或【涂抹工具】的方法？

Answered 当使用【模糊工具】时，按住【Alt】键可以将【模糊工具】临时切换到【锐化工具】；当使用【锐化工具】时，按住【Alt】键可以将【锐化工具】临时切换到【模糊工具】。

图7.55 锐化眼睛的前后效果

7.3.3 涂抹工具的使用

【涂抹工具】 就像使用手指搅拌颜料桶一样可以将颜色混合。使用涂抹工具时，由单击处的颜色开始，并将其与鼠标拖动过的颜色进行混合。除了混合颜色外，涂抹工具还可用于在图像中实现水彩般的图像效果。如果图像在颜色与颜色之间的边界生硬，或颜色与颜色之间过渡不好，可以使用涂抹工具，将过渡颜色柔和化。

选择【涂抹工具】 后，工具选项栏效果如图7.56所示。

图7.56 【涂抹工具】选项栏

【涂抹工具】选项栏中各选项的含义如下：

- 【画笔】：设置涂抹工具的笔触，如直径、硬度、笔触形状等，与【画笔工具】的应用相同，详情可参考本章前面画笔知识的讲解。
- 【模式】：设置涂抹工具在使用时指定模式与原来像素之间的混合效果。
- 【强度】：可以设置涂抹的强度。数值越大，涂抹的延续就越长，如果值为100%，则可以直接连续不断地绘制下去。
- 【对所有图层取样】：勾选该复选框，将对所有图层进行取样操作。如果不勾选该复选框，将只对当前图层取样。
- 【手指绘画】：使用涂抹工具对图像进行涂抹时，如果勾选选项栏中的【手指绘画】复选框，则产生一种类似于用手指蘸着颜料在图像中进行涂抹的效果，它与当前工具箱中前景色有关；如果不勾选此复选框，则只是使用起点处的颜色进行涂抹。

如图7.57所示为原图、不勾选【手指绘画】和勾选【手指绘画】复选框后的不同涂抹效果对比。

图7.57 不同涂抹效果

【减淡工具】🔍和【加深工具】✋模拟了传统的暗室技术。摄像师可以使用减淡工具和加深工具改进其摄影作品，在底片中增加或减少光线，从而增强图像的清晰度。在摄影技术中，加光通常用来加亮阴影区（图像中最暗的部分），遮光通常用来使高亮区（图像中最亮的部分）变暗。这两种技术都增加了照片的细节部分。【海绵工具】⬤可以给图像加色或去色，以增加或降低图像的饱和度。

图7.58 工具组效果

【减淡工具】🔍、【加深工具】✋和【海绵工具】⬤处于一个工具组中，在默认状态下显示的为【减淡工具】✋，将光标放置在该工具按钮上，按住鼠标稍等片刻或是单击鼠标右键，将显示该工具组，如图7.58所示。

Questions 有没有快速切换【减淡工具】和【加深工具】的方法？

Answered 当使用【减淡工具】时，按住【Alt】键可以将【减淡工具】临时切换到【加深工具】；当使用【加深工具】时，按住【Alt】键可以将【加深工具】临时切换到【减淡工具】。

Skill 按O键，可以选择当前工具，按【Shift+O】组合键可以在这3种图章工具之间进行切换。

7.4.1 减淡工具的使用

【减淡工具】🔍有时也叫加亮工具，使用减淡工具可以改善图像的曝光效果，对图像的阴影、中间色或高光部分进行提亮和加光处理，使之达到强调突出的作用。

选择【减淡工具】🔍后，其选项栏中的选项如图7.59所示。

图7.59 【减淡工具】选项栏

【减淡工具】选项栏各选项含义如下：

● 【画笔】：设置减淡工具的笔触，如直径、硬度、笔触形状等，与【画笔工具】的应用相同，详情可参考本章前面画笔知识的讲解。

● 【范围】：设置减淡工具的应用范围。包括【阴影】、【中间调】和【高光】3个选项。选择【阴影】选项，减淡工具只作用在图像的暗色部分；选择【中间调】选项，减淡工具只作用在图像中暗色与亮色之间的颜色部分；选择【高光】选项，减淡工具只作用在图像中高亮的部分。

- 【曝光度】：设置减淡工具的曝光强度。值越大，拖动时减淡的程度就越大，图像越亮。
- 【喷枪】：勾选该复选框，可以使减淡工具在拖动时模拟传统的喷枪手法，即按住鼠标不动，可以扩展淡化区域。
- 【保护色调】：勾选该复选框，可以保护与前景色相似的色调，不受减淡工具的影响，即在使用【减淡工具】时，与前景色相似的色调颜色将不会淡化。

使用【减淡工具】🔍在图像中拖动，可以减淡图像色彩，提高图像亮度，多次拖动可以加倍减淡图像色彩，提高图像亮度。对图像进行减淡处理的前后及勾选【保护色调】复选框效果对比如图7.60所示。

图7.60 对图像进行减淡处理的前后效果对比

Questions 【减淡工具】的作用是什么？一般常用在什么地方？

Answered 使用【减淡工具】可以改善图像的曝光度效果，对图像的阴影、中间调或高光部分进行提亮和加光处理，以达到强调的作用。一般处理人像时很常用，如加亮人物的双眼，制作高鼻梁等。

7.4.2 加深工具的使用

【加深工具】◎与【减淡工具】🔍在应用效果上正好相反，它可以使图像变暗来加深图像的颜色，对图像的阴影、中间色和高光部分进行变暗处理，多用于对图像中阴影和曝光过度的图像进行加深处理。【加深工具】◎的选项栏与【减淡工具】🔍选项栏相同，这里不再赘述。

使用【加深工具】◎在图像中拖动，对图像进行加深处理的前后效果对比如图7.61所示。

图7.61 对图像进行加深处理的前后效果对比

7.4.3 海绵工具的使用

【海绵工具】 可以用来增加或减少图像颜色的饱和度。当增加颜色的饱和度时,其灰度就会减少,但对黑白图像处理的效果不明显。当RGB模式的图像显示CMYK超出范围的颜色时,【海绵工具】 的去色选项十分有用。使用【海绵工具】 在这些超出范围的颜色上拖动,可以逐渐减小其浓度,从而使其变为CMYK光谱中可打印的颜色。

选择【海绵工具】 后,其选项栏中的选项如图7.62所示。

图7.62 【海绵工具】选项栏

【海绵工具】选项栏各选项含义如下:

● 【画笔】:设置海绵工具的笔触,如直径、硬度、笔触形状等,与【画笔工具】的应用相同,详情可参考本章前面画笔知识的讲解。

● 【模式】:设置海绵工具的应用方式。包括【降低饱和度】和【饱和】两个选项,选择【饱和】选项,可以增加图像的饱和度,有些类似于加深工具,但它只是加深了整个图像的饱和度;选择【降低饱和度】选项,可以降低图像颜色的饱和度,将图像的颜色彩色度降低,重复使用可以将彩图处理为黑白图像。

● 【流量】:设置海绵工具应用的强度。值越大,海绵工具饱和度或降低饱和度的程度就越强。

● 【喷枪】:选中喷枪,可以使【海绵工具】在拖动时模拟传统的喷枪手法,即按住鼠标不动,可以扩展处理区域。

● 【自然饱和度】:勾选该复选框,可以最小化修剪以获得完全饱和色或不饱和色。

使用【海绵工具】 拖动,如图7.63所示为原图、加色和去色后的不同拖动修改效果对比。

图7.63 不同拖动修改效果

路径和形状工具

路径和形状工具在图像处理过程中应用非常广泛，本章详细介绍了路径和形状工具的创建和编辑方法，包括钢笔工具的使用、路径的选择与编辑、路径面板的使用、路径的填充与描边、路径和选区之间的转换等方法。掌握这些工具，可以在Photoshop中创建精确的矢量图形，在一定程度上弥补了位图的不足。

Chapter

08

 教学视频

钢笔工具是创建路径的最基本工具，使用该工具可以创建各种精确的直线或曲线路径，钢笔工具是制作复杂图形的一把利器，它几乎可以绘制任何图形。

8.1.1 认识绘图模式

路径是利用【钢笔工具】 或形状工具的路径工作状态制作的直线或曲线，路径其实是一些矢量线条，无论图像缩小或是放大，都不会影响其分辨率或是平滑程度。编辑好的路径可以保存在图像中（保存为*.psd或是*.tif文件），也可以单独输出为路径文件，然后在其他的软件中进行编辑或是使用。钢笔工具可以和路径面板一起工作。通过路径面板可以对路径进行描边、填充或将之转变为选区。

使用形状或钢笔工具时，可以在选项栏中选择三种不同的模式进行绘制。在选定形状或钢笔工具时，可通过选项栏选取一种模式，工具选项栏如图8.1所示。

图8.1 钢笔模式选项栏

Questions 如何快速使用【钢笔工具】？怎么快速切换【钢笔工具】和【自由钢笔】？

Answered 在英文输入法下输入"P"键，可以快速选择【钢笔工具】。按【Shift + P】组合键，可以在钢笔工具和自由钢笔工具之间进行切换。

下面来详细讲解三种绘图模式的使用方法：

- 【形状】：选择该按钮，在使用形状工具（比如这里选择"花"）绘图时，可以以前景色（比如这里设置为蓝色）为填充色，创建一个形状图层，同时会在当前的【图层】面板中创建一个形状层，在【路径】面板中，还将出现一个形状路径。形状图层的使用效果如图8.2所示。

- 【路径】：选择该按钮，在使用钢笔或形状工具绘制图形时，可以绘制出路径效果，并在【路径】面板中以工作路径的形式存在，但【图层】面板不会有任何的变化。路径绘图效果如图8.3所示。

- 【像素】：在选择钢笔工具时，该按钮是不可用的，只有选择形状工具时，该按钮才可以使用。单击该按钮，在使用形状工具绘制图像时，在【图层】面板中不会产生新的图层，也不会在【路径】面板中

图8.2 形状图层绘图效果

产生路径，它只能在当前图层中，以前景色为填充绘制一个图形对象，覆盖当前层中的重叠区域。填充像素绘图效果，如图8.4所示。

图8.3 路径绘图效果　　　　　　　　　　图8.4 填充像素绘图效果

8.1.2　直线路径的绘制

使用【钢笔工具】 可以绘制最简单的路径是直线，通过两次不同位置的单击可以创建一条直线段，继续单击可创建由角点连接的直线段组成的路径。

（1）选择【钢笔工具】 。

（2）移动光标到文档窗口中，在合适的位置单击确定路径的起点，可绘制第1个锚点。然后单击其他要设置锚点的位置可以得到第2个锚点，在当前锚点和前一个锚点之间会以直线连接。

Tip　在绘制直线段时，注意单击时不要拖动鼠标，否则将绘制出曲线效果。

（3）同样的方法，多次单击可以绘制更多的路径线段和锚点。如果要封闭路径，请将光标移动到起点附近。当光标右下方出现一个带有小圆圈 的标志时，单击就可以得到一个封闭的路径。绘制直线路径效果如图8.5所示。

图8.5 绘制直线路径效果

Skill　在绘制路径时，如果中途想中止绘制，可以按住【Ctrl】键的同时在文档窗口中路径以外的任意位置单击鼠标，以绘制出不封闭的路径；按住【Ctrl】键光标将变成直接选择工具形状，此时可以移动锚点或路径线段的位置；按住【Shift】键进行绘制，可以绘制成45度角倍数的路径。

钢笔工具选项栏详解：

在工具箱中选择【钢笔工具】 🖊 后，选项栏中将显示出【钢笔工具】 🖊 的相关属性，如图8.6所示。

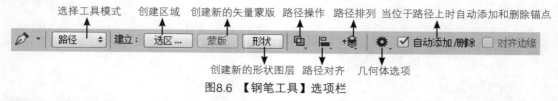

图8.6 【钢笔工具】选项栏

> **Tip** 在英文输入法下按【P】键，可以快速选择【钢笔工具】。如果按【Shift + P】组合键，可以在钢笔工具和自由钢笔工具之间进行切换。

- 【路径操作】 🖿 ：这些按钮主要是用来指定新路径与原路径之间的关系，比如相加、相减、相交或排除运算，它与前面讲解过的选区的相加减应用相似。【创建新的形状区域】 ■ 表示开始创建新路径区域；【添加到形状区域】 🖿 表示将现有路径或形状添加到原路径或形状区域中；【从形状区域减去】 🖿 表示从现有路径或形状区域中减去与新绘制重叠的区域；【交叉形状区域】 🖿 表示将保留原区域与新绘制区域的交叉区域；【重叠形状区域除外】 🖿 表示将原区域与新绘制的区域相交叉的部分排除，保留没有重叠的区域。

- 【路径对齐】 🖿 ：这些按钮主要是来控制路径的对齐方式的，比如【左边】 🖿 是路径最左边位置对齐，【水平居中】 🖶 是路径的水平方向中心对齐，【右边】 🖿 是路径最右边位置对齐，【顶边】 🖿 是路径最顶端位置对齐，【垂直居中】 🖶 是路径垂直中心对齐，【底边】 🖿 是路径最底边位置的对齐，【分配宽度】 🖿 是按路径从窄到宽顺序排列，【分配高度】 🖿 是按照路径从高到低的顺序排列，【对齐到画布】是路径和画布某一位置的对齐。

- 【路径排列】 🖿 ：用来对元件前后位置的调节，比如【元件置最顶层】 🖿 是在多个元件中选择一个元件调到最顶层位置显示，【元件前移一层】 🖿 是把选中的元件向前移动一层显示，【元件后移一层】 🖿 是把选中的元件向下移动一层显示，【元件置最底层】 🖿 是在多个元件中选择一个元件调到最底层位置显示。

- 【几何体选项】：用来设置路径或形状工具的几何参数。单击黑色的倒三角按钮 ▾，可以打开当前工具的几何选项面板，比如这里选择了钢笔工具，将弹出【钢笔工具】选项面板，勾选【橡皮带】复选框移动鼠标，则光标和刚绘制的锚点之间会有一条动态变化的直线或曲线，表明若在光标处设置锚点会绘制什么样的线条，对绘图起辅助作用。

- 【自动添加/删除】：勾选该复选框，在使用钢笔工具绘制路径时，钢笔工具不但具有绘制路径的功能，还可以添加或删除锚点。将光标移动到绘制的路径上，在光标右下角将出现一个"＋"加号 🖊，单击鼠标可以在该处添加一个锚点；将光标移动到绘制路径的锚点上，在光标的右下角将出现一个"－"减号 🖊，单击鼠标即可将该锚点删除。

8.1.3 曲线路径的绘制

绘制曲线相对来说比较复杂一点，在曲线改变方向的位置添加一个锚点，然后拖动构成曲线形状的方向线。方向线的长度和斜度决定了曲线的形状。

（1）选择【钢笔工具】 。

（2）将钢笔工具定位到曲线的起点，并按住鼠标按钮拖动，以设置要创建的曲线段的斜度，然后松开鼠标按钮，操作效果如图8.7所示。

（3）创建C形曲线。将光标移动到合适的位置，按住鼠标向前一条方向线相反的方向拖动鼠标，绘制效果如图8.8所示。

（4）绘制S形曲线。将光标移动到合适的位置，按住鼠标向前一条方向线相同的方向拖动鼠标，绘制效果如图8.9所示。

图8.7 拖动绘制第一曲线点

图8.8 绘制C形曲线

图8.9 绘制S形曲线

Skill 在绘制曲线路径时，如果要创建尖锐的曲线，即在某锚点处改变切线方向，请先释放鼠标，然后按住【Alt】键的同时拖动控制点改变曲线形状；也可以在按住【Alt】键的同时拖动该锚点、拖动控制线来修改曲线形状。

8.1.4 直线和曲线混合绘制

【钢笔工具】 除了可以绘制直线和曲线外，还可以绘制直线和曲线的混合线，如绘制跟有曲线的直线、跟有直线的曲线或由角点连接的两条曲线段，具体绘制方法如下。

（1）选择【钢笔工具】 。

（2）如果想在直线后绘制曲线，使用钢笔工具单击两个位置以创建直线段。将钢笔工具放置在所选锚点上，钢笔工具旁边将出现一条小对角线或斜线 ，此时按住鼠标向外拖动，将拖出一个方向线，释放鼠标，然后在其他位置单击或拖动鼠标，即可创建出一条曲线。在直线后绘制曲线操作过程如图8.10所示

图8.10 在直线后绘制曲线操作过程

（3）如果想在曲线后绘制直线，首先利用前面讲过的方法绘制一个曲线并释放鼠标。

按住【Alt】键时将钢笔工具更改为【转换锚点工具】🖊，然后单击选定的锚点可将该锚点从平滑点转换为拐角点，然后释放【Alt】键和鼠标，在合适的位置单击，即可创建出一条直线。在曲线后绘制直线操作过程如图8.11所示。

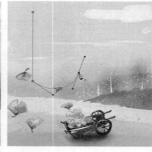

图8.11 在曲线后绘制直线操作过程

（4）如果想在曲线后绘制曲线，首先利用前面讲过的方法绘制一个曲线并释放鼠标。按住【Alt】键将一端的方向线向相反的一端拖动，将该平滑点转换为角点，然后释放【Alt】键和鼠标，在合适的位置按住鼠标拖动完成第二条曲线。在曲线后绘制曲线的操作过程如图8.12所示。

图8.12 在曲线后绘制曲线的操作过程

8.1.5 自由钢笔工具的使用

自由钢笔工具在使用上分为两种情况：一种是自由钢笔工具；一种是磁性钢笔工具。自由钢笔工具带有很大的随意性，可以像画笔一样进行随意的绘制，在使用上类似套索工具。应用自由钢笔工具进行路径绘制的具体步骤如下：

（1）选择【自由钢笔工具】🖊。

（2）在需要进行绘制的起始位置处按住鼠标左键确定起点，在不释放鼠标的情况下随意拖动鼠标，在拖动时可以看到一条尾随的路径效果，释放鼠标即可完成路径的绘制。

（3）如果要创建闭合路径，可以将光标拖动到路径的起点位置，光标右下方出现一个带有小圆圈🖊的标志，此时释放鼠标就可以得到一个封闭的路径。

Skill 要停止路径的绘制，只要释放鼠标左键即可使路径处于开放状态。如果要从停止的位置处继续创建路径，可以先使用直接选择工具🖊单击开放路径，再切换到自由钢笔工具将光标置于开放路径的一端的锚点处，当光标右下角显示减号标志🖊，按住鼠标左键继续拖动即可。如果在中途想闭合路径，可以按住【Ctrl】键，此时光标的右下角将出现一个小圆圈，释放鼠标即可在当前位置和路径起点之间自动生成一个直线段，将路径闭合。

自由钢笔工具选项栏详解：

【自由钢笔工具】  选项栏如图8.13所示。

图8.13 【自由钢笔工具】选项栏

- 【曲线拟合】：该参数控制绘制路径时对鼠标移动的敏感性，输入的数值越高，所创建的路径的锚点越少，路径也就越光滑。
- 【磁性的】：该复选框等同于工具【选项】栏中的【磁性的】复选框。但是在弹出面板中同时可以设置【磁性的】选项中的各项参数。
- 【宽度】：确定磁性钢笔探测的距离，在该文本框中可输入1～40之间的像素值。该数值越大磁性钢笔探测的距离就越大。
- 【对比】：确定边缘像素之间的对比度，在该文本框中可输入0%～100%之间的百分比值。值越大，对对比度要求越高，只检测高对比度的边缘。
- 【频率】：确定绘制路径时设置锚点的密度，在该文本框中可输入0～100之间的值。该数值越大，则路径上的锚点数就越多。
- 【钢笔压力】：只在使用绘图压敏笔时才有用，勾选该复选框，会增加钢笔的压力，可以使钢笔工具绘制的路径宽度变细。

Skill 在使用【磁性钢笔工具】绘制路径时，按左方【[】键，可将磁性钢笔的宽度值减小1像素；按右方【]】键，可将磁性钢笔的宽度增加1像素。

8.1.6 使用磁性钢笔工具将人物抠像

选择【自由钢笔工具】 后，在选项栏中勾选【磁性的】复选框，自由钢笔工具就变成了【磁性钢笔工具】 。【磁性钢笔工具】与【磁性套索工具】在选择上非常相似，唯一的不同是【磁性钢笔工具】创建的是路径，而【磁性套索工具】创建的是选区，而路径有最大的编辑灵活性，选区则没有，所以在实际工作中使用【磁性钢笔工具】的机会更大，下面以实例形式来讲解【磁性钢笔工具】的使用。

（1）打开配套光盘中"调用素材/第8章/卡通人物.jpg"图片，如图8.14所示。本例要将图片中的杯子抠像，下面就来讲解具体的操作方法。

（2）选择【自由钢笔工具】 ，在选项栏中选择【路径】 路径 选项，并勾选【磁性的】复选框，此时【自由钢笔工具】就转换为【磁性钢笔工具】，在卡通人物的边缘位置单击鼠标，然后在释放鼠标的情况下沿人物边缘移动鼠标，随着光标的移动，锚点逐个分布在光标移动的轨迹上，如图8.15所示。

Tip 在确定起点后，移动选择图像时，不用按住鼠标，只需要释放鼠标移动光标选择即可。

图8.14 打开的图片

图8.15 移动鼠标选择

> **Skill** 利用磁性钢笔工具绘制路径时，锚点的自动设置是由相关选项设置确定的。在绘制路径时，如果路径偏移了图像的边缘，这时可以按【Backspace】或【Delete】键，删除刚绘制的锚点。多次按删除键，可以依次删除锚点。如果想在中途闭合路径，可以双击鼠标；如果按【Enter】键，可以创建开放的路径。

（3）当光标移动到起点位置时，光标的右下角会显示小圆圈 ，单击即可使得整个路径封闭。效果如图8.16所示。

（4）【磁性钢笔工具】完成路径绘制，如图8.17所示。

图8.16 封闭路径操作效果

图8.17 完成效果

> **Skill** 利用【磁性钢笔工具】绘制路径时，按住【Alt】键并单击鼠标，可绘制出直线路径，如果直接拖动则可以绘制自由路径。

（5）从选择的路径来看，有些地方的选择并不理想，比如卡通人物的左手位置，如图8.18所示。选择【直接选择工具】 ，通过调整锚点位置，对其进行编辑，完成效果如图8.19所示。

图8.18 不理想的选择   图8.19 调整路径后效果

Skill 在查看路径或编辑路径时，可以将图像放大来操作，这样会更加容易操作。

（6）同样的方法对其他位置的路径进行调整，使路径选择更加完善。然后按【Ctrl＋Enter】键将路径转换为选区，按【Ctrl + J】键应用【通过拷贝的图层】命令，在【图层】面板中将背景图层隐藏，如图8.20所示。卡通人物的抠像效果如图8.21所示。

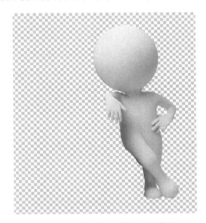

图8.20 隐藏背景图层   图8.21 卡通人物的抠像效果

Section 8.2 路径的基本调整

路径的强大之处在于，它具有灵活的编辑功能，对应的编辑工具也相当丰富，所以，路径是绘图和选择图像中非常重要的一部分。

8.2.1 认识路径

路径可以是一个点、一条直线或一条曲线，但它通常是锚点连接在一起的一系列直线段或曲线段。因为路径没有锁定在屏幕的背景像素上，所以它们很容易调整、选择和移动。同时，路径也可以存储并输出到其他应用程序中，因此，路径不同于Photoshop描绘工具创建的任何对象，也不同于Photoshop选框工具创建的选区。

绘制路径时单击鼠标确定的点，叫做锚点。可以用来连接各个直线或曲线段。在路径中，锚点可分为平滑点和曲线点。路径有很多的部分组成，了解这些组成部分才可以更好地编辑与修改路径。路径组成如图8.22所示。

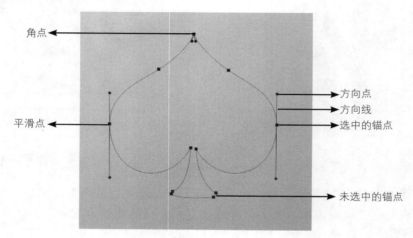

图8.22 路径组成

路径组成部分的说明：
- 【角点】：角点两侧的方向线并不处于同一直线上，拖动其中一条控制点时，另一条控制点并不会随之移动，而且只有锚点一侧的路径线发生相应的调整。有些角点的两侧没有任何方向线。
- 【方向线】：在锚点一侧或两侧显示一条或两条线，这条线就叫做方向线，这条线是一般曲线型路径在该平滑点处的切线。
- 【平滑点】：平滑点只产生在曲线型路径上，当选择该点后，在该点的两侧将出现方向线，而且该点两侧的方向线处于同一直线上，拖动其中的一条方向线，另一条方向线也会相应的移动，同时锚点两侧的路径线也发生相应的调整
- 【方向点】：在方向线的终点处有一个端点，这个点称为方向点。通过拖动该方向点，可以修改方向线的位置和方向，进而修改曲线型路径的弯曲效果。

8.2.2 选择、移动路径

如果要选择整个路径，则先选中工具箱中的【路径选择工具】，然后直接单击需要选择的路径即可。当整个路径选中时，该路径中的所有锚点都显示为黑色方块。选择路径后，按住鼠标拖动即可移动路径的位置。如果路径由几个路径组件组成，则只有指针所指的路径组件被选中。

如果要选择路径段或锚点，可以使用工具箱中的【直接选择工具】，单击需要选择的锚点；如果要同时选中多个锚点，可以在按住【Shift】键的同时逐个单击要选择的锚点。选择锚点后，按住鼠标拖动，即可移动锚点的位置。选择锚点并移动锚点效果如图8.23所示。

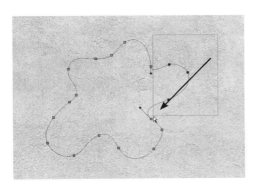 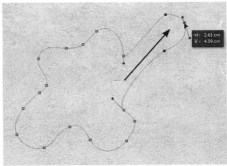

图8.23 选择锚点并移动

8.2.3 调整路径方向点

在工具箱中，单击选择【直接选择工具】 ，在角点或平滑点上单击鼠标，可以将该锚点选中。在该锚点的一侧或两侧显示方向点，将光标放置在要修改的方向点上，拖动鼠标即可调整方向点。调整方向点操作效果如图8.24所示。

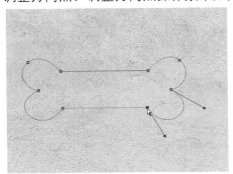 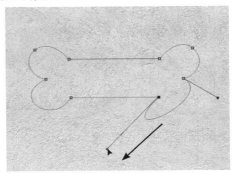

图8.24 调整方向点操作效果

Section 8.3 路径锚点的添加或删除

绘制好路径后，可以使用路径选择工具和直接选择工具选择和调整路径锚点。利用【添加锚点工具】和【删除锚点工具】可以对路径添加或删除锚点。

8.3.1 为路径添加锚点

使用【添加锚点工具】工具在路径上单击，可以为路径添加新的锚点，添加锚点的具体操作方法如下：

选择【添加锚点工具】，然后将光标移动到文档窗口中要添加锚点的路径位置，此时光标的右下角将出现一个"＋"加号标志，单击鼠标即可在该路径位置添加一个锚点。同样的方法可以添加更多的锚点。如果在添加锚点时按住鼠标拖动，还可以改变路径的形状。添加锚点操作效果如图8.25所示。

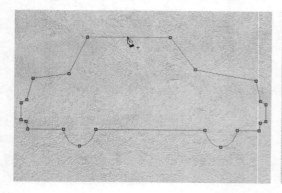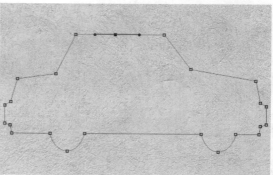

图8.25 添加锚点操作效果

8.3.2 删除多余的路径锚点

选择【删除锚点工具】，将光标移动到路径中想要删除的锚点上，此时光标的右下角将出现一个"-"减号标志，单击鼠标即可将该锚点删除。删除锚点后路径将根据其他的锚点重新定义路径的形。删除锚点的操作效果如图8.26所示。

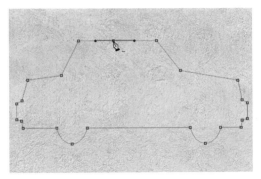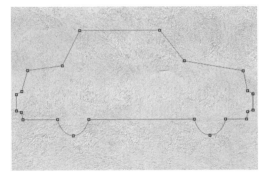

图8.26 删除锚点的操作效果

使用【转换点工具】 ∧ 不但可以将角点转换为平滑点，将角点转换为拐角点，将拐角点转换为平滑点，还可以对路径的角点、拐角点和平滑点之间进行不同的切换操作。

8.4.1 将角点转换为平滑点

选择【转换点工具】 ∧ ，将光标移动到路径上的角点处，按住鼠标拖动即可将角点转换为平滑点。操作效果如图8.27所示。

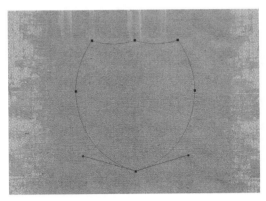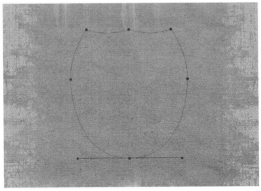

图8.27 角点转换平滑点操作效果

8.4.2 将平滑点转换为具有独立方向的角点

首先利用【直接选择工具】选择某个平滑点，并使其方向线显示出来。选择【转换点工具】 ∧ ，将光标移动到平滑点一侧的方向点上，按住鼠标拖动该方向点，将方向线转换为独立的方向线，这样就可以将方向线连接的平滑点转换为具有独立方向的角点。操作效果如图8.28所示。

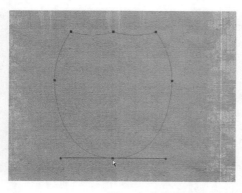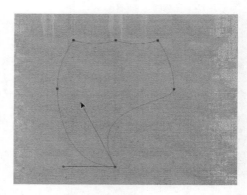

图8.28 将平滑点转换为具有独立方向的角点操作效果

8.4.3 将平滑点转换为没有方向线的角点

选择【转换点工具】 ⚲ ，将光标移动到路径上的平滑点处，单击鼠标即可将平滑点转换为没有方向线的角点。将平滑点转换为没有方向线的角点操作效果如图8.29所示。

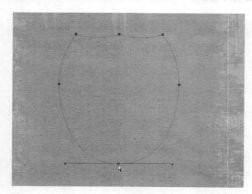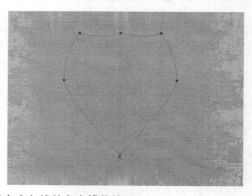

图8.29 将平滑点转换为没有方向线的角点操作效果

8.4.4 将没有方向线角点转换为有方向线的角点

选择【转换点工具】 ⚲ ，将光标移动到路径上的角点处，按住【Alt】键的同时拖动，可以从该角点一侧拉出一条方向线，通过该方向线可以修改路径的形状，并将该点转换为有方向线的角点。操作效果如图8.30所示。

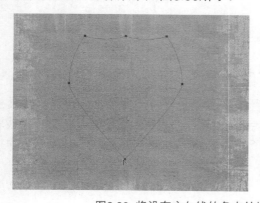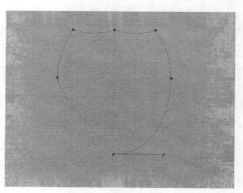

图8.30 将没有方向线的角点转换为有方向线的角点操作效果

Section 8.5 路径的填充或描边

Photoshop允许使用前景色、背景色或图案以各种混合模式填充路径，也允许使用绘图工具描边路径。对路径进行描边或填充时，该操作是针对整个路径的，包括所有子路径。

8.5.1 路径的填充

填充路径功能类似于填充选区，完全可以在路径中填充上各种颜色或图案。在工具箱中，设置前景色为蓝（也可以设置为其他颜色），选中【路径】面板中的路径后，单击【路径】面板底部【用前景色填充路径】●按钮，即可将路径填充蓝色。填充操作效果如图8.31所示。

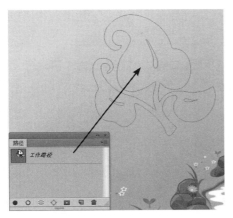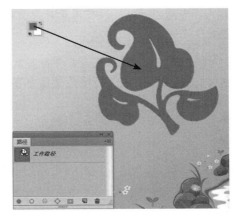

图8.31 用前景色填充路径

利用【用前景色填充路径】●按钮填充路径，只能使用前景色进行填充，也就是只能填充单一的颜色。如果要填充图案或其他内容，可以在【路径】面板菜单中，选择【填充路径】命令，打开如图8.32所示的【填充路径】对话框，对路径的填充进行详细的设置。

图8.32 【填充路径】对话框

在【填充路径】对话框中，在此重点介绍【渲染】区域中的参数设置。

● 【羽化半径】：在该文本框中输入数值使得填充边界变得较为柔和。值越大，填充颜色边缘的柔和度也就越大。

● 【消除锯齿】：勾选该复选框可以消除填充边界处的锯齿。

> **Tip** 如果在【图层】面板中，当前图层处于隐藏状态，则不能使用填充或描边路径命令；如果文档窗口中有选区存在，也不能使用填充或描边路径命令。

8.5.2 路径的描边

路径的描边功能类似于选区的描边。但比选区的描边要复杂一些。要进行描边路径，首先要确定描边的工具，并设置该工具的笔触参数后才可以进行描边。描边的具体操作步骤如下：

（1）在【图层】面板中确定要描边的图层，然后在【路径】面板中选择要进行描边的路径层。

（2）选择【画笔工具】 ![画笔] （也可以选择其他的绘图工具），并设置合适的画笔笔触和其他参数。然后将前景色设置为一种需要的颜色，比如这里设置为红色。

> **Tip** 在进行描边路径之前，首先要设置好图层，并在要使用工具的属性栏中设置好笔头的粗细和样式。否则，系统将按使用工具当前的笔头大小对路径进行描绘，还要注意描边必须选择一种绘图工具。

（3）在【路径】面板中，单击面板底部的【用画笔描边路径】 ![按钮] 按钮，即可将使用画笔将路径描边。描边路径的操作效果如图8.33所示。

图8.33 描边路径的操作效果

如果对路径描边时需要选择描边工具，可以在选中路径后，按住【Alt】键单击【用画笔描边路径】 ![按钮] 按钮，或在【路径】面板菜单中选择【描边路径】命令，打开【描边路径】对话框，如图8.34所示，在工具下拉列表框中可以选择进行描边的工具。

图8.34 【描边路径】对话框

Questions 为什么使用画笔对路径描边时会出现两端变细的情况?

Answered 有时对路径进行描边会出现两端变细的情况,这是由于勾选了【描边】对话框下方的【模拟压力】复选框,此项选择可以使描边的压力模拟出一种压力效果,从而产生两端变细的情况。如果取消该复选框,则将产生精细相等的描边效果,在下面两幅图中可以看到不勾选【模拟压力】复选框和勾选【模拟压力】复选框的描边效果。

【描边路径】对话框中各选项的含义如下:

● 【工具】:在右侧的下拉列表中,可选择要使用的描边工具。可以是铅笔、画笔、橡皮擦、仿制图章、涂抹等多种绘图工具。

● 【模拟压力】:勾选该复选框,则可以模拟绘画时笔尖压力起笔时从轻变重,提笔时从重变轻的变化。勾选与取消该复选框描边的不同效果如图8.35所示。

图8.35 有、无模拟压力的描边效果

Section 8.6 路径与选区的转换

前面讲解了路径的填充,但无论哪种填充方法,都只能填充单一颜色或图案,如果想填充渐变颜色,最简单的方法就是将路径转换为选区之后,应用渐变填充。当然,有时选区又不如路径的修改方便,这时可以将选区转换为路径进行编辑。下面来详细详解路径和选区的转换操作。

8.6.1 将路径转换为选区

不但可以从封闭的路径创建选区,还可以将开放的路径转换为选区,从路径创建选区的操作方法有几种,下面来讲解不同的创建选区的方法。

1. 按钮法建立选区

在【路径】面板中,选择要转换为选区的路径层,然后单击【路径】面板底部的【将路径作为选区载入】 ❖ 按钮,即可从当前路径建立一个选区。操作效果如图8.36所示。

图8.36 按钮法建立选区操作效果

Tip 从路径建立选区后,原路径并没有消失,还将保留在【路径】面板中,并可以进行其他的编辑操作。

2. 菜单法建立选区

在【路径】面板中,选择要建立选区的路径,然后在【路径】面板菜单中,选择【建立选区】命令,打开【建立选区】对话框,如图8.37所示。可以对要建立的选区进行相关的参数设置。

【建立选区】对话框中各选项的含义如下：

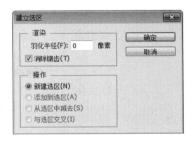

图8.37 【建立选区】对话框

- 【羽化半径】：在该文本框中输入数值使得填充边界变得较为柔和。值越大，填充颜色边缘的柔和度也就越大。
- 【消除锯齿】：勾选该复选框可以消除填充边界处的锯齿。
- 【操作】：设置新建选区与原有选区的操作方式。

> **Skill** 在当前路径层上单击鼠标右键，从弹出的快捷菜单中，选择【建立选区】命令；或在按住【Alt】键的同时，单击【路径】面板底部的【将路径作为选区载入】 ⬤ 按钮，同样可以打开【建立选区】对话框。

3. 快捷键法建立

在【路径】面板中，按住【Ctrl】键的同时，单击要建立选区的路径层，即可从该路径建立选区。

在创建路径的过程中，如果想将创建的路径转换为选区，可以按【Ctrl + Enter】组合键，快速在当前文档窗口中将路径转换选区，这样就不需要在【路径】面板中进行转换了。

8.6.2 将选区转换为路径

Photoshop CC不但可以从路径建立选区，还可以从选区建立路径，将现有的选区通过相关的命令，转换为路径，以更加方便编辑操作。下面来讲解几种从选区建立路径的方法。

1. 按钮法建立路径

在文档窗口中，利用相关的选区或套索命令，创建一个选区。确认当前文档窗口中存在选区后，在【路径】面板中，单击【路径】面板底部的【从选区生成工作路径】 ◇ 按钮，即可从当前选区中建立一个工作路径。操作效果如图8.38所示。

图8.38 按钮法建立路径操作效果

2. 菜单法建立路径

确认当前文档窗口中存在选区后，在【路径】面板菜单中，选择【建立工作路径】命令，打开【建立工作路径】对话框，如图8.39所示，可以对要建立的路径设置它的【容差】值。容差用来控制选区转换为路径后的平滑程度，变化范围为0.5~8.0像素，该值越小则产生的锚点就越多，线条也就越平滑。

图8.39 【建立工作路径】对话框

Skill 在按住【Alt】键的同时，单击【路径】面板底部的【从选区生成工作路径】 ✛ 按钮，同样可以打开【建立工作路径】对话框。

Section 8.7 形状工具

形状工具可以绘制出各种简单的形状图形或路径。在工具箱中，默认情况下显示的形状工具为【矩形工具】 ▣ ，在该按钮上按住鼠标稍等片刻或单击鼠标右键，可以打开该工具组将其他形状工具显示出来。该工具组中包括矩形、圆角矩形、椭圆、多边形、直线和自定形状6种工具，配合【选项】栏可以绘制出各种形状的图形。

Skill 按【U】键可以快速选择当前形状工具；按【Shift + U】组合键可以在6种形状工具之间进行切换选择。

8.7.1 形状工具的使用

形状工具的应用非常相似，首先选择形状工具，然后在选项栏中可以进行参数设置，在文档窗口中直接拖动即可进行绘制，不同形状工具的绘图效果如图8.40所示。

图8.40 不同形状工具的绘图效果

8.7.2 形状工具选项

每个形状工具都提供了一个选项子集，要访问这些选项，在选项栏中单击形状按钮行右侧的箭头即可，比如【矩形工具】 的选项子集效果如图8.41所示。

图8.41　【矩形工具】 的选项子集效果

形状工具中【矩形工具】及其他工具各选项含义说明如下：

- 【不受约束】：允许通过拖动设置矩形、圆角矩形、椭圆或自定形状的宽度和高度。
- 【方形】：选择该单选按钮，在文档窗口中拖动鼠标，可将矩形或圆角矩形约束为方形。
- 【固定大小】：基于创建自定形状时的大小对自定形状进行绘制。选择该单选按钮，可以在【W】中输入宽度值，在【H】中输入高度值。
- 【比例】：选择该单选框，在【W】中输入水平比例，在【H】中输入垂直比例，然后在文档窗口中拖动鼠标，将矩形、圆角矩形或椭圆绘制为成比例的形状。
- 【从中心】：选择该单选按钮，从中心开始绘制矩形、圆角矩形、椭圆或自定形状。该选项与按住【Alt】键绘制相同。
- 【对齐边缘】：选择该单选按钮，可对齐矢量图形边缘的像素网格。
- 【半径】：对于圆角矩形，指定圆角半径。对于多边形，指定多边形中心与外部点之间的距离。
- 【平滑拐角】或【平滑缩进】：用平滑拐角或缩进绘制多边形。
- 【星形】：勾选该复选框，可以绘制星形。
- 【缩进边依据】：只有勾选了【星形】复选框此选项才可以使用。可以利用【缩进边依据】进一步指定星形缩进的大小和半径的百分比，取值范围为1～99％。如果设置为 50％，则所创建的点占据星形半径总长度的一半；如果设置大于50％，则创建的点更尖、更稀疏；如果小于50％，则创建更圆的点。
- 箭头的起点和终点：向直线中添加箭头。勾选【起点】复选框，在绘制直线段时，将在起点位置绘制箭头；勾选【终点】复选框，在绘制直线段时，将在终点位置绘制箭头。选择这两个复选框，可同时在两端添加箭头。【宽度】设置箭头宽度，可以控制箭头宽度与直线粗细的百分比，直线【粗细】的值不同，在相同宽度值下绘制的箭头效果也不同。取值范围在10％～1000％之间。【长度】设置箭头的长度，可以控制箭头长度与直线粗细的百分比，直线【粗细】的值不同，在相同长度值下绘制的箭头效果也不同。取值范围在10％～5000％之间。【凹度】设置箭头尾部凹、凸的程度，可以控制箭头凹度与直线粗细的百分比，直线【粗细】的值不同，在相同凹度值下绘制的箭头效果也不同。取值范围在-50％～50％之间。当输入的值为正值时，箭头尾部向内凹陷；当输入的值为负值时，箭头尾部向外凸出；当值为0时，箭头尾部保持平齐效果。
- 【定义的比例】：勾选该单选框，在文档窗口中拖动鼠标，将按照自定形状创建时的比例，绘制自定义形状。
- 【定义的大小】：勾选该单选框，在文档窗口中单击鼠标，将按照自定形状创建时的图形大小，绘制自定义形状。

8.7.3 编辑自定形状拾色器

选择【自定形状工具】 ，在选项栏中单击【点按可打开"自定形状"拾色器】按钮，即可打开自定形状拾色器，如图8.42所示。

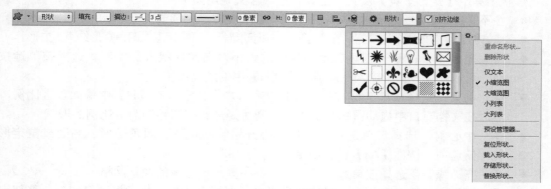

图8.42 自定形状拾色器

下面来讲解自定形状拾色器菜单中命令的使用方法。

1. 重命名形状

在【自定形状】拾色器中，选择要进行重命名的自定形状，然后右击选择该命令，将打开【形状名称】对话框，如图8.43所示。在该对话框的左侧将显示当前形状的缩览图，在【名称】右侧的文本框中，输入新的形状名称，单击【确定】即可完成重命名。

2. 删除形状

要删除【自定形状】拾色器中的形状，可以在【自定形状】拾色器中单击选择要删除的形状，然后单击 按钮选择【删除形状】命令，即可将其删除。

图8.43 【形状名称】对话框

> **Tip** 删除形状只是将该形状从【自定形状】拾色器显示中删除，如果该形状属于其个库，当复位或重新载入形状时，还可以将其复位或载入。

3. 更改形状显示

【自定形状】拾色器中的形状可以以多种方式显示，默认情况下为【小缩览图】方式，还可以选择【纯文本】、【大缩览图】、【小列表】和【大列表】方式。

4. 复位形状

【复位形状】命令可以将【自定形状】拾色器中的形状恢复到Photoshop默认的效果。当选择【复位形状】命令后，将打开一个询问对话框，询问是否用默认的形状替换当前

的形状，如图8.44所示。如果单击【确定】按
钮，将【自定形状】恢复到默认效果；如果单
击【追加】按钮，将会把默认的形状添加到当
前【自定形状】拾色器中。原【自定形状】拾
色器中的形状将保留下来。

图8.44 询问对话框

5．载入形状

【载入形状】命令可以将Photoshop CC自带的形状库载入到当前【自定形状】拾色器
中，也可以将其他Photoshop版本中的自定形状载入到当前拾色器中，或将其他的自定形
状库载入到当前拾色器中。选择该命令后，将打开【载入】对话框，选择自定形状库载入
即可。

6．存储形状

【存储形状】命令可以将自定义的形状保存起来，以便在日后的设计中使用。如果新
创建的形状不进行保存，则下次打开Photoshop时，将会丢失这些形状。选择该命令后，
将打开【存储】对话框，选择形状库的位置并设置好名称后，单击【保存】按钮即可。形
状库的后缀名为.CSH。当下次使用时，只需要使用【载入形状】命令，将其载入即可。

7．替换形状

【自定形状】拾色器显示的是默认的形状库，如果想显示其他库而又不想显示默认的
形状，可以使用【替换形状】命令，使用新的自定形状来替换当前的自定形状。选择【替
换形状】命令后，将打开【载入】对话框，选择要用来替换的形状库，单击【载入】按钮
即可。在【自定形状】菜单底部列表中，选择不同的形状库，也可以替换当前的形状库。

8.7.4 创建自定形状

为了方便用户使用不同的自定形状，Photoshop为用户提供了创建自定形状的方法，利
用【编辑】菜单中的【定义自定形状】命令，可以创建一个属于自己的自定形状。下面来
讲解具体创建自定形状的方法。

（1）打开配套光盘中"调用素材/第8章/老鼠.jpg"，将图片打开如图8.45所示。

（2）选择【魔棒工具】 ，在选项栏中设置【容差】的值为25像素，在图片的背景
区域单击鼠标，将背景选中，如图8.46所示。

图8.45 打开的图片

图8.46 选中背景

（3）因为此时选择的是背景，所以执行菜单栏中的【选择】|【反向】命令，或按【Shift + Ctrl + I】组合键，将选区反选，将老鼠选中，如图8.47所示。

（4）打开【路径】面板，单击【路径】面板底部的【从选区生成工作路径】 按钮，即可从当前选区中建立一个工作路径，如图8.48所示。

图8.47 选中老鼠　　　　　　　　　图8.48 创建工作路径

Tip 选区创建路径后，有些区域可能会发生较大变化，可以利用前面讲过的调整路径的方法对其进行调整，以使形状更加平滑。

（5）执行菜单栏中的【编辑】|【定义自定形状】命令，打开【形状名称】对话框，设置形状的【名称】为"老鼠"，如图8.49所示。

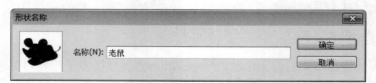

图8.449 【形状名称】对话框

（6）设置好名称后，单击【确定】按钮即可创建一个自定形状。在工具箱中选择【自定形状工具】 ，单击【点按可打开"自定形状"拾色器】按钮，即可打开自定形状拾色器，可以在形状的最后看到刚创建的自定"老鼠"形状，如图8.50所示。这样就可以像其他形状一样使用了。

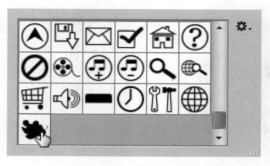

图8.50 自定"老鼠"形状

图层及图层样式

图层是Photoshop CC中的非常重要的概念，图层样式主要是对Photoshop里面的图层做出一些修改，是制作图片效果的重要手段之一，主要包含：混合选项、投影、内阴影、外发光、内发光、斜面和浮雕、颜色叠加、渐变叠加、图案叠加和描边。本章从图层的基本概念入手，由浅入深地介绍了图层相应的【图层】面板、图层的基本操作、图层的对齐与分布的使用方法和各种图层样式的使用方法及编辑技巧等内容。力求使读者在学习完本章后，能够掌握图层的相关知识及操作技巧，熟练掌握图层的使用，在图像处理工作中更加得心应手。

Chapter

09

 教学视频

Photoshop的图层如同堆叠在一起的透明纸张，通过图层的透明区域可以看到下面图层的内容，并可以通过图层移动来调整图层内容，也可以通过更改图层的不透明度使图层内容变透明。

9.1.1 认识图层面板

【图层】面板显示了图像中的所有图层、图层组和图层效果。可以使用【图层】面板来创建新图层以及处理图层组。还可以利用【图层】面板菜单对图层进行更详细的操作。

执行菜单栏中的【窗口】|【图层】命令，即可打开【图层】面板。在【图层】面板中，图层的属性主要包括【混合模式】、【不透明度】、【锁定】及【填充】属性，如图9.1所示。

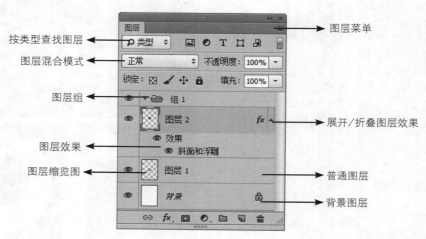

图9.1 【图层】面板

Questions 如何快速打开【图层】面板？

Answered 按【F7】键，可以快速打开【图层】面板。

1. 图层混合模式

在【图层】面板顶部的下拉列表可以调整图层的混合模式。图层混合模式决定这一图层的图像像素如何与图像中的下层像素进行混合。

Tip 关于混合模式的详细讲解，请参考本章9.1.2节图层混合模式详解中相关的内容。

2. 图层不透明度

通过直接输入数值或拖动不透明度滑块，可以改变图层的总体不透明度。不透明度的值越小，当前选择层就越透明；值越大，当前选择层就越不透明；当值为100%时，图层完全不透明。如图9.2所示为不透明度分别为100%、70%和30%时的不同效果。

图9.2 不透明度分别为100%、70%和30%时的不同效果

Questions 【图层】面板中的【不透明度】和【填充】不透明度有什么区别？

Answered 对于普通图层来说，这两个参数是没有区别的，都可以改变图层的不透明度。如果添加了图层样式，就不一样了。【不透明度】调整的是整个图层及该图层所使用样式的不透明度；而【填充】则只调整图层的不透明度，对图层样式不起作用。

3. 锁定设置

Photoshop提供了锁定图层的功能，可以全部或部分的锁定某一个图层和图层组，以保护图层相关的内容，使它的部分或全部在编辑图像时不受影响，使编辑图像时很方便，如图9.3所示。

锁定: ▨ ╱ ✛ 🔒

图9.3 图层锁定

当使用锁定属性时，除背景层外，当显示为黑色实心的锁标记 🔒 时，表示图层的属性完全被锁定；当显示为灰色空心的锁标记 🔓 时，表示图层的属性部分被锁定。下面具体讲解锁定的功能：

【锁定透明像素】▨：按下该按钮，锁定当前层的透明区域，可以将透明区域保护起来。在使用绘图工具时，只对不透明部分起作用，而对透明部分不起作用。

【锁定图像像素】╱：按下该按钮，将当前图层保护起来，除了可以移动图层内容外，不受任何填充、描边及其他绘图操作的影响。在该图层上无法使用绘图工具，绘图工具在图像窗口中将会显示为禁止图标 🚫 。

【锁定位置】✛：按下该按钮，将不能够对锁定的图层进行旋转，翻转，移动和自由变换等编辑操作。但能够对当前图层进行填充、描边和其他绘图操作。

【锁定全部】🔒：按下该按钮，将完全锁定当前图层。任何绘图操作和编辑操作均不能够在这一图层上使用。而只能够在【图层】面板中调整该图层的叠放次序。

Tip 对于图层组的锁定，与图层锁定相似。锁定图层组后，该图层组中的所有图层也会被锁定。当需要解除锁定时，只需再次单击其相应的锁定按钮，即可解除图层属性的锁定。

4. 填充不透明度

填充不透明度与不透明度类似，但填充不透明度只影响图层中绘制的像素或图层上绘制的形状，不影响已经应用在图层中的图层效果，如外发光、投影、描边等。

如图9.4所示，为应用描边和投影样式后的原图效果与修改不透明度和填充值为30%后的效果对比。

图9.4 原图与修改不透明度和填充值为30%后的效果对比

9.1.2 图层混合模式

在Photoshop中，混合模式应用于很多地方，比如画笔、图章和图层等，具有相当重要的作用，模式的不同得到的效果也不同，利用混合模式，可以制作出许多意想不到的艺术效果。下面来详细讲解图层混合模式相关命令的使用技巧。首先了解一下当前层（即使用混合模式的层）和下面图层（即被作用层）的关系，如图9.5所示。

 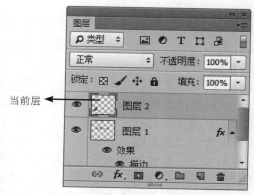

图9.5 层的分布效果

1. 正常

这是Photoshop的默认模式，选择此模式时当前层上的图像将覆盖下层图像，只有修改不透明度的值，才可以显示出下层图像。正常模式效果如图9.6所示

2. 溶解

当前层上的图像呈点状粒子效果，在不透明度小于100%时，效果更加明显。溶解模式效果如图9.7所示。

图9.6 正常模式

图9.7 溶解模式

Questions 为何应用【溶解】模式后，图像没有任何变化？

Answered 【溶解】模式只在两种情况下产生效果：一是图像边缘有羽化效果时，即虚边效果时；二是在图像的不透明度小于100%时。

3. 变暗

当前层中的图像颜色值与下面层图像的颜色值进行混合比较，混合颜色值亮的像素将被替换，比混合颜色值暗的像素将保持不变，最终得到暗色调的图像效果。变暗模式效果如图9.8所示。

4. 正片叠底

当前层图像颜色值与下层图像颜色值相乘，再除以数值255，得到最终像素的颜色值。任何颜色与黑色混合将产生黑色。当前层中的白色将消失，显示下层图像。正片叠底模式效果如图9.9所示。

图9.8 变暗模式

图9.9 正片叠底模式

5. 颜色加深

该模式可以使图像变暗，功能类似于加深工具。在该模式下利用黑色绘图将抹黑图像，而利用白色绘图将不起任何作用。颜色加深模式效果如图9.10所示。

6. 线性加深

该模式可以使图像变暗，与颜色加深有些类似，不同的是该模式通过降低各通道颜色的亮度来加深图像，而颜色加深是增加各通道颜色的对比度来加深图像。在该模式下使用白色描绘图不会产生任何作用。线性加深模式效果如图9.11所示。

图9.10 颜色加深模式

图9.11 线性加深模式

7. 深色

比较混合色与当前图像的所有通道值的总和并显示值较小的颜色。深色不会生成第3种颜色，因为它将从当前图像和混合色中选择最小的通道值为创建结果颜色。深色模式效果如图9.12所示。

8. 变亮

该模式可以将当前图像或混合色中较亮的颜色作为结果色。比混合色暗的像素将被取代，比混合色亮的像素保持不变。在这种模式下，当前图像中的黑色将消失，而白色将保持不变。变亮模式效果如图9.13所示。

图9.12 深色模式

图9.13 变亮模式

9. 滤色

该模式与正片叠底效果相反。通常会显示一种图像被漂白的效果。在滤色模式下使用白色绘画会使图像变为白色，使用黑色则不会发生任何变化。滤色模式效果如图9.14所示。

10. 颜色减淡

该模式可以使图像变亮，其功能类似于减淡工具。它通过减小对比度使当前图像变亮以反映混合色，在图像上使用黑色绘图将不会产生任何作用，使用白色可以创建光源中心点极亮的效果。颜色减淡模式效果如图9.15所示。

图9.14 滤色模式

图9.15 颜色减淡模式

11. 线性减淡（添加）

该模式通过增加各通道颜色的亮度加亮当前图像。与混合将不会发生任何变化，与白色混合将显示白色。线性减淡模式效果如图9.16所示。

12. 浅色

该模式通过比较混合色和当前图像所有通道值的总和并显示值较大的颜色。浅色不会生成第3种交叠，因为它将从当前图像颜色和混合色中选择最大的通道值为创建结果颜色。浅色模式效果如图9.17所示。

图9.16 线性减淡模式

图9.17 浅色模式

13. 叠加

该模式可以复合或过滤颜色，具体取决于当前图像的颜色。当前图像在下层图像上叠加，保留当前颜色的明暗对比。当前颜色与混合色相混以反映原色的亮度或暗度。叠加后当前图像的亮度区域和阴影区将被保留。叠加模式效果如图9.18所示。

14. 柔光

该模式可以使图像变亮或变暗，具体取决于混合色。此效果与发散的聚光灯照射在图像上相似。如果混合色比50%灰色亮，则图像变亮，就像被减淡了一样；如果混合色比50%灰色暗，则图像变暗，就像被加深了一样。用黑色或白色绘图时会产生明显较暗或较亮的区域，但不会产生纯黑色或纯白色。柔光模式效果如图9.19所示。

图9.18 叠加模式

图9.19 柔光模式

15. 强光

该模式可以产生一种强烈的聚光灯照射在图像上的效果。如果当前层图像的颜色比下层图像的颜色更淡，则图像发亮；如果当前层图像的颜色比下层图像的颜色更暗，则图像发暗。在强光模式下使用黑色绘图将得到黑色效果，使用白色绘图则得到白色效果。强光模式效果如图9.20所示。

16. 亮光

该模式通过调整对比度加深或减淡颜色。如果混合色比50%灰度要亮，就会降低对比度使图像颜色变浅；反之会增加对比度使图像颜色变深。亮光模式效果如图9.21所示。

图9.20 强光模式

图9.21 亮光模式

17. 线性光

该模式通过调整亮度加深或减淡颜色。如果混合色比50%灰度要亮，图像将通过增加亮度使图像变浅，反之会降低亮度使图像变深。线性光模式效果如图9.22所示。

18. 点光

该模式通过置换像素混合图像，如果混合色比50%灰度亮，则比当前图像暗的像素将被取代，而比当前图像亮的像素保持不变。反之，比当前图像亮的像素将被取代，而比当前图像暗的像素保持不变。点光模式效果如图9.23所示。

图9.22 线性光模式

图9.23 点光模式

19. 实色混合

该模式将混合颜色的红色、绿色和蓝色通道值添加到当前的RGB值。如果通道的结果总和大于或等于255，则值为255；如果小于255，则值为0。因此，所有混合像素的红色、绿色和蓝色通道值要么是0，要么是255。这会将所有像素更改为原色：红色、绿色、蓝色、青色、黄色、洋红、白色或黑色。实色混合模式效果如图9.24所示。

20. 差值

当前像素的颜色值与下层图像像素的颜色值差值的绝对值就是混合后像素的颜色值。与白色混合将反转当前色值，与黑色混合则不发生变化。差值模式效果如图9.25所示。

图9.24 实色混合模式

图9.25 差值模式

21. 排除

与差值模式非常相似，但得到的图像效果比差值模式更淡。与白色混合将反转当前颜色，与黑色混合不发生变化。排除模式效果如图9.26所示。

22. 减去

该模式通过查看每个通道中的颜色信息，并从基色中减去混合色。在 8 位和 16 位图像中，任何生成的负片值都会剪切为零。减去模式效果如图9.27所示。

图9.26 排除模式

图9.27 减去模式

23. 划分

该模式可以查看每个通道中的颜色信息，并从基色中分割混合色。划分模式效果如图9.28所示。

24. 色相

该模式可以使用当前图像的亮度和饱和度以及混合色的色相创建结果色。色相模式效果如图9.29所示。

图9.28 划分模式

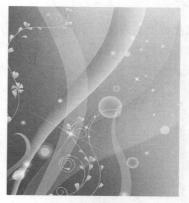

图9.29 色相模式

25. 饱和度

当前图像的色相值与下层图像的亮度值和饱和度值创建结果色。在无饱和度的区域上使用此模式绘图不会发生任何变化。饱和度模式效果如图9.30所示。

26. 颜色

当前图像的亮度以及混合色的色相和饱和度创建结果色。这样可以保留图像中的灰阶，并且对于给单色图像着色和给彩色图像着色都会非常有用。颜色模式效果如图9.31所示。

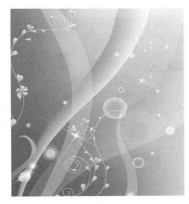

图9.30 饱和度模式　　　　　　　　　　图9.31 颜色模式

27. 明度

使用当前图像的色相和饱和度以及混合色的亮度创建最终颜色。此模式创建与颜色模式相反的效果。明度模式效果如图9.32所示。

图9.32 明度模式

Section 9.2　各种图层的创建

除了背景图层和文本图层之外，可以通过【图层】面板创建前面所介绍的各种图层，还可以创建图层组、剪贴组等。具体操作介绍如下：

9.2.1　创建新图层

空白图层是最普通的图层，在处理或编辑图像的时候经常要建立空白层。在【图层】面板中，单击底部的【创建新图层】按钮，将创建一个空白图层，如图9.33所示。

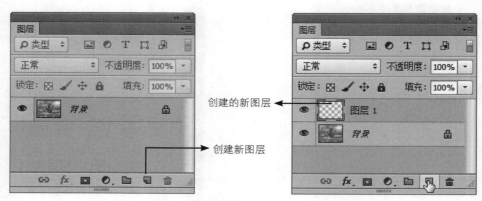

图9.33 创建图层过程

Skill 执行菜单栏中的【图层】|【新建】|【图层】命令，或选择【图层】面板菜单中的【新建图层】命令，打开【新建图层】对话框，设置好参数后，单击【确定】按钮，即可创建一个新的图层。

背景层与普通层的转换技能：

在新建文档时，系统会自动创建一个背景图层。背景图层在默认状态下是全部锁定的，是对原图像的一种保护，默认的背景层不能进行图层不透明度、混合模式和顺序的更改，但可以复制背景图层。

背景层转换为普通层。在背景图层上双击鼠标，将弹出一个【新建图层】对话框，指定相关的参数后，单击【确定】按钮，即可将背景层转换为普通层。将背景层转换为普通层的操作过程如图9.34所示。

图9.34 将背景层转换为普通层的操作过程

普通层转换为背景层。选择一个普通层，执行菜单栏中的【图层】|【新建】|【图层背景】命令，即可将普通层转换为背景层。但需要指出的是如果已经存在背景图层，则不能再创建新的背景图层。

9.2.2 创建图层组

在大型设计中，由于用到的图层较多，就会在图层的控制上出现问题，因为过多的图层在【图层】面板中想快速查找到需要的图层会产生困难，这时，就可以将不同类型的图层进行分类，然后放置在指定的图层组中，以便快速查找和修改。

单击【图层】面板底部的【创建新组】 按钮，在当前图层上方创建一个图层组，创建的操作过程，如图9.35所示。

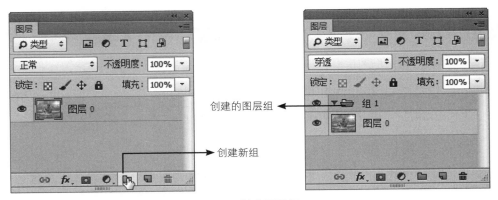

图9.35 创建图层组

如果想将相关的图层放置在图层组中，可以直接拖动相关图层到图层组上，当图层组周围出现黑色边框时释放鼠标即可。为了方便滚动浏览【图层】面板中的其他图层，可以点击图层组图标左面的三角形图标来实现展开和折叠图层组。

如果想删除图层组，可以选择要删除的组，然后执行菜单栏中的【图层】|【删除】|【组】命令，或在图层组上单击鼠标右键，从弹出的菜单中选择【删除组】命令，将打开一个询问对话框，如图9.36所示。单击【组和内容】按钮，将删除组及组中的所有图层；如果单击【仅组】按钮，将只删除组，而不删除组中的图层；单击【取消】按钮，不进行任何操作。

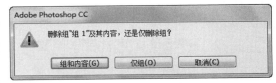

图9.36 询问对话框

9.2.3 从图层建立组

如果在制作过程中，发现图层过多，想创建组，而且想直接将同类型的图层放置在新创建的组中，可以应用【从图层建立组】命令。

首先在【图层】面板中选择多个图层，然后执行菜单栏中的【图层】|【新建】|

【从图层建立组】命令，打开【从图层新建组】对话框，单击【确定】按钮，即可创建一个新组，并将选择的图层放置在新创建的组中。从图层建立组操作效果如图9.37所示。

图9.37 从图层建立组操作效果

Questions 如何选择多个图层？

Answered 在选择图层时，可以按住【Shift】键选择连续的多个图层，按住【Ctrl】键选择任意的多个图层。

9.2.4 创建填充图层

填充图层就是创建一个填充一种颜色、渐变或图案的图层。它可以基于选区进行局部填充的创建。单击【图层】面板下方的【创建新的填充或调整图层】 按钮，从弹出的菜单中，选择【纯色】、【渐变】或【图案】命令，即可创建填充图层。3个命令的不同含义如下：

1. 纯色

选择该命令后，将打开【拾取实色】对话框，用法与【拾色器】用法相同，可以指定填充层的颜色，因为填充的为实色，所以将覆盖下面的图层显示，这里将其不透明度修改为50%，纯色填充的操作效果如图9.38所示。

图9.38 纯色填充效果

2. 渐变

选择该命令后，将打开【渐变填充】对话框，如图所示，通过对该对话框的设置，可以创建一个渐变填充层，并可以随意地修改渐变的样式、颜色、角度和缩放等属性。渐变填充的操作效果如图9.39所示。

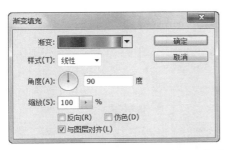

图9.39 渐变填充的操作效果

3. 图案

选择该命令后，将打开【图案填充】对话框，如图所示，可以应用系统默认的图案，也可以应用自定义的图案来填充，并可以修改图案的大小及图层的链接。图案填充的操作效果如图9.40所示。

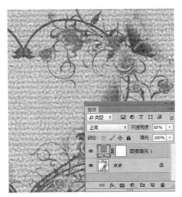

图9.40 【图案填充】对话框及效果

Questions **在填充渐变或图案时，有没有办法移动它的位置？**

Answered 在使用【渐变填充】和【图案填充】命令时，在打开【渐变填充】或【图案填充】时，可以将光标放置在画面中拖动，可以随意更改渐变或图案在画布中的位置。

9.2.5 创建调整图层

调整图层主要用来调整图像的色彩，比如曲线、色彩平衡、亮度/对比度、色相/饱和度、可选颜色、通道混合器、渐变映射、照片滤镜、反相、阈值及色调分离等调整层。调整图层单独存在于一个独立的层中，不会对其他层的像素进行改变，所以使用起来相当方便。

（1）打开配套光盘中"调用素材/第9章/日落.jpg"文件，单击【打开】按钮，打开图片如图9.41所示。

（2）在【图层】面板中，单击【创建新的填充或调整图层】 按钮，从弹出的菜单中选择一个调整命令，也可以执行菜单栏中的【图层】|【新建调整图层】命令，从子菜单中选择一个调整命令，如选择【色彩平衡】命令，如图9.42所示。

图9.41 打开的图片

图9.42 选择【色彩平衡】命令

（3）此时，系统将打开【属性】面板，通过【属性】面板修改色彩平衡的参数，如图9.43所示。在【图层】面板中，可以看到新增加了一个色彩平衡1 图层，调整后的图片效果如图9.44所示。

图9.43 修改参数

图9.44 调整后的效果

Skill 创建属性图层后，如果想再次修改调整图层的参数，可以双击【图层】面板中调整层的图层缩览图，再次打开【属性】面板进行参数的修改。

使用调整图层具有以下优点：

- 不会造成图层图像的破坏。可以尝试不同的设置并随时重新编辑调整图层。也可以通过降低该图层的不透明度来减轻调整的效果。

- 编辑具有选择性。在调整图层的图像蒙版上绘画可将调整应用于图像的一部分。稍后，通过重新编辑图层蒙版，可以控制调整图像的哪些部分。通过使用不同的灰度色调在蒙版上绘画，可以改变调整。
- 能够将调整应用于多个图像。在图像之间拷贝和粘贴调整图层，以便应用相同的颜色和色调调整。

9.2.6 创建形状图层

选择工具箱中的【钢笔工具】 ✍ 或【自定形状工具】 ✿，在选项栏中选择【形状】，如图9.45所示。然后在文档中绘制图形，此时将自动产生一个形状图层。

图9.45 选项栏

形状图层与填充图层很相似，在【图层】面板中会出现一个图层，如果要删除形状图层，可以直接拖动【图层缩览图】到【图层】面板下方的【删除图层】 🗑 按钮；如果只是想删除蒙版形状，则只需要拖动【图层蒙版缩览图】到【图层】面板下方的【删除图层】 🗑 按钮上即可。如图9.46所示。

图层缩览图 ←

删除图层 →

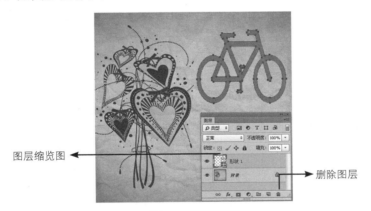

图9.46 形状图层

Questions 为什么移动图层时，系统提示不能移动？

Answered 移动图层时要注意两点：一、背景图层是不能移动的；二、锁定位置或锁定全部的图层也是不能移动的。

Section 9.3 图层的基本操作

进行实际的图形设计创作时，都会使用大量的图层，因此熟练地掌握图层的操作就变得极为重要。例如图层的新建，调整图层位置和大小，改变叠放次序，调整混合模式和不透明度，合并图层等。下面来详细讲解图层的各种操作方法。

9.3.1 移动图层

在编辑图像时，移动图层的操作是很频繁的，可以通过【移动工具】 ▶♣ 来移动图层中的图像。移动图层图像时，如果是移动整个图层的图像内容，则不需要建立选区，只需将要移动的图层设为当前图层，然后使用【移动工具】 ▶♣ 即可。也可以在使用其他工具的情况下，按住【Ctrl】键将其临时切换到移动工具，拖动就可以移动图像，另外，还可以通过键盘上的方向键来操作。

（1）打开配套光盘中"调用素材/第9章/图层操作.psd"图片。在【图层】面板中，单击选择"图层1"图层，如图9.47所示。然后选择工具箱中的【移动工具】 ▶♣ ，或者按【V】键。

（2）将鼠标指针放在图像中，按住鼠标向右上进行拖动。在这里要特别注意移动的图层不能锁定，操作效果如图9.48所示。

图9.47 选择"图层1"图层　　　　　　　　　图9.48 移动图层操作效果

> **Skill** 在移动图层时，按住【Shift】键拖动图层，可以使图层中的图像按45度倍数方向移动。如果创建了链接图层、图层组或剪贴组，则图层内容将一起移动。

9.3.2 在同一图像文档中复制图层

复制图层是在图像文档内或在图像文档之间拷贝内容的一种便捷方法。图层的复制分为两种情况：一种是在同一图像文档中复制图层，另一种是在两个图像文档中进行图层图像的复制。

在同一图像文档中复制图层的操作方法如下：

（1）打开配套光盘中"调用素材/第9章/图层操作.psd"文件。

（2）拖动法复制。在【图层】面板中，选择要复制的图层，即"图层1"图层，将其拖动到【图层】面板底部的【创建新图层】 🔲 按钮上，然后释放鼠标即可生成"图层1 拷贝"图层，复制图层的操作效果如图9.49所示。

图9.49 复制图层的操作效果

（3）菜单法复制。选择要复制的图层如"图层1 拷贝"层，然后执行菜单栏中的【图层】|【复制图层】命令，或从【图层】面板菜单中选择【复制图层】命令，打开【复制图层】对话框，如图9.50所示。在该对话框中可以对复制的图层进行重新命名，设置完成后单击【确定】按钮，即可完成图层复制，如图9.51所示。

图9.50 【复制图层】对话框

图9.51 复制图层效果

9.3.3 在不同图像文档之间复制图层

在不同图像之间复制图层，首先要打开两个文档，源图像和复制所在的目标图像文档，然后在源图像文档中选择要复制的图层。不同图像之间复制图层有多种方法：

方法1：文档拖动法。使用移动工具将源图像中的图像直接拖动到目标图像文档中，操作过程如图9.52所示。

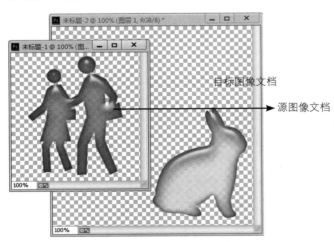

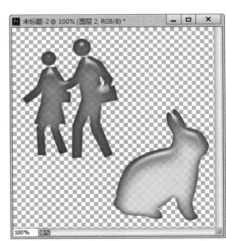

图9.52 直接拖动法

方法2：面板拖动法。在【图层】面板中，直接拖动图层到目标图像文档中，操作方法如图9.53所示。

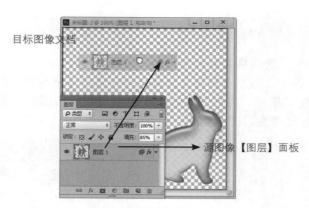

目标图像文档

源图像【图层】面板

图9.53 面板拖动法

Tip 在复制图层时，如果图层复制到具有不同分辨率的文件中，图层内容将会显得更大或更小。

方法3：菜单法。选择要复制的图层，执行菜单栏中的【图层】|【复制图层】命令，打开【复制图层】对话框，在【文档】下拉菜单中，选择目标图像文档，然后单击【确定】按钮，即可将选择文档中的图像复制到目标文档中，如图9.54所示。

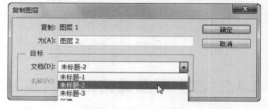

图9.54 选择目标文档

Questions 在不同图像之间复制图层的3种操作方法中，哪种最常用？

Answered 在实际的复制应用中，方法1直接拖动法应用最多，也最为简单。

9.3.4 删除图层

不需要的图层就要删除，删除图层的操作非常简单，具体有3种方法来删除图层，分别介绍如下：

方法1：拖动删除法。在【图层】面板中选择要删除的图层，然后拖动该图层到【图层】面板底部的【删除图层】🗑 按钮上，释放鼠标即可将该图层删除。删除图层操作效果如图9.55所示。

图9.55 删除图层操作效果

Questions **为何删除图层时，【删除图层】按钮和【删除图层】命令不能使用？**

Answered 如果当前【图层】面板中只有一个图层，或要删除的图层为全部锁定状态，这时将不能在执行删除图层操作。

方法2：直接删除法。在【图层】面板中，选择要删除的图层，然后单击【图层】面板底部的【删除图层】 🗑 按钮，将弹出一个询问对话框，如图9.56所示，单击【是】按钮即可将该层删除。

方法3：菜单法。在【图层】面板中选择要删除的图层，执行菜单栏中的【图层】|【删除】|【图层】命令，或从【图层】面板菜单中选择【删除图层】命令，在弹出的询问对话框中单击【是】按钮，也可将选择的图层删除。

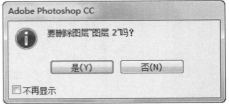

图9.56 询问对话框

Questions **在使用直接删除图层的方法时，不想让其弹出提示对话框，应该怎么做？**

Answered 可以勾选提示对话框花菜中的【不再提示】复选框，然后单击【是】按钮，这样以后直接删除图层时，就不会出现提示对话框了。

9.3.5 改变图层的排列顺序

在新建或复制图层时，新图层一般位于当前图层的上方，图像的排列顺序不同直接影响图像的显示效果，位于上层的图像会遮盖下层的图层，所以在实际操作中，经常会进行图层的重新排列，具体的操作方法如下：

（1）打开配套光盘中"调用素材/第9章/图层顺序.psd"文件。从文档和图层中可以看到，"蓝色"层位于最上方，"黄色"层位于最下方，"红色"层位于中间，如图9.57所示。

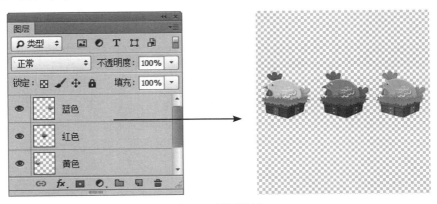

图9.57 图层效果

（2）在【图层】面板中，在"黄色"图层上按住鼠标左键，将图层向上拖动，当图层到达需要的位置时，将显示一条黑色的实线效果，释放鼠标后，图层会移动到当前位置，操作过程及效果，如图9.58所示。

Chapter 09　**图层及图层样式** | 209

图9.58 图层排列的操作过程

（3）此时，在文档窗口中，可以看到"黄色"图片位于其他图片的上方，如图9.59所示。

图9.59 改变图层顺序

9.3.6 更改图层属性

为了便于图层的区分与修改，还可以根据需要对当前图层的名称和显示颜色进行修改。选择需要修改属性的图层，右击后在打开的菜单栏中选择颜色可以为当前图层指定颜色，如图9.60所示。

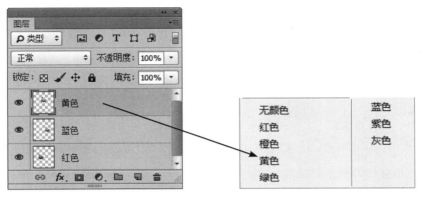

图9.60 指定图层颜色

在右击菜单中，可以修改图层的名称和颜色，颜色为"橙色"的效果，如图9.61所示。

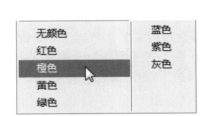

图9.61 修改图层颜色效果

9.3.7 图层的链接

链接图层与使用图层组有相似的地方，可以更加方便多个图层的操作，比如同时对多个图层进行旋转、缩放、对齐、合并等。

Questions 不想合并图层，但又想同时操作多个图层该怎么办？

Answered 合并图层后，就不能单独调整以前的单个图层了，此时可以使用链接图层的方法来代替合并图层。

1. 链接图层

创建链接图层的操作方法很简单，具体操作如下：

（1）在【图层】面板中选择要进行链接的图层，如图9.62所示。使用【Shift】键可以选择连续的多个图层，使用【Ctrl】键可以选择任意的多个图层。

（2）单击【图层】面板底部的【链接图层】 🔗 按钮，或执行菜单栏中的【图层】|
【链接图层】命令，即可将选择的图层进行链接。如图9.63所示。

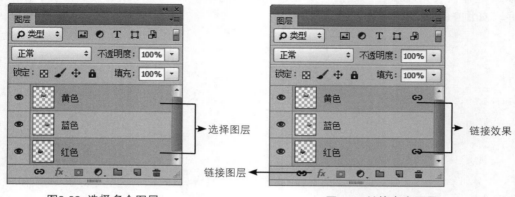

图9.62 选择多个图层   图9.63 链接多个图层

2．选择链接图层

要想一次选择所有链接的图层，可以在【图层】面板中单击选择其中的一个链接层，
然后执行菜单栏中的【图层】|【选择链接图层】命令，或单击【图层】面板菜单中的【选
择链接图层】命令，即可将所有的链接图层同时选中。

3．取消链接图层

如果想取消某一层与其他层的链接，可以单击选择链接层，然后单击【图层】面板底
部的【链接图层】 🔗 按钮即可。

如果想取消所有图层的链接，可以应用【选择链接图层】命令选择所有链接图层后，
执行菜单栏中的【图层】|【取消图层链接】命令，或单击【图层】面板菜单中的【取消图
层链接】命令，也可以直接单击【图层】面板底部的【链接图层】 🔗 按钮，取消所有图
层的链接。

Section 9.4 对齐与分布图层

在处理图像时，有时需要将多个图像进行对齐或分布。分布或对齐图层，其实就是将
图层中的图像进行对齐或分布，下面就来讲解对齐与分布图层的方法。

9.4.1 对齐图层

图层对齐其实就是图层中的图像对齐。在操作多个图层时，经常会用到图层的对齐。
要想对齐图层，首先要选择或链接相关的图层，对齐对象至少有两个对象才可以应用，图
层选择与图像效果如图9.64所示。确认选择工具箱中的【移动工具】 ▶✛ ，在选项栏中，可
以看到对齐按钮处于激活状态，这时就可以应用对齐命令，也可以通过菜单【图层】|【对
齐】子菜单命令来进行图层对象的对齐。

图9.64 图层选择与图像效果

对齐操作各按钮的含义如下，各种对齐方式，如图9.65所示。

【顶对齐】▔：所有选择的对象以最上方的像素对齐。

【垂直居中对齐】▮：所有选择的对象以垂直中心像素对齐。

【底对齐】▮：所有选择的对象以最下方的像素对齐。

【左对齐】▮：所有选择的对象以最左边的像素对齐。

【水平居中对齐】▮：所有选择的对象以水平中心像素对齐。

【右对齐】▮：所有选择的对象以最右边的像素对齐。

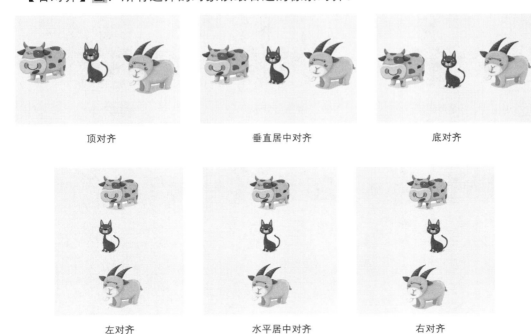

图9.65 各种对齐方式

Questions **如何让图像与画布对齐？**

Answered 选择一个图层，按【Ctrl + A】组合键全选，出现一个与画布一样大小的选区，这时就可以应用对齐命令进行图层对象与画布的对齐了。

9.4.2 分布图层

图层分布其实就是图层中的图像分布，主要用于设置当前选择对象的间距分布对齐。要想分布图层，首先要选择或链接相关的图层，分布对象至少有3个对象才可以应用，确认选择工具箱中的【移动工具】 ⊕，在工具选项栏中，可以看到分布按钮处于激活状态，这时就可以应用分布命令，也可以通过菜单【图层】|【分布】子菜单命令来进行图层对象的分布。

分布操作各按钮的含义如下，各种分布方式，如图9.66所示。

【按顶分布】 🔲：所有选择的对象以最上方的像素进行分布对齐。

【垂直居中分布】 🔲：所有选择的对象以垂直中心像素进行分布对齐。

【按底分布】 🔲：所有选择的对象以最下方的像素进行分布对齐。

【按左分布】 🔲：所有选择的对象以最左边的像素进行分布对齐。

【水平居中分布】 🔲：所有选择的对象以水平中心像素进行分布对齐。

【按右分布】 🔲：所有选择的对象以最右边的像素进行分布对齐。

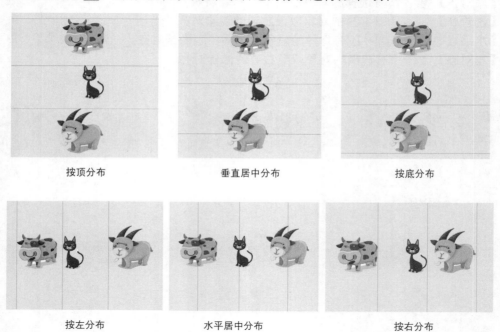

图9.66 不同分布效果

Section 9.5 管理图层

图层和类型有很多，其中像文字、矢量蒙版、形状等矢量图层，这些图层在处理时，如果不进行栅格化，则不能进行其他绘图的操作。当然，设计中由于图层过多，会增加操作的难度，此时可以将完成效果的图层进行合并，下面就来详细讲解栅格化与合并图层的方法。

9.5.1 栅格化图层

Photoshop主要是一个处理位图图像的软件，绘图工具或滤镜命令对于包含矢量数据的图层是不起作用的，当遇到文字、矢量蒙版、形状等矢量图层时，需要将它们栅格化，转化为位图图层，才能进行处理。

选择一个矢量图层，执行菜单栏中的【图层】|【栅格化】命令，然后在其子菜单中选择相应的栅格命令即可。栅格化后的图层缩略图将发生变化，如文字层的图层栅格化前后效果如图9.67所示。

图9.67 文字层栅格化前后对比效果

9.5.2 合并图层

在编辑图像时，当图层过多时文件所占磁盘空间就会很大，对一些确定的图层内容可以不必单独存放在独立的图层中，这时可以将它们合并成一个层，以节省空间提高操作速度。

从【图层】菜单栏中选择合并命令，或单击【图层】面板菜单中的合并图层命令，可以对图层进行合并，具体的方法有以下3种。

【向下合并】：该命令将当前图层与其下一图层图像合并，其他图层保持不变，合并后的图层名称为下一图层的名称。应用该命令的前后效果，如图9.68所示。

> **Tip** 当只选择一个图层时，该命令将显示为【向下合并】；如果选择多个图层，该命令将显示为【合并图层】，但用法是一样的，请读者注意。

图9.68 向下合并图层的前后效果对比

Tip 在编辑较复杂的图像文件时，图层太多会增加图像的大小，从而增加系统处理图像的时候。因此，建议将不需要修改的图像所在的图层合并为一个图层，从而提高系统的运行速度。

【合并可见图层】：该命令可以将图层中所有显示的图层合并为一个图层，隐藏的图层保持不变。在合并图层时，当前层不能为隐藏层，否则该命令将处于灰色的不可用状态。合并可见图层前后对比效果如图9.69所示。

图9.69 合并可见图层前后对比效果

【拼合图像】：该命令将所有图层进行合并，如果有隐藏的图层，系统会弹出一个如图9.70所示的提示对话框，询问是否扔掉隐藏的图层，合并后的图层名称将自动更改为背景层。单击【确定】按钮，将删除隐藏的图层，并将其他图层合并为一个图层。单击【取消】按钮，则不进行任何操作。

图9.70 提示对话框

Questions 为何【向下合并】命令不可用？

Answered 在应用【向下合并】命令时，当前图层与下一层不能处于隐藏状态。

Skill 按【Ctrl + E】键可以快速向下合并图层或合并选择的图层；按【Shift + Ctrl +E】键可快速合并可见图层；

Section 9.6 图层样式

图层样式是Photoshop最具特色的功能之一，在设计中应用相当广泛，是构成图像效果的关键。Photoshop CC提供了众多的图层样式命令，包括投影、内阴影、外发光、内发光、斜面和浮雕、光泽、颜色叠加等。

要想应用图层样式，执行菜单栏中的【图层】|【图层样式】命令，从其子菜单中选择图层样式相关命令，或单击【图层】面板底部的【添加图层样式】*fx*按钮，从弹出的菜单中选择图层样式相关命令，打开【图层样式】对话框，设置相关的样式属性即可为图层添加样式。

9.6.1 设置【混合选项】

Photoshop 中有大量不同的图层效果，可以将这些效果任意组合应用到图层。执行菜单栏中的【图层】|【图层样式】|【混合选项】命令，或单击【图层】面板底部的【添加图层样式】*fx* 按钮，从弹出的菜单中选择【混合选项】命令，弹出【图层样式】|【混合选项】对话框，如图9.71所示，在其中可以对图层的效果进行多种样式的调整。

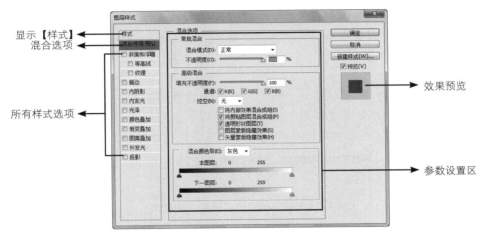

图9.71 【图层样式】|【混合选项】对话框

【图层样式】|【混合选项】对话框中各选项的含义如下：

1.【常规混合】

- 【混合模式】：设置当前图层与其下方图层的混合模式，可产生不同的混合效果。混合模式只有多实践，才能掌握得娴熟，使用时才能得心应手，制作出需要的效果。详细的使用方法，请参考图层混合模式详解内容。
- 【不透明度】：可以设置当前图层产生效果的透明程度，可以制作出朦胧效果。

2.【高级混合】

- 【填充不透明度】：拖动【填充不透明度】右侧的滑块，设置填充颜色或图案的不透明度；也可以直接在其后面的数值框中输入数值。
- 【通道】：通过勾选其下方的复选框，R（红）、G（绿）、B（蓝）通道，用以确定参与图层混合的通道。
- 【挖空】：用来控制混合后图层色调的深浅，通过当前层看到其他图层中的图像。包括无、浅和深3个选项。
- 【将内部效果混合成组】：勾选该复选框可以将混合后的效果编为一组，将图像内部制作成镂空效果，以便以后使用、修改。
- 【将剪贴图层混合成组】：勾选该复选框，挖空效果将对编组图层有效，如果不勾选该复选框将只对当前层有效。
- 【透明形状图层】：添加图层样式的图层有透明区域时，勾选该复选框，可以产生蒙版效果。

- 【图层蒙版隐藏效果】：添加图层样式的图层有蒙版时，勾选该复选框，生成的效果如果延伸到蒙版中，将被遮盖。
- 【矢量蒙版隐藏效果】：添加图层样式的图层有矢量蒙版时，勾选该复选框，生成的效果如果延伸到图层蒙版中，将被遮盖。

3.【混合颜色带】

- 【混合颜色带】：在【混合颜色带】后面的下拉列表中可以选择和当前图层混合的颜色，包括灰色、红、绿、蓝4个选项。
- 【本图层】和【下一图层】颜色条的两侧都有两个小直角三角形组成的三角形，拖动可以调整当前图层的颜色深浅。按下【Alt】键，三角形会分开为两个小三角，拖动其中一个，可以缓慢精确地调整图层颜色的深浅。

9.6.2 斜面和浮雕

利用【斜面和浮雕】选项可以为当前图层中的图像添加不同组合方式的高光和阴影区域，从而产生斜面浮雕效果。【斜面和浮雕】效果可以很方便地制作有立体感的文字或是按钮效果，在图层样式效果设计中经常会用到它，其参数设置区如图9.72所示。

斜面和浮雕 ←

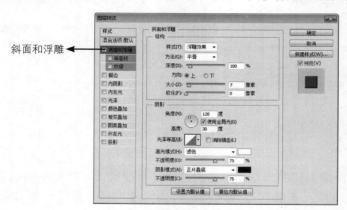

图9.72 【图层样式】|【斜面和浮雕】对话框

【图层样式】|【斜面和浮雕】对话框中各选项的含义如下：

1. 设置斜面和浮雕结构

- 【样式】：设置浮雕效果生成的样式，包括【外斜面】、【内斜面】、【浮雕效果】、【枕状浮雕】和【描边浮雕】5种浮雕样式。选择不同的浮雕样式会产生不同的浮雕效果。原图与不同的斜面浮雕效果如图9.73所示。

原图

外斜面

内斜面

浮雕效果

枕状浮雕

描边浮雕

图9.73 原图与不同的斜面浮雕效果

Questions 为何使用【描边浮雕】样式没有任何效果?

Answered 只有对图像使用了【描边】样式后,【描边浮雕】才能发挥作用,否则不会产生任何效果。

- 【方法】:用来设置浮雕边缘产生的效果。包括【平滑】、【雕刻清晰】和【雕刻柔和】3个选项。【平滑】表示产生的浮雕效果边缘比较柔和;【雕刻清晰】表示产生的浮雕效果边缘立体感比较明显,雕刻效果清晰;【雕刻柔和】表示产生的浮雕效果边缘在平滑与雕刻清晰之间。设置不同方法效果如图9.74所示。

图9.74 设置不同方法效果

- 【深度】:设置雕刻的深度,值越大,雕刻的深度也越大,浮雕效果越明显。不同深度值的浮雕效果如图9.75所示。

图9.75 不同深度值的浮雕效果

- 【方向】:设置浮雕效果产生的方向,主要是高光和阴影区域的方向。选择【上】选项,浮雕的高光位置在上方;选择【下】选项,浮雕的高光位置在下方。

- 【大小】：设置斜面和浮雕中高光和阴影的面积大小。不同大小值的高光和阴影面积显示效果如图9.76所示。

图9.76　不同大小值的高光和阴影面积显示效果

- 【软化】：设置浮雕高光与阴影间的模糊程度，值越大，高光与阴影的边界越模糊。不同软化值效果如图9.77所示。

图9.77　不同软化值效果

2. 设置斜面和浮雕阴影

- 【角度】和【高度】：设置光照的角度和高度。高度接近0时，几乎没有任何浮雕效果。
- 【光泽等高线】：可以设定如何处理斜面的高光和暗调。
- 【高光模式】和【不透明度】：设置浮雕效果高光区域与其下一图层的混合模式和透明程度。单击右侧的色块，可在弹出的【拾色器】对话框中修改高光区域的颜色。
- 【阴影模式】和【不透明度】：设置浮雕效果阴影区域与其下一图层的混合模式和透明程度。单击右侧的色块，可在弹出的【拾色器】对话框中修改阴影区域的颜色。

【斜面和浮雕】选项下还包括【等高线】和【纹理】两个选项。利用这两个选项可以对斜面和浮雕制作出更多的效果。

- 【等高线】，选择【等高线】选项后，其右侧将显示等高线的参数设置区。利用等高线的设置可以让浮雕产生更多的斜面和浮雕效果。应用【等高线】效果对比如图9.78所示。

图9.78 应用【等高线】效果对比

● 【纹理】，选择【纹理】选项后，其右侧将显示纹理的参数设置区。选择不同的图案可以制作出具有纹理填充的浮雕效果，并且可以设置纹理的缩放和深度。应用【纹理】效果对比如图9.79所示。

图9.79 应用【纹理】效果对比

Questions 【纹理】选项使用的图案是不是与图案填充的图案相同？

Answered 是的。读者可以按照前面讲解的图案定义方法来定义新的图案。

9.6.3 描边

可以使用颜色、渐变或图案为当前图形描绘一个边缘。此图层样式与使用【编辑】|【描边】命令相似。选择该选项后，参数效果如图9.80所示。

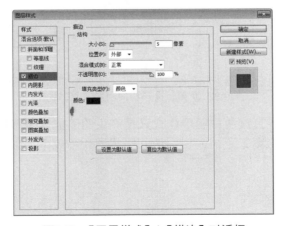

图9.80 【图层样式】|【描边】对话框

【图层样式】|【描边】对话框中各选项的含义如下：

- 【大小】：设置描边的粗细程度。值越大，描绘的边缘越粗；值越小，描绘的边缘越细。
- 【位置】：设置描边相对于当前图形的位置，右侧的下拉列表中供选择的选项包括外部、内部或居中3个选项。
- 【填充类型】：设置描边的填充样式。右侧的下拉列表中供选择的选项包括颜色、渐变或图案3个选项。
- 【颜色】：设置描边的颜色。此项根据选择【填充类型】的不同，会产生不同的变化。

原图与图像应用不同【描边】效果的前后对比，如图9.81所示。

图9.81 原图与图像应用不同【描边】效果的前后对比

9.6.4 内阴影和投影

【图层样式】功能提供了两种阴影效果的制作，分别为【投影】和【内阴影】，这两种阴影效果区别在于：投影是在图层对象背后产生阴影，从而产生投影的视觉；而内阴影则是内投影，即在图层以内区域产生一个图像阴影，使图层具有凹陷外观。原图、投影和内阴影效果如图9.82所示。

原图   投影   内阴影

图9.82 原图、投影和内阴影效果对比

【投影】和【内阴影】这两种图层样式只是产生的图像效果不同，但参数设置基本相同，只有【扩展】和【阻塞】不同，但用法几乎相同，所以下面以【投影】为例讲解参数含义，如图9.83所示。

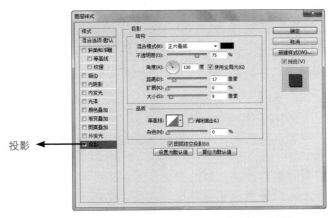

图9.83 【图层样式】|【投影】对话框

【图层样式】|【投影】对话框中各选项的含义如下:

1. 设置投影结构

● 【混合模式】: 设置投影效果与其下方图层的混合模式。在【混合模式】右侧有一个颜色框,单击该颜色块可以打开【选择阴影颜色】对话框,以修改阴影的颜色。

● 【不透明度】: 设置阴影的不透明度,值越大则阴影颜色越深。如图9.84所示,为不透明度分别为30%和80%时的效果对比。

不透明度为30%

不透明度为80%

图9.84 不同不透明度的比较

● 【角度】: 设置投影效果应用于图层时所采用的光照角度,阴影方向会随着角度变化而发生变化。如图9.85所示,为角度分别为30度和120度时的效果对比。

角度为30度

角度为120度

图9.85 不同角度的对比

Answered 在添加【投影】样式的过程中，确认已打开【图层样式】对话框，将光标移动到图像中，光标将变成【移动工具】状态，按住鼠标左键拖动，可以直观地改变投影的位置和角度。

- 【使用全局光】：勾选该复选框，可以为同一图像中的所有图层样式设置相同的光线照明角度。
- 【距离】：设置图像的投影效果与原图像之间的相对距离，变化范围为0~30000之间的整数，数值越大，投影离原图像越远。如图9.86所示，为距离分别为10像素和30像素的效果对比。

距离为10像素　　　　　　　　　距离为30像素

图9.86 不同距离值的效果对比

- 【扩展】：设置投影效果边缘的模糊扩散程度，变化范围为0~100%之间的整数，值越大投影效果越强烈。但它与下方的【大小】选项相关联，如果【大小】值为0时，此项不起作用。设置不同扩展与大小值的投影效果，如图9.87所示。

图9.87 设置不同扩展与大小的投影效果

- 【大小】：设置阴影的柔化效果，变化范围为0~250，值越大柔化程度越大。

2. 设置投影品质

- 【等高线】：此选项可以设置阴影的明暗变化。单击【等高线】选项右侧区域，可以打开【等高级编辑器】对话框，自定义等高线；单击【等高级】选项右侧的【点按可打开"等高线"拾色器】 按钮，可以弹出【"等高线"拾色器】，可以从中选择一个已有的等高线应用于阴影。预置的等高线有线性、锥形、高斯、半圆、环形等12种，如图9.88所示。应用不同等高线效果如图9.89所示。

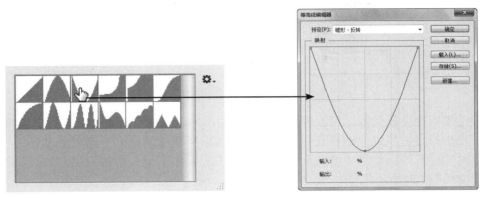

图9.88 "等高线"拾色器

线性　　　　　　　　　　环形　　　　　　　　　　锯齿1

图9.89 不同等高线效果

Questions 为何为其他图像添加投影时，修改投影角度会影响以前应用【投影】样式的图像？

Answered 这时因为在设置投影角度时，使用了全局光效果。取消选择【角度】选项右侧的【使用全局光】复选框即可。

Tip 在【"等高线"拾色器】中，通过【"等高线"拾色器】菜单，可以新建、存储、复位、替换、视图等高线等操作，操作方法比较简单，这里不再赘述。

- 【消除锯齿】：勾选该复选框，可以将投影边缘的像素进行平滑，以消除锯齿现象。
- 【杂色】：通过拖动右侧的滑块或直接输入数值，可以为阴影添加随机杂点效果。值越大，杂色越多。添加杂色的前后效果如图9.90所示。

图9.90 添加杂色的前后效果对比

● 【图层挖空投影】：可以根据下层图像的阴影进行挖空设置，以制作出更加逼真的投影效果。不过只有当【图层】面板中当前层的【填充】不透明度设置为小于100时才会有效果。当【填充】的值为50%时，使用与不使用图层挖空投影前后效果对比如图9.91所示。

图9.91 使用与不使用图层挖空投影前后效果对比

9.6.5 内发光和外发光

在图像制作过程中，经常会用到文字或是物体发光的效果，【发光】效果在直觉上比【阴影】效果更具有电脑色彩，而其制作方法也比较简单，可以使用图层样式中的【外发光】和【内发光】命令即可。

【外发光】主要在图像的外部创建发光效果，而【内发光】是在图像的内边缘或图中心创建发光效果，其对话框中的参数设置与【外发光】选项基本相同，只是【内发光】多了【居中】和【边缘】两个选项，用于设置内发光的位置。下面以【外发光】为例讲解参数含义，如图9.92所示。

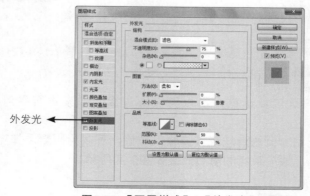

图9.92 【图层样式】|【外发光】对话框

【图层样式】|【外发光】对话框中各选项的含义如下：

1. 设置外发光结构

● 【混合模式】：设置发光效果与其下方图层的混合模式。

● 【不透明度】：设置发光的不透明度，值越大则发光颜色越不透明。

● 【杂色】：设置在发光效果中添加杂点的数量。

● ◉ □ 【单色发光】：选择此单选按钮后，单击单选框右侧的色块，可以打开【拾色器】对话框来设置发光的颜色。

● ◉ ［＿＿＿＿▼］【渐变发光】：选择此单选按钮后，单击其右侧的三角形【点按可打开"渐变"拾色器】▼ 按钮，可打开【"渐变"拾色器】对话框，选择一种渐变样式，可以在发光边缘中应用渐变效果；在【点按可编辑渐变】［＿＿＿＿＿＿＿］上单击，可以打开【渐变编辑器】对话框，用来选择或编辑需要的渐变样式。如图9.93所示为原图、单色发光与渐变发光的不同显示效果。

图9.93 原图、单色发光与渐变发光的不同显示效果

2. 设置发光图素

● 【方法】：指定创建发光效果的方法。单击其右侧的三角形 ▼ 按钮，可以从弹出的下拉菜单中选择发光的类型。当选择【柔和】选项时，发光的边缘产生模糊效果，发光的边缘根据图形的整体外形发光；当选择【精确】选项时，发光的边缘会根据图形的细节发光，根据图形的每一个部位发光，效果比【柔和】生硬。柔和与精确发光效果对比，如图9.94所示。

图9.94 柔和与精确发光效果对比

● 【扩展】：设置发光效果边缘模糊的扩散程度，变化范围为0~100%之间的整数，值越大，发光效果越强烈。它与【大小】选项相关联，如果【大小】的值为0，此项不起作用。

● 【大小】：设置发光效果的范围及模糊程度，变化范围为0~250之间的整数，值越大模糊程度越大。不同扩展与大小值的发光效果对比如图9.95所示。

图9.95 不同扩展与大小值的发光效果对比

Tip 【内发光】比【外发光】多了两个选项，用于设置内发光的光源。【居中】表示从当前图层图像的中心位置向外发光；【边缘】表示从当前图层图像的边缘向里发光。

3. 设置发光品质

- 【等高线】：当使用单色发光时，利用【等高线】选项可以创建透明光环效果。当使用渐变填充发光时，利用【等高线】选项可以创建渐变颜色和不透明度的重复变化效果。
- 【范围】：控制发光中作为等高线目标的部分或范围。相同的等高线不同范围值的效果如图9.96所示。

图9.96 相同的等高线不同范围值的效果

- 【抖动】：控制随机化发光中的渐变。

9.6.6 光泽

【光泽】选项可以在图像内部产生类似光泽的效果。选择此选项后，其参数设置区中的参数与前面讲过的参数相似，这里不再赘述。为图像设置光泽效果对比如图9.97所示。

图9.97 为图像设置光泽效果对比

9.6.7 颜色叠加

　　利用【颜色叠加】选项可以在图层内容上填充一种纯色，与使用【填充】命令填充前景色功能相似，不过更方便，可以随意更改填充的颜色，还可以修改填充的混合模式和不透明度，选择该选项后，右侧将显示颜色叠加的参数。应用颜色叠加的前后效果及参数设置如图9.98所示。

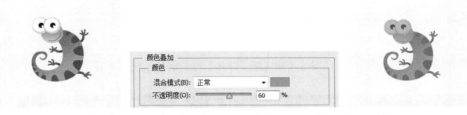

图9.98 应用颜色叠加的前后效果及参数设置

9.6.8 渐变叠加

　　利用【渐变叠加】可以在图层内容上填充一种渐变颜色。此图层样式与在图层中填充渐变颜色功能相似，与建立一个渐变填充图层用法类似，选择该选项后参数设置如图9.99所示。

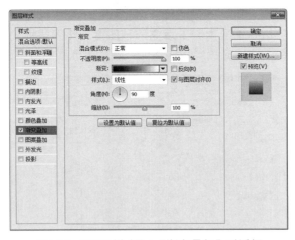

图9.99 【图层样式】|【渐变叠加】对话框

　　【图层样式】|【渐变叠加】对话框中各选项的含义如下：
- 　【仿色】：勾选此复选框可让渐变产生色彩抖动，使色彩过度区域更柔和。

- 【样式】：设置渐变填充的样式。从右侧的渐变选项面板中，可以选择一种渐变样式，包括【线性】、【径向】、【角度】、【对称的】和【菱形】5种不同的渐变样式，选择不同的选项可以产生不同的渐变效果，具体使用方法与渐变填充用法相同。
- 【与图层对齐】：勾选该复选框，将以图形为中心应用渐变叠加效果；不勾选该复选框，将以图形所在的画布大小为填充中心应用渐变叠加效果。
- 【角度】：拖动或直接输入数值，可以改变渐变的角度。
- 【缩放】：用来控制渐变颜色间的混合过渡程度。值越大，颜色过渡越平滑；值越小，颜色过渡越生硬。

原图与图像应用不同【渐变叠加】效果的前后对比，如图9.100所示。

图9.100 原图与添加【渐变叠加】样式后的图像效果对比

Questions 【渐变叠加】图层样式是不是与渐变填充相似？

Answered 是的。【渐变叠加】图层样式可以在图层上填充一种渐变颜色，与渐变填充相似，不过【渐变叠加】图层样式更方便，应用后，还可以通过修改样式，随意更改填充的渐变颜色，还可以修改填充的混合模式和不透明度。

9.6.9 图案叠加

利用【图案叠加】可以在图层内容上填充一种图案。此图层样式与使用【填充】命令填充图案相同，与建立一个图案填充图层用法类似，选择该选项后参数设置如图9.101所示。

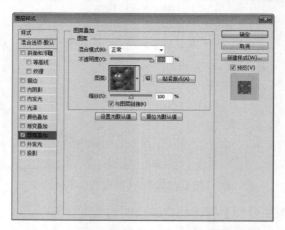

图9.101 【图层样式】|【图案叠加】对话框

【图层样式】|【图案叠加】对话框中各选项的含义如下：

- 【图案】：单击【图案】右侧的■区域，将弹出图案选项面板，从该面板中可以选择用于叠加的图案。
- 【从当前图案创建新的预设】■：单击此按钮，可以将当前图案创建成一个新的预设图案，并存放在【图案】选项面板中。
- 【贴紧原点】：单击此按钮，可以以当前图像左上角为原点，将图案帖紧左上角原点对齐。
- 【缩放】：设置图案的缩放比例。取值范围为1～1000%，值越大，图案也越大；值越小，图案越小。
- 【与图层链接】：勾选该复选框，以当前图形为原点定位图案的原点；如果取消该复选框，则将以图形所在的画布左上角定位图案的原点。

原图与图像应用【图案叠加】效果的前后对比，如图9.102所示。

图9.102 原图与图像应用【图案叠加】效果的前后对比

编辑图层样式

创建完图层样式后，可以对图层样式进行详细的编辑，比如快速复制图层样式，修改图层样式的参数，删除不需要的图层样式或隐藏与显示图层样式。

9.7.1 更改图层样式

为图层添加图层样式后，如果对其中的效果不满意，可以再次修改图层样式。在【图层】面板中，双击要修改样式的名称，比如【描边】，双击【描边】样式后，将打开【图层样式】|【描边】对话框，可以对【描边】的参数进行修改，修改完成后，单击【确定】按钮即可。修改图层样式的操作效果如图9.103所示。

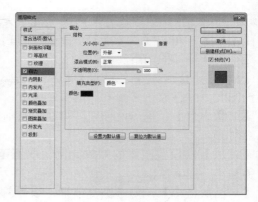

图9.103 修改图层样式的操作

9.7.2 使用命令复制图层样式

在设计过程中，有时可能会出现多个图像应用相同样式的情况，在这种情况下，如果单独为各个图层添加样式并修改相同的参数就显得相当麻烦，而这时就可以应用复制图层样式的方法，快速将应用相同样式的图层样式。

要使用命令复制图层样式，具体的操作方法如下：

（1）打开配套光盘中"调用素材/第9章/图层样式.psd"文件。

（2）在【图层】面板中，选择包含要拷贝样式的图层如图9.104所示，然后执行菜单栏中的【图层】|【图层样式】|【拷贝图层样式】命令。

（3）在【图层】面板中，选择要应用相同样式的目标图层，如"蝙蝠"图层。然后执行菜单栏中的【图层】|【图层样式】|【粘贴图层样式】命令，即可将样式应用在选择的图层上。使用命令复制图层样式的前后对比效果如图9.105所示。

图9.104 选择小鱼图层　　　　　　　　　　图9.105 粘贴图层样式

Questions 粘贴图层样式时，原来的图层样式还会存在吗？

Answered 如果粘贴图层样式的图层原来使用了图层样式，则新样式将取代原来的样式。

9.7.3 通过拖动复制图层样式

除了使用菜单命令复制图层样式外，还可以在【图层】面板中，通过拖动来复制图层样式，或直接将效果从【图层】面板中拖动到图像复制图层样式，具体的操作方法如下：

（1）打开配套光盘中"调用素材/第9章/图层样式.psd"文件。

（2）在【图层】面板中，按住【Alt】键将"小鱼"图层的描边样式拖动到"蝙蝠"图层上，释放鼠标即可完成图层样式的复制。拖动法复制图层样式的操作效果如图9.106所示。

> **Tip** 在【图层】面板中，如果拖动效果到其他图层时不按住【Alt】键，则会将原图层中的样式应用到目标图层上，而原图层的样式将被移走。

图9.106 拖动法复制图层样式的操作效果

> **Skill** 复制图层样式，还可以将一个或多图层的效果从【图层】面板中直接拖动到文档的图像上，以应用图层样式，图层样式将应用于鼠标放置点处的最上层图像上。

9.7.4 缩放图层样式

利用【缩放】效果命令，可以对图层的样式效果进行缩放，而不会对应用图层样式的图像进行缩放。具体的操作方法如下：

（1）在【图层】面板中，选择一个应用了样式的图层，然后执行菜单栏中的【图层】|【图层样式】|【缩放效果】命令，打开【缩放图层效果】对话框。如图9.107所示。

（2）在【缩放图层效果】对话框中，输入一个百分比或拖动滑块修改缩放图层效果，如果勾选了【预览】复选框，可以在文档中直接预览到修改的效果。设置完成后，单击【确定】按钮，即可完成缩放图层效果的操作。

图9.107 【缩放图层效果】对话框

隐藏与显示图层样式：

为了便于设计人员查看添加或不添加样式的前后效果对比，Photoshop为用户提供了隐藏或显示图层样式的方法。不但可以隐藏或显示所有的图层样式，还可以隐藏或显示指定的图层样式，具体的操作如下：

● 如果想隐藏或显示图层中的所有图层样式，可以在该图层样式的【效果】左侧单击，当眼睛图标显示时，表示显示所有图层样式；当眼睛图标消失时，表示隐藏所有图层样式。

- 如果想隐藏或显示图层中指定的样式，可以在该图层样式的指定样式名称左侧单击，当眼睛图标显示时，表示显示该图层样式；当眼睛图标消失时，表示隐藏该图层样式。原图、隐藏所有图层样式和隐藏指定图层样式效果如图9.108所示。

图9.108 原图、隐藏所有图层样式和隐藏指定图层样式

9.7.5 删除图层样式

创建的图层样式不需要时，可以将其删除。删除图层样式时，可以删除单一的图层样式，也可以从图层中删除整个图层样式。

1. 删除单一图层样式

要删除单一的图层样式，可以执行如下操作。

（1）在【图层】面板中，确认展开图层样式。

（2）将需要删除的某个图层样式，拖动到【图层】面板底部的【删除图层】 🗑 按钮上，即可将单一的图层样式删除。删除单一图层样式的操作效果如图9.109所示。

图9.109 删除单一图层样式的操作效果

2. 删除整个图层样式

要删除整个图层样式，在【图层】面板中，选择包含要删除样式的图层，然后可以执行下列操作之一：

- 在【图层】面板中，将【效果】栏拖动到【删除图层】 🗑 按钮上，即可将整个图层样式删除。删除操作效果如图9.110所示。

> **Skill** 执行菜单栏中的【图层】|【图层样式】|【清除图层样式】命令，可以快速清除当前图层的所有图层样式。

图9.110 拖动删除整个样式操作效果

9.7.6 将图层样式转换为图层

创建图层样式后，只能通过【图层样式】对话框对样式进行修改，却不能对样式使用其他的操作，比如使用滤镜功能，这时就可以将图层样式转换为图像图层，以便对样式进行更加丰富的效果处理。

> **Tip** 图层样式一旦转换为图像图层，就不能再像编辑原图层上的图层样式那样进行编辑，而且更改原图像图层时，图层样式将不再更新。

要将图层样式创建图层，操作方法非常简单。

（1）打开配套光盘中"调用素材/第9章/创建图层.psd"文件。

（2）执行菜单栏中的【图层】|【图层样式】|【创建图层】命令，即可将图层样式转换为图层。转换完成后，在【图层】面板中将显示出样式效果所产生的新图层。可以用处理基本图层的方法编辑新图层。创建图层的操作效果如图9.111所示。

图9.111 创建图层的操作效果

Questions 有没有其他快速将图层样式创建为图层的方法？

Answered 在图层样式上右击，从弹出的快捷键菜单中选择【创建图层】命令，即可将图层样式创建为图层。

> **Tip** 创建图层后产生的图层有时可能不能生成与图层样式完全相同的效果，创建新图层时可能会看到警告，直接单击【确定】按钮就可以了。

笔记栏

强大的通道与蒙版功能

通道和蒙版是Photoshop中又一重要命令，Photoshop中的每一幅图像都需要通过若干通道来存储图像中的色彩信息。本章将介绍【通道】面板、通道的基本操作、通道蒙版的创建、图层蒙版的操作。

Chapter

10

 教学视频

通道是存储不同类型信息的灰度图像。每个颜色通道对应图像中的一种颜色。不同的颜色模式图像所显示的通道也不相同。

10.1.1 关于通道

通道主要分为颜色通道、Alpha通道和专色通道。

- 颜色通道：它是在打开新图像时自动创建的。图像的颜色模式决定了所创建的颜色通道的数目。例如，CMYK图像的每种颜色青色、洋红、黄色和黑色都有一个通道，并且还有一个用于编辑图像的复合CMYK通道。
- Alpha 通道：主要用来存储选区的，它将选区存储为灰度图像。可以添加 Alpha 通道来创建和存储蒙版，这些蒙版用于处理或保护图像的某些部分。
- 专色通道：专色通道是一种预先混合的色彩，当需要在部分图像上打印一种或两种颜色时，常常使用专色通道。专色通道常用除CMYK色外的第5色，为徽标或文本添加引人注目的效果。通常，首先从PANTONE或TRUMATCH色样中选择出专色通道，作为一种匹配和预测色彩打印效果的方式。由PANTONE、TRUMATCH和其他公司创建的色彩可以在Photoshop的自定颜色面板中找到。选择Photoshop拾色器中的【颜色库】可访问该面板。

10.1.2 认识【通道】面板

应用通道时，主要通过【通道】面板中的相关命令和按钮来完成。【通道】面板列出图像中的所有通道，对于RGB、CMYK和Lab图像，将最先列出复合通道。通道内容的缩览图显示在通道名称的左侧，在编辑通道时会自动更新缩览图。

执行菜单栏中的【窗口】|【通道】命令，即可打开如图10.1所示的【通道】面板，通过该面板可以完成通道的新建、复制、删除、分离和合并等通道操作。

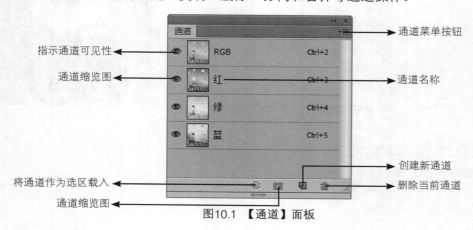

图10.1 【通道】面板

【通道】面板中各项含义如下：

- 通道菜单按钮：单击该按钮，可以打开通道菜单，它几乎包含了所有通道操作的命令。
- 【指示通道可见性】：控制显示或隐藏当前通道，只需单击该区域即可。当眼睛图标显示时，表示显示当前通道；当眼睛图标消失时，表示隐藏当前通道。
- 【通道缩览图】：显示当前通道的内容，可以通过缩览图查看每一个通道的内容。并可以选择【通道】面板菜单中的【面板选项】命令，打开【通道面板选项】对话框来修改缩览图的大小。
- 【通道名称】：显示通道的名称。除新建的Alpha通道外，其他的通道是不能重命名的。在新建Alpha通道时，如果不为新通道命名，系统将会自动给它命名为Alpha1、Alpha2……
- 【将通道作为选区载入】 ：单击该按钮，可以将当前通道作为选区载入。白色为选区部分，黑色为非选区部分，灰色表示部分被选中。该功能与菜单栏中的【选择】|【载入选区】命令功能相同。
- 【将选区存储为通道】 ：单击该按钮，可以将当前图像中的选区以蒙版的形式保存到一个新增的Alpha通道中。
- 【创建新通道】 ：单击该按钮，可以在【通道】面板中创建一个新的Alpha通道；若将【通道】面板中已存在的通道直接拖动到该按钮上并释放鼠标，可以将通道创建一个副本。
- 【删除当前通道】 ：单击该按钮，可以删除当前选择的通道；如果拖动选择的通道到该按钮上并释放鼠标，也可以删除选择的通道。

Tip 一个图像最多包含56个通道。要想保存通道，需要支持的格式才可以，如psd、PDF、TIFF、Raw或PICT。如果想保存专色通道，则需要使用DCS 2.0 EPS才可以。

Section 10.2 通道的基本操作

要想利用通道完成图像的编辑操作，就需要学习通道的基本操作方法，比如新建通道、复制通道、删除通道、分离通道和合并通道等。

在对通道进行操作时，可以对各原色通道进行亮度和对比度的调整，甚至可以单独为某一单色通道添加滤镜效果，这样，可以制作出很多特殊的效果。

10.2.1 创建新通道

在【通道】面板菜单中，选择【新建通道】命令，或直接单击【通道】面板下方的【创建新通道】 按钮，打开【新建通道】对话框，如图10.2所示，可以在【名称】文本框中设置新通道的名称，若不输入，则Photoshop会自动按顺序命名为Alpha 1，Alpha 2……

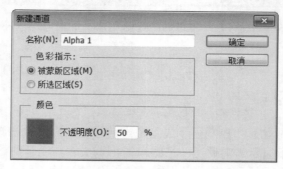

图10.2 【新通道】对话框

Questions 在【通道】面板中，如何快速创建新通道？

Answered 直接单击【通道】面板下方的【创建新通道】按钮，即可创建一个新通道。

- 【名称】：在右侧的文本框中输入通道的名称，如果不输入，Photoshop会自动按顺序命名为Alpha 1，Alpha 2……
- 【被蒙版区域】：选择该单选按钮，可以使新建的通道中，被蒙版区域显示为黑色，选择区域显示为白色。
- 【所选区域】：使用方法与【被蒙版区域】正好相反。选择该单选按钮，可以使新建的通道中，被蒙版区域显示为白色，选择区域显示为黑色。
- 【颜色】：单击右侧的颜色块，可以打开【选择通道颜色】对话框，可以在该对话框中选择通道显示的颜色，也可以单击右侧的【颜色库】按钮，打开【颜色库】对话框来设置通道显示颜色。
- 【不透明度】：在该文本框输入一个数值，通过它可以设置蒙版颜色的不透明度。

Questions 通道的颜色和不透明度会对图像造成影响吗？

Answered 【颜色】选项组中颜色和不透明度设置只对蒙板的显示区作用，并不会对图像造成任何影响。设置不同的颜色和不透明度，可以方便在图像中准确控制选择区域，让其有更好的可视性。

Tip 在专色通道中，也可以按照编辑Alpha通道的方法对其进行编辑。

10.2.2 复制通道副本

在【通道】面板中，单击选择要复制的Alpha通道后，按住鼠标将该通道拖动到面板下方的【创建新通道】 按钮上，然后释放鼠标即可复制一个通道，默认的复制通道的名称为"原通道名称 + 副本"。拖动法复制通道的操作效果如图10.3所示。

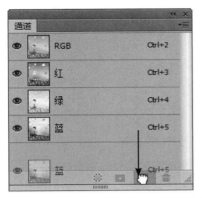

图10.3 拖动复制通道的操作效果

Questions 复制通道还有什么方法？

Answered 右击要复制的通道，从弹出的快捷键菜单中选择【复制通道】命令，打开
【复制通道】对话框，也可以复制通道。

Tip 使用拖动法复制通道，一次可以拖动一个或多个通道进行复制。

10.2.3 删除不需要的通道

在【通道】面板中，选择要删除的通道后，将其拖动到【通道】面板下方的【删除当
前通道】🗑 按钮上，释放鼠标即可将该通道删除。删除通道的操作效果如图10.4所示。

图10.4 删除通道的操作效果

Questions 有没有其他删除通道的方法？

Answered 选择要删除的通道后，在【通道】面板菜单中选择【删除通道】命令，也可
以将通道删除，但每次只能删除一个通道。

Tip 使用拖动法删除通道，一次可以拖动一个或多个通道进行删除。

10.2.4 分离通道

当需要在不能保留通道的文件格式中保留单个通道信息时，分离通道非常有用。使用【通道】面板菜单中的【分离通道】命令后，可以将各个通道以单独文档窗口的形式分离出来，而且这些图像都以灰度图的形式显示，原文档窗口将关闭。新文档窗口中名称将以原文档名称加通道的名称缩写来显示。

确定一个要分离的图像后，在【通道】面板菜单中选择【分离通道】命令，即可将图像通道分离出来，原图像和通道效果及分离后的通道效果如图10.5所示。

原图

通道效果

红通道

绿通道

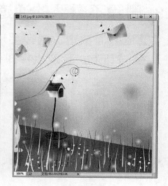

蓝通道

图10.5 原图像和通道效果及分离后的通道效果

Questions 为什么分离图像不能分离通道？

Answered 分层图像是不能进行分离的。如果想分离通道，首先要将图层合并，而且分离操作不能撤销。

10.2.5 合并通道

合并通道可以将分离的通道再合并成一个图像。它可以将多个灰度图像合并成一个图像，不过要注意，所有的合并灰度图像都要具有相同的尺寸并处于打开状态。

在合并通道时，还要注意通道的模式，不同模式分离出来的通道是不能混合合并的，比如从CMYK模式中分离出来的图像不能合并到RGB模式的图像中。合并通道的操作方法如下：

（1）确认要合并的通道图像处于打开状态，并使其中一个图像为当前图像。然后在【通道】面板菜单中，选择【合并通道】命令。

（2）选择【合并通道】命令后，打开如图10.6所示的【合并通道】对话框，在【模式】下拉列表中，选择需要合并的模式，在【通道】中指定要合并的通道数。

Questions 合并通道时选择【多通道】模式，将产生什么效果？

Answered 如果在合并通道时选择【多通道】模式，得到的所有通道都是Alpha通道。

【合并通道】对话框中各选项的含义如下：

● 【模式】：从右侧的下拉列表中，选择合并的通道模式。包括RGB颜色、CMYK颜色、Lab颜色和多通道4种颜色模式。
● 【通道】：用来指定合并的通道数。该项只在多通道时使用，如果要合并的图像中带有Alpha通道或专色通道，可以使用多通道模式来指定多个通道。

Questions 若分离的通道是带有专色通道的，合并时会产生什么效果？

Answered 如果分离时带有专色通道，在合并时专色通道也会作为Alpha通道添加到图像中。

（3）设置好【合并通道】参数后，单击【确定】按钮，打开如图10.7所示的【合并多通道】对话框，可以从不同通道右侧的下拉列表中，指定当前通道的文档图像。

图10.6 【合并通道】对话框　　　　　　图10.7 【合并RGB通道】对话框

（4）指定通道后，单击【确定】按钮，即可将指定的通道合并成一个新的图像。

Questions 要合并专色通道到原图像通道中，应该怎么样操作？

Answered 要合并专色通道到原图像通道中，可以先选择专色通道，然后在【通道】面板菜单中选择【合并专色通道】命令，即可合并专色通道。

蒙版的使用与选区的存储是Photoshop中非常重要的部分。在进行复杂的图像编辑时使用蒙版，可以隔离并保护图像的其余部分。利用存储选区可以创建蒙版，当然，利用蒙版也可以创建选区。

10.3.1 创建快速蒙版

一般使用【快速蒙版】模式都是从选区开始，然后从中添加或减去选区，以建立蒙版。也可以完全在快速蒙版模式下创建蒙版。受保护区域和未受保护区域以不同颜色进行区分。当离开【快速蒙版】模式时，未受保护区域成为选区。

创建快速蒙版的操作方法很简单，快速蒙版的具体创建过程，可以通过下面的步骤进行操作。

（1）使用任意选区工具选择要更改的图像部分，如图10.8所示。

（2）单击工具箱底部的【以快速蒙版模式编辑】 按钮，如图10.9所示。

图10.8 选择区域　　　　　　　图10.9 单击【以快速蒙版模式编辑】按钮

（3）进入快速蒙版编辑模式，即可创建快速蒙版。默认状态下，在图像上红色半透明区域代表被保护的区域，为非选区区域；非红色半透明的区域为最初的选区，如图10.10所示。在【通道】面板中，创建一个新的"快速蒙版"通道，在通道缩览图中，白色的部分为选中的图像，黑色的部分为未选中的图像，如图10.11所示。

图10.10 快速蒙版效果　　　　　　图10.11 【通道】面板

颜色叠加（类似于红片）覆盖并保护选区外的区域。选中的区域不受该蒙版的保护。

10.3.2 编辑快速蒙版

使用快速蒙版的最大优点，就是可以通过绘图工具进行调整，以便在快速蒙版中创建复杂的选区。编辑快速蒙版时，可以使用黑、白或灰色等颜色来编辑蒙版选区效果。一般常用修改蒙版的工具为画笔工具和橡皮工具。下面来讲解使用这些工具的方法。

- 将前景色设置为黑色，使用【画笔工具】 ✎ 在非保护区（选择区域）上拖动，可以增加更多的保护区，即减少选择区域，如图10.12所示。而此时如果使用的是【橡皮擦工具】 ▱，则操作正好相反。

图10.12 减少选区效果

- 将前景色设置为白色，使用【画笔工具】 ✎ 在保护区上拖动，可以减少保护区，即增加选择区域，如图10.13所示。而此时如果使用的是【橡皮擦工具】 ▱，则操作正好相反。

图10.13 增加选区效果

- 如果将前景色用灰色或其他颜色绘画可创建半透明区域，这对羽化或消除锯齿效果有用。使用【画笔工具】  在图像中拖动时，Photoshop 将根据灰度级别的不同产生带有柔化效果的选区，如果将这种选区填充，将根据灰度级别出现半透明效果，如图10.14所示。而此时如果使用的是【橡皮擦工具】 ，则不管灰度级别是多少，都将增加选择区域。

图10.14 使用灰色拖动并填充白色的效果

Questions 使用快速蒙版最大的优点是什么？

Answered 使用快速蒙版的最大优点是可以通过绘图工具进行调整，以便在快速蒙版中创建复杂的选区。

Tip 在工具箱中，双击【以快速蒙版模式编辑】 按钮，或在【通道】面板菜单中，选择【快速蒙版选项】命令，将打开【快速蒙版选项】对话框，对蒙版的保护区域及颜色进行设置，在前面已经讲解过参数的使用，详情可参考本章10.2.1节创建Alpha通道内容讲解。

10.3.3 存储选区

存储选区其实就是将选区存储起来，以备后面的调用或运算使用，存储的选区将以通道的形式保存到【通道】面板中，可以像使用通道那样来调用选区。保存选区的操作如下：

（1）当在图像中建立好一个选区后，执行菜单栏中的【选择】|【存储选区】命令，打开【存储选区】对话框，如图10.15所示。

图10.15 【存储选区】对话框

【存储选区】对话框中各选项的含义如下：

- 【文档】：该下拉列表用来指定保存选区范围时的文件位置，默认为当前图像文件，也可以选择【新建】命令创建一个新图像窗口来保存。
- 【通道】：在该下拉列表中可以为当前选区指定一个目标通道。默认情况下，选区会被存储在一个新通道中。如果当前文档中有选区，也可以选择一个原有的通道，以进行操作运算。
- 【名称】：用于设置新通道的名称。
- 【操作】：在该选项区中可以设定保存时的选区和其他原有选区之间的操作关系，选择【新选区】将新载入的选区代替原有选区；选择【添加到选区】将新载入的选区加入到原有选区中；选择【从选区中减去】将新载入选区减去原有选区的重合部分；选择【与选区交叉】将新载入选区与原有选区交叉部分保留。

（2）在【目标】和【操作】选项中选择需要的选项。

（3）设定完各项设置以后，单击【确定】按钮即可将选区存储起来。选区存储前后的【通道】面板效果如图10.16所示。

图10.16 选区存储前后的【通道】面板效果

10.3.4 载入选区

将选区存储以后，如果想重新使用存储后的选区，就需要将选区载入，操作方法如下：

（1）执行菜单栏中的【选择】|【载入选区】命令，打开如图10.17所示的【载入选区】对话框。

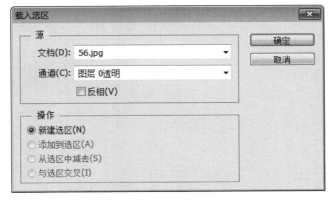

图10.17 【载入选区】对话框

（2）在存储选区对话框中包含有【目标】和【操作】两个选项。在【目标】项中包含有【文档】、【通道】和【名称】；在【操作】项中可指定【新通道】、【添加到通道】、【从通道中减去】和【与通道交叉】选项。

（3）各选项设定完毕后，单击【确定】按钮即可将选区载入。

【载入选区】对话框中各选项的含义如下：

- 【文档】：在该下拉列表中指定载入选区范围的文档名称。
- 【通道】：在该下拉列表中指定要载入选区的目标通道。
- 【反相】：勾选该复选框，可以将选区反选。
- 【操作】：设置载入选区时的选区操作。下面的选项除【新建选区】外，要想使用其他的命令，需要保证当前文档窗口中含有其他的选区。选择【新建选区】将新载入的选区代替原有选区；选择【添加到选区】将新载入的选区加入到原有选区中；选择【从选区中减去】将新载入选区和原有选区的重合部分从选区中删除；选择【与选区交叉】将新载入选区与原有选区交叉叠加。

Tip 【操作】与选区的添加、减去用法非常相似，其应用与前面讲解过的选区的操作相同，详情可参考本章6.1.1节选区选项栏相关内容讲解。

文本的创建与编辑

本章主要详解Photoshop CC中的文本功能。例如，如何使用【文字工具】、【字符】面板和【段落】面板，以及如何处理文字图层，文字的转移与变换，栅格化文字层的操作方法，各种文字效果的创建方法。通过本章的学习，读者应该能够掌握如何使用文本功能来创建和格式化文本，以及如何结合其他工具来创建文字特效。

Chapter

11

 教学视频

　　文字是作品的灵魂，可以起到画笔点睛的作用。Photoshop 中的文字由基于矢量的文字轮廓组成，这些形状描述字样的字母、数字和符号。尽管Photoshop CC是一个图像设计和处理软件，但其文本处理功能也是十分强大的。Photoshop CC为用户提供了4种类型的文字工具。包括【横排文字工具】T、【直排文字工具】IT、【横排文字蒙版工具】T和【直排文字蒙版工具】IT。在默认状态下显示为【横排文字工具】，将光标放置在该工具按钮上，按住鼠标稍等片刻或单击鼠标右键，将显示文字工具组，如图11.1所示。

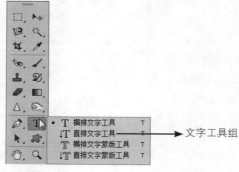

图11.1　文字工具组

> **Skill** 按【T】键可以选择文字工具，按【Shift＋T】键可以在这4种文字工具之间进行切换。

11.1.1 横排和直排文字工具

　　【横排文字工具】T用来创建水平矢量文字，【直排文字工具】IT用来创建垂直矢量文字，输入水平或垂直排列的矢量文字后，在【图层】面板中，将自动创建一个新的图层——文字层。横排及直排文字及图层效果如图11.2所示。

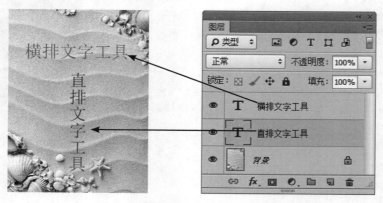

图11.2　横排和直排文字及图层效果

11.1.2 横排和直排文字蒙版工具

【横排文字蒙版工具】与【横排文字工具】T的使用方法相似，可以创建水平文字；【直排文字蒙版工具】与【直排文字工具】IT的使用方法相似，可以创建垂直文字，但这两个工具创建文字时，是以蒙版的形式出现，完成文字的输入后，文字将显示为文字选区，而且在【图层】面板中，不会产生新的图层。横排和直排蒙版文字和图层效果如图11.3所示。

图11.3 横排和直排蒙版文字和图层效果

Tip 使用文字蒙版工具创建文字字形选区后，不会产生新的文字图层，因为它不具有文字的属性，所以也无法按照编辑文字的方法对蒙版文字进行各种属性的编辑。

11.1.3 创建点文字

创建点文字时，每行文字都是独立的，单行的长度会随着文字的增加而增长，但默认状态下永远不会换行，只能进行手动换行。创建点文字的操作方法如下：

（1）在工具箱中选择文字工具组中的任意一个文字工具，比如选择【横排文字工具】T。

（2）在图像上单击鼠标，为文字设置插入点，此时可以看到图像上有一个闪动的竖线光标，如果是横排文字在竖线上，将出现一个文字基线标记，如果是直排文字，基线标记就是字符的中心轴。

（3）在选项栏中，设置文字的字体、字号、颜色等参数，也可以通过【字符】面板来设置。设置完成后直接输入文字即可。要强制换行，可以按【Enter】键。如果想完成文字输入，可以单击选项栏中的【提交所有当前编辑】✔按钮，也可以按数字键盘上的【Enter】键或直接按【Ctrl + Enter】键。输入点文字后的效果如图11.4所示。

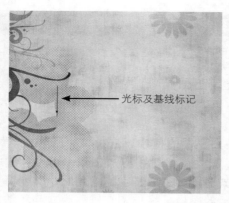

图11.4 输入点文字操作效果

11.1.4 创建段落文字

输入段落文字时，文字会基于指定的文字外框大小进行换行。而且通过【Enter】键可以将文字分为多个段落，可以通过调整外框的大小来调整文字的排列，还可以利用外框旋转、缩放和斜切文字。下面来详细讲解创建段落文字的方法，具体操作步骤如下：

（1）在工具箱中选择文字工具组中的任意一个文字工具，比如选择【直排文字工具】⊥T。

（2）在文档窗口中的合适位置按下鼠标，在不释放鼠标的情况下沿对角线方向拖动一个矩形框，为文字定义一个文字框。释放鼠标即可创建一个段落文字框，创建效果如图11.5所示。

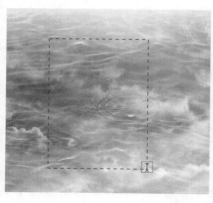
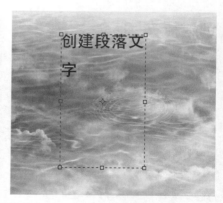

图11.5 创建段落文字

精确创建段落文字框：

使用文字工具创建段落文字时，按住【Alt】键单击或拖动，可以打开如图11.6所示的【段落文字大小】对话框，通过【宽度】和【高度】值可以精确创建段落文字。

图11.6 【段落文字大小】对话框

（3）在段落边框中可以看到闪动的输入光标，在选项栏中，设置文字的字体、字号、颜色等参数，也可以通过【字符】或【段落】面板来设置。选择合适的输入法，输入文字即可创建段落文字，当文字达到边框的边缘位置时，文字将自动换行。

（4）如果想开始新的段落可以按【Enter】键，如果输入的文字超出文字框的容纳时，在文字框的右下角将显示一个溢出图标田，可以调整文字外框的大小以显示超出的文字。如果想完成文字输入，可以单击选项栏中的【提交所有当前编辑】✔按钮，也可以按数字键盘上的【Enter】键或直接按【Ctrl + Enter】键。输入段落文字前后的效果如图11.7所示。

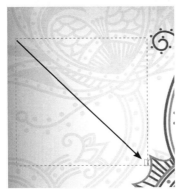

拖动段落边框效果

输入段落文字

图11.7 段落文字

11.1.5 利用文字外框调整文字

如果文字是点文字，可以在编辑模式下按住【Ctrl】键显示文字外框；如果是段落文字，输入文字时就会显示文字外框，如果已经是输入完成的段落文字，则可以将其切换到编辑模式中，以显示文字外框。

（1）调整外框的大小或文字的大小。将光标放置在文字外框的四个角的任意控制点上，当光标变成双箭头↘时，拖动鼠标即可调整文字外框大小或文字大小。如果是点文字则可以修改文字的大小；如果是段落文字则修改文字外框的大小。调整点文字外框的操作效果如图11.8所示。

> **Tip** 利用文字外框缩放文字或缩放文字外框时，按住【Shift】键可以保持比例进行缩放。在缩放段落文字外框时，如果想同时缩放文字，可以按住【Ctrl】键并拖动；如果想从中心点调整文字外框或文字大小，可以按住【Alt】键并拖动。

图11.8 调整点文字外框的操作效果

（2）旋转文字外框。将光标放置在文字外框外，当光标变成弯曲的双箭头↱时，按住鼠标拖动，可以旋转文字，旋转文字的操作效果如图11.9所示。

> **Tip** 旋转文字外框时，按住【Shift】键拖动可以使旋转角度限制为按15度的增量旋转。如果想修改旋转中心点，按住【Ctrl】键显示中心点并拖动中心点到新的位置即可。

图11.9 旋转文字的操作效果

（3）斜切文字外框。按住【Ctrl】键的同时将光标放置在文字外框的中间4个任意控制点上，当光标变成一个箭头▷时，按住鼠标拖动，可以斜切文字。斜切文字的操作效果如图11.10所示。

图11.10 斜切文字的操作效果

Questions 变换框与段落文本框有何不同?

Answered 变换框不同于段落文本框，变换框为实线，而段落文本框为虚线。

点文字与段落文字的转换：

创建点文字或段落文字后，如果想在这两种文字间进行转换，值得注意的是将段落文字转换为点文字时，每个文字行的末尾除了最后一行，都会添加一个回车符。点文字与段落文字的转换操作如下：

（1）在【图层】面板中，单击选择要转换的文字图层。

（2）执行菜单栏中的【图层】|【文字】|【转换为点文本】命令，可以将段落文字转换为点文字；如果执行菜单栏中的【图层】|【文字】|【转换为段落文本】命令，可以将点文字转换为段落文字。

Questions 在段落文本转换成点文本时，应该注意什么?

Answered 段落文本转化成点文本时，所有不可见的字符都将被删除，因此转换之前要确保所有字符都在定界框内，否则会出现丢失溢出文字的现象。

Tip 将段落文字转换为点文字时，如果段落文字中有溢出的文字，转换后都将被删除。要避免丢失文字，可以调整文字外框，将溢出的文字显示出来即可。在文本编辑状态下，不能进行段落文本与点文本的转换操作。

Section 11.2 编辑文字

本节主要讲解文字的基本编辑方法，如定位和选择文字、移动文字、拼写检查、更改文字方向和栅格文字层等。

11.2.1 定位和选择文字

如果要编辑已经输入的文字，首先在【图层】面板中选中该文字图层，在工具箱中选择相关的文字工具，将光标放置在文档窗口中的文字附近，当光标变为Ɪ时，单击鼠标，定位光标的位置，然后输入文字即可。如果此时按住鼠标拖动，可以选择文字，选取的文字将出现反白效果，如图11.11所示。选择文字后，即可应用【字符】或【段落】面板或其他方式对文字进行编辑。

图11.11 定位和选择文字

11.2.2 移动文字

在输入文字的过程中，如果将光标移动到位于文字以外的其他位置，光标将变成 ▶ 状，按住鼠标可以拖动文字的位置，移动文字操作效果如图11.12所示。如果文字已经完成输入，可以在图层面板中选择该文字层，然后使用【移动工具】 ▶₊ 即可移动文字。

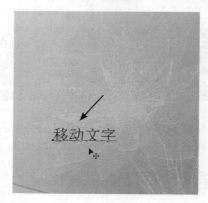

图11.12 移动文字操作效果

11.2.3 拼写检查

利用拼写检查可以快速查找拼写错误。在拼写检查时，Photoshop会对指定词典中没有的单词进行询问。如果被询问的拼写是正确的，用户还可以通过【添加】按钮将其添加到自己的词典中以备后用；如果确认拼写是错误的，则可以通过【更正】按钮来更正它。要进行拼写检查可进行如下操作。

（1）在【图层】面板中，选择要检查的文字图层；如果要检查特定的文本，可以选择这些文本。

（2）执行菜单栏中的【编辑】|【拼写检查】命令，此时将打开【拼写检查】对话框，如图11.14所示。

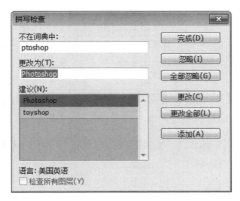

图11.14 【拼写检查】对话框

（3）当找到可能的错误后，单击【忽略】按钮可以继续拼写检查而不更改当前可能错误的文本；如果单击【全部忽略】按钮，则会忽略剩余的拼写检查过程中可能的错误。

（4）确认拼写正确的文本显示在【更改为】文本框中，单击【更改】则可以校正拼写错误，如果【更改为】文本框中出现的并不是想要的文本，可以在【建议】列表中选择正确的拼写，或在【更改为】文本框中输入正确的文本再单击【更改】按钮；如果直接单击【更改全部】按钮，则将校正文档中出现的所有拼写错误。

（5）如果想检查所有图层的拼写，可以勾选【检查所有图层】复选框。

指定检查拼写的词典：

Photoshop默认拼写检查的词典为美国英语，如果想更改语言，执行菜单栏中的【窗口】|【字符】命令，打开【字符】面板，单击面板左下角的拼写语言设置区，在下拉菜单中指定一种语言即可，面板及语言下拉菜单如图11.15所示。

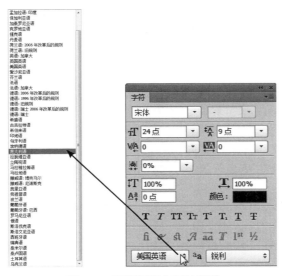

图11.15 面板及语言下拉菜单

11.2.4 查找和替换文本

为了文本操作的方便，Photoshop还为用户提供了查找和替换文本的功能，通过该功能可以快速查找或替换指定的文本。

（1）选择要查找或替换的文本图层，将光标定位在要搜索文本的开头位置。如果要搜索文档中的所有文本图层，选择一个非文本图层。

> **Tip** 　【查找和替换文本】也不能查找和替换隐藏或锁定的文本图层，所以请查找和替换文本前将文本图层显示或解锁。

（2）执行菜单栏中的【编辑】|【查找和替换文本】命令，打开【查找和替换文本】对话框，如图11.16所示。

图11.16 【查找和替换文本】对话框

（3）在【查找内容】文本框中输入或粘贴想要查找的文本，如果想更改该文本，可以在【更改为】文本框中输入新的文本内容。

（4）指定一个或多个选项可以细分搜索范围。勾选【搜索所有图层】复选框，可以搜索文档中的所有图层。不过该项只有在【图层】面板中选定了非文字图层时才可以使用。勾选【区分大小写】复选框，则将搜索与【查找内容】文本框中文本大小写完全匹配的内容；勾选【向前】复选框表示从光标定位点向前搜索；勾选【全字匹配】复选框，则忽略嵌入更长文本中的搜索文本，例如要以全字匹配方式搜索"look"则会忽略"looking"。

（5）单击【查找下一个】按钮可以开始搜索，单击【更改】按钮则使用【更改为】文本替换查找到的文本。如果想重复搜索，需要再次单击【查找下一个】按钮。单击【更改全部】按钮则探索并替换所有查找匹配的内容。单击【更改/查找】按钮，则会用【更改为】文本替换找到的文本并自动搜索下一个匹配文本。

11.2.5 更改文字方向

输入文字时，选择的文字工具决定了输入文字的方向，【横排文字工具】T用来创建水平矢量文字，【直排文字工具】|T用来创建垂直矢量文字。当文字图层的方向为水平时，文字左右排列；当文字图层的方向为垂直时，文字上下排列。

如果已经输入了文字并确定了文字方向，还可以使用相关命令来更改文字方向。具体操作方法如下：

（1）在【图层】面板中选择要更改文字方向的文字图层。

（2）可以执行下列任意一种操作：

● 选择一个文字工具，然后单击选项栏中的【切换文本取向】|T按钮。

● 执行菜单栏中的【文字】|【水平】或【文字】|【垂直】命令。

● 在【字符】面板菜单中，选择【更改文本方向】命令。

11.2.6 栅格化文字层

文字本身是矢量图形，要对其使用滤镜等位图命令，需要将文字转换为位图才可以使用，所以首先要将文字转换为位图。

要将文字转换为位图，首先在【图层】面板中单击选择文字层，然后执行菜单栏中的【图层】|【栅格化】|【文字】命令，即可将文字层转换为普通层，文字就被转换为了位图，这时的文字就不能再使用文字工具进行编辑了。栅格化文字操作效果如图11.17所示。

图11.17 栅格化文字操作效果

Skill 在【图层】面板中的文字层上单击鼠标右键，然后在弹出的快捷菜单中选择【栅格化文字】命令，这样也可以栅格化文字层。

Section 11.3 格式化字符

格式化字符主要通过【字符】面板来操作，默认情况下，【字符】面板是不显示的。要显示它，可执行菜单栏中的【窗口】|【字符】命令，或单击文字选项栏中的【切换字符和段落面板】按钮，可以打开如图11.18所示的【字符】面板。

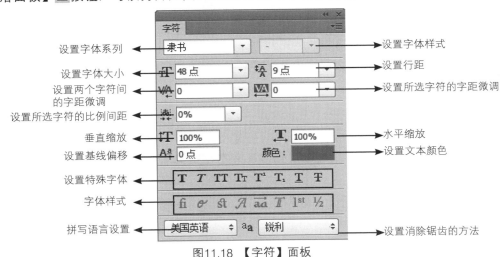

图11.18 【字符】面板

在【字符】面板中可以对文本的格式进行调整，包括字体、样式、大小、行距和颜色等，下面来详细讲解这些格式命令的使用。

11.3.1 设置文字字体

通过【设置字体系列】下拉列表，可以为文字设置不同的字体，一般比较常用的字体有宋体、仿宋、黑体等。

要设置文字的字体，首先选择要修改字体的文字，然后在【字符】面板中单击【设置字体系列】右侧的下三角按钮 ，从弹出的字体下拉菜单中，选择一种合适的字体，即可将文字的字体修改。不同字体效果如图11.19所示。

11.3.2 设置字体样式

可以在下拉列表中选择使用的字体样式。包括Regular（规则的）、Italic（斜体）、Bold（粗体）和Bold Italic（粗斜体）4个选项。不同的样式显示效果如图11.20所示。

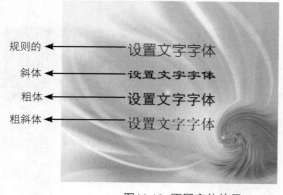

图11.19 不同字体效果

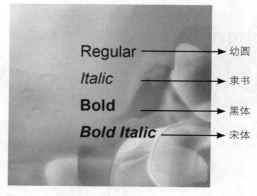

图11.20 不同文字样式效果

11.3.3 设置字体大小

通过【字符】面板中的【设置字体大小】 文本框，可以设置文字的大小，可以从下拉列表中选择常用的字符尺寸，也可以直接在文本框中输入所需要的字符尺寸大小。不同字体大小如图11.21所示。

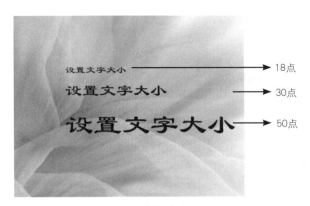

图11.21 不同字体大小

执行菜单栏中的【编辑】|【首选项】|【单位和标尺】命令，打开【首选项】|【单位与标尺】对话框，在【点/派卡大小】选项组中，可以进行以下选择，如图11.22所示。【PostScript（72点/英寸）】：设置一个兼容的单位大小，以便打印到PostScript设备。【传统（72.27点/英寸）】：使用72.27点/英寸（打印中传统使用的点数）。

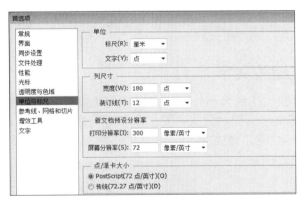

图11.22 【点/派卡大小】选项组

11.3.4 设置行距

行距就是相邻两行基线之间的垂直纵向间距。可以在【字符】面板中的【设置行距】文本框中设置行距。

选择一段要设置行距的文字，然后在【字符】面板中的【设置行距】下拉列表中，选择一个行距值，也可以在文本框中输入新的行距数值，以修改行距。下面是将原行距为10点修改为30点的效果对比，如图11.23所示。

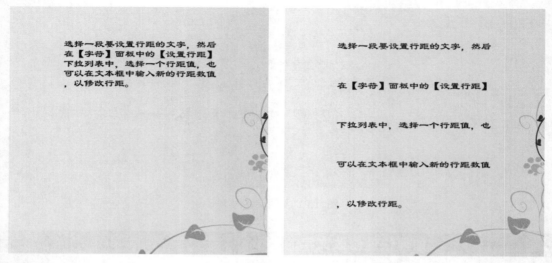

图11.23 修改行距效果对比

Skill 如果需要单独调整其中两行文字之间的行距，可以使用文字工具选取排列在上方的一排文字，然后再设置适当的行距值即可。

11.3.5 水平/垂直缩放文字

除了拖动文字框改变文字的大小外，还可以使用【字符】面板中的【水平缩放】 **T** 和【垂直缩放】 **IT** 来调整文字的缩放效果，可以从下拉列表中选择一个缩放的百分比数值，也可以直接在文本框中输入新的缩放数值。文字的不同缩放效果如图11.24所示。

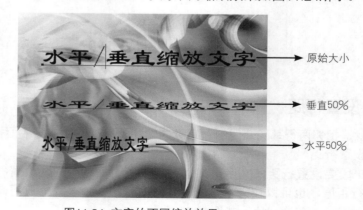

图11.24 文字的不同缩放效果

11.3.6 文字字距调整

在【字符】面板中，通过【设置所选字符的字距调整】**VA**可以设置选定字符的间距，与【设置两个字符间的字距微调】相似，只是这里不是定位光标位置，而是选择文字。选择文字后，在【设置所选字符的字距微调】下拉列表中选择数值，或直接在文本框中输入数值，即可修改选定文字的字符间距。如果输入的值大于零，则字符间距增大；如果输入的值小于零，则字符的间距减小。不同字符间距效果如图11.25所示。

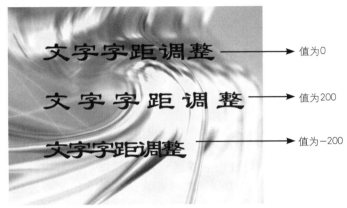

值为0

值为200

值为−200

图11.25　不同字符间距效果

Questions　如何快速调整字符间距？

Answered　选择要调整的文字后，按【Alt + ←】组合键，可减小字符间距；按【Alt + →】组合键，可以增大字符间距，每按一次，数值将减小或增大20。如果按【Alt + Ctrl + ←】组合键，可以使字符靠得更近；如果按【Alt + Ctrl + →】组合键，可以使字符靠得更远，每按一次，数值将减小或增大100。

Tip　在【设置所选字符的字距调整】**VA**的上方有一个【比例间距】设置，其用法与【设置所选字符的字距调整】的用法相似，也是选择文字后通过修改数值来修改字符的间距。但【比例间距】输入的数值越大，字符间的距离就越小，它的取值范围为0~100%。

11.3.7 设置字距微调

【设置两个字符间的字距微调】**VA**用来设置两个字符之间的距离，与【设置所选字符的字距微调】**VA**的调整相似，但不能直接调整选择的所有文字，而只能将光标定位在某两个字符之间，调整这两个字符之间的字距。可以从下拉列表中选择相关的参数，也可以直接在文本框中输入一个数值，即可修改字距微调。当输入的值大于零时，字符的间距变大；当输入的值小于零时，字符的间距变小。修改字距微调前后效果对比如图11.26所示。

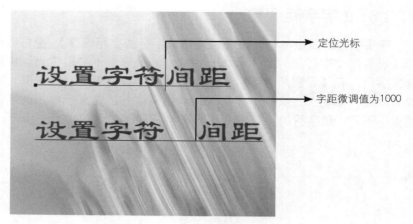

定位光标

字距微调值为1000

图11.26 修改字距微调前后效果对比

11.3.8 设置基线偏移

通过【字符】面板中的【设置基线偏移】选项，可以调整文字的基线偏移量，一般利用该功能来编辑数学公式和分子式等表达式。默认的文字基线位于文字的底部位置，通过调整文字的基线偏移，可以将文字向上或向下调整位置。

要设置基线偏移，首先选择要调整的文字，然后在【设置基线偏移】选项下拉列表中，或在文本框中输入新的数值，即可调整文字的基线偏移大小。默认的基线位置为0，当输入的值大于零时，文字向上移动；当输入的值小于零时，文字向下移动。设置文字基线偏移效果如图11.27所示。

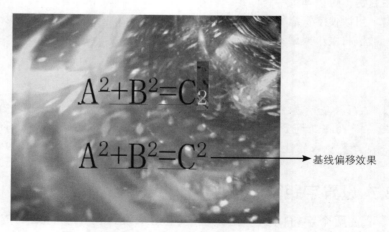

基线偏移效果

图11.27 设置文字基线偏移效果

Questions 有没有快速调整基线的方法？

Answered 选择要调整基线的文字后，按【Shift + Alt + ↑】组合键，可以将文字向上偏移；按【Shift + Alt + ↓】组合键，可以将文字向下偏移，每按一次，文字移动2点。

11.3.9　设置文本颜色

默认情况下，输入的文字颜色使用的是当前前景色。可以在输入文字之前或之后更改文字的颜色。

使用下面的任意一种方法可以修改文字颜色。修改文字颜色效果对比如图11.28所示。

- 单击选项栏或【字符】面板中的颜色块，打开【选择文本颜色】对话框修改颜色。
- 按Alt + Delete键用前景色填充文字；按Ctrl + Delete键用背景色填充文字。

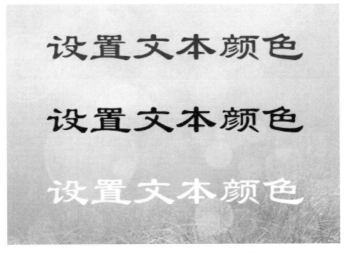

图11.28　【选择文本颜色】对话框

11.3.10　设置特殊字体

该区域提供了多种设置特殊字体的按钮，选择要应用特殊效果的文字后，单击这些按钮即可应用特殊的文字效果，如图11.29所示。

T 𝑇 TT Tr T¹ T₁ T̲ T̶

图11.29　特殊字体按钮

不同特殊字体效果如图11.30所示。特殊字体按钮的使用说明如下：

- 【仿粗体】**T**：单击该按钮，可以将所选文字加粗。
- 【仿斜体】*T*：单击该按钮，可以将所选文字倾斜显示。
- 【全部大写字母】**TT**：单击该按钮，可以将所选文字的小写字母变成大写字母。
- 【小型大写字母】**Tr**：单击该按钮，可以将所选文字的字母变为小型的大写字母。
- 【上标】**T¹**：单击该按钮，可以将所选文字设置为上标效果。
- 【下标】**T₁**：单击该按钮，可以将所选文字设置为下标效果。
- 【下划线】**T̲**：单击该按钮，可以为所选文字添加下划线效果。
- 【删除线】**T̶**：单击该按钮，可以为所选文字添加删除线效果。

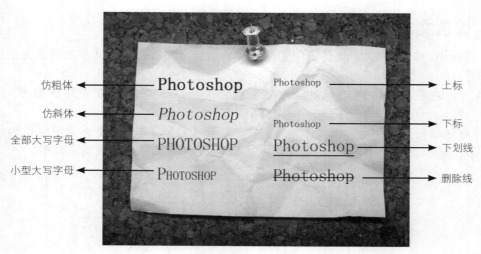

图11.30 不同特殊字体效果

特殊字体动态快捷键只有输入文字、选中文字或将光标定位在文本中时才会出现，通过键盘快捷键可以为文字快速应用特殊字体。当符合条件时，在【字符】面板菜单中将显示特殊字体的快捷键，如图11.31所示。

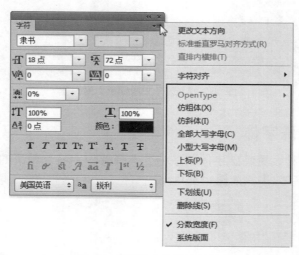

图11.31 特殊字体的快捷键

11.3.11 旋转直排文字字符

在处理直排文字时，可以将字符方向旋转90度。旋转后的字符是直立的；未旋转的字符是横向的。

（1）选择要旋转或取消旋转的直排文字。

（2）从【字符】面板菜单中，选择【标准垂直罗马对齐方式】命令，左侧带有对号标记表示已经选中该命令。旋转直排文字字符前后效果对比如图11.32所示。

图11.32 旋转直排文字字符前后效果对比

Tip 不能旋转双字节字符，比如出现在中文、日语、朝鲜语字体中的全角字符。所选范围中的任何双字节字符都不旋转。

11.3.12 消除文字锯齿

消除锯齿通过部分地填充边缘像素来产生边缘平滑的文字，使文字边缘混合到背景中。使用消除锯齿功能时，小尺寸和低分辨率的文字的变化可能不一致，要减少这种不一致性，可以在【字符】面板菜单中取消选择【分数宽度】命令。消除锯齿设置为无和锐利效果对比如图11.33所示。

（1）在【图层】面板中选择文字图层。

（2）从选项栏或【字符】面板中的【设置消除锯齿的方法】下拉菜单中选择一个选项，或执行菜单栏中的【图层】|【文字】，并从子菜单中选取一个选项。

- 【无】：不应用消除锯齿。
- 【锐利】：文字以最锐利的效果显示。
- 【犀利】：文字以稍微锐利的效果显示。
- 【浑厚】：文字以厚重的效果显示。
- 【平滑】：文字以平滑的效果显示。

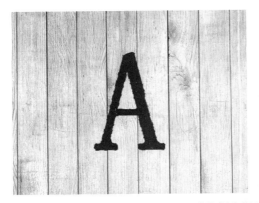

图11.33 消除锯齿设置为无和锐利效果对比

前面主要是介绍格式化字符操作，但如果使用较多的文字进行排版、宣传品制作等操作时，【字符】面板中的选项就显得有些无力了，这时就要应用Photoshop CC提供的【段落】面板了，【段落】面板中包括大量的功能，可以用来设置段落的对齐方式、缩进、段前和段后间距以及使用连字功能等。

要应用【段落】面板中各选项，不管选择的是整个段落或只选取该段中的任一字符，又或在段落中放置插入点，修改的都是整个段落的效果。执行菜单栏中的【窗口】|【段落】命令，或单击文字选项栏中的【切换字符和段落面板】▤按钮，可以打开如图11.34所示的【段落】面板。

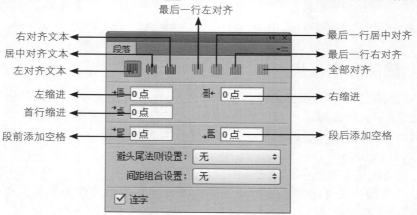

图11.34 【段落】面板

11.4.1 设置段落对齐

【段落】面板中的对齐主要控制段落中的各行文字的对齐情况，主要包括左对齐文本▤、居中对齐文本▤、右对齐文本▤、最后一行左对齐▤、最后一行居中对齐▤、最后一行右对齐▤和全部对齐▤7种对齐方式。在这7种对齐方式中，左、右和居中对齐文本比较容易理解，最后一行左、右和居中对齐是将段落文字除最后一行外，其他的文字两端对齐，最后一行按左、右或居中对齐。全部对齐是将所有文字两端对齐，如果最后一行的文字过少而不能达到对齐时，可以适当地将文字的间距拉大，以匹配两端对齐。7种对齐方法的不同显示效果如图11.35所示。

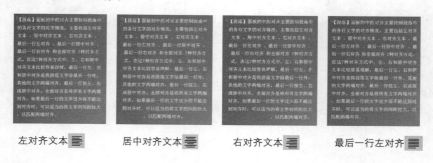

左对齐文本▤　　　居中对齐文本▤　　　右对齐文本▤　　　最后一行左对齐▤

最后一行居中对齐 ▤　　最后一行右对齐 ▤　　全部对齐 ▤

图11.35 7种对齐方法的不同显示效果

Tip 这里讲解的是水平文字的对齐情况，对于垂直文字的对齐，这些对齐按钮将有所变化，但是应用方法是相同的。

11.4.2 设置段落缩进

缩进是指文本行左右两端与文本框之间的间距。利用左缩进 ▸▤ 和右缩进 ▤◂，可以从文本框的左边或右边缩进。左、右缩进的效果如图11.36所示。

　　　原始效果　　　　　　左缩进值为20　　　　　右缩进值为40

图11.36 左、右缩进的效果

11.4.3 设置首行缩进

首行缩进就是为选择段落的第一段的第一行文字设置缩进，缩进只影响选中的段落，因此可以给不同的段落设置不同的缩进效果。选择要设置首行缩进的段落，在首行左缩进 ▸▤ 文本框中输入缩进的数值即可完成首行缩进。首行缩进操作效果如图11.37所示。

图11.37 首行缩进操作效果

11.4.4 设置段前和段后空格

段前和段后添加空格其实就是段落间距，段落间距用来设置段落与段落之间的间距。包括段前添加空格 ⁺═ 和段后添加空格 ═₊，段前添加空格主要用来设置当前段落与上一段之间的间距；段后添加空格用来设置当前段落与下一段落之间的间距。设置的方法很简单，只需要选择一个段落，然后在相应的文本框中输入数值即可。段前和段后添加空格设置的不同效果如图11.38所示。

选择文字　　　　　　　段前间距值为20点　　　　　　段后间距值为20点

图11.38 段前和段后间距设置的不同效果

段落其他选项设置：

在【段落】面板中，其他选项设置包括【避头尾法则设置】、【间距组合设置】和【连字】。下面来讲解它们的使用方法。

- 【避头尾法则设置】：用来设置标点符号的放置，设置标点符号是否可以放在行首。
- 【间距组合设置】：设置段落中文本的间距组合设置。从右侧的下拉列表中，可以选择不同的间距组合设置。
- 【连字】：勾选该复选框，出现单词换行时，将出现连字符以连接单词。

Section 11.5 创建文字效果

使用文字工具还可以创建路径文字，也可以对文字执行各种操作，比如变形文字、将文字转换成形状或路径、添加图层样式等操作。

11.5.1 创建路径文字

使用文字工具可以沿钢笔或形状工具创建的路径边缘输入文字，而且文字会沿着路径起点到终点的方向排列。在路径上输入横排文字会导致字母与基线垂直。在路径上输入直排文字会导致文字方向与基线平行。创建路径文字的方法如下：

（1）打开配套光盘中"调用素材/第11章/路径文字背景.jpg"图片。

（2）选择【钢笔工具】 ✐，沿黄色圆的边缘绘制一条曲线路径，以制作路径文字，如图11.39所示。

（3）选择【横排文字工具】 T，移动光标到路径上，将文字工具靠近路径，当光标变成 ♪ 状时单击鼠标，路径上将出现一个闪动的光标，此时即可输入文字，输入后的效果如图11.40所示。

> **Tip** 使用【直排文字工具】 ↓T、【横排文字蒙版工具】 T 和【直排文字蒙版工具】 T 创建路径文字与使用【横排文字工具】 T 是一样的。

图11.39 绘制路径　　　　　　　　　　　图11.40 添加路径文字

11.5.2 移动或翻转路径文字

输入路径文字后，还可以对路径上的文字位置进行移动操作。选择【路径选择工具】 ▶ 或【直接选择工具】 ▷，将其放置在路径文字上，光标将变成 ♪ 状，此时按住鼠标沿路径拖动即可移动文字的位置。拖动时要注意光标在文字路径的一侧，否则会将文字拖动到路径另一侧。移动路径文字的操作效果如图11.41所示。

图11.41 移动路径文字的操作效果

如果想翻转路径文字，即将文字翻转到路径的另一侧，光标将变成 ↕ 状，将文字向路径的另一侧拖动即可。翻转路径文字的操作效果如图11.42所示。

图11.42 翻转路径文字的操作效果

Tip 要在不改变文字方向的情况下将文字移动到路径的另一侧，可以使用【字符】面板中的【基线偏移】选项，在其文本框中输入一个负值，以便降低文字位置，使其沿路径的内侧排列。

11.5.3 移动及调整文字路径

创建路径文字后，不但可以移动路径文字的位置，还可以调整路径的位置，并可以调整路径形状。

要移动路径，选择【路径选择工具】 或【移动工具】 直接将路径拖动到新的位置。如果使用【路径选择工具】 ，需要注意工具的图标不能显示为 ↕ 状，否则将沿路径移动文字。移动路径的操作效果如图11.43所示。

图11.43 移动路径的操作效果

要调整路径形状，选择【直接选择工具】 ，在路径的锚点上单击，然后像前面讲解的路径编辑方法一样改变路径的形状即可。调整路径形状操作效果如图11.44所示。

图11.44 调整路径形状操作效果

> **Tip** 当您移动路径或更改其形状时，相关的文字会根据路径的位置和形状自动改变以适应路径。

11.5.4 创建和取消文字变形

要应用文字变形，单击选项栏中的【创建文字变形】 按钮，或执行菜单栏中的【类型】|【文字变形】命令，打开如图11.45所示的【变形文字】对话框，对文字创建变形效果，并可以随时更改文字的变形样式，变形选项可以更加精确地控制变形的弯曲及方向。

> **Tip** 不能变形包含【仿粗体】格式设置的文字图层，也不能变形使用不包含轮廓数据的字体（如位图字体）的文字图层。

图11.45 【变形文字】对话框

【变形文字】对话框各选项含义如下：

- 【样式】：从右侧的下拉菜单中，可以选择一种文字变形的样式，如扇形、下弧、上弧、拱形和波浪等多种变形，各种变形文字的效果如图11.46所示。

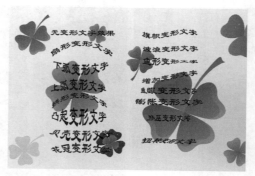

图11.46 各种变形文字的效果

- 【水平】和【垂直】：指定文字变形产生的方向。
- 【弯曲】：指定文字应用变形的程度。值越大，变形效果越明显。
- 【水平扭曲】和【垂直扭曲】：用来设置变形文字的水平或垂直透视变形。

要取消文字变形，直接选择应用了变形的文字图层，然后单击选项栏中的【创建文字变形】按钮，或执行菜单栏中的【文字】|【文字变形】命令，打开【变形文字】对话框，从【样式】下拉菜单中选择【无】命令，单击【确定】按钮即可。

11.5.5 基于文字创建工作路径

利用【创建工作路径】命令可以将文字转换为用于定义形状轮廓的临时工作路径，可以将这些文字用作矢量形状。从文字图层创建工作路径之后，可以像处理任何其他路径一样对该路径进行存储和操作。虽然无法以文本形式编辑路径中的字符，但原始文字图层将保持不变并可编辑。

（1）选择文字图层。

（2）执行菜单栏中的【类型】|【创建工作路径】命令，也可以直接在文字图层上单击鼠标右键，从弹出的快捷菜单中选择【创建工作路径】命令，即可基于文字创建工作路径。文字图层没有任何变化，但在【路径】面板中将生成一个工作路径。创建工作路径的前后效果对比如图11.47所示。

> **Tip** 无法基于不包含轮廓数据的字体（如位图字体）创建工作路径。

图11.47 创建工作路径的前后效果对比

11.5.6 将文字转换为形状

文字不但可以创建工作路径，还可以将文字层转换为形状层，与创建路径不同的是，转换为形状后，文字层将变成形状层，文字就不能使用相关的文字命令来编辑了，因为它已经变成了形状路径。

（1）选择文字层。

（2）执行菜单栏中的【类型】|【转换为形状】命令，也可以直接在文字图层上单击鼠标右键，从弹出的快捷菜单中选择【转换为形状】命令，即可将当前文字层转换为形状层，并且在【路径】面板中，将自动生成一个矢量图形蒙版，转换为形状操作效果如图11.48所示。

> **Tip** 不能基于不包含轮廓数据的字体（如位图字体）创建形状。

图11.48 转换为形状操作效果

Questions 有没有快速将文字转化为形状的方法？

Answered 在【图层】面板中右击文字图层名称，在弹出的快捷菜单中选择【转换为形状】命令，即可将文字图层转换为形状图层。

笔记栏

色彩的调整与校正技术

本章首主要讲解利用直方图分析图像的方法以及调整图层的使用技巧，然后讲解图像色调的调整，图像颜色的校正以及特殊图像颜色的应用，详细讲解了Photoshop CC【图像】|【调整】菜单中各项命令的使用方法。通过本章的学习，读者应该能够认识颜色的基本原理，掌握色彩模式的转换及图像色调和颜色的调整方法与技巧。

Chapter

12

 教学视频

○ 使用【替换颜色】命令替换点心颜色　　　　视频时间：3:32
○ 使用【匹配颜色】命令匹配图像　　　　　　视频时间：3:27
○ 应用【变化】命令快速为图像着色　　　　　视频时间：1:52
○ 利用【渐变映射】命令快速为黑白图像着色　视频时间：1:43
○ 使用【黑白】命令快速将彩色图像变单色　　视频时间：2:53
○ 利用【曝光度】命令调整曝光不足照片　　　视频时间：1:05

　　颜色是设计中的关键元素，本节来详细讲解色彩的原理，色调、色相、饱和度和对比度的概念以及色彩模式。

12.1.1　色彩原理

　　黄色是由红色和绿色构成的，没有用到蓝色，因此，蓝色和黄色便是互补色。绿色的互补色是洋红色，红色的互补色是青色。这就是为什么能看到除红、绿、蓝三色外其他颜色的原因。把光的波长叠加在一起时，会得到更明亮的颜色，所以原色被称为加色。将光的所有颜色都加到一起，就会得到最明亮的光线——白光。因此，当看到1张白纸时，所有的红、绿、蓝波长都会反射到人眼中。当看到黑色时，光的红、绿、蓝波长都完全被物体吸收了，因此就没有任何光线反射到人眼中。

　　在颜色轮中，颜色排列在1个圆中，以显示彼此之间的关系，如图12.1所示。

　　原色沿圆圈排列，彼此之间的距离完全相等。每种次级色都位于两种原色之间。在这种排列方式中，每种颜色都与自己的互补色直接相对，轮中每种颜色都位于产生它的两种颜色之间。

　　通过颜色轮可以看出将黄色和洋红色加在一起便产生红色。因此，如果要从图像中减去红色，只需减少黄色和洋红色的百分比即可。要为图像增加某种颜色，其实是减去它的互补色。例如，要使图像更红一些，实际上是减少青色的百分比。

12.1.2　什么是原色

　　原色，又称为基色，三基色（三原色）是指红（R）、绿（G）、蓝（B）三色，是调配其他色彩的基本色。原色的色纯度最高，最纯净、最鲜艳。可以调配出绝大多数色彩，而其他颜色不能调配出三原色。

　　加色三原色基于加色法原理。人的眼睛是根据所看见的光的波长来识别颜色的。可见光谱中的大部分颜色可以由三种基本色光按不同的比例混合而成，这三种基本色光的颜色就是红（Red）、绿（Green）、蓝（Blue）三原色光。这三种光以相同的比例混合、且达到一定的强度就呈现白色；若三种光的强度均为零，就是黑色，这就是加色法原理。加色法原理被广泛应用于电视机、监视器等主动发光的产品中。其原理如图12.2所示。

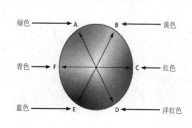

图12.1　色轮的显示

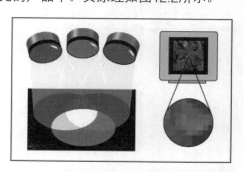

图12.2　RGB色彩模式的色彩构成示意图

减色原色是指一些颜料，当按照不同的组合将这些颜料添加在一起时，可以创建一个色谱。减色原色基于减色法原理。与显示器不同，在打印、印刷、油漆、绘画等靠介质表面的反射被动发光的场合，物体所呈现的颜色是光源中被颜料吸收后所剩余的部分，所以其成色的原理叫做减色法原理。打印机使用减色原色（青色、洋红色、黄色和黑色颜料）并通过减色混合来生成颜色。减色法原理被广泛应用于各种被动发光的场合。在减色法原理中的三原色颜料分别是青（Cyan）、品红（Magenta）和黄（Yellow）。通常所说的CMYK模式就是基于这种原理，其原理如图12.3所示。

12.1.3 色调、色相、饱和度和对比度的概念

在学习使用Photoshop处理图像的过程中，常接触到有关图像的色调、色相（Hue）、饱和度（Saturation）和对比度（Brightness）等基本概念，HSB颜色模型如图12.4所示。下面对它们进行简单介绍。

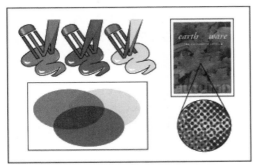

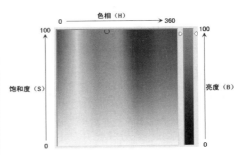

图12.3 CMYK色彩模式的色彩构成示意图　　　　图12.4 HSB颜色模型

1．色调

色调是指图像原色的明暗程度。调整色调就是指调整其明暗程度。色调的范围为0~255，共有256种色调。如图12.5所示的灰度模式，就是将黑色到白色之间连续划分成256个色调，即由黑到灰，再由灰到白。

图12.5 灰度模式

2．色相

色相，即各类色彩的相貌称谓。色相是一种颜色区别于其他颜色最显著的特性，在0~360°的标准色轮上，按位置度量色相。它用于判断颜色是红、绿或其他的色彩感觉。对色相进行调整是指在多种颜色之间变化。

3．饱和度

饱和度是指色彩的强度或纯度，也称为彩度或色度。对色彩的饱和度进行调整也就是调整图像的彩度。饱和度表示色相中灰色分量所占的比例，它使用从 0% （灰色）~100%的百分比来度量，当饱和度降低为0时，则会变成一个灰色图像，增加饱和度会增加其彩

度。在标准色轮上，饱和度从中心到边缘递增。饱和度受到屏幕亮度和对比度的双重影响，一般亮度好对比度高的屏幕可以得到很好的色饱和度。

4．对比度

对比度是指不同颜色之间的差异。调整对比度就是调整颜色之间的差异。提高对比度，则两种颜色之间的差异会变得很明显。通常使用从 0%（黑色）～100%（白色）的百分比来度量。例如，提高一幅灰度图像的对比度，将使其黑白分明，达到一定程度时将成为黑、白两色的图像。

12.1.4　图像色彩模式

在Photoshop中色彩模式用于决定显示和打印图像的颜色模型。Photoshop默认的色彩模式是RGB模式，但用于彩色印刷的图像色彩模式却必须使用CMYK模式。其他色彩模式还包括【位图】、【灰度】、【双色调】、【索引颜色】、【Lab颜色】和【多通道】模式。

图像模式之间可以相互转换，但需要注意的是，如果从色域空间较大的图像模式转换到色域空间较小的图像模式时常常会有一些颜色丢失。色彩模式命令集中于【图像】|【模式】子菜单中，下面分别介绍各色彩模式的特点。

1．位图模式

位图模式的图像也叫做黑白图像或1位图像，其位深度为1，因为它只使用两种颜色值，即黑色和白色来表现图像的轮廓，黑白之间没有灰度过渡色。使用位图模式的图像仅有两种颜色，因此此类图像占用的内存空间也较少。

2．灰度模式

灰度模式的图像是由256种颜色组成，因为每个像素可以用8位或16位来表示，因此色调表现得比较丰富。

将彩色图像转换为灰度模式时，所有的颜色信息都将被删除。虽然Photoshop允许将灰度模式的图像再转换为彩色模式，但原来已丢失的颜色信息不能再返回。因此，在将彩色图像转换为灰度模式之前，可以利用【存储为】命令保存一个备份图像。

> **Tip** 通道可以把图像从任何一种彩色模式转换为灰度模式，也可以把灰度模式转换为任何一种彩色模式。

3．双色调模式

双色调模式是在灰度图像上添加一种或几种彩色的油墨，以达到有色彩的效果，但比起常规的CMYK4色印刷，其成本大大降低。

4．RGB模式

RGB模式是Photoshop默认的色彩模式。这种色彩模式由红（R）、绿（G）和蓝（B）3种颜色的不同颜色值组合而成。

RGB色彩模式使用RGB模型为图像中每一个像素的RGB分量分配一个0~255范围内的强度值。例如：纯红色R值为255，G值为0，B值为0；灰色的R、G、B三个值相等（除了0和255）；白色的R、G、B都为255；黑色的R、G、B都为0。RGB图像只使用三种颜色，就可以使它们按照不同的比例混合，在屏幕上重现16777216种颜色，因此RGB色彩模式下的图像非常鲜艳。

在RGB模式下，每种RGB成分都可使用从0（黑色）～255（白色）的值。例如，亮红色使用 R 值 246、G 值 20 和 B 值 50。 当所有三种成分值相等时，产生灰色阴影。当所有成分的值均为255时，结果是纯白色；当该值为0时，结果是纯黑色。

> **Tip** 由于RGB色彩模式所能够表现的颜色范围非常宽广，因此将此色彩模式的图像转换成为其他包含颜色种类较少的色彩模式时，则有可能丢色或偏色。这也就是为什么RGB色彩模式下的图像在转换成为CMYK并印刷出来后颜色会变暗发灰的原因。所以，对要印刷的图像，必须依照色谱准确地设置其颜色。

5．索引模式

索引模式与RGB和CMYK模式的图像不同，索引模式依据一张颜色索引表控制图像中的颜色，在此色彩模式下图像的颜色种类最高为256，因此图像文件小，只有同条件下RGB模式图像的1/3，从而可以大大减少文件所占的磁盘空间，缩短图像文件在网络上的传输时间，因此被较多地应用于网络中。

但对于大多数图像而言，使用索引色彩模式保存后可以清楚地看到颜色之间过渡的痕迹，因此在索引模式下的图像常有颜色失真的现象。

可以转换为索引模式的图像模式有RGB色彩模式、灰度模式和双色调模式。选择索引颜色命令后，将打开如图12.6所示的【索引颜色】对话框。

> **Tip** 将图像转换为索引颜色模式后，图像中的所有可见图层将被合并，所有隐藏的图层将被扔掉。

【索引颜色】对话框中各选项的含义说明如下：

- 【调板】：在【调板】下拉列表中选择调色板的类型。
- 【颜色】：在【颜色】数值框中输入需要的颜色过渡级，最大为256级。
- 【强制】：在【强制】下拉列表框中选择颜色表中必须包含的颜色，默认状态选择【黑白】选项，也可以根据需要选择其他选项。
- 【透明度】：选择【透明度】复选项转换模式时，将保留图像透明区域，对于半透明的区域以杂色填充。
- 【杂边】：在【杂边】下拉列表框中可以选择杂色。
- 【仿色】：在【仿色】下拉列表中选择仿色的类型，其中包括【扩散】、【图案】和【杂色】3种类型，也可以选择"无"，不使用仿色。使用仿色的优点在于，可以使用颜色表内部的颜色模拟不在颜色表中的颜色。
- 【数量】：如果选择【扩散】选项，可以在【数量】数值框中设置颜色抖动的强度，数值越大，抖动的颜色越多，但图像文件所占的内存也越大。
- 【保留实际颜色】：勾选【保留实际颜色】复选框，可以防止抖动颜色表中的颜色。

对于任何一个索引模式的图像，执行菜单栏中的【图像】|【模式】|【颜色表】命令，在打开如图12.7所示的【颜色表】对话框中应用系统自带的颜色排列或自定义颜色，如图所示。在【颜色表】下拉列表中包含有【自定】、【黑体】、【灰度】、【色谱】、【系统（Mac OS）】和【系统（Windows）】6个选项，除【自定】选项外，其他每一个选项都有相应的颜色排列效果。选择【自定】选项，颜色表中显示为当前图像的256种颜色。单击一个色块，在弹出的拾色器中选择另一种颜色，以改变此色块的颜色，在图像中此色块所对应的颜色也将被改变。

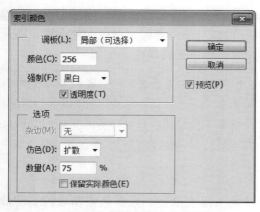

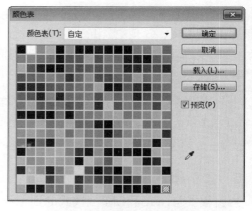

图12.6 【索引颜色】对话框　　　　　　图12.7 【颜色表】对话框

将图像转换为索引模式后，对于被转换前颜色值多于256种的图像，会丢失许多颜色信息。虽然还可以从索引模式转换为RGB、CMYK的模式，但Photoshop无法找回丢失的颜色，所以在转换之前应该备份原始文件。

> **Tip** 转换为索引模式后，Photoshop的滤镜及一些命令就不能使用，因此，在转换前必须做好相应的操作。

6. CMYK模式

CMYK模式是标准的用于工业印刷的色彩模式，即基于油墨的光吸收/反射特性，眼睛看到的颜色实际上是物体吸收白光中特定频率的光而反射其余的光的颜色。如果要将RGB等其他色彩模式的图像输出并进行彩色印刷，必须要将其模式转换为CMYK色彩模式。

CMYK色彩模式的图像由4种颜色组成，青（C）、洋红（M）、黄（Y）和黑（K），每一种颜色对应于一个通道及用来生成4色分离的原色。根据这4个通道，输出中心制作出青色、洋红色、黄色和黑色4张胶版。每种 CMYK四色油墨可使用从0～100%的值。为最亮颜色指定的印刷色油墨颜色百分比较低，而为较暗颜色指定的百分比较高。例如，亮红色可能包含2%青色、93%洋红、90%黄色和 0%黑色。在印刷图像时将每张胶版中的彩色油墨组合起来以产生各种颜色，

7. Lab色彩模式

Lab色彩模式是Photoshop在不同色彩模式之间转换时使用的内部安全格式。它的色域能包含RGB色彩模式和CMYK色彩模式的色域。因此，要将RGB模式的图像转换成CMYK模式的图像时，Photoshop CC会先将RGB模式转换成Lab模式，然后由Lab模式转换成CMYK模式，只不过这一操作是在内部进行而已。

8. 多通道模式

在多通道模式中，每个通道都合用256灰度级存放着图像中颜色元素的信息。该模式多用于特定的打印或输出。当将图像转换为多通道模式时，可以使用下列原则：原始图像中的颜色通道在转换后的图像中变为专色通道；通过将 CMYK 图像转换为多通道模式，可以创建青色、洋红、黄色和黑色专色通道；通过将 RGB 图像转换为多通道模式，可以创建青色、洋红和黄色专色通道；通过从 RGB、CMYK 或 Lab 图像中删除一个通道，可以自动将图像转换为多通道模式；若要输出多通道图像，请以 Photoshop DCS 2.0 格式存储图像；

对有特殊打印要求的图像非常有用。例如，如果图像中只使用了一两种或两三种颜色时，使用多通道颜色模式可以减少印刷成本。

Questions 是不是要制作印刷品就要设置为CMYK模式？

Answered 不是，在Photoshop中，有些滤镜和效果在CMYK模式中是不能使用的，所以新建时不需要创建为CMYK模式，只是在输出印刷时，要将图像转化为CMYK模式。

Tip 索引颜色和32位图像无法转换为多通道模式。

Section 12.2 图像颜色模式转换

针对图像不同的制作目的，时常需要在各种颜色模式之间进行转换，在Photoshop中转换颜色模式的操作方法很简单，下面来详细讲解。

12.2.1 转换其他色彩模式

在打开或制作图像过程中，可以随时将原来的模式转换为另一种模式。当转换为另一种颜色模式时，将永久更改图像中的颜色值。在转换图像之前，最好执行下列操作：

● 建议尽量在原图像模式下编辑制作，没有特别情况不转换模式。
● 如果需要转换为其他模式，在转换前可以提前保存一个副本文件，以便出现错误时丢失原始文件。
● 在执行模式转换前拼合图层。因为当模式更改时，图层的混合模式也会更改。

要进行图像模式的转换，执行菜单栏中的【图像】|【模式】，然后从子菜单中选取所需的模式。不可用于现用图像的模式在菜单中呈灰色。图像在转换为多通道、位图或索引颜色模式时应进行拼合，因为这些模式不支持图层。

12.2.2 转换为位图模式的方法

如果要将一幅彩色的图像转换为位图模式，应该先执行菜单栏中的【图像】|【模式】|【灰度】命令，然后再执行菜单栏中的【图像】|【模式】|【位图】命令；如果该图像已经是灰度，则可以直接执行菜单栏中的【图像】|【模式】|【位图】命令，在打开如图12.8所示的【位图】对话框中，设置转换模式时的分辨率及转换方式。

【位图】对话框中各选项的含义如下：

● 【输入】：在【输入】右侧显示图像原来的分辨率.
● 【输出】：在【输出】数值框中可以输入

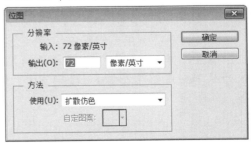

图12.8 【位图】对话框

转换生成的位图模式的图像分辨率，输入的数值大于原数值则可以得到一张较大的图像，反之得到比图像小的图像。

- 【使用】：在【使用】下拉列表中可以选择转换为位图模式的方式，每一种方式得到的效果各不相同。【50%阈值】选项最常用，选择此选项后，Photoshop将具有256级灰度值的图像中高于灰度值128的部分转换为白色，将低于灰度值128的部分转换为黑色，此时得到的位图模式的图像轮廓黑白分明；选择【图案仿色】选项转换时，系统通过叠加的几何图形来表示图像轮廓，使图像具有明显的立体感；选择【扩散仿色】选项转换时，根据图像的色值平均分布图像的黑白色；选择【半调网屏】选项转换时，将打开【半调网屏】对话框，其中以半色调的网点产生图像的黑白区域；选择【自定图案】选项，并在下面的【自定图案】下拉列表中选择一种图案，以图案的色值来分配图像的黑白区域，并叠加图案的形状。转换为位图模式的图像可以再次转换为灰度，但是图像的轮廓仍然只有黑、白两种色值。原图与5种不同方法转换位图的效果如图12.9所示。

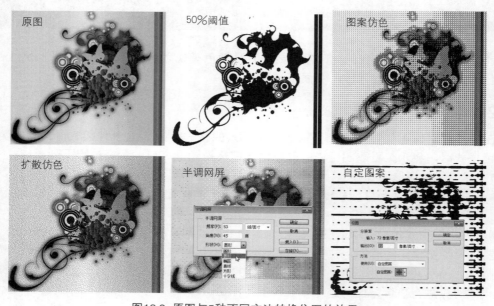

图12.9 原图与5种不同方法转换位图的效果

Tip 将图像转换为位置模式之前，必须先将图像转换为灰度模式。

12.2.3 转换为双色调模式的方法

要得到双色调模式的图像，应该先将其他模式的图像转换为灰度模式，然后执行菜单栏中的【图像】|【模式】|【双色调】命令；如果该图像本身就是灰度模式，则可以直接执行菜单栏中的【图像】|【模式】|【双色调】命令，此时将打开【双色调选项】对话框，如图12.10所示。

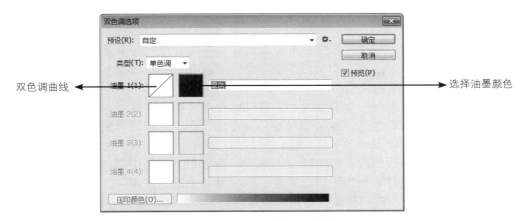

图12.10 【双色调选项】对话框

【双色调选项】对话框中各选项的含义如下：

- 【类型】：设置色调的类型。从右侧的下拉列表中可以选择一种色调的类型，包括【单色调】、【双色调】、【三色调】和【四色调】4种类型。选择【单色调】选项，将只有【油墨1】被激活，此选项生成仅有一种颜色的图像；选择【双色调】选项，则激活【油墨1】和【油墨2】两个选项，此时可以同时设置两种图像色彩，生成双色调图像；选择【三色调】选项，激活3个油墨选项，生成具有3种颜色的图像；选择【四色调】选项，激活4个油墨选项，可以生成具有4种颜色的图像。
- 【双色调曲线】：单击该区域，将打开【双色调曲线】对话框，可以编辑曲线以设置所定义的油墨在图像中的分布。
- 【选择油墨颜色】：单击该色块，将打开【选择油墨颜色】对话框，即拾色器对话框，设置当前油墨的颜色。

彩色图像转换为双色调模式前后效果对比如图12.11所示。

图12.11 双色调模式转换前后效果对比

Section 12.3 直方图和调整面板

　　【直方图】面板是查看图像色彩的关键，利用该面板可以查看图像的阴影、高光和色彩等信息，在色彩调整中占有相当重要的位置。

12.3.1 关于直方图

直方图用图形表示图像的每个亮度级别的像素数量，显示像素在图像中的分布情况。在直方图的左侧部分显示直方图阴影中的细节区域，在中间部分显示中间调区域，在右侧显示较亮的区域或叫高光区域。

直方图可以帮助确定某个图像的色调范围或图像基本色调类型。如果直方图大部分集中在右边，图像就可能太亮，这种情况常称为高色调图像，即日常所说的曝光过度；如果直方图大部分在左边，图像就可能太暗，这种情况常称为低色调图像，即日常所说的曝光不足；平均色调整图像的细节集中在中间是由于填充了太多的中间色调值，因此很可能缺乏鲜明的对比度；色彩平衡的图像在所有区域中都有大量的像素，这种情况常称为正常色调图像。识别色调范围有助于确定相应的色调校正。不同图像的直方图表现效果如图12.12所示。

正常曝光图像　　　　　　　曝光不足　　　　　　　曝光过度

图12.12 不同图像的直方图表现效果

12.3.2 直方图面板

直方图描绘了图像中灰度色调的份额，并提供了图像色调范围的直观图。执行菜单栏中的【窗口】|【直方图】命令，打开【直方图】面板，默认情况下。【直方图】面板将以【紧凑视图】形式打开，并且没有控件或统计数据，可以通过【直方图】面板菜单来切换视图，如图12.13所示为扩散视图的【直方图】面板效果。

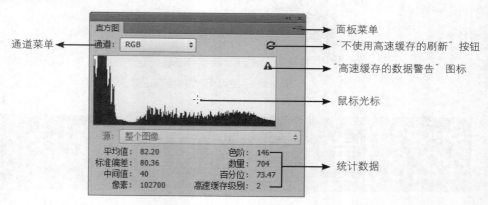

图12.13 扩散视图的【直方图】面板

1. 更改直方图面板的视图

要想更改【直方图】面板的视图模式，可以从面板菜单中选择一种视图，共包括3种视图模式，3种视图模式显示效果如图12.14所示。

- 【紧凑视图】：显示不带控件或统计数据的直方图，该直方图代表整个图像。
- 【扩展视图】：可显示带有统计数据的直方图。还可以同时显示用于选择由直方图表示的通道的控件、查看【直方图】面板中的选项、刷新直方图以显示未高速缓存的数据以及在多图层文档中选择特定图层。
- 【全部通道视图】：除了【扩展视图】所显示的所有选项外，还显示各个通道的单个直方图。需要注意的是单个直方图不包括 Alpha 通道、专色通道或蒙版。

紧凑视图

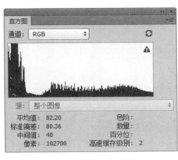
扩展视图

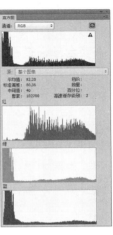
全部通道视图

图12.14　3种视图模式显示效果

2. 查看直方图中的特定通道

如果在面板菜单中选择【扩展视图】或【全部通道视图】模式，则可以从【直方图】面板的【通道】菜单中指定一个通道。而且当从【扩展视图】或【全部通道视图】切换回【紧凑视图】模式时Photoshop 会记住通道设置。RGB模式【通道】菜单如图12.15所示。

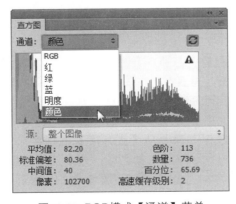

图12.15　RGB模式【通道】菜单

- 选择单个通道可显示通道（包括颜色通道、Alpha 通道和专色通道）的直方图。

- 根据图像的颜色模式，选择R、G、B，或C、M、Y、K，也可以选择复合通道如RGB或CMYK，以查看所有通道的复合直方图。
- 如果图像处于 RGB 或 CMYK 模式，选择【明度】可显示一个直方图，该图表示复合通道的亮度或强度值。
- 如果图像处于 RGB 或 CMYK 模式，选择【颜色】可显示颜色中单个颜色通道的复合直方图。当第一次选择【扩展视图】或【所有通道视图】时，此选项是 RGB 和 CMYK 图像的默认视图。
- 在【全部通道】视图中，如果从【通道】菜单中进行选择，则只会影响面板中最上面的直方图。

3. 用原色显示通道直方图

如果想从【直方图】面板中用原色显示通道，可以进行以下任何一种操作：
- 在【全部通道视图】中，从【面板】菜单中选择【用原色显示通道】。
- 在【扩展视图】或【全部通道视图】中，从【通道】菜单中选择某个单独的通道，然后从【面板】菜单中选择【用原色显示通道】。如果切换到【紧凑视图】，通道将继续用原色显示。
- 在【扩展视图】或【全部通道视图】中，从【通道】菜单中选择【颜色】可显示颜色中通道的复合直方图。如果切换到【紧凑视图】，复合直方图将继续用原色显示。用原色显示绿通道的前后效果对比如图12.16所示，

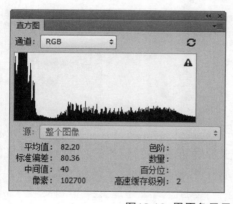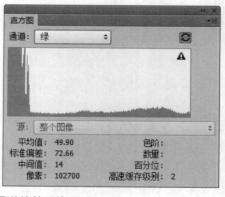

图12.16 用原色显示绿通道的前后效果对比

4. 查看直方图统计数据

【直方图】面板显示了图像中与色调范围内所有可能灰度值相关的像素数曲线。水平（X）轴代表0~255的灰度值，垂直（Y）轴代表每一色调或颜色的像素数。X轴下面的渐变条显示了从黑色到白色的实际灰度色阶。每条垂直线的高亮部分代表了X轴上每一色调所含像素的数目，线越高，图像中该灰度级别的像素越多。

要想查看直方图的统计数据，需要从【直方图】面板菜单中选择【显示统计数据】命令，在【直方图】面板下方将显示统计数据区域。如果想查看数据请执行以下操作之一：
- 将光标放置在直方图中，可以查看特定像素值的信息。在直方图中移动鼠标时，光标变成一个十字光标。在直方图上移动十字光标时，直方图色阶、数量、百分位值都会随之改变。
- 在直方图中拖动突出显示该区域，可以要查看一定范围内的值的信息。

【直方图】面板统计数据显示信息含义如下：

- 【平均值】：代表了平均亮度。
- 【标准偏差】：代表图像中亮度值的偏差变化范围。
- 【中间值】：代表图像中的中间亮度值。
- 【像素】：代表整个图像或选区中像素的总数。
- 【色阶】：代表直方图中十字光标所在位置的灰度色阶，最暗的色阶（黑色）是0，最亮的色阶（白色）是255。
- 【数量】：代表直方图中十字光标所在位置处的像素总数。
- 【百分位】：代表十字光标位置在X轴上所占的百分数，从最左侧的 0% 到最右侧的 100%。
- 【高速缓存级别】：代表显示当前图像所用的高速缓存值。当高速缓存级别大于 1 时，会快速显示直方图。如果执行菜单栏中的【编辑】|【首选项】|【性能】命令，打开【首先项】|【性能】对话框，在【高速缓存级别】选项中可以设置调整缓存的级别。设置的级别越多则速度越快，选择的调整缓存级别越少则品质越高。

> **Tip** 在校正过程中调整图像后，应定期返回直方图，取得所作的改变如何影响色调范围的直观感受。

5. 查看分层文档的直方图

直方图不但可以查看单层图像，还可以查看分层图像，并可以查看指定的图层直方图统计数据，具体操作如下：

（1）从【直方图】面板菜单中选择【扩展视图】命令。

（2）从【源】菜单中指定一个图层或设置。【源】菜单效果如图12.17所示。

> **Tip** 【源】菜单对于单层文档是不可用的。

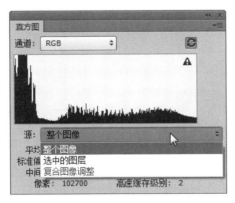

图12.17 【源】菜单

- 【整个图像】：显示包含所有图层的整个图像的直方图。
- 【选中的图层】：显示在【图层】面板中选择的图层的直方图。
- 【复合图像调整】：显示在【图层】面板中选定的调整图层，包括调整图层下面的所有图层的直方图。

预览直方图调整：

通过【直方图】面板可以预览任何颜色或色彩校正对直方图所产生的影响。在调整时只需要在使用的对话框中勾选【预览】复选框。比如使用【色阶】命令调整图像时【直方图】面板的显示效果如图12.18所示。

Tip 使用【调整】面板进行色彩校正时，所进行的更改会自动反映在【直方图】面板中。

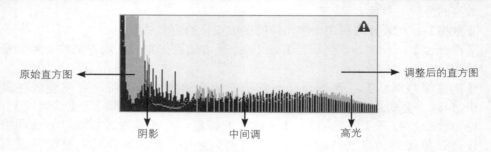

图12.18 调整时直方图变化效果

12.3.3 调整面板

【调整】面板主要用于调整颜色和色调，可以随时修改调整参数。

Photoshop为用户提供了一系列调整命令，色阶、曲线、曝光度、色相/饱和度、黑白、通道混合器以及可选颜色。执行菜单栏中的【窗口】|【调整】命令，打开【调整】面板，如图12.19所示。

在打开的【调整】面板中选择一项命令，如选择色相/饱和度命令，会弹出【属性】面板。也可以执行菜单栏中的【窗口】|【属性】命令，即可打开【属性】面板。如图12.20所示。

1.【属性】面板按钮使用

图12.19 【调整】面板　　图12.20【属性】|【色相/饱和度】面板

- 【剪贴蒙版】：为图层建立剪贴蒙版。单击该按钮，图标将变成，则不创建剪贴蒙版。
- 【按此按钮可查看上一状态】：按该按钮，可以查看调整设置的上一次显示效果。如果想长时间查看可按住该按钮。
- 【复位到调整默认值】：单击此按钮，可以将调整参数恢复到初始设置。

- 【切换图层可见性】👁：用来控制当前调整图层的显示与隐藏。单击该按钮，图标将变成👁状，表示隐藏当前调整图层；再次单击图标将恢复成👁状，表示显示当前调整图层。
- 【删除此调整图层】🗑：单击该按钮，可删除当前调整图层。

2. 使用调整面板存储和应用预设

【调整】面板具有一系列用于常规颜色和色调调整的预设。另外，可以存储和应用有关色阶、曲线、曝光度、色相/ 饱和度、黑白、通道混合器以及可选颜色的预设。存储预设命令后，它将被添加到预设命令列表。

- 要将【调整】面板中的调整设置存储为预设命令，选择【调整】面板中的命令图标，打开【属性】面板菜单选择【存储…】命令。
- 要应用【调整】面板中的调整预设命令，选择【调整】面板中的命令图标，打开【属性】面板菜单选择【载入…】命令，然后在打开的储存文件夹中单击选择某个需要的预设命令即可。

Section 12.4　调整图像色调

调整色调时，通常必须增加亮度和对比度。有时需要扩大图像的色调范围，即从图像最亮点到最暗点之间的色调范围。

要改变图像中的最暗、最亮以及中间色调区域，可执行菜单栏中的【图像】|【调整】子菜单中的【色阶】、【曲线】或【阴影与高光】命令，具体选择哪一条命令调整图像的这些元素，通常取决于图像本身和使用这些工具的熟练程度。有时可能需要多个命令来完成这些操作。

12.4.1　色阶命令

利用【色阶】命令，可以通过拖动滑块来增强或削弱阴影区、中间色调区和高亮度区。在色阶对话框中可以输入特定的值，在调整色调时它允许读取信息面板的读数。信息面板根据以前和以后的设置来显示这些读数。

Questions　【色阶】命令用来调整图像的哪一方面？

**Answered　**【色阶】命令用来调整图像的明、暗色调分部情况。

执行菜单栏中的【图像】|【调整】|【色阶】命令，【色阶】对话框就会显示图像或选区的直方图。在直方图的下面，沿着底部的轴向的是【输入色阶】滑块，它允许调整阴影区、中间色调区和高亮度区，增加对比度。右边的白色滑块主要用来调整图像的高亮度值。移动白色滑块时，对话框顶部的【输入色阶】区域右边会显示相应的值0（黑色）~255（白色）。利用【色阶】命令调整图像的前后效果如图12.21所示。

 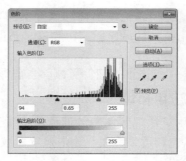 

图12.21 利用【色阶】命令调整图像的前后效果

Questions 在调整过程中，如何将调整的参数快速复位？

Answered 如果在测试过程中滑块移动得太多，并且对结果不太满意，可按住【Alt】键，此时的【取消】按钮就变为【复位】按钮，单击【复位】按钮，可以将参数复位，以重新设置图像。

Skill 按【Ctrl+L】键可以快速打开【色阶】对话框。

【色阶】对话框中各选项的含义说明如下：

● 【预设】：可以从中选择一些默认的色阶设置效果。

● 【通道】：指定要进行色调调整的通道。默认情况下为该图像的复合通道，也可以从下拉列表中，选择一个单一通道，只调整某个通道。在使用【色阶】命令前，按住【Shift】键在【通道】面板中选择多个通道，然后执行菜单栏中的【图像】|【调整】|【色阶】命令，可以同时调整【通道】面板中选择的所有通道。

● 【输入色阶】：在【输入色阶】下部有3个按钮并对应3个文本框，分别对应通道的暗调、中间调和高光。拖动左侧的滑块或在左侧的文本框中输入0～253之间的数值可以控制图像的暗部色调；拖动中间的滑块或在中间的文本框中输入0.10～9.99之间的数值可以控制图像中间的色调；拖动右侧的滑块或在右侧的文本框中输入2～255之间的数值可以控制图像亮部色调。缩小输入色阶可以扩大图像的色调范围，提高图像的对比度。

● 【输出色阶】：【输出色阶】滑块可减少图像中的白色或黑色，从而降低对比度。向右移动黑色滑块，可以减少图像中的阴影区，从而加亮图像；向左移动白色滑块，可以减少高亮度区，从而加暗图像。当加亮或加暗图像时，Photoshop就根据新的【输出色阶】值重新映射像素。

● 【自动】：单击该按钮，Photoshop 将以默认的自动校正选项对图像进行调整。

● 【吸管】：在【色阶】对话框中有3个吸管，分别为【设置黑场】 、【设置灰场】 和【设置白场】 。选择任何一个吸管，将鼠标光标移到文档窗口中，鼠标光标变成相应的吸管形状，单击即可进行色调调整。用【黑色吸管】在图像中单击，图像中所有像素的亮度值将减去吸管单击处的像素亮度值，从而使图像变暗；【白色吸管】与黑色吸管相反，Photoshop将所有像素的亮度值加上吸管单击处的像素的亮度值，从而提高图像的亮度；【灰色吸管】所点中的像素的亮度值用来调整图像的色调分布。

12.4.2 自动色调命令

【自动色调】和【色阶】命令一样，也是对图像中不正常的阴影、中间色调和高光区进行处理，不过【自动色调】命令没有相关的参数调节，该命令自动获取最亮和最暗的像素，并将其改变为白色和黑色，然后按照比例自动分配中间的像素值。当对图像要求不高时，可使用该命令对图像进行色调调整。在默认情况下，【自动色调】会剪切白色和黑色像素的0.5%来忽略一些极端的像素。特别是在处理像素值平均分布的图像需要简单的对比度调节时或图像有总体色偏时，使用【自动色调】命令可以得到较好的效果。

选择要进行【自动色调】处理的图像后，执行菜单栏中的【图像】|【自动色调】命令，即可对图像应用该命令，使用【自动色调】命令改变图像亮度的百分比，是以最近使用【色阶】对话框时的设置为基准的。调整图像自动色调的前后效果对比如图12.22所示。

Skill 按【Shift＋Ctrl＋L】键可以快速应用【自动色调】命令。

图12.22 调整图像自动色调的前后效果对比

12.4.3 自动对比度命令

【自动对比度】主要调节图像像素间的对比程度，它不调整个别颜色通道，只自动调整图像中颜色的整个对比度和混合程度，它将图像中的高光区和阴影区映射为白色和黑色，使高光更加明亮，阴影更加暗淡，以提高整个图像的清晰程度。在默认情况下，【自动对比度】也会剪切白色和黑色像素的0.5%来忽略一些极端的像素。

选择要进行自动对比度调节的图像后，执行菜单栏中的【图像】|【自动对比度】命令，即可对图像应用该命令，图像自动对比度调整前后效果对比如图12.23所示。

Skill 按【Alt＋Shift＋Ctrl＋L】键可以快速应用【自动对比度】命令。

图12.23 图像自动对比度调整前后效果对比

12.4.4 自动颜色命令

【自动颜色】命令用于调整图像的对比度和色调，它搜索实际图像而不是某一通道的阴影、半色调和高光区。它可以对一部分高光和阴影区域进行亮度的合并，将处在128级亮度的颜色纠正为128级灰色，并可以剪切白色和黑色中的极端像素，所以它在修正时可能会发生偏色现象。

选择要进行【自动颜色】处理的图像，然后执行菜单栏中的【图像】|【自动颜色】命令，即可对图像应用该命令，图像自动颜色前后效果对比如图12.24所示。

Skill 按【Shift＋Ctrl＋B】键可以快速应用【自动颜色】命令。

图12.24 图像自动颜色前后效果对比

12.4.5 曲线命令

【曲线】命令是使用率非常高的色调控制命令，它的功能和【色阶】相同，只不过它比【色阶】命令有更多的选项设置，用曲线调整明暗度，不但可以调整图像整体的色调，还可以精确地控制多个色调区域的明暗度。执行菜单栏中的【图像】|【调整】|【曲线】命令，可以打开【曲线】对话框。

【曲线】对话框是独一无二的，因为它能根据曲线的色调范围精确地定出图像中的任何区域。当将鼠标光标定位在图像的某部分上并单击鼠标后，曲线上就出现一个圆，它显示了图像像素标定的位置。调整出现白色圆圈的点，就可编辑与曲线上的点相对应的所有图像区域，如图12.25所示。

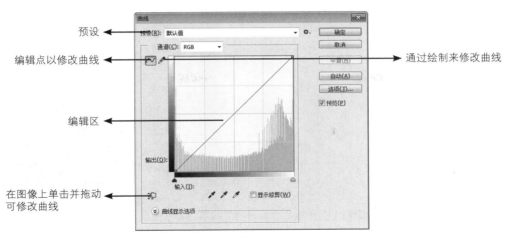

预设

编辑点以修改曲线 ← 通过绘制来修改曲线

编辑区

在图像上单击并拖动
可修改曲线

图12.25 【曲线】对话框

Questions 【曲线】对话框中曲线编辑区的栅格化单元大小改变?

Answered 按住【Alt】键并单击曲线的白色区域,可以使栅格单元大小变为原来的四分之一。

Skill 按【Ctrl +M】键可以快速打开【曲线】对话框。

【曲线】对话框中各选项的含义如下:

- 【预设】:在右侧的下拉列表中,可以选择一种预设的曲线调整效果。
- 【编辑点以修改曲线】:单击该按钮,激活曲线编辑状态。在编辑区中的曲线上单击可以创建一个点,拖动这个点可以调图像中该点范围内的亮度值。如果想在图像中确定点,可以在按住【Ctrl】键的同时,在文档窗口中的图像上单击鼠标,即可在【曲线】对话框中的曲线上,自动创建一个与之对应的编辑点。

Skill 按住【Shift】键,可以选择多个点;按住【Ctrl】键或者使用鼠标将曲线上的某个点拖到编辑区外,可以删除该点。

- 【通过绘制来修改曲线】:单击该按钮,可以在编辑区中按住鼠标拖动,自由绘制曲线以调整图像。
- 【在图像上单击并拖动可修改曲线】:单击该按钮,可以在图像上的任意位置单击并拖动,自由调整图像的曲线效果。

因为曲线允许改变图像的色调范围,所以,单击并拖动曲线图中对角线的下半部分可以调整高亮区,单击并拖动对角线的上半部分可以调整阴影区,单击并拖动对角线的中间部分可以调整中间色调区。曲线命令调整图像的前后效果对比如图12.26所示。

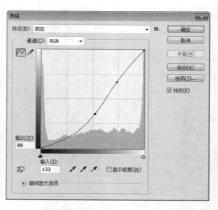

图12.26 曲线命令调整图像的前后效果对比

Answered 在输入色阶通过设置暗调、中间调和高光的色调来调整图像的色调和对比度。其中暗调值（第一个文本框）越大，图像越暗；高光的色调值（第三个文本框）越小，图像越亮；中间调值（第二个文本框）在0.10～9.99之间，比1小时增加对比度，比1大时减小对比度。例如，将第一个文本框设为20，表示色调值为20的像素为最暗，则原图像中色调值在0～20范围内的像素都会变为黑色，图像也由此变暗；将第三个文本框设为235，表示色调值为235的像素为最亮，则原图像中色调值在235～255范围内的像素都会变为白色，图像也由此变亮；在第二个文本框内输入比1小的数，会缩小中间调的范围，这样会增大图像的对比度，图像的细节也会减少，输入比1大的数，会扩大中间调的范围，这样会减小图像的对比度，产生较多的细节。

输出色阶则正好相反。例如，将第一个文本框值设为20，则表示输出图像中色调值为20的像素的暗度为最低暗度，所以图像将会变亮；将第二个文本框值设为235，则表示输出图像中色调值为235的像素的亮度为最高亮度，所以图像将会变暗。

12.4.6 亮度/对比度命令

【亮度/对比度】命令主要用于调节图像的亮度和对比度。它对图像中的每个像素都进行相同的调整。与【曲线】和【色阶】命令不同，该命令只能对图像进行整体调整，对单个通道不起作用。

Answered 对比度就是图像颜色的对比程度。对比度较大，图像颜色边界越明显。

执行菜单栏中的【图像】|【调整】|【亮度/对比度】命令，将打开【亮度/对比度】对话框。在该对话框中，可设置图像的亮度和对比度。应用【亮度/对比度】命令调整图像的前后效果对比如图12.27所示。

图12.27 应用【亮度/对比度】命令调整图像的前后效果对比

- 【亮度】：拖动滑块或者在右侧的文本框中输入数值，可以调整图像的亮度，取值范围为-100～100。当值为0时，图像亮度不发生变化。当值为负值时，图像的亮度下降；反之，当亮度的数值为正值时，则图像的亮度增加。

- 【对比度】：拖动滑块或者在右侧的文本框中输入数值，可以调整图像的对比度，取值范围为-100～100。当值为0时，图像对比度不发生变化。当对比度为负值时，图像的对比度下降；当对比度的数值为正值时，则图像的对比度增加。

12.4.7 阴影/高光命令

【阴影/高光】命令适合纠正严重逆光但具有轮廓的图片，以及纠正因为离相机闪光较近导致有些褪色（苍白）的图片。该命令也应用于使阴影局部发亮，但不能调整图像的高光和黑暗，它仅照亮或变暗图像中黑暗和高光的周围像素（邻近的局部），使用户可以分开来控制阴影和高光。

选择要应用该命令的图像，然后执行菜单栏中的【图像】|【调整】|【阴影/高光】命令，打开【阴影/高光】对话框。应用【阴影/高光】命令调整图像的前后效果对比如图12.28所示。

图12.28 应用【阴影/高光】命令调整图像的前后效果对比

- 【阴影】：用来调整图像中暗调区域。通过修改【数量】、【色调宽度】和【半径】这3个选项的参数，可以将图像暗部区域的明度提高且不会影响图像中高光区域的亮度。

- 【高光】：用来调整图像中高光区域。通过修改【数量】、【色调宽度】和【半径】这3个选项的参数，可以将图像高光区域的明度降低且不会影响图像中暗部区域的明暗度。

- 【调整】：用来设置图像中间色调区域，可以对图像的色彩进行校正，并且可以调整图像中间调的对比度。

12.4.8 HDR色调命令

HDR的全称是High Dynamic Range，即高动态范围。动态范围是指信号最高和最低值的相对比值。目前的16位整型格式使用从0（黑）～1（白）的颜色值，但是不允许所谓的"过范围"值，比如说金属表面比白色还要白的高光处的颜色值。

HDR色调调整主要针对32位的HDR图像，但是也可以将其应用于16位和8位图像以创建类似HDR的效果。简单来说，HDR效果主要有三个特点：亮的地方可以非常亮；暗的地方可以非常暗；亮暗部的细节非常明显。应用【HDR色调】命令调整图像的前后效果对比如图12.29所示。

图12.29 应用【HDR色调】命令调整图像的前后效果对比

- 【局部适应】：通过调整图像中的局部亮度区域来调整HDR色调。
- 【边缘光】：【半径】指定局部亮度区域的大小。【强度】指定两个像素的色调值相差多大时，它们属于不同的亮度区域。
- 【色调和细节】：【灰度系数】设置为1.0时动态范围最大；较低的设置会加重中间调，而较高的设置会加重高光和阴影。【曝光度】值反映光圈大小。拖动【细节】滑块可以调整锐化程度，拖动【阴影】和【高光】滑块可以使这些区域变亮或变暗。
- 【颜色】：【自然饱和度】可调整细微颜色强度，同时尽量不剪切高度饱和的颜色。【饱和度】调整从-100（单色）到+100（双饱和度）的所有颜色的强度。
- 色调曲线在直方图上显示一条可调整的曲线，从而显示原始的32位HDR图像中的明亮度值。横轴的红色刻度线以一个EV（约为一级光圈）为增量。
- 【色调均化直方图】：在压缩HDR图像动态范围的同时，尝试保留一部分对比度。无须进一步调整；此方法会自动进行调整。
- 【曝光度和灰度系数】：允许手动调整HDR图像的亮度和对比度。移动【曝光度】滑块可以调整增益，移动【灰度系数】滑块可以调整对比度。
- 【高光压缩】：HDR图像中的高光值，使其位于8位/通道或16位/通道的图像文件的亮度值范围内，无须进一步调整，此方法会自动进行调整。

图像颜色的校正主要包括色彩平衡、色相/饱和度、替换颜色、匹配颜色、可选颜色和通道混合器的调整，下面来详细讲解这些命令的使用。

颜色校正包括改变图像的色相、饱和度、阴影、中间色调或高亮区，使最终的输出结果尽可能达到令人满意的效果。颜色校正经常需要补偿颜色品质的损失，颜色校正在确保图像的颜色与原来的颜色相符方面非常重要，并且事实上可能产生一个超过原色的改进颜色。颜色校正和修描还需要一些经过实践练出的艺术技巧。

12.5.1 色彩平衡命令

色彩平衡命令允许在图像中混合各种颜色，以增加颜色均衡效果。执行菜单栏中的【图像】|【调整】|【色彩平衡】命令，就会打开【色彩平衡】对话框。

如果将滑块向右移动，将为图像添加该滑块对应的颜色。将滑块向左移动，可为图像添加该滑块对应的补色。

单击并拖动滑块，可在每一种RGB颜色范围中移动，也可移动到它的CMYK补色的范围中。RGB值从0到100，CMYK值将以负值从0变到-100。应用【色彩平衡】命令调整图像的前后效果对比如图12.30所示。

> **Skill** 按【Ctrl + B】键可以快速打开【色彩平衡】对话框。

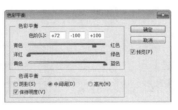

图12.30 应用【色彩平衡】命令调整图像的前后效果对比

- 青色—红色：第1个滑杆的范围是从【青色】到【红色】。
- 洋红—绿色：第2个滑杆的范围是从【洋红】到【绿色】。
- 黄色—蓝色：第3个滑杆的范围是从【黄色】到【蓝色】。
- 【保持明度】：在调整颜色均衡时，可以使【保持明度】复选框保持为选中状态，以确保亮度值不变。

12.5.2 色相/饱和度命令

【色相/饱和度】命令主要用于改变像素的色相及饱和度，而且它还可以通过给像素指定新的色相和饱和度，从而为灰度图像添加色彩。执行菜单栏中的【图像】|【调整】|

【色相/饱和度】命令，打开【色相/饱和度】对话框，可以改变特定颜色的色相、饱和度或亮度值。应用【色相/饱和度】命令调整图像的前后效果对比如图12.31所示。

Questions **饱和度是什么意思?**

Answered 饱和度是指色彩的鲜艳程度，也称色彩的纯度。饱和度取决于该色中含色成分和消色成分（灰色）的比例。含色成分越大，饱和度越大；消色成分越大，饱和度越小。

Skill 按【Ctrl＋U】键可以快速打开【色相/饱和度】对话框。

图12.31 应用【色相/饱和度】命令调整图像的前后效果对比

- 【预设】：可以从中选择一些默认的色相/饱和度设置效果。
- 【编辑】：在编辑的下拉列表框中可以选择校正的颜色，可以选择【红色】、【黄色】、【绿色】、【青色】、【蓝色】或【洋红色】。如果要编辑所有的颜色，可选择【编辑】下拉列表中的【全图】。
- 【色相】：要调整色相，只需拖动【色相】滑块。向右拖动可模拟在颜色轮上顺时针旋转，向左拖动可模拟在颜色轮上逆时针旋转。
- 【饱和度】：要增大饱和度，可向右拖动"饱和度"滑块，而向左拖动会降低饱和度。
- 【明度】：要增加亮度，可向右拖动【明度】滑块；要减小亮度，可向左拖动【明度】滑块。
- 【吸管】：只要选择了一种颜色，对话框中的【吸管工具】 按钮就会被激活。可用【吸管工具】单击屏幕上的区域以设置要校正的特定区域。如果要扩大该区域，可单击【添加到取样】 按钮并单击取样；如果要缩小该区域，可单击【从取样中减去】按钮 并单击取样。
- 【着色】：勾选该复选框，可以为一幅灰色或黑白的图像添加彩色，变成一幅单一色彩的图像。也可以将一幅彩色图像，转换为单一色彩的图像。

色相/饱和度颜色条应用：

在【色相/饱和度】对话框中拖动滑块时，应注意到变化的范围受显示在两个颜色条之间灰色调整滑块的限制。允许的变化百分数显示在滑块的上方。调整滑块可控制变化的范围和速度（变化的快慢）。调整滑块的中间（暗区）是受调整影响的颜色范围。左边较亮的区域和较暗部分的右边表示变化的速度。下面是调整滑块的4种方式：

- 要选择图像中需调整的另一种颜色区域，可单击并拖动灰色滑块的中间。
- 要调整颜色校正的范围和速度，可单击白色条并左右拖动。
- 要调整颜色校正的范围，但不调整其速度，可单击并拖动颜色条中较亮的区域。
- 要调整颜色校正的速度，而不调整其范围，可单击并拖动一个白色三角形。

12.5.3 使用【替换颜色】命令替换点心颜色

　　【替换颜色】命令可在特定的颜色区域上创建一个蒙版，允许在蒙版中的区域上改变色度、饱和度和亮度，下面以实例的形式来讲解【替换颜色】命令的使用。

　　（1）打开配套光盘中"调用素材/第12章/点心.jpg"图片。执行菜单栏中的【图像】|【调整】|【替换颜色】命令，打开【替换颜色】对话框，将光标放置在点心上，单击鼠标进行取样，如图12.32所示。

　　（2）在【替换颜色】对话框中，拖动【颜色容差】滑块可以在蒙版内扩大或缩小颜色范围，设置【颜色容差】的值为40，【色相】的值为-108，如图12.33所示。

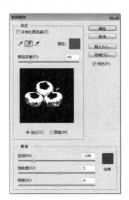

图12.32　颜色取样　　　　　　　　　　图12.33　参数设置

　　（3）此时，在文档窗口中，可以看到点心替换颜色的效果。可以看出，有些区域并没有被替换，单击【添加到取样】 ✐ 按钮，在没有替换掉的颜色上单击鼠标，以添加颜色取样，如图12.34所示。

> **Skill** 在【替换颜色】对话框中单击【图像】单选按钮查看图像，单击【选区】单选按钮可查看Photoshop在图像中创建的蒙版。【颜色】右侧显示当前选择的颜色。【结果】右侧显示替换后的颜色，即当前设置的颜色。

　　（4）同样的方法可以添加其他没有替换的颜色，可以配合【颜色容差】来修改颜色范围，通过【色相】、【饱和度】和【明度】修改替换后的效果，完成颜色的替换，最终效果如图12.35所示。

图12.34　添加到取样　　　　　　　　　图12.35　最终颜色替换效果

12.5.4 使用【匹配颜色】命令匹配图像

匹配颜色命令可以让多个图像、多个图层，或者多个颜色选区的颜色一致。这在使不同照片外观一致时，以及当一个图像中特殊元素外观必须匹配另一图像元素颜色时非常有用。匹配颜色命令也可以通过改变亮度、颜色范围以及消除色偏来调整图像中的颜色。该命令仅工作于RGB模式。

（1）使用一个图像的颜色匹配另一图像颜色，需要在Photoshop中打开想匹配颜色的多个图像文件，然后选定目标图像，即被其他图像颜色替换的那个图像。打开配套光盘中"调用素材/第12章/目标图像.jpg和源图像.jpg"图片，如图12.36所示。

目标图像 源图像

图12.36 打开的两个图片

（2）选定"目标图像"文档窗口，执行菜单栏中的【图像】|【调整】|【匹配颜色】命令，打开【匹配颜色】对话框，在【源】右侧的下拉列表中选择"源图像.jpg"选项，并设置【明亮度】为196，【颜色深度】为81，【渐隐】为58，如图12.37所示。单击【确定】按钮，完成颜色匹配，最终效果如图12.38所示。

图12.37 【匹配颜色】对话框 图12.38 匹配颜色效果

【匹配颜色】对话框中各选项含义如下：

● 【目标】：显示目标图像文档，即要应用【匹配颜色】命令的文档。如果当前文档中带有选区，勾选【应用调整时忽略选区】复选框，则匹配颜色将对所有图像应用匹配颜色命令；否则将只对选区内的图像应用匹配颜色。

- 【明亮度】：拖动滑块，可以调整图像的明亮程度。向右拖动图像变亮；向左拖动图像变暗。
- 【颜色强度】：拖动滑块，可以调整图像颜色的强度。向右拖动图像的颜色加强；向左拖动图像的颜色减弱。
- 【渐隐】：如果调整渐隐滑块，则可以控制该效果最终应用到图像的总量。值越大，图像效果应用的量越少。
- 【使用源选区计算颜色】：只有当源文档中带有选区时，此项才可以应用。勾选该复选框，将使用源选区中的颜色对目标图像进行颜色匹配。
- 【使用目标选区计算调整】：勾选该复选框，将使用目标选区中的颜色对当前文档进行颜色匹配。
- 【源】：在右侧的下拉列表中，选择源图像进行颜色匹配。如果源图像为分层文件，还可以通过【图层】右侧的下拉列表，选择某个层进行颜色匹配。
- 【预览】：显示源图像的缩览图。

> **Tip** 如果要匹配同一个图像中不同的两个图层之间的颜色，可在【图层】面板中选择后，打开【匹配颜色】对话框，在【源】下拉列表中选择源图像（此时的源图像与目标图像是同一个图像），在【图层】下拉列表中选择要匹配其颜色的图层，然后再调整图像选项设置即可。

12.5.5 可选颜色命令

使用可选颜色可以对图像中指定的颜色进行校正，以调整图像中不平衡的颜色，该命令的最大好处是可以单独调整某一种颜色，而不影响其他的颜色。特别适合CMYK色彩模式的图像调整。

选择要应用该命令的图像，然后执行菜单栏中的【图像】|【调整】|【可选颜色】命令，打开【可选颜色】对话框。应用【可选颜色】命令调整图像的前后效果对比如图12.39所示。

图12.39 应用【可选颜色】命令调整图像的前后效果对比

- 【颜色】：指定要修改的颜色。可以从右侧的下拉列表中，指定一种要修改的颜色，并可以拖动下方的颜色滑块，来修改颜色值。
- 【方法】：设置相对还是绝对修改颜色值。勾选【相对】单选按钮，表示修改是相对于原来的值进行修改，比如原图像中现有的青色为50%，如果增加了10%，那么实际增加的青是5%，即增加了55%的青；勾选【绝对】单选按钮，使用绝对值进行修改，比如原图像中有的青色为50%，如果增加了10%，那么增加后的青色就是60%。

12.5.6 通道混合器命令

使用【通道混合器】命令，可以使用当前图像的颜色通道的混合来修改图像的颜色通道，达到修改图像颜色的目的。

选择要应用该命令的图像，然后执行菜单栏中的【图像】|【调整】|【通道混合器】命令，打开【通道混合器】对话框。应用【通道混合器】命令调整图像的前后效果对比如图12.40所示。

图12.40 应用【通道混合器】命令调整图像的前后效果对比

- 【预设】：从右侧的下拉列表中，可以选择一个预设的通道混合器调整颜色。
- 【输出通道】：指定要调整的通道。从右侧的下拉列表中，选择一个调整的通道，不同的颜色模式显示的通道效果将不同。
- 【源通道】：通过拖动不同的颜色滑块，可以调整该颜色在图像中的颜色成分，对图像的颜色进行调整。
- 【常数】：拖动滑块或在文本框中输入数值，可以改变当前指定通道的不透明度。当值为负值时，通道的颜色偏向黑色；当值为正值时，通道的颜色偏向白色。
- 【单色】：勾选该复选框，可以将彩色图像转换成灰色图像，即图像中只包含灰度值。

12.5.7 应用【变化】命令快速为图像着色

【变化】命令提供了一种简单而快捷的方法：利用缩小的图像预览，快速地调整高亮区、中间色调区和阴影区，这是调整图像色调最直观的途径。但是这种方法不能准确地调整图像区域的颜色或灰度值。虽然可单击缩览图使高亮区、中间色调区或阴影区更暗或更亮，但不能指定精确的亮度或暗度值（正如使用【色阶】和【曲线】命令一样）。

（1）打开配套光盘中"调用素材/第12章/花藤.jpg"图片，如图12.41所示。

（2）执行菜单栏中的【图像】|【调整】|【变化】命令，打开【变化】对话框，单击一次【加深绿色】和【加深蓝色】，如图12.42所示。

> **Tip** 单击缩览图所产生的效果是累积的，（如：单击两次【加深青色】缩览图，将应用两次调整）。在每单击一个缩览图时，其他缩览图都会发生变化。

（3）如果想改变，还可以单击其他的调整，单击【确定】按钮，即可快速为黑白照片着色，如图12.43所示。

图12.41 打开的图片

图12.42 【变化】对话框

图12.43 着色效果

【变化】对话框中各选项的含义如下：

- 【阴影】、【中间色调】、【高光】：选择合适的缩览图，调整【高光】、【中间色调】和【暗调】。
- 【饱和度】：选择该单选按钮，此时对话框的中间出现【低饱和度】和【高饱和度】的样本，单击这些缩览图可调整图像的饱和度。
- 【显示修剪】：该选项可将灰度图像区域转变为白色颜色图像，如果上调使图像更亮或下调使图像更暗，就会使该区域最终成为纯白色或纯黑色（在彩色图像中【显示修剪】选项可将图像区域转变为中等颜色）。
- 【精细/粗糙】：【精细/粗糙】滑块允许在单击【高光】、【中间色调】和【暗调】单选按钮时指定亮度的变化程度。将滑块向右拖动，即向【粗糙】方向拖动时，较亮的像素与较暗的像素间的差别变大；将滑块向左拖动，即向【精细】方向移动时，这个差别变小。
- 【原稿】：该缩览图显示调整之前的原始图像。当修改图像后，如果想恢复到原始图像效果，单击该缩览图即可。
- 【较亮】、【当前挑选】、【较暗】：要使图像更亮或更暗，可单击标有【较亮】或【较暗】的缩览图，接着在【当前挑选】的缩览图中就会显示调整的效果。

12.5.8 自然饱和度命令

【自然饱和度】命令主要用来调整图像的饱和度，以便在颜色接近最大饱和度时最大限度地减少修剪。该调整可以增加与已饱和的颜色相比并不饱和的颜色的饱和度。【自然饱和度】命令还可防止肤色过度饱和。应用【自然饱和度】命令调整图像饱和度的前后效果对比如图12.44所示。

图12.44 应用【自然饱和度】命令调整图像饱和度的前后效果对比

应用特殊颜色效果

执行菜单栏中的【图像】|【调整】子菜单中的【渐变映射】、【反相】、【色调均化】、【阈值】和【色调分离】命令可以十分轻松地创建特殊的图像效果。

12.6.1 利用【渐变映射】命令快速为黑白图像着色

渐变映射可以应用渐变重新调整图像，应用原始图像的灰度图像细节，加入所选渐变的颜色。

（1）打开配套光盘中"调用素材/第12章/小熊.jpg"图片，如图12.45所示。

（2）执行菜单栏中的【图像】|【调整】|【渐变映射】命令，即可打开【渐变映射】对话框，选择"紫、橙渐变"，如图12.46所示。

> **Skill** 通过【渐变映射所用的渐变】单击下方的渐变条，打开【渐变编辑器】对话框，选择预设渐变或编辑需要的渐变；勾选【仿色】复选框，可以使渐变过渡更加均匀柔和；勾选【反向】复选框，可以将编辑的渐变前后颜色反转，比如编辑的渐变为黑到白渐变，勾选该复选框后将变成白到黑渐变。

（3）单击【确定】按钮，即可为图片着色，着色效果如图12.47所示。

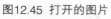

图12.45 打开的图片　　　图12.46 【渐变映射】对话框　　　图12.47 着色效果

12.6.2 反相命令

执行菜单栏中的【图像】|【调整】|【反相】命令，可使图像反相，将它变成初始图像的负片：所有的黑色值变为白色值，所有的白色值变为黑色值，所有的颜色都转化成它

们的互补色。像素值是在0～255的范围内进行反相，数值为0的像素会变为255，数值为10的像素变为245等。可以反相1个选区或整幅图像；如果没有选择任何区域，就反相整个图像。应用【反相】命令调整图像的前后效果对比如图12.48所示。

图12.48 应用【反相】命令调整图像的前后效果对比

12.6.3 阈值命令

　　【阈值】命令可以将彩色或者灰度图像转变为高对比度的黑白图像。执行菜单栏中的【图像】|【调整】|【阈值】命令后，打开【阈值】对话框，该对话框允许设定【阈值色阶】的值，即黑白像素之间的分界线。所有比【阈值色阶】值亮或和它同样亮的像素都变为白色；而所有比【阈值色阶】值暗的像素都变为黑色。也可以直接拖动直方图下方的滑块来修改【阈值色阶】。

　　应用【阈值】命令调整图像的前后效果对比如图12.49所示。

 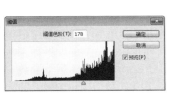 

图12.49 应用【阈值】命令调整图像的前后效果对比

Tip　在【阈值】对话框中可以看到1个直方图，用图解方式表示当前图像或选区中像素的亮度值。直方图中绘制了图像中每种色调等级的像素数目。较暗的值绘制在直方图中的左边，而较亮的值绘制在右边。

12.6.4 色调分离命令

　　使用【色调分离】命令可以减少彩色或灰阶图像中色调等级的数目。颜色数在【色调

分离】对话框中设置，另外还取决于某一色调等级中的像素数。例如，如果把彩色图像的色调等级制定为6级，Photoshop 就可以在图像中找出6个最通用的颜色，并将其他颜色强制与这6种颜色匹配。执行菜单栏中的【图像】|【调整】|【色调分离】命令，打开【色调分离】对话框。在【色阶】选项的文本框中可以输入2～255之间的数值。此数越小，图像中生成的等级就越少。

Skill 在【色调分离】对话框中，可以使用上下方向键来快速试用不同的色调等级数值。

应用【色调分离】命令调整图像的前后效果对比如图12.50所示。

图12.50 应用【色调分离】命令调整图像的前后效果对比

Questions 【色调分离】命令是如何调整图像的？该命令适合制作什么效果？

Answered 【色调分离】命令可以减少彩色或灰阶图像中色调等级的数目，适合制作手绘效果。

12.6.5 照片滤镜命令

最新的照片滤镜命令模拟一个有色滤镜放在相机前面的技术调整色彩平衡，颜色程度透过镜片的光传输。执行菜单栏中的【图像】|【调整】|【照片滤镜】命令，打开【照片滤镜】对话框。

如图12.51所示为给照片使用黄色，【浓度】设置为100%的前后效果对比。

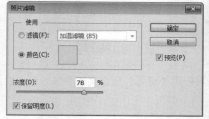

图12.51 图像应用照片滤镜前后效果对比

- 【使用】：指定照片滤镜使用的颜色。可以在【滤镜】下拉列表中选择一种预设颜色。也可以单击【颜色】右侧的颜色块打开【拾色器】对话框自定义一种颜色来调整图像。
- 【浓度】：设置当前颜色应用到图像的总量。值越大，应用的颜色越浓、越重。
- 【保留明度】：勾选该复选框，在应用滤镜时，可以保持图像的亮度。

12.6.6　去色命令

【去色】命令可以将图像中的彩色去除，将图像所有的颜色饱和度变为0，将彩色图片转换为灰色图像。它与【灰度】模式是不同的，【灰度】模式是模式的转换，在【灰度】模式下再没有彩色显现，而去色只是将当前图像中的彩色去除，并不影响图像的模式，而且还在当前文档中可以利用其他工具绘制出彩色效果。

Skill　按【Shift + Ctrl + U】键可以快速应用【去色】命令。

应用【去色】命令调整图像的前后效果对比如图12.52所示。

图12.52　应用【去色】命令调整图像的前后效果对比

12.6.7　使用【黑白】命令快速将彩色图像变单色

【黑白】滤镜主要用来处理黑白图像，创建各种风格的黑白效果，这是一个非常特别的滤镜工具，比去色处理的黑白照片具有更大的灵活性和可编辑性，它可以利用通道颜色进行黑白图像的调整。它还可以通过简单的色调应用，将彩色图像或灰色图像处理成单色图像。

（1）打开配套光盘中"调用素材/第12章/花纹.jpg"图片，如图12.53所示。

（2）执行菜单栏中的【图像】|【调整】|【黑白】命令，打开【黑白】对话框，勾选【色调】复选框，设置【色相】为85，【饱和度】为25%，如图12.54所示。

Skill　按【Alt + Shift + Ctrl + B】键可以快速打开【黑白】对话框。

Tip　可以从【预设】右侧的下拉列表中，选择一个预设的处理黑白图像的方式；通过拖动各颜色滑块，可以调整当前颜色在图像中所占的比重；勾选【色调】复选框，可以将当前图像转换为单一彩色的图像，并可以通过【色相】和【饱和度】参数来修改图像的颜色和饱和程度。

（3）单击【确定】按钮，完成彩色图像变单色图像的处理，处理完成的效果如图12.55所示。

图12.53 打开的图片

图12.54 【黑白】对话框

图12.55 完成效果

12.6.8 利用【曝光度】命令调整曝光不足照片

利用【曝光度】命令，可以将拍摄中产生的曝光过渡或曝光不足的图片处理成正常效果。下面来讲解曝光不足的照片的校正方法。

（1）打开配套光盘中"调用素材/第12章/豹子.jpg"图片，如图12.56所示。

（2）执行菜单栏中的【图像】|【调整】|【曝光度】命令，打开【曝光度】对话框，设置【曝光度】为1.8，【灰度系数校正】为1.2，如图12.57所示。

> **Tip** 【曝光度】用来修改图像的曝光程度。值越大，图像的曝光度也越大；【位移】用来指定图像曝光范围；【灰度系数校正】用来指定图像中的灰度程度，校正灰度系数。

（3）设置完成后，单击【确定】按钮，完成曝光不足照片的校正，完成的效果如图12.58所示。

图12.56 打开的图片

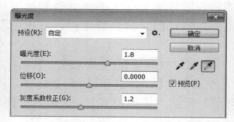
图12.57 【曝光度】对话框

图12.58 校正效果

滤镜功能大全

滤镜是Photoshop CC非常强大的工具，它能够在强化图像效果的同时遮盖图像的缺陷，并对图像效果进行优化处理，制作出绚丽的艺术作品。在Photoshop CC软件中根据不同的艺术效果，共有10类、100多种滤镜命令，另外还提供了特殊滤镜和一个作品保护滤镜组。本章首先讲解了滤镜的使用规则及注意事项，并讲解了滤镜库的使用方法，然后讲解特殊滤镜的使用，风格化、模糊、扭曲、锐化、视频、像素化、渲染、杂色、其他和Digimarc（作品保护）滤镜组的使用，对滤镜组中的每个滤镜进行了详细的介绍。通过本章的学习，读者应该能够掌握如何使用滤镜来为图像添加特殊效果，这样才能真正掌握滤镜的使用，创作出令人称赞的作品。

Chapter 13

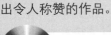 **教学视频**

○ 使用滤镜库	视频时间：6:19
○ 消失点滤镜	视频时间：7:35
○ 风格化滤镜组	视频时间：13:22
○ 画笔描边滤镜组	视频时间：6:09
○ 模糊滤镜组	视频时间：6:01
○ 素描滤镜组	视频时间：7:12
○ 扭曲滤镜组	视频时间：5:45
○ 纹理滤镜组	视频时间：3:45
○ 锐化滤镜组	视频时间：2:45
○ 像素化滤镜组	视频时间：4:40
○ 渲染滤镜组	视频时间：5:43
○ 艺术效果滤镜组	视频时间：2:16
○ 杂色滤镜组	视频时间：2:14

滤镜的整体把握

滤镜是Photoshop CC中最强大的功能，但在使用上也需要有整体的把握能力，需要注意滤镜的使用规则及注意事项。

13.1.1 滤镜的使用规则

Photoshop CC为用户提供了上百种滤镜，包括6个特殊滤镜和10个滤镜组，都放置在【滤镜】菜单与【滤镜】|【滤镜库】中，而且各有不同的作用。在使用滤镜时，注意以下几个技巧。

1. 使用滤镜

要使用滤镜，首先在文档窗口中指定要应用滤镜的文档或图像区域，然后执行【滤镜】菜单中的相关滤镜命令，打开当前滤镜对话框，对该滤镜进行参数的调整，然后确认即可应用滤镜。

2. 重复滤镜

当执行完一个滤镜操作后，在【滤镜】菜单的第1行将出现刚才使用的滤镜名称，选择该命令，或按【Ctrl + F】组合键，可以以相同的参数再次应用该滤镜。如果按【Alt + Ctrl + F】组合键，则会重新打开上一次执行的滤镜对话框。

3. 复位滤镜

在滤镜对话框中，经过修改后，如果想复位当前滤镜到打开时的设置，可以按住【Alt】键，此时该对话框中的【取消】按钮将变成【复位】按钮，单击该按钮可以将滤镜参数恢复到打开该对话框时的状态。

4. 滤镜效果预览

在所有打开的【滤镜】命令对话框中，都有相同的预览设置。比如执行菜单栏中的【滤镜】|【风格化】|【扩散】命令，打开【扩展】对话框，如图13.1所示。下面对相同的预览进行详细的讲解。

- 【预览窗口】：在该窗口中，可以看到图像应用滤镜后的效果，以便及时地调整滤镜参数，达到满意的效果。当图像的显示大于预览窗口时，在预览窗口中拖动鼠标，可以移动图像的预览位置，以查看不同图像位置的效果。
- 【缩小】：单击该按钮，可以缩小预览窗口中的图像显示区域。
- 【放大】：单击该按钮，可以放大预览窗口中的图像显示区域。
- 【缩放比例】：显示当前图像的缩放比例值。当单击【缩小】或【放大】按钮时，该值将随着变化。

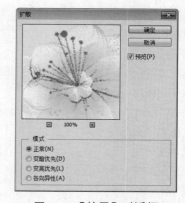

图13.1 【扩展】对话框

- 【预览】：勾选该复选框，可以在当前图像文档中查看滤镜的应用效果，如果取消该对话框，则只能在对话框中的预览窗口中查看滤镜效果，当前图像文档中没有任何变化。

13.1.2　应用滤镜注意事项

- 如果当前图像中有选区，则滤镜只对选区内的图像作用；如果没有选区，滤镜将作用在整个图像上。如果想使滤镜与原图像更好地结合，可以将选区设置一定的羽化效果后再应用滤镜效果。
- 如果当前的选择为某一层、某一单一色彩的通道或Alpha通道，滤镜只对当前的图层或通道起作用。
- 有些滤镜的使用会占用很大的内存，特别是应用在高分辨率的图像中。这时可以先对单个通道或部分图像使用滤镜，将参数设置记录下来，然后再对图像使用该滤镜，避免重复无用的操作。
- 位图是由像素点构成的，滤镜的处理也是以像素为单位，所以滤镜的应用效果和图像的分辨率有直接的关系，不同分辨率的图像应用相同的滤镜和参数设置，产生的效果可能会不相同。
- 在位图、索引颜色和16位或32位的色彩模式下不能使用滤镜。另外，不同的颜色模式下也会有不同的滤镜可用，有些模式下的部分滤镜是不能使用的。
- 使用【历史记录】面板配合【历史记录画笔工具】可以对图像的局部应用滤镜效果。
- 在使用相关的滤镜对话框时，如果不想应用该滤镜效果，可以按【Esc】键关闭当前对话框。
- 如果已经应用了滤镜，可以按【Ctrl + Z】组合键撤销当前的滤镜操作。
- 一个图像可以应用多个滤镜，但应用滤镜的顺序不同，产生的效果也会不同。

Section 13.2　特殊滤镜的使用

Photoshop CC的特殊滤镜和以前的版本相比有较大的改变，增加了广角滤镜，油画滤镜，以及三个模糊滤镜——场景模糊、光圈模糊、倾斜偏移，下面来讲解这些特殊滤镜的使用。

13.2.1　使用滤镜库

【滤镜库】是一个集中了大部分滤镜效果的集合库，它将滤镜作为一个整体放置在该库中，利用【滤镜库】可以对图像进行滤镜操作。这样很好地避免了多次单击滤镜菜单，选择不同滤镜的繁杂操作。执行菜单栏中的【滤镜】|【滤镜库】命令，即可打开如图13.2所示的【滤镜库】对话框。

1．预览区

在【滤镜库】对话框的左侧，是图像的预览区，如图13.3所示。通过该区域可以完成图像的预览效果。

图13.2 【滤镜库】对话框

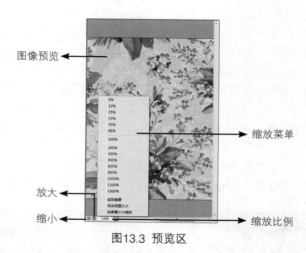

图13.3 预览区

- 【图像预览】：显示当前图像的效果。
- 【放大】：单击该按钮，可以放大图像预览效果。
- 【缩小】：单击该按钮，可以缩小图像预览效果。
- 【缩放比例】：单击该区域，可以打开缩放菜单，从中选择预设的缩放比例。如果选择【实际像素】，则显示图像的实际大小；选择【符合视图大小】，则会根据当前对话框的大小缩放图像；选择【按屏幕大小缩放】，则会满屏幕显示对话框，并缩放图像到合适的尺寸。

2. 滤镜和参数区

在【滤镜库】的中间显示了6个滤镜组，如图13.4所示。单击滤镜组名称，可以展开或折叠当前的滤镜组。展开滤镜组后，单击某个滤镜命令，即可将该命令应用到当前的图像中，并且在对话框的右侧显示当前选择滤镜的参数选项。还可以从右侧的下拉列表中选择各种滤镜命令。

在【滤镜库】右下角显示了当前应用在图像上的所有滤镜列表。单击【新建效果图层】▣按钮，可以创建一个新的滤镜效果，以便增加更多的滤镜。如果不创建新的滤镜效果，每次单击滤镜命令，会将刚才的滤镜替换掉，而不会增加新的滤镜命令。选择一个滤镜，然后单击【删除效果图层】🗑按钮，可以将选择的滤镜删除掉。

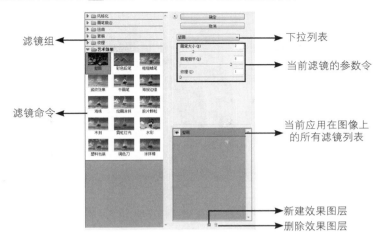

图13.4 滤镜和参数区

13.2.2 自适应广角

【自适应广角】可轻松拉直全景图像或使用鱼眼和广角镜头拍摄的照片中的弯曲对象。运用个别镜头的物理特性自动校正弯曲。【自适应广角】也是Photoshop CC加入的新功能。

执行菜单栏中的【滤镜】|【自适应广角】命令，打开【自适应广角】对话框。在预览操作图中绘制出一条操作线，单击白点可进行广角调整。

原图与使用【自适应广角】命令后的对比效果如图13.5所示。

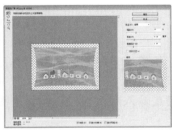

图13.5 原图与使用【自适应广角】命令后的对比效果

- 【校正】：在右侧的下拉列表中选择投影模型。
- 【缩放】：缩放指定图像的比例。
- 【焦距】：指定焦距。
- 【裁剪因子】：指定裁剪因子。
- 【细节】：鼠标放置预览操作区时，按照指针的移动在细节显示区可查看图像操作细节。

13.2.3 镜头校正

该滤镜主要用来修复常见的镜头瑕疵，如桶形或枕形失真、晕影和色差等拍摄出现的问题。执行菜单栏中的【滤镜】|【镜头校正】命令，打开【镜头校正】对话框。

原图与使用【镜头校正】命令后的对比效果如图13.6所示。

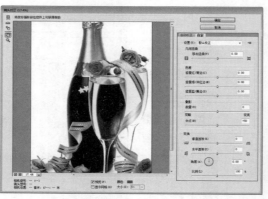

图13.6 原图与使用【镜头校正】命令后的对比效果

- 【设置】：从右侧的下拉列表中，可以选取一个预设的设置选项。选择【镜头默认值】选项，可以以默认的相机、镜头、焦距和光圈组合进行设置。选择【上一校正】选项，可以使用上一次镜头校正时使用的相关设置。
- 【移去扭曲】：用来校正镜头枕形和桶形失真效果。向左拖动滑块，可以校正枕形失真；向右拖动滑块，可以校正桶形失真。
- 【色差】：校正因失真产生的色边。【修复红/青边】选项，可以调整红色或青色的边缘，利用补色原理修复红边或青边效果。同样，【修复蓝/黄边】选项，可以调整蓝色或红色边缘。
- 【晕影】：用来校正由于镜头缺陷或镜头遮光产生的较亮或较暗的边缘效果。【数量】选项用来调整图像边缘变亮或变暗的程度；【中点】选项用来设置【数量】滑块受影响的区域范围，值越小，受到的影响就越大。
- 【垂直透视】：用来校正相机由于向上或由下倾斜而导致的图像透视变形效果，可以使图像中的垂直线平行。
- 【水平透视】：用来校正相机由于向左或向右倾斜而导致的图像透视变形效果，可以使图像中的水平线平行。
- 【角度】：通过拖动转盘或输入数值以校正倾斜的图像效果。也可以使用【拉直工具】进行校正。
- 【比例】：向前或向后调整图像的比例，主要移去由于枕形失真、透视或旋转图像而产生的图像空白区域，不过图像的尺寸不会发生改变。放大比例将导致多余的图像被裁剪掉，并使差值增大到原始像素尺寸。

13.2.4 液化滤镜

使用【液化】滤镜的相关工具在图像上拖动或单击，可以扭曲图像进行变形处理。可以将图像看作一个液态的对象，可以对其进行推拉、旋转、收缩和膨胀等各种变形操作。执行菜单栏中的【滤镜】|【液化】命令，即可打开如图13.7所示的【液化】对话框。它与【抽出】滤镜的视图组成非常相似。在对话框的左侧是滤镜的工具栏，显示【液化】滤镜的工具；中间位置为图像预览操作区，在此对图像进行液化操作并显示最终效果；右侧为相关的选项设置区。

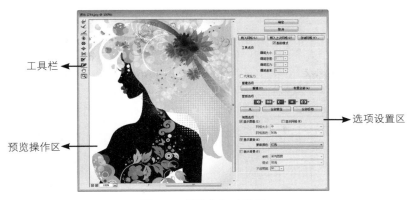

图13.7 【液化】对话框

工具栏 ←

预览操作区 ←

→ 选项设置区

Skill 将鼠标指针移至预览区域中，按住空格键，可以使用抓手工具移动视图。

1. 液化工具的使用

在【液化】对话框的左侧，系统为用户提供了10个工具，如图13.8所示。各个工具有不同的变形效果，利用这些工具可以制作出神奇有趣的变形效果。下面来讲解这些工具的使用方法及技巧。

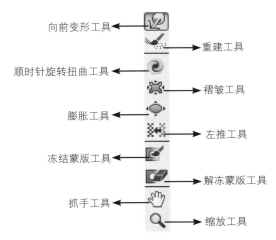

向前变形工具 ←
→ 重建工具
顺时针旋转扭曲工具 ←
→ 褶皱工具
膨胀工具 ←
→ 左推工具
冻结蒙版工具 ←
→ 解冻蒙版工具
抓手工具 ←
→ 缩放工具

图13.8 工具栏

● 【向前变形工具】：使用该工具在图像中拖动，可以将图像向前或向后进行推拉变形。如图13.9所示为原图与变形后的图像效果。在小熊耳朵上向外拖动鼠标，将耳朵变长；在小熊的领结上向内拖动鼠标，将领结变短。

Skill 使用【向前变形工具】拖动变形时，如果一次拖动不能达到满意的效果，可以多次单击或拖动来修改，以达到目的。

● 【顺时针旋转扭曲工具】：使用该工具在图像上按住鼠标不动或拖动鼠标，可以将图像进行顺时针变形；如果在按住鼠标不动或拖动鼠标变形时，按住【Alt】键，则可以将图像进行逆时针变形。原图与使用【顺时针旋转扭曲工具】变形效果如图13.10所示。

耳朵变长

领结变短

图13.9 使用【向前变形工具】变换图像前后对比效果

图13.10 顺时针旋转扭曲工具变形效果

- 【褶皱工具】 ✦：使用该工具在图像上按住鼠标不动或拖动鼠标，可以使图像产生收缩效果。它与【膨胀工具】变形效果正好相反。
- 【膨胀工具】 ◆：使用该工具在图像上按住鼠标不动或拖动鼠标，可以使图像产生膨胀效果。它与【褶皱工具】变形效果正好相反。

原图和分别使用【褶皱工具】和【膨胀工具】对小蜜蜂的左眼按住鼠标不动，图像收缩和膨胀的效果如图13.11所示。

图13.11 原图、收缩和膨胀效果

- 【左推工具】 ：主要用来移动图像像素的位置。使用该工具在图像上向上拖动，可以将图像向左推动变形，如果向下拖动，则可以将图像向右推动变形。如果按住【Alt】键推动，将发生相反的效果。原图与向左推动图像效果如图13.12所示。

图13.12 原图与向左推动图像效果

- 【冻结蒙版工具】 ：使用该工具在图像上单击或拖动，将出现红色的冻结选区，该选区将被冻结，冻结的部分将不再受编辑的影响。
- 【解冻蒙版工具】 ：该工具用来将冻结的区域擦除，以解除图像冻结的区域。
原图、冻结效果与擦除冻结效果如图13.13所示。

图13.13 原图、冻结效果与擦除冻结效果

- 【重建工具】 ：使用该工具在变形图像上拖动，可以将鼠标经过处的图像恢复为使用变形工具变形前的状态。
- 【抓手工具】 ：当放大到一定程度后，预览操作区中将不能完全显示图像时，利用该工具可以移动图像的预览位置。
- 【缩放工具】 ：在图像中单击或拖动，可以放大预览操作区中的图像。如果按住【Alt】键单击，可以缩小预览操作区中的图像。

2. 预览操作区

预览操作区除了具了预览功能，还是进行图像液化的主要操作区，使用【液化】工具栏中的工具在操作区中的图像上编辑，即可对图像进行变形操作。

3. 选项设置区

在【液化】对话框的右侧是选项设置区，主要用来设置液化的参数，并分为4个小参数区：工具选项、重建选项、蒙版选项和视图选项。下面来分别讲解这4个小参数区中选项的应用。

工具选项区如图13.14所示，选项参数说明如下：

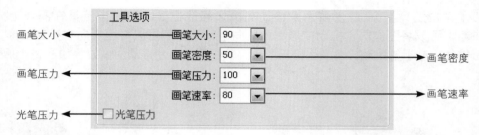

图13.14 工具选项

- 【画笔大小】：设置变形工具的笔触大小。可以直接在列表框中输入数值，也可以在打开的滑杆中拖动滑块来修改。

Questions 在使用【液化】滤镜调整图像时，如何快速修改工具的笔触大小？

Answered 在使用相关的变形工具时，可以按键盘上的【[】键来放大笔触的大小，按【]】键来缩小笔触的大小。每按一次，笔触相应的放大或缩小2像素。

- 【画笔密度】：设置变形工具笔触的作用范围，有些类似于【画笔工具】选项中的硬度。值越大，作用的范围就越大。
- 【画笔压力】：设置变形工具对图像变形的程度。画笔的压力值越大，图像的变形越明显。
- 【画笔速率】：设置变形工具对图像变形的速度。值越大，图像变形就越快。
- 【光笔压力】：如果安装了数字绘图板，勾选该复选框，可以起动光笔压力效果。

重建选项区如图13.15所示，选项参数说明如下：

图13.15 重建选项

- 【重建】：单击该按钮，可以重建所有未冻结图像区域，单击一次重建一部分。
- 【恢复全部】：单击该按钮，可以将整个图像不管是否冻结都将恢复到变形前的效果。类似于按【Alt】键的同时单击【复位】按钮。

Skill 要想将图像的变形效果全部还原，直接单击【恢复全部】按钮，图像便立刻恢复到原来的状态。

蒙版选项区如图13.16所示，选项参数说明如下：

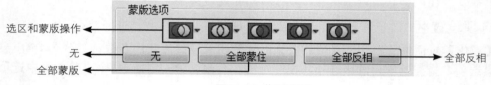

图13.16 蒙版选项

- 选区和蒙版操作：该区域可以对图像预存的Alpha通道、图像选区、透明度进行运算，以制作冻结区域。用法与选区的操作相似。

- 【无】：单击该按钮，可以将蒙版去除，解冻所有冻结区域。
- 【全部蒙版】：单击该按钮，可以将图像所有区域创建蒙版冻结。
- 【全部反相】：单击该按钮，可以将当前冻结区变成未冻结区，而原来的未冻结区变成冻结区，以反转当前图像中的冻结与未冻结区。

视图选项区如图13.17所示，选项参数说明如下：

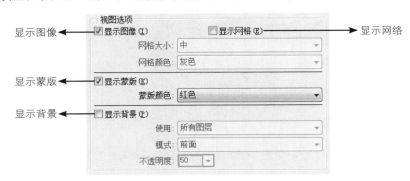

图13.17 视图选项

- 【显示图像】：勾选该复选框，在预览操作区中显示图像。
- 【显示网格】：勾选该复选框，将在预览操作区中显示辅助网格。可以在【网格大小】右侧的下拉列表中选择网格的大小；在【网格颜色】右侧的下拉列表中，选择网格的颜色。
- 【显示蒙版】：勾选该复选框，在预览操作区中将显示冻结区域，并可以在【蒙版颜色】右侧的下拉列表中，指定冻结区域的显示颜色。
- 【显示背景】：默认情况下，不管图像有多少层，【液化】滤镜只对当前层起作用。如果想变形其他层，可以在【使用】右侧的下拉列表中，指定分层图像的其他层，并可以为该层通过【模式】下拉列表来指定图层的模式，还可以通过【不透明度】来指定图像的不透明程度。

Tip 载入和存储网格按钮，可以将当前图像的扭曲变形网格保存起来，应用到其他图像中去。设置好网格的扭曲变形后，单击【存储网格】按钮，打开【另存为】对话框，以*.msh格式的形式将其保存起来。如果后面的图像要引用该网格，可以单击【载入网格】命令，将其载入使用。

13.2.5 油画

使用【油画】滤镜可将图像转换为油画效果。执行菜单栏中的【滤镜】|【油画】命令，打开【油画】对话框。

原图与使用【自适应广角】命令后的对比效果如图13.18所示。

- 【描边样式】：设置画笔描边的样式。
- 【描边清洁度】：设置画笔描边的清洁度。
- 【缩放】：设置画笔描边的比例。
- 【硬毛刷细节】：设置画笔硬毛刷细节的数量。

- 【角方向】：设置光源的方向。
- 【闪亮】：设置反射的闪亮。

图13.18 原图与使用【油画】命令后的对比效果

13.2.6 消失点滤镜

【消失点】滤镜对带有规律性透视效果的图像，可以极大地加速和方便克隆复制操作。它还填补了修复工具不能修改透视图像的空白，可以轻松将透视图像修复。例如建筑的加高、广场地砖的修复等。

选择要应用消失点的图像，执行菜单栏中的【滤镜】|【消失点】命令，打开如图13.19所示的【消失点】对话框。在对话框的左侧是消失点工具栏，显示了消失点操作的相关工具；对话框的顶部为工具参数栏，显示了当前工具的相关参数；工具参数栏的下方是工具提示栏，显示当前工具的相关使用提示；在工具提示下方显示的是预览操作区，在此可以使用相关的工具对图像进行消失点的操作，并可以预览到操作的效果。

图13.19 【消失点】对话框

- 【编辑平面工具】：用来选择、编辑、移动平面的节点以及调整平面的大小。
- 【创建平面工具】：用来定义透视平面的四个角节点，在创建四个角节点后，可以移动、缩放平面或重新确定该形状；按住【Ctrl】键拖动平面的边节点可以拉出一个垂直平面，如果节点的位置不正确，按下【Back Space】键将该节点删除。
- 【选框工具】：在平面上单击并拖动鼠标可以选择平面上的图像。在选择图像后，按住【Alt】键拖动该区域可以复制图像；按住【Ctrl】键拖动选区，可以用源图像填充该区域。
- 【图章工具】：使用该工具时，按住【Alt】键在图像中单击可以为仿制设置取样点，在其他区域拖动便可复制图像，按住【Shift】键单击可以将描边扩展到上一次单击处。在对话框顶部的选项中可以选择一种"修复"模式。如果需要回话而不与周围像素的颜色、光照和阴影混合，可以选择"关"；如需要绘画并将描边与周围像素的光照混合，同时保留样本像素的颜色，可以选择"明亮度"；如果需要绘画并保留本图像的纹理，同时与周围像素的颜色、光照和阴影混合，可以选择"开"。
- 【画笔工具】：可在图像上绘制选定的颜色。
- 【变换工具】：使用该工具可以通过一定定界框的控制点来缩放、旋转和移动浮动选区，就类似于选区上使用"自由变换"命令。
- 【吸管工具】：可以拾取图像中的颜色作为画笔工具的绘画颜色。
- 【测量工具】：可以在透视平面中测量项目的距离和角度。
- 【抓手工具】：用来移动画面在窗口中的位置。
- 【缩放工具】：用于缩放窗口的显示比例。

下面以一个实例来讲解【消失点】滤镜的使用方法和技巧。

（1）执行菜单栏中的【文件】|【打开】命令，或按【Ctrl + O】组合键，将弹出【打开】对话框，选择配套光盘中"调用素材 /第13章/ 消失点.jpg"文件，将图像打开。从图中可以看到，在图片中有两只茶杯，而地板从纹理来看带有一定的透视性，如果使用前面讲过的修复或修补工具，是不能修复带有透视性的图像的，这里使用【消失点】滤镜来完成。

（2）执行菜单栏中的【滤镜】|【消失点】命令，打开【消失点】对话框，在工具栏中确认选择【创建平面工具】，在合适的位置，单击鼠标确定平面的第1个点，然后沿地板纹理的走向单击确定平面的第2个点，如图18.20所示。

（3）使用【创建平面工具】继续创建其他两个点，注意创建点时的透视平面，创建第3点和第4点后，完成平面的创建，完成的效果如图18.21所示。

图18.20 绘制第1点和第2点　　　　　　　　　　图18.21 创建平面

（4）创建平面网格后，可以使用工具栏中的【编辑平面工具】 ，对平面网格进行修改，可以拖动平面网格的4个角点来修改网格的透视效果，也可以拖动中间的4个控制点来缩放平面网格的大小。通过工具参数栏中的【网格大小】选项，可以修改网格的格子的大小，值越大，格子也越大；通过【角度】选项，可以修改网格的角度。如图18.22所示为修改后的网格大小。

（5）首先来看一下使用【选框工具】 修改图像的方法。在【消失点】对话框的工具栏中，选择【选框工具】 ，在图像的合适位置按住鼠标拖动绘制一个选区，可以看到绘制出的选区会根据当前平面产生透视效果。在工具参数栏中，设置【羽化】的值为3，【不透明度】的值为100，【修复】设置为【开】，【移动模式】设置为目标，如图18.23所示。

图18.22 修改平面网格大小　　　　　　　　图18.23 绘制矩形选区

Tip 在工具参数栏中，显示了该工具的相关参数，【羽化】选项可以设置图像边缘的柔和效果；【不透明度】选项可以设置图像的不透明程度，值越大越不透明；【修复】选项可以设置图像修复效果，选择【关】选项将不使用任何效果，选择【明亮度】选项将为图像增加亮度，选择【开】选项将使用修复效果；【移动模式】选项设置拖动选区时的修复模式，选择【目标】选项将使选区中的图像复制到新位置，不过在使用时要辅助使用【Alt】键；选择【源】选项将使用源图像填充选区。

（6）这里要将选区中的图像覆盖茶碗，所以按住【Alt】键的同时拖动选区到茶碗位置，注意地板纹理的对齐，达到满意的效果后，释放鼠标即可，修复效果如图18.24所示。

（7）下面来讲解使用【图章工具】 修复图像的方法。连续按【Ctrl + Z】组合键，恢复刚才的选区修改前的效果，直到选区消失。效果如图18.25所示。

Skill 在【消失点】对话框中，按"【Ctrl + Z】组合键，可以撤销当前的操作；按【Ctrl + Shift + Z】键，可以还原当前撤销的操作。

（8）在工具栏中选择【图章工具】 ，然后按住【Alt】键，在图像的合适位置单击，以提取取样图像，如图18.26所示。

Tip 选择【图章工具】后，可以在工具参数栏中设置相关的参数选项。【直径】控制图章的大小，也可以直接按键盘中的【[】和【]】键来放大或缩小图章。【硬度】用来设置图章的柔化程度；【不透明度】设置图章仿制图像的不透明程度；如果勾选【对齐】复选框，可以以对齐的方式仿制图像。

图18.24 修复效果

图18.25 撤销后的效果

（9）取样后释放辅助键移动鼠标，可以看到根据直径大小显示的取样图像，并且移动光标时，可以看到图像根据当前平面的透视产生不同的变形效果。这里注意地板纹理的对齐，然后按住鼠标拖动，即可将图像修复，修复完成后，单击【确定】按钮，即可完成对图像的修改。修复完成的效果如图18.27所示。

图18.26 单击鼠标取样

图18.27 修复后的效果

Section 13.3 风格化滤镜组

风格化滤镜组通过转换像素或查找并增加图像的对比度，创建生成绘画或印象派的效果。风格化滤镜组中包含查找边缘、等高线、风、浮雕效果、扩散、拼贴、曝光过度、凸出滤镜效果，下面来分别进行详细讲解。

13.3.1 查找边缘

【查找边缘】滤镜主要用来搜索颜色像素对比度变化强烈的边界，将高反差区变亮，低反差区变暗，其他区域则介于这两者之间。强化边缘的过渡像素，产生类似彩笔勾搭轮廓的素描图像效果。原图与使用【查找边缘】命令后的对比效果如图13.28所示。

图13.28　原图与使用【查找边缘】命令后的画面对比效果

13.3.2　等高线

　　【等高线】滤镜可以查找主要亮度区域的轮廓，将其边缘位置勾画出轮廓线，以此产生等高线效果。执行菜单栏中的【滤镜】|【风格化】|【等高线】命令，可以打开【等高线】对话框。原图与使用【查找边缘】命令后的对比效果如图13.29所示。

图13.29　原图与使用【等高线】命令后的对比效果

13.3.3　风

　　【风】滤镜通过在图像中添加一些小的方向线制作成起风的效果。执行菜单栏中的【滤镜】|【风格化】|【风】命令，打开【风】对话框。原图与使用【风】命令后的对比效果如图13.30所示。

图13.30　原图与使用【风】命令后的对比效果

13.3.4 浮雕效果

该滤镜主要用来制作图像的浮雕效果，它将整个图像转换成灰色图像，并通过勾画图像的轮廓，从而使图像产生凸起或凹陷以制作出浮雕效果。执行菜单栏中的【滤镜】|【风格化】|【浮雕效果】命令，打开【浮雕效果】对话框。原图与使用【浮雕效果】命令后的对比效果如图13.31所示。

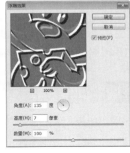

图13.31 原图与使用【浮雕效果】命令后的对比效果

13.3.5 扩散

该滤镜可以根据设置的选项移动像素的位置，使图像看起来像聚焦不足，产生油画或毛玻璃的分离模糊效果。执行菜单栏中的【滤镜】|【风格化】|【扩散】命令，打开【扩散】对话框。原图与使用【扩散】命令后的对比效果如图13.32所示。

图13.32 原图与使用【扩散】命令后的对比效果

13.3.6 拼贴

该滤镜可以根据设置的拼贴数，将图像分割成许多的小方块，通过最大位移的设置，让每个小方块之间产生一定的位移。执行菜单栏中的【滤镜】|【风格化】|【拼贴】命令，将打开【拼贴】对话框。这里将背景色设置为白色，原图与使用【拼贴】命令后的对比效果如图13.33所示。

Questions 为何创建拼贴后，图像被单一颜色覆盖？

Answered 当【拼贴数】值为99时，整个图像将被【填充空白区域用】选项组中指定的颜色覆盖。

图13.33 原图与使用【拼贴】命令后的对比效果

Questions 如何利用【拼贴】滤镜制作网格效果?

Answered 将【最大位移】值设置为1%,并指定前景色或背景色,即可创建网格效果。

13.3.7 曝光过度

该滤镜将图像的正片和负片进行混合,将图像进行曝光处理,产生过度曝光的效果。执行菜单栏中的【滤镜】|【风格化】|【曝光过度】命令,即可对图像应用曝光过度滤镜。原图与使用【曝光过度】命令后的对比效果如图13.34所示。

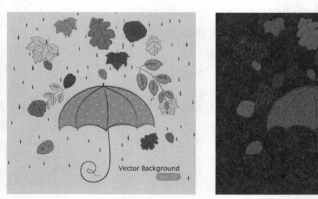

图13.34 原图与使用【曝光过度】命令后的对比效果

13.3.8 凸出

该滤镜可以根据设置的类型,将图像制作成三维块状立体图或金字塔状立体图。执行菜单栏中的【滤镜】|【风格化】|【凸出】命令,打开【凸出】对话框。原图与使用【凸出】命令后的对比效果如图13.35所示。

Questions 【凸出】滤镜可以制作出几种凸出效果?

Answered 两种,一种是块状,一种是金字塔状。

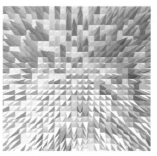

图13.35 原图与使用【凸出】命令后的对比效果

画笔描边滤镜组

【画笔描边】滤镜组下的命令可以创造不同画笔绘画的效果。共包括8种滤镜：成角的线条、墨水轮廓、喷溅、喷色描边、强化的边缘、深色线条、烟灰墨和阴影线。

13.4.1 成角的线条

该滤镜以对角线方向的线条描绘图像，可以模拟在画布上用油画颜料画出的交叉斜线纹理效果。执行菜单栏中的【滤镜】|【滤镜库】|【画笔描边】|【成角的线条】命令，打开【成角的线条】对话框。原图与使用【成角的线条】命令后的对比效果如图13.36所示。

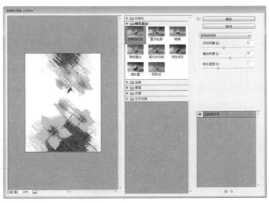

图13.36 原图与使用【成角的线条】命令后的对比效果

- 【方向平衡】：设置生成线条的倾斜角度。取值范围为0~100。当值为0时，线条从左上方向右下方倾斜；当值为100时，线条方向相反，从右上方向左下方倾斜；当值为50时，两个方向的线条数量相等。
- 【线条长度】：设置生成线条的长度。值越大，线条的长度越长，取值范围为3~50。
- 【锐化程度】：设置生成线条的清晰程度。值越大，笔画越明显，取值范围为0~10。

13.4.2 墨水轮廓

该滤镜根据图像的颜色边界，描绘其黑色轮廓，以画笔画的风格，用精细的细线在原来细节上重绘图像，并强调图像的轮廓。执行菜单栏中的【滤镜】|【滤镜库】|【画笔描边】|【墨水轮廓】命令，打开【墨水轮廓】对话框。原图与使用【墨水轮廓】命令后的对比效果如图13.37所示。

图13.37 原图与使用【墨水轮廓】命令后的对比效果

- 【描边长度】：设置图像中边缘斜线的长度。取值范围为1～50。
- 【深色强度】：设置图像中暗区部分的强度。数值越小斜线越明显，数值越大，绘制的斜线颜色越黑。取值范围为0～50。
- 【光照强度】：设置图像中明亮部分的强度，数值越小斜线越不明显，数值越大浅色区域亮度越高。取值范围为0～50。

13.4.3 喷溅

该滤镜可以模拟使用喷枪喷射，在图像上产生飞溅的喷溅效果。执行菜单栏中的【滤镜】|【滤镜库】|【画笔描边】|【喷溅】命令，打开【喷溅】对话框。原图与使用【喷溅】命令后的对比效果如图13.38所示。

图13.38 原图与使用【喷溅】命令后的对比效果

- 【喷色半径】：设置喷溅的尺寸范围。当该参数值比较大时，图像将产生碎化严重的效果。取值范围为0～25。
- 【平滑度】：设置喷溅的平滑程度。设置较小的值，将产生许多小彩点的效果。较高的数值，适合制作图像水中倒影效果。取值范围为1～15。

13.4.4 喷色描边

该滤镜可以模拟用某个方向的笔触或喷溅的颜色进行绘图的效果。执行菜单栏中的【滤镜】|【滤镜库】|【画笔描边】|【喷色描边】命令，打开【喷色描边】对话框。原图与使用【喷色描边】命令后的对比效果如图13.39所示。

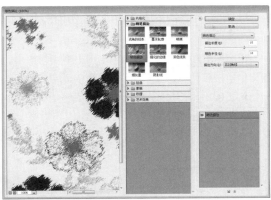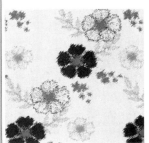

图13.39 原图与使用【喷色描边】命令后的对比效果

- 【描边长度】：设置图像中描边笔画的长度。取值范围为0~20。
- 【喷色半径】：决定图像颜色溅开的程度。设置图像颜色喷溅的程度。取值范围为0~25。
- 【描边方向】：设置描边的方向。包括右对角线、水平、左对角线和垂直4个选项。

13.4.5 强化的边缘

该滤镜可以对图像中不同颜色之间的边缘进行强化处理，并给图像赋以材质。执行菜单栏中的【滤镜】|【滤镜库】|【画笔描边】|【强化的边缘】命令，打开【强化的边缘】对话框。原图与使用【强化的边缘】命令后的对比效果如图13.40所示。

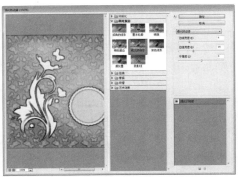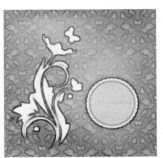

图13.40 原图与使用【强化的边缘】命令后的对比效果

- 【边缘宽度】：设置强化边缘的宽度大小。值越大，边缘的宽度就越大。取值范围为1~14。
- 【边缘亮度】：设置强化边缘的亮度。值越大，边缘的亮度也就越大。取值范围为0~50。
- 【平滑度】：设置强化边缘的平滑程度。值越大，边缘的数量就越少，但边缘就越平滑。取值范围为1~15。

13.4.6 深色线条

该滤镜可以用短而黑的线条绘制图像中接近黑色的深色区域，用长而白的线条绘制图像中浅色区域，以产生强烈的对比效果。执行菜单栏中的【滤镜】|【滤镜库】|【画笔描边】|【深色线条】命令，打开【深色线条】对话框。原图与使用【深色线条】命令后的对比效果如图13.41所示。

图13.41 原图与使用【深色线条】命令后的对比效果

- 【平衡】：设置线条的方向。当值为0时，线条从左上方向右下方倾斜绘制；当值为10时，线条方向相反，从右上方向左下方倾斜绘制；当值为5时，两个方向的线条数量相等。取值范围为0~10。
- 【黑色强度】：设置图像中黑色线条的颜色深度。值越大，绘制暗区时的线条颜色越黑。取值范围为0~10。
- 【白色强度】：设置图像中白色线条的颜色显示强度。值越大，浅色区变得越亮。取值范围为0~10。

13.4.7 烟灰墨

该滤镜可以在图像上产生一种类似蘸满黑色油墨的湿画笔在宣纸上绘画，产生柔和的模糊边缘的效果。执行菜单栏中的【滤镜】|【滤镜库】|【画笔描边】|【烟灰墨】命令，打开【烟灰墨】对话框。原图与使用【烟灰墨】命令后的对比效果如图13.42所示。

图13.42 原图与使用【烟灰墨】命令后的对比效果

- 【描边宽度】：设置画笔的宽度。值越小，线条越细，图像越清晰。取值范围为3~15。
- 【描边压力】：设置画笔在绘画时的压力。压力越大，图像中产生的黑色就越多。取值范围为0~15。
- 【对比度】：设置图像中亮区与暗区之间的对比度。值越大，图像中的浅色区域越亮。取值范围为0~40。

13.4.8 阴影线

该滤镜可以使图像产生用交叉网格线描绘或雕刻的网格阴影效果，使图像中彩色区域的边缘变粗糙，并保留原图像的细节和特征。执行菜单栏中的【滤镜】|【画笔描边】|【阴影线】命令，打开【阴影线】对话框。原图与使用【阴影线】命令后的对比效果如图13.43所示。

图13.43 原图与使用【阴影线】命令后的对比效果

- 【描边长度】：设置图像中描边线条的长度。值越大，描边线条就越长。取值范围为3~50。
- 【锐化程度】：设置描边线条的清晰程度。值越大，描边线条越清晰。取值范围为0~20。
- 【强度】：设置生成阴影线的数量。值越大，阴影线的数量也越多。取值范围为1~3。

Section 13.5 模糊滤镜组

【模糊】滤镜组中的命令主要对图像进行模糊处理，用于平滑边缘过于清晰和对比度过于强烈的区域，通过削弱相邻像素之间的对比度，达到柔化图像的效果。【模糊】滤镜组也是设计中最常用的滤镜组之一，通常用于模糊图像背景，突出前景对象，或创建柔和的阴影效果。它包括14种模糊命令：场景模糊、光圈模糊、倾斜偏移、表面模糊、动感模糊、方框模糊、高斯模糊、进一步模糊、径向模糊、镜头模糊、模糊、平均、特殊模糊和形状模糊。

13.5.1　场景模糊

该滤镜有不同模糊程度的多个图钉，产生渐变模糊效果。执行菜单栏中的【滤镜】|【模糊】|【场景模糊】命令，打开【模糊工具】和【模糊效果】面板。原图与使用【场景模糊】命令后的对比效果如图13.44所示。

图13.44　原图与使用【场景模糊】命令后的对比效果

- 【模糊】：控制模糊的程度。值越大，模糊效果越明显。
- 【光源散景】：控制模糊中的高光量。
- 【散景颜色】：控制散景的色彩。
- 【光照范围】：控制散景出现处的光照范围。

13.5.2　光圈模糊

使用【光圈模糊】可将一个或多个焦点添加到您的照片中。然后，移动图像控件，以改变焦点的大小与形状、图像其余部分的模糊数量以及清晰区域与模糊区域之间的过渡效果。执行菜单栏中的【滤镜】|【模糊】|【光圈模糊】命令，单击并拖动图像上的控制点可调整【光圈模糊】参数，也可以在【模糊工具】和【模糊效果】面板中调整模糊的效果，【光圈模糊】设置效果如图13.45所示。

图13.45　【光圈模糊】命令

- 【模糊】：控制模糊的程度。值越大，模糊效果越明显。
- 【光源散景】：控制模糊中的高光量。
- 【散景颜色】：控制散景的色彩。
- 【光照范围】：控制散景出现处的光照范围。

13.5.3 移轴模糊

该滤镜使模糊程度与一个或多个平面一致。执行菜单栏中的【滤镜】|【模糊】|【移轴模糊】命令，打开【移轴模糊】调整图像中的控制点，设置【倾斜偏移】参数。【倾斜偏移】设置调整效果如图13.46所示。

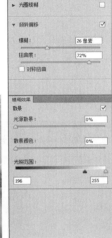

图13.46 【倾斜偏移】模糊效果

- 【模糊】：控制模糊的程度。值越大，模糊效果越明显。
- 【扭曲度】：控制模糊扭曲的形状。
- 【对称扭曲】：选中该复选框，可以启用对称模糊。
- 【光源散景】：控制模糊中的高光量。
- 【散景颜色】：控制散景的色彩。
- 【光照范围】：控制散景出现处的光照范围。

13.5.4 表面模糊

该滤镜可以在保留边缘的同时对图像进行模糊处理。执行菜单栏中的【滤镜】|【模糊】|【表面模糊】命令，打开【表面模糊】对话框。原图与使用【表面模糊】命令后的对比效果如图13.47所示。

- 【半径】：设置模糊取样的范围大小。取值范围为1~100。
- 【阈值】：设置相邻像素色调值与中心像素色调值相差多大时才能成为模糊的一部分。色调值差小于阈值的像素不进行模糊处理。取值范围为2~255。

图13.47 原图与使用【表面模糊】命令后的对比效果

13.5.5 动感模糊

该滤镜可以对图像像素进行线性位移操作，从而产生沿某一方向运动的模糊效果。就像拍摄处于运动状态的物体照片一样，使静态图像产生动态效果。执行菜单栏中的【滤镜】|【模糊】|【动感模糊】命令，打开【动感模糊】对话框。原图与使用【动感模糊】命令后的对比效果如图13.48所示。

Questions 【动感模糊】滤镜是如何处理图像的?

Answered 该滤镜就像拍摄处于运动状态的物体照片一样，使静态图像产生动态效果。

图13.48 原图与使用【动感模糊】命令后的对比效果

- 【角度】：设置动感模糊的方向。可以直接在文本框中输入角度值，也可以拖动右侧的指针来调整角度值。取值范围为-360~360。
- 【距离】：设置像素移动的距离。这里的移动并非为简单的位移，而是在【距离】限制范围内，按照某种方式复制并叠加像素，再经过对透明度的处理才得到的，取值越大，模糊效果也就越强。取值范围为1~999。

13.5.6 方框模糊

该滤镜可以基于相邻像素的平均颜色值来模糊图像。执行菜单栏中的【滤镜】|【模糊】|【方框模糊】命令，打开【方框模糊】对话框。原图与使用【方框模糊】命令后的对比效果如图13.49所示。

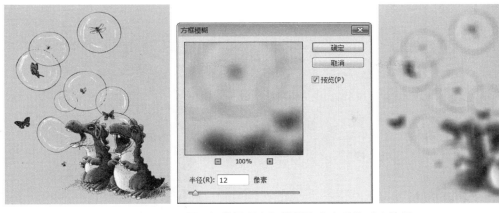

图13.49 原图与使用【方框模糊】命令后的对比效果

- 【半径】：设置方框模糊的区域大小。值越大，产生的模糊效果范围越大。取值范围为1~999。

13.5.7 高斯模糊

该滤镜可以利用高斯曲线的分布模式，有选择地模糊图像。【高斯模糊】是利用半径的大小来设置图像的模糊程度的。执行菜单栏中的【滤镜】|【模糊】|【高斯模糊】命令，打开【高斯模糊】对话框。原图与使用【高斯模糊】命令后的对比效果如图13.50所示。

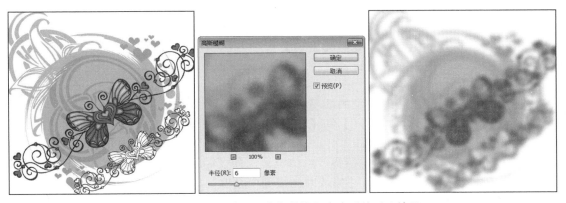

图13.50 原图与使用【高斯模糊】命令后的对比效果

- 【半径】：设置图像的模糊程度。值越大，模糊越强烈。取值范围为0.1~250。

13.5.8 模糊和进一步模糊

这两个滤镜都是对图像进行模糊处理。【模糊】利用相邻像素的平均值来代替相似的图像区域，从而达到柔化图像边缘的效果；【进一步模糊】比【模糊】效果更加明显，大概为【模糊】滤镜的3~4倍。这两个滤镜都没有对话框，如果想加深图像的模糊效果，可以多次使用某个滤镜。原图与多次使用【进一步模糊】命令后的对比效果如图13.51所示。

图13.51 原图与多次使用【进一步模糊】命令后的对比效果

13.5.9 径向模糊

该滤镜不但可以制作出旋转动态的模糊效果，还可以制作出从图像中心向四周辐射的模糊效果。执行菜单栏中的【滤镜】|【模糊】|【径向模糊】命令，打开如图13.52所示的【径向模糊】对话框。

- 【数量】：设置径向模糊的强度。值越大，图像越模糊。其取值范围为1～100。
- 【模糊方法】：设置模糊的方式。包括【旋转】和【缩放】两种方式。选择【旋转】选项，图像产生旋转的模糊效果；选择【缩放】选项，图像产生放射状模糊的效果。
- 【品质】：设置处理图像的质量。由差到好的效果顺序为【草图】、【好】和【最好】，品质越好，则处理的速度就越慢。

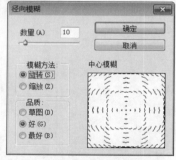

图13.52 【径向模糊】对话框

- 【中心模糊】：设置径向模糊开始的位置，即模糊区域的中心位置。在下方的预览框中单击或拖动鼠标，即可修改径向模糊中心位置。

原图与使用【径向模糊】命令后的对比效果如图13.53所示。

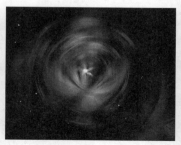

图13.53 原图与使用【径向模糊】命令后的对比效果

13.5.10 镜头模糊

该滤镜可以模拟亮光在照相机镜头所产生的折射效果，制作镜头景深模糊效果。执行菜单栏中的【滤镜】|【模糊】|【镜头模糊】命令，打开【镜头模糊】对话框。原图与使用【镜头模糊】命令后的对比效果如图13.54示。

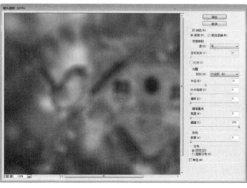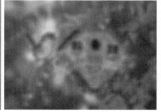

图13.54 原图与使用【镜头模糊】命令后的对比效果

- 【预览】：勾选该复选框，可以在左侧的预览窗口中显示图像模糊的最终效果。选择【更快】选项，可以加快显示图像的模糊；选择【更加准确】选项，可以更加精确地显示图像的模糊，但会更费时。
- 【深度映射】：设置模糊的深度映射效果。在【源】右侧的下拉列表中，可以选择【无】、【透明度】和【图层蒙版】3个选项，以设置镜头模糊产生的形式。通过【模糊焦距】选项，可以设置模糊焦距范围大小。如果勾选【反相】复选框，则焦距越小，模糊效果越明显。
- 【光圈】：设置镜头的光圈。在【形状】右侧的下拉列表中，可以选择光圈的形状，包括【三角形】、【方形】、【五边形】、【六边形】、【七边形】和【八边形】6个选项。通过【半径】可以控制镜头模糊程度的大小，值越大，模糊效果越明显；【叶片弯度】控制相机叶片的弯曲程度，值越大，模糊效果越明显；【旋转】控制模糊产生的旋转程度。
- 【镜面高光】：设置镜面的高光效果。通过【亮度】可以控制模糊后图像的亮度，值越大，图像越亮；【阈值】控制图像模糊后的效果层次，值越大，图像的层次越丰富。
- 【数量】：设置图像中产生的杂色数量。值越大，产生的杂色就越多。
- 【分布】：设置图像产生杂色的分布情况。选择【平均】选项，将平均分布这些杂色；选择【高斯分布】选项，将高斯分布这些杂色。
- 【单色】：勾选该复选框，将以单色形式在图像中产生杂色。

13.5.11 平均

该滤镜可以将图层或选区中的颜色平均分布产生一种新颜色，然后用该颜色填充图像或选区以创建平滑外观。执行菜单栏中的【滤镜】|【模糊】|【平均】命令，即可对图像应用【平均】滤镜。

原图与使用【平均】命令后的对比效果如图13.55所示。

图13.55 原图与使用【平均】命令后的对比效果

13.5.12 特殊模糊

该滤镜对图像进行精细的模糊处理，它只对有微弱颜色变化的区域进行模糊，能够产生一种清晰边缘的模糊效果。它可以将图像中的褶皱模糊掉，或将重叠的边缘模糊掉。利用不同的选项，还可以将彩色图像变成边界为白色的黑白图像。执行菜单栏中的【滤镜】|【模糊】|【特殊模糊】命令，打开【特殊模糊】对话框。原图与使用【特殊模糊】命令后的对比效果如图13.56所示。

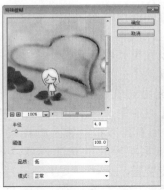

图13.56 原图与使用【特殊模糊】命令后的对比效果

- 【半径】：设置滤镜搜索不同像素的范围，取值越大，模糊效果就越明显。取值范围为0.1~100。
- 【阈值】：设置像素被擦除前与周围像素的差别，设定一个数值，只有当相邻像素间的亮度之差超过这个值的限制时，才能对其进行模糊处理。取值范围为0.1~100。
- 【品质】：设置图像模糊效果的质量。包括【低】、【中】和【高】3个选项。
- 【模式】：设置模糊图像的模式。可以选择【正常】、【仅限边缘】和【叠加边缘】3种模式。选择【正常】模式，模糊后的图像效果与其他模糊滤镜基本相同；选择【仅限边缘】模式，Photoshop会以黑色显示作为图像背景，以白色勾绘出图像边缘像素亮度变化强烈的区域；选择【叠加边缘】模式，则相当于【正常】和【仅限于边缘】模式叠加作用的结果。

13.5.13 形状模糊

该滤镜可以根据预置的形状或自定义的形状对图像进行模糊处理。执行菜单栏中的【滤镜】|【模糊】|【形状模糊】命令，打开【形状模糊】对话框。原图与使用【形状模糊】命令后的对比效果如图13.57所示。

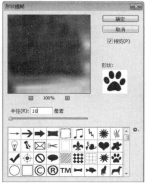

图13.57 原图与使用【形状模糊】命令后的对比效果

- 【半径】：设置模糊的程度。值越大，模糊的效果越明显。取值范围为5~1000之间的整数。
- 【形状】：选择一种模糊的参考形状。

Section 13.6 素描滤镜组

【素描】滤镜组主要用于给图像增加纹理，模拟素描、速写等艺术效果，制作出各种素描绘制图像的效果。该滤镜组中的命令基本上都和前景色和背景色的颜色设置有关，可以利用前景色或背景色来参与绘图，制作出精美的艺术图像。共包括14种滤镜：半调图案、便条纸、粉笔和炭笔、铬黄、绘图笔、基底凸现、水彩画纸、撕边、石膏效果、炭笔、炭精笔、图章、网状和影印。

13.6.1 半调图案

该滤镜使用前景色和背景色将图像处理为带有圆形、网点或直线形状的半调图案效果。执行菜单栏中的【滤镜】|【滤镜库】|【素描】|【半调图案】命令，打开如图13.58所示的【半调图案】对话框。

- 【大小】：设置半调图案的密度。值越大，图案密度越小，半调图案的网纹就越大。取值范围为1~12。
- 【对比度】：设置添加到图像中的前景色与背景色的对比度。值越大，层次感越强，对比越明显。
- 【图案类型】：设置生成半调图案的类型。包括【圆形】、【网点】或【直线】3个选项。

图13.58 【半调图案】对话框

原图与使用【半调图案】命令后的对比效果如图13.59所示。

图13.59 原图与使用【半调图案】命令后的对比效果

13.6.2 便条纸

该滤镜可以使图像产生类似浮雕的凹陷压印效果。执行菜单栏中的【滤镜】|【滤镜库】|【素描】|【便条纸】命令，打开【便条纸】对话框。原图与使用【便条纸】命令后的对比效果如图13.60所示。

图13.60 原图与使用【便条纸】命令后的对比效果

● 【图像平衡】：设置图像中前景色和背景色的比例。值越大，前景色所占的比例就越大。取值范围为1~50。

- 【粒度】：设置图像中颗粒的明显程度。值越大，图像中的颗粒点就越突出。取值范围为1~20。
- 【凸现】：设置图像的凹凸程度。值越大，凹凸越明显。取值范围为1~25。

13.6.3 粉笔和炭笔

该滤镜可以制作出粉笔和炭笔绘制图像的效果。使用前景色在图像上绘制出粗糙的高亮区域，使用背景色在图像上绘制出中间色调，而且粉笔使用背景色绘制，炭笔使用前景色绘制。执行菜单栏中的【滤镜】|【滤镜库】|【素描】|【粉笔和炭笔】命令，打开【粉笔和炭笔】对话框。原图与使用【粉笔和炭笔】命令后的对比效果如图13.61所示。

图13.61 原图与使用【粉笔和炭笔】命令后的对比效果

- 【炭笔区】：设置炭笔绘制的区域范围。值越大，炭笔画特征越明显，前景色就越多。取值范围为0~20。
- 【粉笔区】：设置粉笔绘制的区域范围。值越大，粉笔画特征越明显，背景色就越多。取值范围为0~20。
- 【描边压力】：设置粉笔和炭笔边界的明显程度。值越大，边界越明显。取值范围为0~5。

13.6.4 铬黄渐变

该滤镜可以模拟发光的液体金属，就像是擦亮的铬黄表面效果。执行菜单栏中的【滤镜】|【滤镜库】|【素描】|【铬黄渐变】命令，打开【铬黄渐变】对话框。原图与使用【铬黄渐变】命令后的对比效果如图13.62所示。

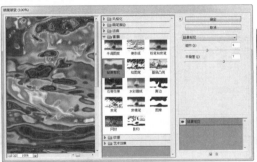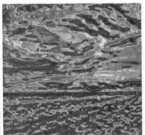

图13.62 原图与使用【铬黄】命令后的对比效果

- 【细节】：设置图像细节保留程度。值越大，图像细节越清晰。取值范围为0~10。
- 【平滑度】：设置图像的光滑程度。值越大，图像的过渡越光滑。取值范围为0~10。

13.6.5 绘图笔

该滤镜可以模拟铅笔素描效果，使用细线状的油墨对图像进行细节描绘。它使用前景色作为油墨，背景色作为纸张。执行菜单栏中的【滤镜】|【滤镜库】|【素描】|【绘图笔】命令，打开【绘图笔】对话框。原图与使用【绘图笔】命令后的对比效果如图13.63所示。

图13.63 原图与使用【绘图笔】命令后的对比效果

- 【描边长度】：设置图像中笔画的线条长度。当取值为1时，笔画由线条变为点。其取值范围为1~15。
- 【明/暗平衡】：设置前景色和背景色的平衡程度。值越大，图像中的前景色就越多。取值范围为1~100。
- 【描边方向】：设置笔画的描绘方向。包括【右对角线】、【水平】、【左对角线】和【垂直】4个选项。

13.6.6 基底凸现

该滤镜可以根据图像的轮廓，使图像产生凹凸起伏的浮雕效果。执行菜单栏中的【滤镜】|【滤镜库】|【素描】|【基底凸现】命令，打开【基底凸现】对话框。原图与使用【基底凸现】命令后的对比效果如图13.64所示。

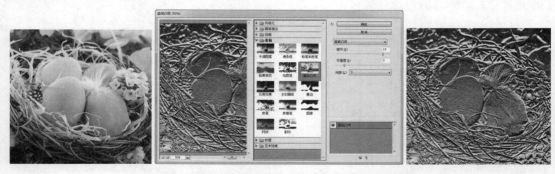

图13.64 原图与使用【基底凸现】命令后的对比效果

- 【细节】：设置图像细节的保留程度。值越大，图像的细节表现就越多。取值范围为1～15。
- 【平滑度】：设置图像的光滑程度。值越大，图像越光滑。取值范围为1～15。
- 【光照】：设置光源的照射方向。包括【下】、【左下】、【左】、【左上】、【上】、【右上】、【右】和【右下】8个选项。

13.6.7 石膏效果

该滤镜使用前景色和背景色为结果图像着色，让亮区凹陷，让暗区凸出，形成三维石膏效果。执行菜单栏中的【滤镜】|【滤镜库】|【素描】|【石膏效果】命令，打开如图所示的【石膏效果】对话框。原图与使用【石膏效果】命令后的对比效果如图13.65所示。

图13.65 原图与使用【石膏效果】命令后的对比效果

- 【图像平衡】：设置前景色和背景色之间的平衡程度。值越大，图像越凸出。取值范围为1～50。
- 【平滑度】：设置图像凸出与平面部分的光滑程度。值越大，越光滑。取值范围为1～15。
- 【光照方向】：设置光照的方向。包括【下】、【左下】、【左】、【左上】、【上】、【右上】、【右】和【右下】8个方向。

13.6.8 水彩画纸

该滤镜可以产生一种在潮湿纸张上作画，在颜色的边缘出现浸润的混合效果。执行菜单栏中的【滤镜】|【滤镜库】|【素描】|【水彩画纸】命令，打开【水彩画纸】对话框。原图与使用【水彩画纸】命令后的对比效果如图13.66所示。

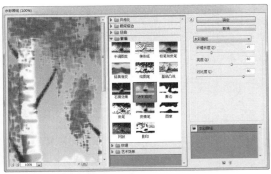

图13.66 原图与使用【水彩画纸】命令后的对比效果

- 【纤维长度】：设置图像颜色的扩散程度。值越大，扩散程度就越大。取值范围为3～50。
- 【亮度】：设置图像的亮度。值越大，图像越亮。取值范围为0～100。
- 【对比度】：设置图像暗区和亮区的对比程度。值越大，图像的对比度就越大，图像越清晰。取值范围为0～100。

13.6.9 撕边

该滤镜可以用前景色和背景色重绘图像，并用粗糙的颜色边缘模拟碎纸片的毛边效果。执行菜单栏中的【滤镜】|【滤镜库】|【素描】|【撕边】命令，打开【撕边】对话框。原图与使用【撕边】命令后的对比效果如图13.67所示。

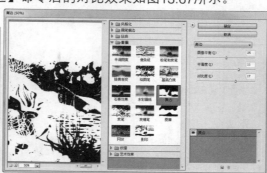

图13.67 原图与使用【撕边】命令后的对比效果

- 【图像平衡】：设置前景色和背景色之间的平衡。值越大，前景色部分就越多。取值范围为1～40。
- 【平滑度】：设置前景色和背景色之间的平滑过渡程度。值越大，过渡效果越平滑。取值范围为1～15。
- 【对比度】：设置前景色与背景色之间的对比程度。值越大，图像越亮。取值范围为1～20。

13.6.10 炭笔

该滤镜可以使用前景色作为炭笔，背景色作为纸张，将图像重新绘制出来，边缘用粗线绘制，中间调用对角线条绘制，产生色调分离的炭笔画效果。执行菜单栏中的【滤镜】|【滤镜库】|【素描】|【炭笔】命令，打开【炭笔】对话框。原图与使用【炭笔】命令后的对比效果如图13.68所示。

图13.68 原图与使用【炭笔】命令后的对比效果

- 【炭笔粗细】：设置炭笔线条的粗细。值越大，笔触的宽度就越大。取值范围为1~7。
- 【细节】：设置图像的细节清晰程度。值越大，图像的细节表现越清晰。取值范围为0~5
- 【明/暗平衡】：设置前景色与背景色的明暗对比程度。值越大，对比程度越明显。取值范围为0~100。

13.6.11 炭精笔

该滤镜使用前景色绘制图像中较暗的部分，用背景色绘制图像中较亮的部分，可以模拟使用浓黑和纯白的炭精笔纹理。执行菜单栏中的【滤镜】|【滤镜库】|【素描】|【炭精笔】命令，打开【炭精笔】对话框。原图与使用【炭精笔】命令后的对比效果如图13.69所示。

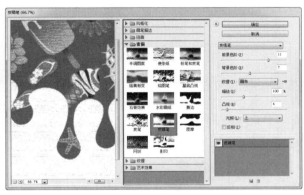

图13.69 原图与使用【炭精笔】命令后的对比效果

- 【前景色阶】：设置前景色使用的数量。值越大，数量越多。取值范围为1~15。
- 【背景色阶】：设置背景色使用的数量。取值较低时，图像中出现大片的前景色以及灰色与材质纹理的混合色；取值较高时，若前景色阶高，则图像中出现的纹理多，若前景色阶低，则图像中出现的纹理少。取值范围为1~15。
- 【纹理】：设置图像的纹理。包括【砖形】、【粗麻布】、【画布】和【砂岩】4种纹理。
- 【缩放】：设置纹理的大小缩放。取值范围为50%~200%。
- 【凸现】：设置纹理的凹凸程度。值越大，图像的凹凸感越强。取值范围为0~50。
- 【光照】：设置光线照射的方向。包括【下】、【左下】、【左】、【左上】、【上】、【右上】、【右】和【右下】8个方向。
- 【反相】：勾选该复选框，可以反转图像的凹凸区域。

13.6.12 图章

该滤镜可以将图像简化，使用图像的轮廓制作成图章印戳效果，并使用前景色作为图章部分，其他的部分为背景色。执行菜单栏中的【滤镜】|【滤镜库】|【素描】|【图章】命令，打开【图章】对话框。原图与使用【图章】命令后的对比效果如图13.70所示。

图13.70 原图与使用【图章】命令后的对比效果

- 【明/暗平衡】：设置前景色和背景色的比例平衡程度。取值范围为1~50。
- 【平滑度】：设置前景色和背景色之间的边界平滑程度。值越大，越平滑。取值范围为1~50。

13.6.13 网状

该滤镜可以模拟胶片乳胶的可控收缩和扭曲来创建图像，并使用前景色替代暗区部分，背景色替代亮区部分。在暗区呈结块状，在亮区呈轻微颗粒化。执行菜单栏中的【滤镜】|【滤镜库】|【素描】|【网状】命令，打开【网状】对话框。原图与使用【网状】命令后的对比效果如图13.71所示。

图13.71 原图与使用【网状】命令后的对比效果

- 【浓度】：设置网格中网眼的密度。值越大，网眼的密度就越大。取值范围为0~50。
- 【前景色阶】：设置前景色所占的比重。值越大，前景色所占的比重就越大。取值范围为0~50。
- 【背景色阶】：设置背景色所占的比重。值越大，背景色所占的比重就越大。取值范围为0~50。。

13.6.14 影印

该滤镜可以模拟影印图像效果，使用前景色勾画主要轮廓，其余部分使用背景色。执行菜单栏中的【滤镜】|【滤镜库】|【素描】|【影印】命令，打开【影印】对话框。原图与使用【影印】命令后的对比效果如图13.72所示。

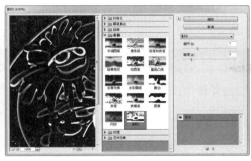

图13.72 原图与使用【影印】命令后的对比效果

- 【细节】：设置图像中细节的保留程度。值越大，图像细节保留就越多。取值范围为1~24。
- 【暗度】：设置图像的暗部颜色深度。值越大，暗区的颜色越深。取值范围为1~50。

扭曲滤镜组

【扭曲】滤镜组可以将图像进行几何扭曲，以创建波浪、波纹、挤压以及切变等各种图像的变形效果。其中既有平面的扭曲效果，也有三维的扭曲效果。它共包括9种扭曲滤镜：【波浪】、【波纹】、【极坐标】、【挤压】、【切变】、【球面化】、【水波】、【旋转扭曲】和【置换】。

13.7.1 波浪

该滤镜可以根据用户设置的不同波长和波幅产生波纹效果。执行菜单栏中的【滤镜】|【扭曲】|【波浪】命令，打开如图所示的【波浪】对话框。原图与使用【波浪】命令后的对比效果如图13.73所示。

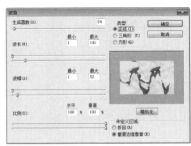

图13.73 原图与使用【波浪】命令后的对比效果

- 【生成器数】：设置波纹生成的数量。可以直接输入数值或拖动滑块来修改参数。值越大，波纹产生的波动就越大。取值范围为1~999。
- 【波长】：设置相邻两个波峰之间的距离。可以分别设置最小波长和最大波长，而且最小波长不可以超过最大波长。

- 【波幅】：设置波浪的高度。可以分别设置最大波幅和最小波幅，同样最小的波幅不能超过最大的波幅。

Questions **波长和波幅有什么区别？**

Answered 波长是指相邻两个波峰之间的距离，波幅是指波浪的高度。

- 【比例】：设置水平和垂直方向波浪波动幅度的缩放比例。
- 【类型】：设置生成波纹的类型。包括【正弦】、【三角形】和【方形】3个选项。
- 【随机化】：单击此按钮，可以在不改变参数的情况下，改变波浪的效果，多次单击可以生成更多的波浪效果。
- 【未定义区域】：设置像素波动后边缘空缺的处理方法。选择【折回】选项，表示将超出边缘位置的图像在另一侧折回；选择【重复边缘像素】选项，表示将超出边缘位置的图像重复边缘的像素。

13.7.2 波纹

该滤镜可以在图像上创建像风吹水面产生起伏的波纹效果。执行菜单栏中的【滤镜】|【扭曲】|【波纹】命令，打开【波纹】对话框。原图与使用【波纹】命令后的对比效果如图13.74所示。

图13.74 原图与使用【波纹】命令后的对比效果

- 【数量】：设置生成水纹的数量。可以直接输入数值，也可以拖动滑块来修改参数。取值范围为-999~999。
- 【大小】：设置生成波纹的大小。包括【大】、【中】和【小】3个选项，选择不同的选项将生成不同大小的波纹效果。

13.7.3 极坐标

该滤镜可以将图像从平面坐标转换到极坐标，或将图像从极坐标转换为平面坐标以生成扭曲图像的效果。执行菜单栏中的【滤镜】|【扭曲】|【极坐标】命令，打开【极坐标】对话框。原图与使用【极坐标】命令后的对比效果如图13.75所示。

- 【平面坐标到极坐标】：选择该选项，可以将平面直角坐标转换为极坐标，以此来扭曲图像。

- 【极坐标到平面坐标】：选择该选项，可以将极坐标转换为平面直角坐标，以此来扭曲图像。

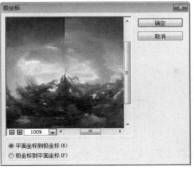

图13.75 原图与使用【极坐标】命令后的对比效果

13.7.4 挤压

该滤镜可以将整个图像向内或向外进行挤压变形。执行菜单栏中的【滤镜】|【扭曲】|【挤压】命令，打开【挤压】对话框。原图与使用【极坐标】命令后的对比效果如图13.76所示。

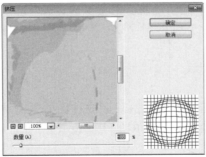

图13.76 原图与使用【极坐标】命令后的对比效果

- 【数量】：设置图像受挤压的程度。取值范围是－100%～100%。当值为负值时，图像向外挤压变形，且数值越小，挤压程度越大；当值为正值时，图像向内挤压变形，且数值越大，挤压程度越大。

13.7.5 切变

该滤镜允许用户按自己设置的曲线来扭曲图像。执行菜单栏中的【滤镜】|【扭曲】|【切变】命令，打开【切变】对话框。原图与使用【切变】命令后的对比效果如图13.77所示。

> **Skill** 在【切变】对话框中的曲线控制框中，单击鼠标可以添加节点，拖动节点可以调整线条的形状。将节点拖动到曲线控制框外，则删除该节点。单击【默认】按钮，将曲线恢复为直线。

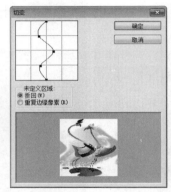

图13.77 原图与使用【切变】命令后的对比效果

- 【切换控制区】：主要用来控制图像的扭曲变形。在控制区中的直线上或其他方格位置单击，可以为直线添加控制点，拖动控制点即可设置直线变形，同时图像也同步变形。多次单击可以添加更多的控制点，如果想删除控制点，直接将控制点拖动到对话框以外释放鼠标即可。
- 【未定义区域】：设置像素波动后边缘空缺的处理方法。选择【折回】选项，表示将超出边缘位置的图像在另一侧折回；选择【重复边缘像素】选项，表示将超出边缘位置的图像重复边缘的像素。
- 【图像预览】：显示图像的扭曲变形预览。
- 【默认】：按住【Ctrl】键出现"默认"按钮，单击该按钮，可以将调整后的曲线恢复为直线效果。

13.7.6 球面化

该滤镜可以使图像产生凹陷或凸出的球面或柱面效果，就像图像被包裹在球面上或柱面上一样，产生立体效果。执行菜单栏中的【滤镜】|【扭曲】|【球面化】命令，打开所示的【球面化】对话框。原图与使用【球面化】命令后的对比效果如图13.78所示。

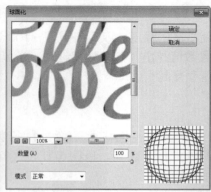

图13.78 原图与使用【球面化】命令后的对比效果

- 【数量】：设置产生球面化或柱面化的变形程度。取值范围为-100%～100%。当值为正时，图像向外凸出，且值越大凸出的程度越大；当值为负时，图像向内凹陷，且值越小凹陷的程度越大。

- 【模式】：设置图像变形的模式。包括【正常】、【水平优先】和【垂直优先】3个选项。当选择【正常】时，图像将产生球面化效果；当选择【水平优先】时，图像将产生竖直的柱面效果；当选择【垂直优先】时，图像将产生水平的柱面效果。

13.7.7 水波

该滤镜可以制作出类似涟漪的图像变形效果。多用来制作水的波纹。执行菜单栏中的【滤镜】|【扭曲】|【水波】命令，打开【水波】对话框。原图与使用【球面化】命令后的对比效果如图13.79所示。

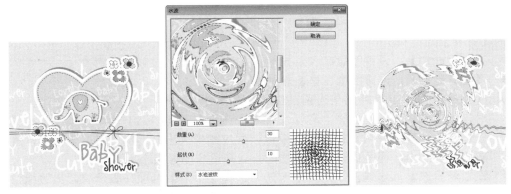

图13.79 原图与使用【球面化】命令后的对比效果

- 【数量】：设置生成波纹的强度。取值范围为-100~100。当值为负时，图像中心是波峰；当值为正时，图像中心是波谷。
- 【起伏】：设置生成水波纹的数量。值越大，波纹数量越多，波纹越碎。
- 【样式】：设置置换像素的方式。包括【围绕中心】、【从中心向外】和【水池波纹】3个选项。【围绕中心】表示沿中心旋转变形；【从中心向外】表示从中心向外置换变形；【水池波纹】表示向左上或右下置换变形图像。

13.7.8 旋转扭曲

该滤镜以图像中心为旋转中心，对图像进行旋转扭曲。执行菜单栏中的【滤镜】|【扭曲】|【旋转扭曲】命令，打开【旋转扭曲】对话框。原图与使用【旋转扭曲】命令后的对比效果如图13.80所示。

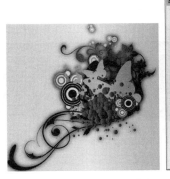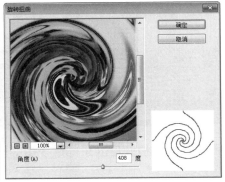

图13.80 原图与使用【旋转扭曲】命令后的对比效果

- 【角度】：设置旋转的强度。取值范围为-999～999。当值为正时，图像按顺时针旋转；当值为负时，图像按逆时针旋转。当数值达到最小值或最大值时，旋转扭曲的强度最大。

13.7.9 置换

该滤镜可以指定一个图像，并使用该图像的颜色、形状和纹理等来确定当前图像中的扭曲方式，最终使两幅图像交错组合在一起，产生位移扭曲效果。这里的另一幅图像被称为置换图，而且置换图的格式必须是psd格式。执行菜单栏中的【滤镜】|【扭曲】|【置换】命令，将打开如图13.81所示的【置换】对话框。

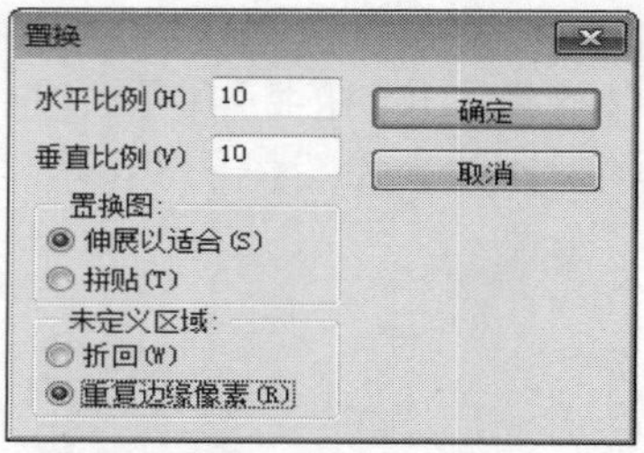

图13.81 【置换】对话框

- 【水平比例】：设置图像在水平方向上的变形比例。
- 【垂直比例】：设置图像在垂直方向上的变形比例。
- 【置换图】：当置换图与当前图像区域的大小不同时，设置图像的匹配方式。包括【伸展以适合】和【拼贴】两个选项。选择【伸展以适合】选项，将对置换图进行缩放以适应图像大小；选择【拼贴】选项，置换图将不改变大小，而是通过重复拼贴的方式来适应图像大小。
- 设置像素波动后边缘空缺的处理方法。选择【折回】选项，表示将超出边缘位置的图像在另一侧折回；选择【重复边缘像素】选项，表示将超出边缘位置的图像重复边缘的像素。

Tip 在使用【转换】滤镜前，需要事先准备好一张用于置换的PSD格式的图像。

原图、置换图和使用【置换】命令后的对比效果如图13.82所示。

图13.82 原图、置换图和使用【置换】命令后的对比效果

纹理滤镜组

【纹理】滤镜组主要为图像加入各种纹理效果，赋予图像一种深度或物质的外观。包括6种滤镜：龟裂缝、颗粒、马赛克拼贴、拼缀图、染色玻璃和纹理化。

13.8.1 龟裂缝

该滤镜可以将图像制作出类似乌龟壳裂纹的效果。执行菜单栏中的【滤镜】|【滤镜库】|【纹理】|【龟裂缝】命令，打开如图所示的【龟裂缝】对话框。原图与使用【龟裂缝】命令后的对比效果如图13.83所示。

 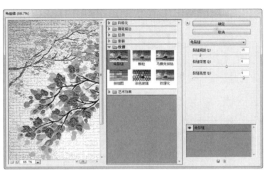 

图13.83 原图与使用【龟裂缝】命令后的对比效果

- 【裂缝间距】：设置生成裂缝之间的间距。值越大，裂缝的间距就越大。取值范围为2～100。
- 【裂缝深度】：设置生成裂缝的深度。值越大，裂缝的深度就越深。取值范围为0～10。
- 【裂缝亮度】：设置裂缝间的亮度。值越大，裂缝间的亮度就越大。取值范围为0～10。

13.8.2 颗粒

可以用不同状态的颗粒改变图像的表面纹理，使图像产生颗粒般的效果。执行菜单栏中的【滤镜】|【滤镜库】|【纹理】|【颗粒】命令，打开如图所示的【颗粒】对话框。原图与使用【颗粒】命令后的对比效果如图13.84所示。

 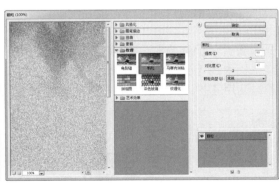 

图13.84 原图与使用【颗粒】命令后的对比效果

- 【强度】：设置图像中产生颗粒的数量。值越大，颗粒的密度就越大。取值范围为0～100。
- 【对比度】：设置图像中生成颗粒的对比度。值越大，颗粒的效果越明显。取值范围为0～100。

- 【颗粒类型】：设置生成颗粒的类型。包括【常规】、【柔和】、【喷洒】、【结块】、【强反差】、【扩大】、【点刻】、【水平】、【垂直】和【斑点】10种类型。

13.8.3 马赛克拼贴

该滤镜可以使图像分割成若干不规则的小块组成马赛克拼贴效果。该滤镜与【龟裂缝】滤镜有些相似，但产生的效果比【龟裂缝】滤镜更加的规则。执行菜单栏中的【滤镜】|【滤镜库】|【纹理】|【马赛克拼贴】命令，打开【马赛克拼贴】对话框。原图与使用【马赛克拼贴】命令后的对比效果如图13.85所示。

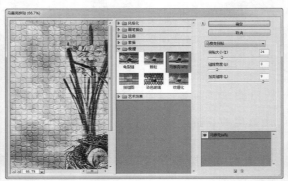

图13.85 原图与使用【马赛克拼贴】命令后的对比效果

- 【拼贴大小】：设置图像中生成马赛克小块的大小。值越大，块状马赛克就越大。取值范围为2~100。
- 【缝隙宽度】：设置图像中马赛克之间裂缝的宽度。值越大，裂缝就越宽。取值范围为1~15。
- 【加亮缝隙】：设置马赛克之间裂缝的亮度。值越大，裂缝就越亮。取值范围为0~10。

13.8.4 拼缀图

该滤镜可以将图像分解为许多的正方形，并使用该区域的主色填充，同时随机增大或减小拼贴的深度。执行菜单栏中的【滤镜】|【滤镜库】|【纹理】|【拼缀图】命令，打开【拼缀图】对话框。原图与使用【拼缀图】命令后的对比效果如图13.86所示。

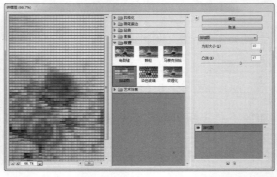

图13.86 原图与使用【拼缀图】命令后的对比效果

- 【方形大小】：设置图像中生成拼缀图块的大小。值越大，拼缀图块就越大。取值
  范围为0~10。
- 【凸现】：设置拼缀图块的凸现程度。值越大，拼缀图块凸现越明显。取值范围为
  0~25。

13.8.5 染色玻璃

该滤镜可以将图像分成不规则的彩色玻璃格子效果，产生彩色玻璃效果，而且染玻璃
中的边框颜色是由前景色决定的。执行菜单栏中的【滤镜】|【滤镜库】|【纹理】|【染
色玻璃】命令，打开【染色玻璃】对话框。原图与使用【染色玻璃】命令后的对比效果
如图13.87所示。

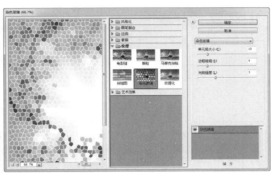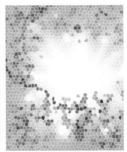

图13.87 原图与使用【染色玻璃】命令后的对比效果

- 【单元格大小】：设置生成彩色玻璃格子的大小。值越大，生成的格子就越大。取
  值范围为2~50。
- 【边框粗细】：设置玻璃格子之间的边框宽度。值越大，边框的宽度就越大，边框
  就越粗。取值范围为1~20。
- 【光照强度】：设置生成彩色玻璃的亮度。值越大，图像越亮。取值范围为
  0~10。

13.8.6 纹理化

该滤镜可以使用预设的纹理或自定义载入的纹理样式，从而在图像中生成指定的纹理
效果。执行菜单栏中的【滤镜】|【滤镜库】|【纹理】|【纹理化】命令，打开【纹理化】
对话框。原图与使用【纹理化】命令后的对比效果如图13.88所示。

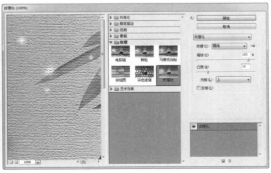

图13.88 原图与使用【纹理化】命令后的对比效果

- 【纹理】：指定图像生成的纹理。包括【砖形】、【粗麻布】、【画布】和【砂岩】4个选项。还可以在右侧的选项载入一个psd格式的图片作为纹理。
- 【缩放】：设置生成纹理的大小。值越大，生成的纹理就越大。取值范围为50%～200%。
- 【凸现】：设置生成纹理的凹凸程度。值越大，纹理的凸现越明显。取值范围为0～50。
- 【光照】：设置光源的位置，即光照的方向。包括【下】、【左下】、【左】、【左上】、【上】、【右上】、【右】和【右下】8个方向。
- 【反相】：勾选该复选框，可以反转纹理的凹凸部分。

Questions 在使用【纹理化】滤镜时，可以载入自己喜欢的图像作为纹理图案吗？

Answered 可以。在【纹理化】对话框中，单击【纹理】下拉列表框后面的▾≡按钮，在弹出的下拉菜单中选择【载入纹理】命令，再根据指示进行操作，就可以载入自己喜欢的图像作为纹理图案（载入的纹理图像必须是PSD格式的图像）。

Section 13.9 锐化滤镜组

【锐化】滤镜组可以加强图像的对比度，使图像变得更加清晰。共包括6种锐化命令：USM 锐化、防抖、进一步锐化、锐化、锐化边缘和智能锐化。

13.9.1 USM锐化

该滤镜可以在图像边缘的每侧生成一条亮线和一条暗线，以此来产生轮廓的锐化效果。多用于校正摄影、扫描、重新取样或打印过程中产生的模糊效果。执行菜单栏中的【滤镜】|【锐化】|【USM锐化】命令，打开【USM锐化】对话框。原图与使用【USM锐化】命令后的对比效果如图13.89所示。

图13.89 原图与使用【USM锐化】命令后的对比效果

- 【数量】：设置图像对比强度。数值越大，图像的锐化效果越明显。取值范围为1～500%。
- 【半径】：设置边缘两侧像素影响锐化的像素数目。值越大，锐化的范围就越大。取值范围为0.1～250.0。
- 【阈值】：设置锐化像素与周围区域亮度的差值。值越大，锐化的像素越少。取值范围为0～255。

13.9.2 防抖

【防抖】滤镜是Photoshop CC新增的锐化滤镜。不论图像模糊是由于慢速快门造成的还是长焦距而造成的，该滤镜都能分析其曲线以回复清晰度。原图与使用【防抖】命令后的对比效果如图13.90所示。

图13.90 原图与使用【防抖】命令后的对比效果

13.9.3 进一步锐化和锐化

【锐化】滤镜可以对图像进行锐化处理，但锐化的效果并不是很大，而【进一步锐化】却比【锐化】效果更加强烈，一般是锐化的3～4倍。如图13.91所示为原图、5次锐化和4次进一步锐化效果。

图13.91 原图、5次锐化和4次进一步锐化效果

13.9.4 锐化边缘

该滤镜仅锐化图像的边缘轮廓，使不同颜色的分界更为明显，从而得到较清晰的图像效果，而且不会影响到图像的细节部分。如图13.92所示为原图和使用8次【锐化边缘】命令后的图像对比效果。

图13.92 原图和使用8次【锐化边缘】命令后的图像对比效果

13.9.5 智能锐化

该滤镜具有【USM 锐化】滤镜所没有的锐化控制功能。可以设置锐化算法或控制在阴影和高光区域中进行的锐化量。执行菜单栏中的【滤镜】|【锐化】|【智能锐化】命令，打开如图13.93所示的【智能锐化】对话框。

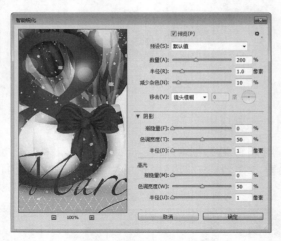

图13.93 【智能锐化】对话框

在【智能锐化】对话框中，共包括3个选项组，下面来分别介绍。

1.【锐化】选项组

在默认状态下，【智能锐化】对话框参数显示的就是【锐化】选项组。下面来介绍该选项组中参数的应用。

- 【数量】：设置锐化的程度。值越大，图像的简化效果越明显。
- 【半径】：设置边缘周围像素的锐化影响范围。值越大，受影响的边缘就越宽，锐化的效果就越明显。
- 【减少杂色】：设置锐化过程中图像中所生产的杂色。
- 【移去】：设置图像锐化的锐化算法。【高斯模糊】是【USM 锐化】滤镜使用的方法；【镜头模糊】将更精细地锐化图像中的边缘和细节，并减少锐化光晕；【动感模糊】可以减少由于相机或主体移动而导致的模糊效果。当选择【动感模糊】选项后，可以通过【角度】值或拖动指针来设置动感模糊的角度。

2．【阴影】选项组

单击【阴影】选项组，进行【阴影】参数设置，如图13.94所示，该区域主要用来设置图像中较暗和较亮区域的锐化设置。

- 【渐隐量】：调整图像中高光和阴影区域的锐化程度。取值范围为0～100。

图13.94 【阴影】选项组

- 【色调宽度】：控制阴影或高光中色调的修改范围。向左移动滑块会减小【色调宽度】值，向右移动滑块会增加该值。较小的值会限制只对较暗区域调整，并只对较亮区域高光调整。取值范围为0～100。

- 【半径】：设置每个像素周围的区域大小，它决定像素在阴影还是在高光中。值越小，作用的区域范围也越小；值越大，作用的区域范围也就越大。取值范围为1～100。

Tip 【高光】选项组中的参数与【阴影】选项卡中的相同，这里不再赘述。

原图与使用【智能锐化】命令后的对比效果如图13.95所示。

图13.95 原图与使用【智能锐化】命令后的对比效果

Section 13.10 视频滤镜组

【视频】滤镜组属于Photoshop的外部接口程序，用来从摄像机输入图像或将图像输出到录像带上。包括【NTSC颜色】和【逐行】两个滤镜。它可以将普通图像转换为视频图像，或是将视频图像转换为普通图像。

13.10.1 NTSC颜色

【NTSC颜色】滤镜可以解决当使用NTSC方式向电视机输出图像时，色域变窄的问题，可将色域限制为电视可接收的颜色，将某些饱和度过高的颜色转化成近似的颜色，降低饱和度，以匹配NTSC视频标准色域。

13.10.2 逐行

该滤镜可以消除视频图像中的奇数或偶数交错行，使在视频上捕捉的运动图像变得平滑、清晰。此滤镜用于在视频输入图像时，消除混杂信号的干扰。执行菜单栏中的【滤镜】|【视频】|【逐行】命令，打开如图13.96所示的【逐行】对话框。

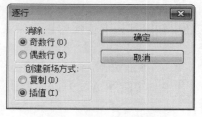

- 【消除】：该项包括【奇数场】和【偶数场】两个选项。用来消除视频图像中的奇数行或是偶数行。
- 【创建新场方式】：该项包括【复制】和【插值】两个选项，设置在创建新场时是使用复制还是插值。

图13.96 【逐行】对话框

Section 13.11 像素化滤镜组

该滤镜组主要通过单元格中颜色值相近的像素结成许多小块，并使这些小块重新组合或有机地分布，形成像素组合效果。共包括7种滤镜：彩块化、彩色半调、点状化、晶格化、马赛克、碎片和铜版雕刻。

13.11.1 彩块化

该滤镜可以将图像中的纯色或颜色相近的像素集结起来形成彩色色块，从而生成彩块化效果。该滤镜没有任何参数设置，如果效果不明显，可以重复多次操作。

原图与多次使用【彩块化】命令后的对比效果如图13.97所示。

图13.97 原图与多次使用【彩块化】命令后的对比效果

13.11.2 彩色半调

该滤镜可以模拟对图像的每个通道使用放大的半调网屏的效果。半调网屏由网点组成，网点控制印刷时特定位置的油墨量。执行菜单栏中的【滤镜】|【像素化】|【彩色半调】命令，打开【彩色半调】对话框。原图与使用【彩色半调】命令后的对比效果如图13.98所示。

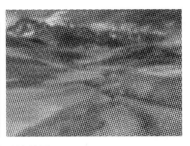

图13.98 原图与使用【彩色半调】命令后的对比效果

- 【最大半径】：指定半调网点的最大半径值。值越大，半调网点就越大。取值范围是4-127像素。
- 【网角】：设置每个通道的网点与实际水平线的夹角。不同色彩模式使用的通道数不同。对于灰度模式的图像，只能使用通道1；对于RGB图像，使用通道1为红色通道、2为绿色通道、3为蓝色通道；对于CMYK图像，使用通道1为青色、2为洋红、3为黄色、4为黑色。

13.11.3 点状化

该滤镜可以将图像中的颜色分解为随机分布的网点，并使用背景色作为网点之间的画布颜色，形成类似点状化绘图的效果。执行菜单栏中的【滤镜】|【像素化】|【点状化】命令，打开【点状化】对话框。原图与使用【点状化】命令后的对比效果如图13.99所示。

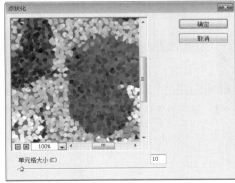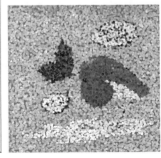

图13.99 原图与使用【点状化】命令后的对比效果

- 【单元格大小】：设置点状化的大小。值越大，点块就越大。取值范围为3～300像素。

13.11.4 晶格化

该滤镜可以使图像产生结晶般的块状效果。执行菜单栏中的【滤镜】|【像素化】|【晶格化】命令，打开【晶格化】对话框。原图与使用【晶格化】命令后的对比效果如图13.100所示。

- 【单元格大小】：设置结晶体的大小。值越大，结晶体就越大。取值范围为3～300像素。

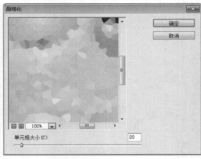

图13.100　原图与使用【晶格化】命令后的对比效果

13.11.5　马赛克

　　该滤镜可以让图像中的像素集结成块状效果。平时看电视或电影中的人物面部多应用该滤镜效果，人们常说的给人物面部打个马赛克，说的就是这个滤镜效果。执行菜单栏中的【滤镜】|【像素化】|【马赛克】命令，打开【马赛克】对话框。原图与使用【马赛克】命令后的对比效果如图13.101所示。

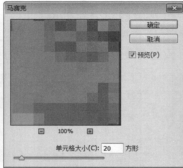

图13.101　原图与使用【马赛克】命令后的对比效果

- 　　【单元格大小】：设置马赛克的大小。值越大，马赛克就越大。取值范围2～200像素。

13.11.6　碎片

　　该滤镜可以使图像产生重叠位移的模糊效果。该滤镜没有任何参数设置，如果想将其模糊效果更加明显，可以多次执行该滤镜。原图与使用【碎片】命令后的对比效果如图13.102所示。

图13.102　原图与使用【碎片】命令后的对比效果

13.11.7 铜牌雕刻

该滤镜使用点状、短线、长线和长边等多种类型，将图像制作出像在铜版上雕刻的效果。执行菜单栏中的【滤镜】|【像素化】|【铜版雕刻】命令，打开【铜版雕刻】对话框。原图与使用【铜版雕刻】命令后的对比效果如图13.103所示。

图13.103 原图与使用【铜版雕刻】命令后的对比效果

● 【类型】：设置铜版雕刻的类型。包括【精细点】、【中等点】、【粒状点】、【粗网点】、【短线】、【中长直线】、【长线】、【短描边】、【中长描边】和【长边】10种类型，选择不同的类型将有不同的效果。

Section 13.12　渲染滤镜组

【渲染】滤镜组能够在图像中模拟光线照明、云雾状及各种表面材质的效果。共包括5种滤镜：分层云彩、光照效果、镜头光晕、纤维和云彩。

13.12.1 分层云彩

该滤镜可以根据前景色和背景色的混合生成云彩图像，并将生成的云彩与原图像运用差值模式进行混合。该滤镜没有任何的参数设置。可以通过多次执行该滤镜来创建不同的分层云彩效果。

原图与使用【分层云彩】命令后的对比效果如图13.104所示。

图13.104 原图与使用【分层云彩】命令后的对比效果

13.12.2 光照效果

该滤镜可以模拟不同的灯光，使图像产生立体效果。包含有17种光照样式、3种光照类型和4套光照属性，还可以使用灰度文件的纹理（称为凹凸图）产生类似 3D 的效果。执行菜单栏中的【滤镜】|【渲染】|【光照效果】命令，打开如图13.105所示的【光照效果】对话框。

图13.105 【光照效果】对话框。

- ● 【光照类型】：从右侧的下拉列表中，可以选择一种光照的类型，包括【无限光】、【聚光灯】和【点光】3种类型。【无限光】的照射与其照射的远近和角度有关，可以模拟太阳光；【聚光灯】的照射是从光源位置向各个方向照射，可以模拟白炽灯照射的效果；【点光】的照射成椭圆形光柱，可以模拟探照灯效果。3种光照类型的照射效果如图13.106所示。

无限光　　　　　　　　聚光灯　　　　　　　　点光

图13.106 不同光照效果

- ● 【强度】：设置光照的亮度大小。值越大，亮度就越高。
- ● 【颜色】：单击右侧的色块，可以打开【选择光照颜色】对话框，设置光照的颜色。
- ● 【聚光】：设置聚光的角度，角度越大光照的范围就越大。只有选择【聚光灯】选项时，该项才可以使用。
- ● 【着色】：设置光照强度的颜色。
- ● 【曝光度】：设置图像的曝光程度。值越大，图像的曝光度就越大。
- ● 【光泽】：设置图像表面的反射光的多少，通过它可以调整图像的平衡程度。
- ● 【金属质感】：设置图像本身颜色的质感。
- ● 【环境】：设置图像的环境光效果。

13.12.3 镜头光晕

该滤镜可以模拟照相机镜头由于亮光所产生的镜头光斑效果。执行菜单栏中的【滤镜】|【渲染】|【镜头光晕】命令，打开【镜头光晕】对话框。原图与使用【镜头光晕】命令后的对比效果如图13.107所示。

- ● 【亮度】：设置光晕的亮度。值越大，光晕的亮度也越大。取值范围为10%～300%。

- 【镜头类型】：设置镜头的类型。包括【50-300毫米变焦】、【35毫米聚焦】、【105毫米聚焦】和【电影镜头】4个选项，不同的镜头将产生不同的光晕效果。

图13.107 原图与使用【镜头光晕】命令后的对比效果

13.12.4 纤维

该滤镜可以将前景色和背景色进行混合处理，生成具有纤维效果的图像。执行菜单栏中的【滤镜】|【渲染】|【纤维】命令，打开【纤维】对话框。原图与使用【纤维】命令后的对比效果如图13.108所示。

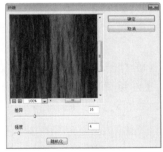

图13.108 原图与使用【纤维】命令后的对比效果

- 【差异】：设置纤维细节变化的差异程度。值越大，纤维的差异性就越大，图像越粗糙。
- 【强度】：设置纤维的对比度。值越大，生成的纤维对比度越大，纤维纹理越清晰。
- 【随机化】：单击该按钮，可以在相同参数的设置下，随机产生不同的纤维效果。

13.12.5 云彩

该滤镜可以根据前景色和背景色的混合，制作出类似云彩的效果。它与当前图像的颜色没有任何的关系。要制作云彩，只需设置好前景色和背景色即可。将前景色设置为蓝色，背景色设置为白色，执行菜单栏中的【滤镜】|【渲染】|【云彩】命令，即可创建云彩效果。原图与使用【云彩】命令后的对比效果如图13.109所示。

Questions 如果对当前的云彩效果不满意，应该怎么办？

Answered 可以多次按【ctrl + F】组合键重复应用【云彩】滤镜，直到满意为止。

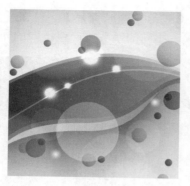

图13.109 原图与使用【云彩】命令后的对比效果

该滤镜主要将摄影图像变成传统介质上的绘画效果，利用这些命令可以使图像产生不同风格的艺术效果。共包括15种滤镜：壁画、彩色铅笔、粗糙蜡笔、底纹效果、调色刀、干画笔、海报边缘、海绵、绘画涂抹、胶片颗粒、木刻、霓虹灯光、水彩、塑料包装和涂抹棒。

13.13.1 壁画

该滤镜可以用短的、圆的和潦草的斑点绘制风格粗犷的图像，使图像产生一种壁画的效果。执行菜单栏中的【滤镜】|【滤镜库】|【艺术效果】|【壁画】命令，打开【壁画】对话框。原图与使用【壁画】命令后的对比效果如图13.110所示。

图13.110 原图与使用【壁画】命令后的对比效果

- 【画笔大小】：设置画笔笔触的大小。值越大，图像就越清晰。取值范围为0～10。
- 【画笔细节】：设置图像的细节保留程度。值越大，细节中保留就越多。取值范围为0～10。
- 【纹理】：设置图像中过渡区域所产生的纹理清晰度。值越大，纹理越清晰。取值范围为1～3。

13.13.2 彩色铅笔

该滤镜可以模拟各种颜色的铅笔在纯色背景上绘制图像的效果，绘制的图像中保留重要的边缘，外观呈粗糙阴影线效果，纯色的背景色透过比较平滑的区域显示出来。执行菜单栏中的【滤镜】|【滤镜库】|【艺术效果】|【彩色铅笔】命令，打开【彩色铅笔】对话框。原图与使用【彩色铅笔】命令后的对比效果如图13.111所示。

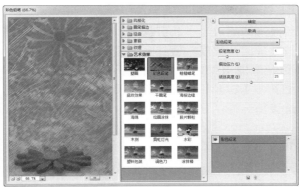

图13.111 原图与使用【彩色铅笔】命令后的对比效果

- 【铅笔宽度】：设置铅笔笔触的宽度。值越大，铅笔绘制的线条越粗。取值范围为1~24。
- 【描边压力】：设置铅笔绘图时的压力大小。值越大，绘制出的颜色越明显。取值范围为0~15。
- 【纸张亮度】：设置纯色背景的亮度。值越大，纸张的亮度就越大。取值范围为0~50。

13.13.3 粗糙蜡笔

该滤镜可使图像产生类似彩色蜡笔在带纹理的背景上描边的效果，使图像表面产生一种不平整的浮雕纹理。执行菜单栏中的【滤镜】|【滤镜库】|【艺术效果】|【粗糙蜡笔】命令，打开如图所示的【粗糙蜡笔】对话框。原图与使用【粗糙蜡笔】命令后的对比效果如图13.112所示。

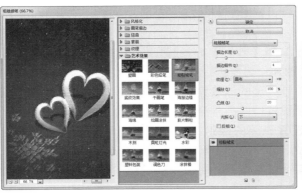

图13.112 原图与使用【粗糙蜡笔】命令后的对比效果

- 【描边长度】：设置画笔描绘线条的长度。值越大，线条越长。取值范围为0~40。
- 【描边细节】：设置粗糙蜡笔的细腻程度。值越大，细节描绘越明显。取值范围为1~20。
- 【纹理】：设置生成纹理的类型。在右侧的下拉列表可包括【砖形】、【粗麻布】、【画布】和【砂岩】4种纹理类型。单击右侧的三角形 ≡ 按钮，可以载入一个psd格式的图片作为纹理。
- 【缩放】：设置纹理的缩放大小。值越大，纹理就越大。取值范围为50%~200%。
- 【凸现】：设置纹理凹凸程度。值越大，图像的凸现感越强。取值范围为0~50。
- 【光照】：设置光源的照射方向。包括【下】、【左下】、【左】、【左上】、【上】、【右上】、【右】和【右下】8个选项。
- 【反相】：勾选该复选框，可以反转纹理的凹凸区域。

13.13.4 底纹效果

该滤镜可以根据设置纹理的类型和颜色，在图像中产生一种纹理描绘的艺术效果。执行菜单栏中的【滤镜】|【滤镜库】|【艺术效果】|【底纹效果】命令，打开【底纹效果】对话框。原图与使用【底纹效果】命令后的对比效果如图13.113所示。

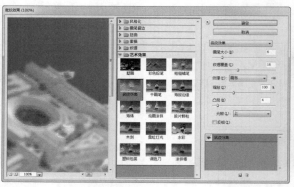

图13.113 原图与使用【底纹效果】命令后的对比效果

- 【画笔大小】：设置画笔笔触的大小。取值范围为0~40。
- 【纹理覆盖】：设置图像使用纹理的范围。值越大，使用的范围越广。取值范围为0~25。
- 【纹理】：设置生成纹理的类型。在右侧的下拉列表可包括【砖形】、【粗麻布】、【画布】和【砂岩】4种纹理类型。单击右侧的三角形 ≡ 按钮，可以载入一个psd格式的图片作为纹理。
- 【缩放】：设置纹理的缩放大小。值越大，纹理就越大。取值范围为50%~200%。
- 【凸现】：设置纹理凹凸程度。值越大，图像的凸现感越强。取值范围为0~50。
- 【光照】：设置光源的照射方向。包括【下】、【左下】、【左】、【左上】、【上】、【右上】、【右】和【右下】8个选项。
- 【反相】：勾选该复选框，可以反转纹理的凹凸区域。

13.13.5 干画笔

该滤镜可以模拟干笔刷技术，通过减少图像的颜色来简化图像的细节，使图像产生

一种不饱和、不湿润的油画效果。执行菜单栏中的【滤镜】|【滤镜库】|【艺术效果】|【干画笔】命令，打开【干画笔】对话框。原图与使用【干画笔】命令后的对比效果如图13.114所示。

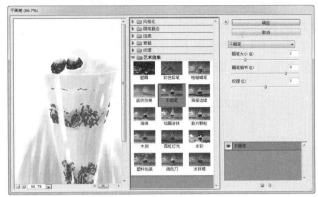

图13.114 原图与使用【干画笔】命令后的对比效果

- 【画笔大小】：设置画笔笔触的大小。值越大，画笔笔触也越大。取值范围为0~10。
- 【画笔细节】：设置画笔的细节表现程度。值越大，细节表现越明显。取值范围为0~10。
- 【纹理】：设置图像纹理的清晰程度。值越大，纹理越清晰。取值范围为1~3。

13.13.6 海报边缘

该滤镜可以勾画出图像的边缘，并减少图像中的颜色数量，添加黑色阴影，使图像产生一种海报的边缘效果。执行菜单栏中的【滤镜】|【滤镜库】|【艺术效果】|【海报边缘】命令，打开【海报边缘】对话框。原图与使用【海报边缘】命令后的对比效果如图13.115所示。

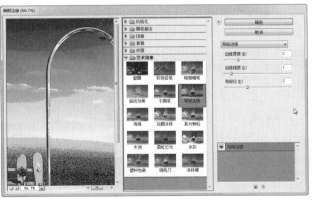

图13.115 原图与使用【海报边缘】命令后的对比效果

- 【边缘厚度】：设置描绘图像边缘的宽度。值越大，描绘的边缘越宽。取值范围为0~10。
- 【边缘强度】：设置图像边缘的清晰程度。值越大，边缘越明显。取值范围为0~10。

- 【海报化】：设置图像的海报化程度。值越大，图像最终显示的颜色量就越多。取值范围为0~6。

13.13.7 海绵

该滤镜可以创建对比颜色较强的纹理图像，使图像看上去好像用海绵绘制的艺术效果。执行菜单栏中的【滤镜】|【滤镜库】|【艺术效果】|【海绵】命令，打开如图所示的【海绵】对话框。原图与使用【海绵】命令后的对比效果如图13.116所示。

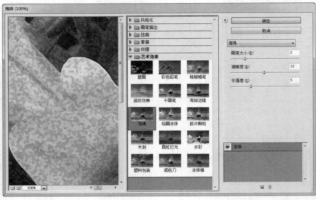

图13.116 原图与使用【海绵】命令后的对比效果

- 【画笔大小】：设置海绵笔触的粗细。值越大，笔触就越大。取值范围为0~10。
- 【清晰度】：设置海绵绘制颜色的清晰程度。值越大，绘制的颜色越清晰。取值范围为0~25。
- 【平滑度】：设置绘制颜色间的光滑程度。值越大，越光滑。取值范围为1~15。

13.13.8 绘画涂抹

该滤镜可以模拟画笔在图像上随意涂抹，使图像产生模糊的艺术效果。执行菜单栏中的【滤镜】|【滤镜库】|【艺术效果】|【绘画涂抹】命令，打开【绘画涂抹】对话框。原图与使用【绘画涂抹】命令后的对比效果如图13.117所示。

图13.117 原图与使用【绘画涂抹】命令后的对比效果

- 【画笔大小】：设置涂抹工具的笔触大小。值越大，涂抹的范围越大。取值范围为1~50。
- 【锐化程度】：设置涂抹笔触的清晰程度。值越大，锐化程度越大，图像越清晰。取值范围为0~40。
- 【画笔类型】：指定涂抹的画笔类型。在此选项右侧的下拉列表中包括【简单】、【未处理光照】、【未处理深色】、【宽锐化】、【宽模糊】和【火花】6种类型，使用不同的选项，将产生不同的涂抹效果。

13.13.9 胶片颗粒

该滤镜可以为图像添加颗粒效果，制作类似胶片放映时产生的颗粒图像效果。执行菜单栏中的【滤镜】|【滤镜库】|【艺术效果】|【胶片颗粒】命令，打开【胶片颗粒】对话框。原图与使用【胶片颗粒】命令后的对比效果如图13.118所示。

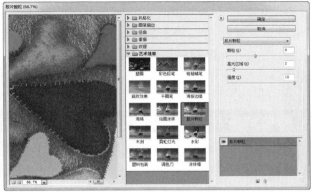

图13.118 原图与使用【胶片颗粒】命令后的对比效果

- 【颗粒】：设置添加颗粒的清晰程度。值越大，颗粒越明显。取值范围为0~20。
- 【高光区域】：设置高光区域的范围。值越大，高光区域就越大。取值范围为0~20。
- 【强度】：设置图像的明暗程度。值越大，图像越亮，颗粒效果越不明显。

13.13.10 木刻

该滤镜可以利用版画和雕刻原理，将图像处理成由粗糙剪切彩纸组成的高对比度图像，产生剪纸、木刻的艺术效果。执行菜单栏中的【滤镜】|【滤镜库】|【艺术效果】|【木刻】命令，打开【木刻】对话框。原图与使用【木刻】命令后的对比效果如图13.119所示。

- 【色阶数】：设置图像的色彩层次。值越大，图像的各类颜色显示就越多。取值范围为2~8。
- 【边缘简化度】：设置产生木刻图像的边缘简化程度。值越大，边缘越简化。取值范围为0~10。
- 【边缘逼真度】：设置产生木刻边缘的逼真程度。值越大，生成的图像与原图像越相似。取值范围为1~3。

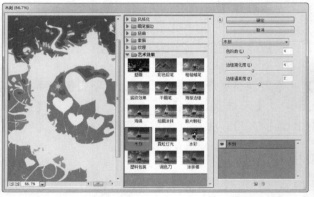

图13.119 原图与使用【木刻】命令后的对比效果

13.13.11 霓虹灯光

该滤镜可以根据前景色、背景色和指定的发光颜色，使图像产生霓虹灯般的发光效果，并可以调整霓虹灯光的大小、亮度和发光的颜色。执行菜单栏中的【滤镜】|【滤镜库】|【艺术效果】|【霓虹灯光】命令，打开【霓虹灯光】对话框。原图与使用【霓虹灯光】命令后的对比效果如图13.120所示。

Questions 【霓虹灯光】滤镜是如何处理图像的？

Answered 该滤镜可以根据前景色、背景色和指定的发光颜色，使图像产生霓虹灯板发光效果，并可以调整霓虹灯光的大小、亮度和发光的颜色。

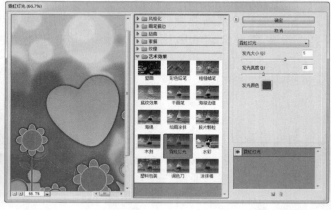

图13.120 原图与使用【霓虹灯光】命令后的对比效果

- 【发光大小】：设置霓虹灯的照射范围。值越大，照射的范围越广。取值范围为 -24~24。正值时为外发光；负值时为内发光。
- 【发光亮度】：设置霓虹灯的亮度大小。值越大，亮度越大。取值范围为0~50。
- 【发光颜色】：单击右侧的色块，将打开【拾色器】对话框，可以选择一种发光的颜色。

13.13.12 水彩

该滤镜可以将图像的细节进行简化处理，使图像产生一种水彩画的艺术效果。执行菜单栏中的【滤镜】|【滤镜库】|【艺术效果】|【水彩】命令，打开【水彩】对话框。原图与使用【水彩】命令后的对比效果如图13.121所示。

- 【画笔细节】：设置画笔图画的细腻程度。值越大，图像细节表现就越多。取值范围为1~14。
- 【阴影强度】：设置图像中暗区的深度。值越大，暗区就越暗。取值范围为0~10。
- 【纹理】：设置颜色交界处的纹理强度。值越大，纹理越明显。取值范围为1~3。

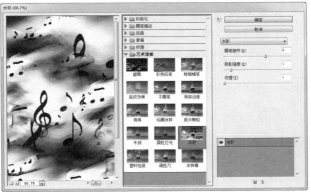

图13.121 原图与使用【水彩】命令后的对比效果

13.13.13 塑料包装

该滤镜可以为图像表面增加一层强光效果，使图像产生质感很强的塑料包装的艺术效果。执行菜单栏中的【滤镜】|【滤镜库】|【艺术效果】|【塑料包装】命令，打开【塑料包装】对话框。原图与使用【塑料包装】命令后的对比效果如图13.122所示。

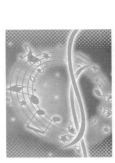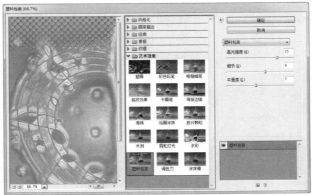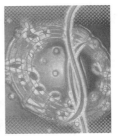

图13.122 原图与使用【塑料包装】命令后的对比效果

- 【高光强度】：设置图像中高光区域的亮度。值越大，高光区域的亮度就越大。取值范围为0~20。
- 【细节】：设置图像中高光区域的复杂程度。值越大，高光区域就越多。取值范围为1~15。

- 【平滑度】：设置图像中塑料包装的光滑程度。值越大，越光滑。取值范围为1～15。

13.13.14 调色刀

该滤镜可以减少图像中的细节，从而生成描绘得很淡的图像效果，类似用油画刮刀作画的风格。执行菜单栏中的【滤镜】|【滤镜库】|【艺术效果】|【调色刀】命令，打开如图所示的【调色刀】对话框。原图与使用【调色刀】命令后的对比效果如图13.123所示。

- 【描边大小】：设置绘图笔触的粗细。值越大，描绘的笔触越粗。取值范围为1～50。
- 【描边细节】：设置图像的细腻程度。值越大，颜色相近的范围越大，颜色的混合程度就越明显，图像的细节显示越多。取值范围为1～3。
- 【软化度】：设置图像边界的柔和程度。值越大，边界越柔和。取值范围为0～10。

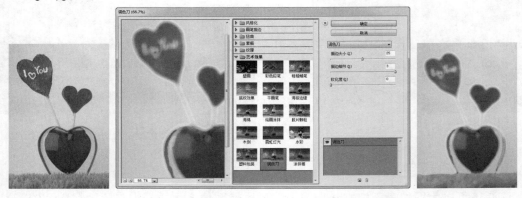

图13.123 原图与使用【调色刀】命令后的对比效果

13.13.15 涂抹棒

该滤镜可以使图像产生一种涂抹、晕开的效果。它使用较短的对角线来涂抹图像的较暗区域，较亮的区域变得更明亮并丢失细节。执行菜单栏中的【滤镜】|【滤镜库】|【艺术效果】|【涂抹棒】命令，打开【涂抹棒】对话框。原图与使用【涂抹棒】命令后的对比效果如图13.124所示。

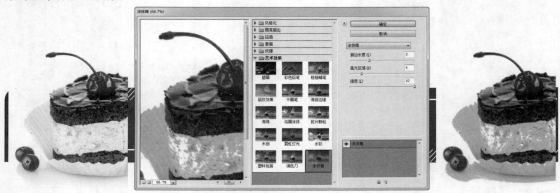

图13.124 原图与使用【涂抹棒】命令后的对比效果

- 【描边长度】：设置涂抹线条的长度。值越大，线条越长。取值范围为0~10。
- 【高光区域】：设置图像中高光区域的范围。值越大，高光区域就越大。取值范围为0~20。
- 【强度】：设置涂抹的强度。值越大，图像的反差就越明显。取值范围为0~10。

Section 13.14 杂色滤镜组

【杂色】滤镜组主要是为图像增加或删除随机分布色隐晦的像素，在图像中添加或减少杂色，以增加图像的纹理或减少图像的杂色效果。共包括5种滤镜：减少杂色、蒙尘与划痕、去斑、添加杂色和中间值。

13.14.1 减少杂色

该滤镜可以通过对整个图像或各个通道的设置减少图像中的杂色效果。除了使用【基本】设置外，还可以使用【高级】设置，对图像中的单个通道进行杂色处理，以减少不需要的杂色。如果杂色在一个或两个颜色通道中较明显，可选择【高级】设置，然后从【通道】下拉列表中选取颜色通道。修改【强度】和【保留细节】选项来减少该通道中的杂色。执行菜单栏中的【滤镜】|【杂色】|【减少杂色】命令，打开【减少杂色】对话框。原图与多次使用【减少杂色】命令后的对比效果如图13.125所示。

图13.125 原图与使用【减少杂色】命令后的对比效果

- 【强度】：设置减少杂色的强度。值越大，去除杂色的能力就越大。
- 【保留细节】：设置保留边缘和图像细节。值越大，图像细节保留越多，但杂色的去除能力越小。
- 【减少杂色】：去除随机的颜色像素。值越大，减少的颜色杂色越多。
- 【锐化细节】：对图像的细节进行锐化。值越大，细节锐化越明显，但杂色也越明显。
- 【移去 JPEG 不自然感】：勾选该复选框，将去除由于使用低 JPEG 品质设置存储图像而导致的斑驳的图像伪像和光晕。

13.14.2 蒙尘与划痕

该滤镜可以去除像素邻近区差别较大的像素，以减少杂色，修复图像的细小缺陷。执行菜单栏中的【滤镜】|【杂色】|【蒙尘与划痕】命令，打开如图所示的【蒙尘与划痕】对话框。原图与使用【蒙尘与划痕】命令后的对比效果如图13.126所示。

- 【半径】：设置去除缺陷的搜索范围。值越大，图像越模糊。取值范围为1～100。
- 【阈值】：设置被去掉的像素与其他像素的差别程度，值越大，去除杂点的能力越弱。取值范围为0～128。

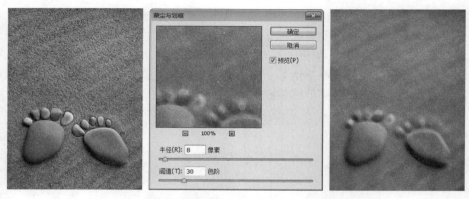

图13.126 原图与使用【蒙尘与划痕】命令后的对比效果

13.14.3 去斑

该滤镜用于探测图像中有明显颜色改变的区域，并模糊除边缘区域以外的所有部分。此模糊效果可在去掉杂色的同时保留细节。该滤镜没有对话框，可以多次执行【去斑】命令来加深去斑效果。原图与多次使用【去斑】命令后的对比效果如图13.127所示。

图13.127 原图与使用【去斑】命令后的对比效果

13.14.4 添加杂色

该滤镜可以在图像上随机添加一些杂点，产生杂色的图像效果。执行菜单栏中的【滤镜】|【杂色】|【添加杂色】命令，打开【添加杂色】对话框。原图与使用【添加杂色】命令后的对比效果如图13.128所示。

Questions 【添加杂色】滤镜还有什么功能？

Answered 该滤镜还可以用来减少羽化选区或渐进填充中的条纹，或使经过较大修饰的区域看起来更真实。

- 【数量】：设置图像中生成杂色的数量。值越大，生成的杂色数量就越多。
- 【分布】：设置杂色分布的方式。包括【平均分布】和【高斯分布】两种分布方式。
- 【单色】：勾选该复选框，将产生单色的杂色效果。

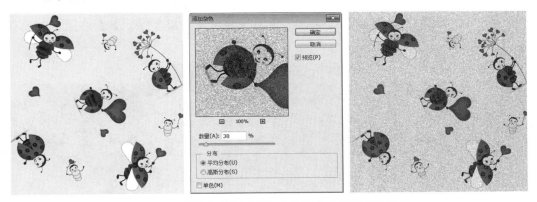

图13.128 原图与使用【添加杂色】命令后的对比效果

13.14.5 中间值

该滤镜可以在邻近的像素中搜索，去除与邻近像素相差过大的像素，用得到的像素中间亮度来替换中心像素的亮度值，使图像变得模糊。执行菜单栏中的【滤镜】|【杂色】|【中间值】命令，打开【中间值】对话框。原图与使用【中间值】命令后的对比效果如图13.129所示。

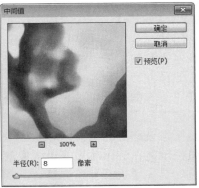

图13.129 原图与使用【中间值】命令后的对比效果

- 【半径】：设置邻近像素亮度的分析范围。值越大，图像越模糊。取值范围为1~100像素。

【其他】滤镜组可以创建自己的具有独特效果的滤镜，使用滤镜修改蒙版，在图像中使选区发生位移和快速调整颜色。共包括5种滤镜：高反差保留、位移、自定、最大值和最小值。

13.15.1 高反差保留

该滤镜可以在明显的颜色过渡处，删除图像中亮度逐渐变化的低频率细节，保留边缘细节，并且不显示图像的其余部分。执行菜单栏中的【滤镜】|【其他】|【高反差保留】命令，打开【高反差保留】对话框。原图与使用【高反差保留】命令后的对比效果如图13.130所示。

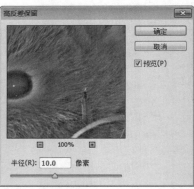

图13.130 原图与使用【高反差保留】命令后的对比效果

- 【半径】：设置画面中的高反差保留大小。取值范围为0.1~250。

13.15.2 位移

该滤镜可以将图像进行水平或垂直移动，并可以指定移动后原位置的图像效果。执行菜单栏中的【滤镜】|【其他】|【位移】命令，打开【位移】对话框。原图与使用【位移】命令后的对比效果如图13.131所示。

- 【水平】：设置图像在水平方向上的位移大小。当值为正值时，图像向右偏移；当值为负值时，图像向左偏移。
- 【垂直】：设置图像在垂直方向上的位移大小，当值为正值时，图像向上偏移；当值为负值时，图像向下偏移。
- 【未定义区域】：设置图像偏移后的空白区域。选中【设置为背景】单选按钮，偏移的空白区域将用背景色填充；选中【重复边缘像素】单选按钮，偏移的空白区域将用重复边缘像素填充。选中【折回】单选按钮，偏移的空白区域将用图像的折回部分填充。

图13.131 原图与使用【位移】命令后的对比效果

13.15.3 自定

该滤镜可以让您根据自己的需要，设计自己的滤镜，可以根据周围的像素值为每个像素重新指定一个值，产生锐化、模糊、浮雕等效果。执行菜单栏中的【滤镜】|【其他】|【自定】命令，打开【自定】对话框。原图与使用【自定】命令后的对比效果如图13.132所示。

Questions 【自定】滤镜是如何处理图像的？

Answered 该滤镜根据预定义的数学运算（卷积），可以根据图像中每个像素周围的像素亮度重新指定一个值给每个像素。此操作与通道的加减计算类似。

图13.132 原图与使用【自定】命令后的对比效果

- 【数学运算器】：在对话框中5×5的文本框阵列中输入数值，可以控制所选像素的亮度值。在阵列的中心为当前被计算的像素，相邻的文本框表示相邻的像素。文本框中输入的数值表示像素亮度的倍数，其取值范围为-999～999。
- 【缩放】：设置亮度缩小的倍数，其取值范围是1～9999。
- 【位移】：设置用于补偿的偏移量，其取值范围是-9999～9999。

13.15.4 最大值

该滤镜具有阻塞的效果，可以扩展白色区域并收缩黑色区域。通过设置查找像素周围最大亮度值的【半径】，在此范围内的像素的亮度值被设置为最大亮度。执行菜单栏中的

【滤镜】|【其他】|【最大值】命令，打开【最大值】对话框。原图与使用【最大值】命令后的对比效果如图13.133所示。

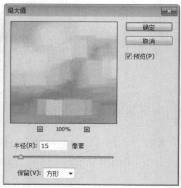

图13.133 原图与使用【最大值】命令后的对比效果

- 【半径】：设置周围像素的取样距离。值越大，取样的范围就越大。取值范围为1～100。

13.15.5 最小值

该滤镜具有伸展的效果，可以收缩白色区域并扩展黑色区域。通过设置查找像素周围最小亮度值的【半径】，在此范围内的像素的亮度值被设置为最小亮度。执行菜单栏中的【滤镜】|【其他】|【最小值】命令，打开如图所示的【最小值】对话框。原图与使用【最小值】命令后的对比效果如图13.134所示。

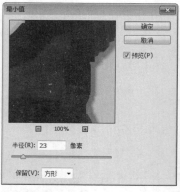

图13.134 原图与使用【最小值】命令后的对比效果

- 【半径】：设置周围像素的取样距离。值越大，取样的范围就越大。取值范围为1～100。

Section 13.16 Digimarc（作品保护）滤镜组

诸如Photoshop CC这类图像编辑软件的流行以及扫描仪和数码相机等数字化设备的使用，对于版权保护提出了新的问题。艺术家对一些人未经允许就使用他们的图像感到担忧，而许多设计者则担心他们可能在未经许可的情况下偶然使用了别人的图像。

Digimarc（作品保护）滤镜可以为自己的Photoshop文件添加水印。水印的内容是向用户提醒创作者的版权标志，即此图像是限制使用还是免费的。数字水印在正常的编辑下不会被抹去。Digimarc（作品保护）滤镜组共包括两个滤镜：嵌入水印和读取水印。

> **Tip** 如果想为索引模式图像添加水印，首先应将其转换为RGB颜色模式，嵌入水印后，再重新将其转换为索引模式即可。图像尺寸至少要保持256×256像素才能显示水印。

13.16.1 嵌入水印

该滤镜可以为图像嵌入水印。执行菜单栏中的【滤镜】| Digimarc（作品保护）|【嵌入水印】命令，打开如图13.135所示的【嵌入水印】对话框。

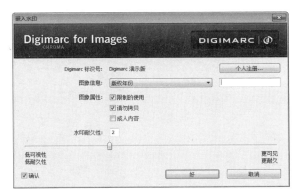

图13.135 【嵌入水印】对话框

> **Tip** 如果是第一次使用该滤镜，首先要获得一个ID号才可以使用，在【嵌入水印】对话框中，单击【个人注册】按钮，打开【个人注册Digimarc 标示号】对话框，单击【信息】按钮，启动 Web 浏览器并访问http://www.digimarc.com/register网页，根据相关提示，获得Digimarc 标示号，然后输入Digimarc 标示号及个人身份号码，单击【好】按钮，即可完成注册。

- 【图像信息】：设置图像信息。可以从右侧的下拉列表中，选择一个图像信息。包括【版权年份】、【图像标识号】和【事务处理标识号】3个选项。
- 【图像属性】：设置图像的属性。包括【限制的使用】、【请勿拷贝】和【成人内容】3个选项。勾选需要的选项即可。
- 【水印耐久性】：在右侧的文本框中输入一个值或拖动滑块的位置，指定水印的耐久性。值越大，水印越耐久。

> **Skill** 每个图像只可嵌入一个数字水印，该滤镜不会对之前已嵌入水印的图像起作用。如果要处理分层图像，应在向其嵌入水印之前拼合图像；否则，水印将只影响当前图层。

13.16.2 读取水印

执行菜单栏中的【滤镜】| Digimarc（作品保护）|【读取水印】命令，可以检查图像中是否有水印。如果有水印存在，将打开【水印信息】对话框，显示出创建者的信息。如果图像中没有水印存在，将弹出一个【找不到水印】的提示框，提示该图像不存在水印。

笔记栏

输出打印与印刷知识

本章讲解输出打印的基础知识及输出设备，印刷输出的知识及印刷的分类和图像输出印刷知识。使读者不但可以复习前面章节的基础知识，还可以通过实战实例的制作，吸取一些深层次的平面设计理论和美术设计知识。

 教学视频

O 了解输出打印基础知识及输出设备　　视频时间00:00
O 了解印刷输出知识及印刷分类　　　　视频时间00:00

Chapter
14

印刷机上印刷输出的图像是由许许多多的点组成的，这种点被称为网点。这些点的大小、形状和角度在视觉上能产生连续灰度和连续颜色过渡的效果。在传统印刷中，网点是通过在图像与印有图像的胶片或负片之间放置一块包含许多栅格点的玻璃或聚脂薄膜网屏而产生的。这种照相制版法是以点的模式重构图像，深色的区域为较大的点，浅色区域则为较小的点。

彩色印刷常用的四种颜色（CMYK）为青色、洋红、黄色和黑色。印刷质量取决于线间的距离，线间距越小则印刷质量越好。最终的效果还与网点产生时的网屏角度有关。为了得到清晰并且过渡连续的颜色，必须使用特定的角度。传统的网屏角度为：青色105，洋红75，黄色90，黑色45。当角度设置不正确时，将产生斑点或一些意想不到的图案，这些图案称作为龟纹。

在印刷过程中，通过在纸上印出由大小不一的青、洋红、黄和黑点组成的图案，这样就可以产生任一种颜色。在近距离用放大镜观察这种彩色印刷图像，就会发现图案是由不同颜色和大小的点组成的。

14.1.1 网点

数字图像输出到印刷机或图像照排机上时也将被分解为网点。输出设备是通过将图像转化为一组更小的开或关状态的点来产生网点，这些点就是通常所说的像素。

如果输出设备是图像照排机，那么它可以输出到胶片和纸张上。输出分辨率为2450点每英寸（dpi）的图像照排机在每平方英寸面积内产生600万个点，标准的300dpi激光打印机每平方英寸可产生90 000个点。图像包含的点越多，图像的分辨率就越高，印刷质量也就越好。

像素不是网点，印刷时，像素组成一系列单元，这些单元形成网点。比如，1 200dpi的图像照排机产生的点将被分成每英寸100个单位。通过控制单元内像素点的开或关，印刷机或图像照排机就产生了网点。

每英寸网点的数目被称作屏幕频率、屏幕尺寸或网目线数，以每英寸线数（lpi）计算。高屏幕频率如150lip的点与点非常紧密，可以产生清晰的图像和分明的颜色。屏幕频率较低时，网点彼此分离，图像将显得粗糙且缺乏真实色彩。

14.1.2 图像的印刷样张

用户把Photoshop项目送交印刷前，要检查图像的校样或样张。样张可以帮助预测最终的印刷质量。样张能指出哪些颜色将不能正确输出或是否会出现云纹图案，以及点增益的程度是多大（点增益是指由于油墨在纸上的扩散而造成的网点扩张或收缩）。

如果是印刷灰度图像，用300或600dpi的激光打印机产生样张就足够了。如果是彩色图像，产生样张有几种可选方案：数码样张（非印刷张）和印刷样张。

1. 数码样张

数码样张是直接从Photoshop文件中的数字数据进行输出的。绝大多数数码样张需由热蜡打印机、彩色激光打印机或染料打印机生成。有时也可用高性能的喷墨打印机（比如Sctiex IRIS）或其他诸如Kodak Approval Color Proofer高性能打印机。数码样张在设计阶段是非常有用的。

尽管高性能打印机能产生与胶片输出非常接近的效果，但数码样张毕竟不是从图像照排机的胶片产生的，所以色彩的输出不能做到高保真。通常情况下，数码样张不能作为印刷机所能接受的标准样张。

2. 印刷样张

印刷样张被认为是最精确的样张，因为这是用真正的印刷机印版产生的，而且所采用的纸张也是真正输出时选用的纸张。因此，印刷样张能很好地预测点增溢，并且能给最终色彩作出恰当的评价。

印刷样张一般在单张纸印刷机上生成，这种印刷机比实际工作中的印刷机要慢。印刷样张所需要的印刷版和油墨是各种样张生成方法中最贵的，所以多数客户选择非印刷样张。然而，印刷样张在直接印刷工作中越来越流行，在直接印刷中不需胶片，大多数直接印刷工作是用于短期印刷。

Section 14.2　输出设备

一旦开始在Photoshop中工作，就一定想打印出彩色图像，作为成品输出或校样，即最终印刷版本的样本。在胶片底片阶段之前，从桌面印刷系统生成的校样通常称为数字校样。若要在纸上打印校样，可以使用黑白或彩色打印机。用于生成彩色校样的输出设置通常包括喷墨打印机、热蜡打印机、彩色热升华打印机、彩色激光打印机以及图像照排机。大多数打印机生产厂家的产品都能接受来自Mac和PC的数据。

在输出时，考虑颜色的质量和输出的清晰度是十分重要的。打印机的分辨率通常是以每英寸多少点（dpi）来衡量的。点数越多，质量就越好。

14.2.1　喷墨打印机

低档喷墨打印机是生成彩色图像的最便宜方式。这些打印机通常采用所谓高频仿色技术，利用从墨盒中喷出的墨水来产生颜色。高频仿色过程一般采用青色、洋红、黄色以及通常使用的黑色（CMYK）等，墨水的色点图案产生上百万种颜色的错觉。在许多喷墨打印机里，色点图案是容易看出的，颜色也不总是高度精确的。虽然许多新的喷墨打印机以300dpi的分辨率输出，但大多数的高频仿色和颜色质量不太精确，因而不能提供屏幕图像的高精度输出。

中档喷墨打印机的新产品采用的技术提供了比低档喷墨打印机更好的彩色保真度。如果想得到更高的速度和更好的彩色保真度，可考虑Epson Stylus Pro5000。

喷墨打印机中最高档的要属Scitex IRISE及IRIS Series 3000打印机了，这些打印机通常用于照排中心和广告代理机构。IRIS通过在产生图像时改变色点的大小生成质量几乎与照片一样的图像。IRIS打印机能输出的最小样张约为11英寸×17英寸，IRIS也能打印广告画大小的图像。

14.2.2 彩色激光打印机

最近，在打印技术方面的进步（特别是由apple和Hewlett-Packard公司生产的）使彩色激光打印机成为高档彩色打印机的一种极有吸引力的替代产品。彩色激光打印技术使用青、洋红、黄和黑色墨粉来创建彩色图像。虽然图像质量不如传统彩色热升华打印机高，但彩色激光打印机的输出速度却比它快，而且耗材的价钱也比它便宜。

14.2.3 照排机

照排机主要用于商业印刷厂，Photoshop设计项目的最后一站便是图像照排机。图像照排机是印前输出中心使用的一种高级输出设备，以1200dpi～3500dpi的分辨率将图像记录在纸上或胶片上。印前输出中心可以在胶片上提供样张（校样），以便精确地预览最后的彩色输出。然后图像照排机的输出被送至商业印刷厂，由商业印刷厂用胶片产生印版。这些印版可用在印刷机上以产生最终产品。

Section 14.3 印刷输出知识

设计完成的作品，还需要将其印刷出来，以做进一步的封装处理。现在的设计师，不但要精通设计，还要熟悉印刷流程及印刷知识，从而使制作出来的设计流入社会，创造其设计的目的及价值。在设计完作品后进入印刷流程前，还要注意几个问题

1. 字体

印刷中字体是需要注意的地方，不同的字体有着不同的使用习惯。一般来说，宋体主要用于印刷物的正文部分；楷体一般用于印刷物的批注、提示或技巧部分；黑体由于字体粗壮，所以一般用于各级标题及需要醒目的位置；如果用到其他特殊的字体，注意在印刷前要将字体随同印刷物一齐交到印刷厂，以免出现字体的错误。

2. 字号

字号是字体的大小，一般国际上通用的是点制，也可称为磅制，在国内以号制为主。一般常见的如三号、四号、五号等。字号标称数越小，字形越大，如三号字比四号字大，四号字比五号字大。常用字号与磅数换算表如表1所示。

表1 常用字号与磅数换算表

字 号	磅 数	字 号	磅 数
小五号	9磅	三号	24磅
五号	10.5磅	小二号	28磅
小四号	12磅	二号	32磅
四号	16磅	小一号	36磅
小三号	18磅	一号	42磅

3. 纸张

纸张的大小一般都要按照国家制定的标准生产。在设计时还要注意纸张的开数，以免造成不必要的浪费，印刷常用纸张开数见表2。

表2 印刷常用纸张开数一览表

正度纸张：787×1092mm		大度纸张：889×1194mm	
开数（正）	尺寸单位（mm）	开数（大）	尺寸单位（mm）
2开	540×780	2开	590×880
3开	360×780	3开	395×880
4开	390×543	4开	440×590
6开	360×390	6开	395×440
8开	270×390	8开	295×440
16开	195×270	16开	220×2950
32开	195×135	32开	220×145
64开	135×95	64开	110×145

4.颜色

在交付印刷厂前，分色参数将对图片转换时的效果好坏起到决定性的作用。对分色参数的调整，将在很大程度上影响图片的转换，所有的印刷输出图像文件，要使用CMYK的色彩模式。

5.格式

在进行印刷提交时，还要注意文件的保存格式，一般用于印刷的图形格式为EPS格式，当然TIFF也是较常用的，但要注意软件本身的版本，不同的版本有时会出现打不开的情况，这种情况将不能印刷。

6.分辨率

通常，在制作阶段就已经将分辨率设计好了，但输出时也要注意，根据不同的印刷要求，会有不同的印刷分辨率设计，一般报纸采用分辨率为125-170dpi，杂志、宣传品采用分辨率为300dpi，高品质书籍采用分辨率为350－400dpi，宽幅面采用分辨率为75-150dpi，如大街上随处可见的海报。

Section
14.4　印刷的分类

印刷也分为多种类型，不同的包装材料也有着不同的印刷工艺，大致可以分为凸版印刷、平版印刷、凹版印刷和孔版印刷4大类。

1. 凸版印刷

凸版印刷比较常见，也比较容易理解，比如人们常用的印章，便利用了凸版印刷。凸版印刷的印刷面是突出的，油墨浮在凸面上，在印刷物上经过压力作用而形成印刷，而凹陷的面由于没有油墨，也就不会产生变化。

凸版印刷又包括有活版与橡胶版两种。凸版印刷色调浓厚，一般用于信封、名片、贺卡、宣传单等印刷。

2. 平版印刷

平版印刷在印刷面上没有凸出与凹陷之分，它利用水与油不相融的原理进行印刷，将印纹部分保持一层油脂，而非印纹部分吸收一定的水分，在印刷时带有油墨的印纹部分便印刷出颜色，从而形成印刷。

平版印刷制作简便，成本低，色彩丰富，可以进行大数量的印刷，一般用于海报、报纸、包装、书籍、日历、宣传册等的印刷。

3. 凹版印刷

凹版印刷与凸版印刷正好相反，印刷面是凹进的，当印刷时，将油墨装于版面上，油墨自然积于凹陷的印纹部分，然后将凸起部分的油墨擦干净，再进行印刷，这样就是凹版印刷。由于它的制版印刷等费用较高，一般性印刷很少使用。

凹版印刷使用寿命长，线条精美，印刷数量大，不易假冒，一般用于钞票、股票、礼券、邮票等印刷。

4. 孔版印刷

孔版印刷就是通过孔状印纹漏墨而形成透过式印刷，像学校常用的用钢针在蜡纸上刻字然后印刷学生考卷，这种就是孔版印刷。

孔版印刷油墨浓厚，色调艳丽，由于是其透过式印刷，所以它可以进行各种弯曲的曲面印刷，这是其他印刷所不能的，一般用于圆形、罐、桶、金属板、塑料瓶等印刷。

高档商业包装设计

所谓包装是指为了保证商品的原有状态及质量在运输、流动、交易、贮存及使用时不受到损害和影响，而对商品所采取的一系列技术措施，如包裹、包扎、装饰、装潢等。包装设计是依附于包装立体上的平面设计，是包装外表上的视觉形象，包括了文字、摄影、插图、图案等要素的构成。在市场经济越来越规范的今天，人们对产品包装的认识也越来越深刻。包装已经成为商品经营必不可少的一个环节。一个成功的包装设计应能够准确反映商品的属性和档次，并且构思新颖，具有较强的视觉冲击力。本章通过3个不同类型的包装设计，全面再现了包装设计的过程，通过本章的学习，可以掌握各式包装设计的技巧。

Chapter

15

 教学视频

○ 坚果包装　　　　　　　　视频时间：26:43
○ 茶叶包装　　　　　　　　视频时间：28:45
○ 调料包装　　　　　　　　视频时间：45:22

设计构思

- 新建画布并填充渐变，为包装的绘制制作背景。
- 利用图形工具配合【钢笔工具】绘制包装的大致效果
- 利用定义画笔预设命令制作出包装锯齿效果。
- 最后通过为包装添加文字及图形并制作出阴影及倒影效果完成制作。
- 本例主要讲解的是果仁包装，整个包装采用纯白色，通过添加清晰的调用素材图片以及使用与食品颜色相同的字体颜色，突出进口包装食品的特点。

本例设计最终效果如图15.1所示。

图15.1 坚果包装效果

操作步骤

15.1.1 绘制基本形状

❶ 执行菜单栏中的【文件】|【新建】命令，在弹出的对话框中设置【宽度】为10厘米，【高度】为6厘米，【分辨率】为300像素/英寸，【颜色模式】为RGB颜色，新建一个空白画布，如图15.2所示。

❷ 选择工具箱中的【渐变工具】，在选项栏中单击【点按可编辑渐变】按钮，在弹出的面板中设置渐变颜色从黑色到灰色（R：140，G：140，B：140），单击【线性渐变】按钮，如图15.3所示。

图15.2 新建画布

图15.3 设置渐变

❸ 在画布中按住【Shift】键从上至下为画布填充渐变，如图15.4所示。

图15.4 填充渐变

❹ 选择工具箱中的【矩形工具】■，在选项栏中选择【选择工具模式】为形状，并将【填充】颜色更改为白色，描边为无，在画布中绘制一个矩形图形，此时将生成一个【矩形1】图层，如图15.5所示。

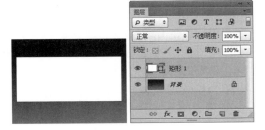

图15.5 绘制图形

Questions 如何调整暂存区域的颜色？

Answered 在图像以外的灰色暂存区域单击右键，可以显示一个快捷菜单，我们可以选择在灰色、黑色或其他自定义颜色的背景上显示图像。调整照片的色调和颜色，在进行绘画操作时，最好使用默认的灰色作为背景色，这样不会影响对颜色的判断。

❺ 选中【矩形1】图层，执行菜单栏中的【图层】|【栅格化】|【形状】命令，将当前图形栅格化，如图15.6所示。

图15.6 将图形栅格化

❻ 选择工具箱中的【钢笔工具】✐，在画布中沿着矩形1图形的上半部分边缘绘制一个封闭路径将部分图形选中，如图15.7所示。

图15.7 绘制路径

❼ 按【Ctrl+Enter】组合键将所绘制的路径转换为选区，选中【矩形1】图形，在画布中按【Delete】键将多余图像删除，如图15.8所示。

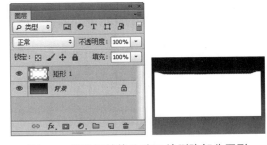

图15.8 将路径转换为选区并删除部分图形

❽ 选择工具箱中的【矩形选框工具】▢，在画布中的选区中右击鼠标，在弹出的快捷菜单中选择【变换选区】命令，然后在出现的变形中再次右击鼠标，从弹出的菜单中选择【垂直翻转】命令，再按住【Shift】键拖动变形框向下垂直移动，以选中图形的底部部分图形，之后按【Enter】键确认，再以同样的方法按【Delete】键将多余图形删除，完成之后按【Ctrl+D】组合键将选区取消，如图15.9所示。

图15.9 将多余图形删除

❾ 选择工具箱中的【矩形工具】■，在选项栏中将其【填充】更改为黑色，【描边】为无，在画布中任意位置按住【Shift】键绘制一个矩形，此时将生成一个【矩形2】图层，如图15.10所示。

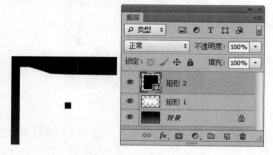

图15.10 绘制矩形

❿ 选中【矩形2】图层，执行菜单栏中的【图层】|【栅格化】|【形状】命令，将当前图形栅格化，如图15.11所示。

图15.11 将图形栅格化

⓫ 选中【矩形2】图层，在画布中按【Ctrl+T】组合键对其执行【自由变换】命令，在选项栏中的【旋转】文本框中输入-45度，然后在画布中按住【Alt】键将其上下缩小，如图15.12所示。

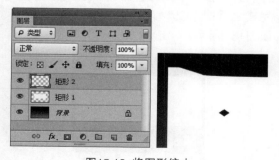

图15.12 将图形缩小

⓬ 选择工具箱中的【矩形选框工具】▭，选中【矩形2】图层，在画布中绘制选区选中其图层中的部分图形，按【Delete】键将多余图形删除，删除完成之后按【Ctrl+D】组合键将选区取消，如图15.13所示。

图15.13 将多余图像删除

⓭ 在【图层】面板中，按住Ctrl键单击【矩形2】图层将其载入选区，执行菜单栏中的【编辑】|【定义画笔预设】命令，在出现的对话框中将【名称】更改为"包装锯齿"，完成之后单击【确定】按钮，完成之后按【Ctrl+D】组合键将选区取消，如图15.14所示。

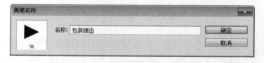

图15.14 定义画笔预设

⓮ 选中【矩形2】图层，在画布中执行菜单栏中的【选择】|【全选】命令，将图层中的图形全选，按【Delete】键将其删除，完成之后按【Ctrl+D】组合键将选区取消，如图15.15所示。

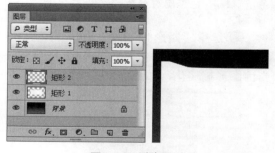

图15.15 删除图形

⓯ 选择工具箱中的【画笔工具】✏，执行菜单栏中的【窗口】|【画笔】命令，在弹出的面板中选择刚才所定义的【包装锯

齿】笔触，将【大小】更改为16像素，【角度】为0，勾选【间距】复选框，将其数值更改为105%，设置完成之后关闭面板，如图15.16所示。

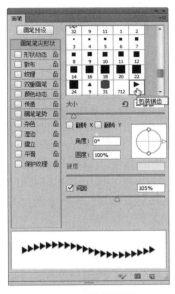

图15.16 设置画笔

⑯ 选中【矩形2】图层，在画布中的【矩形2】图形的左上角位置单击，再按住【Shift】键在左下角位置再次单击，如图15.17所示。

图15.17 绘制图形

⑰ 在【图层】面板中，按住【Ctrl】键单击【矩形2】图层，将其载入选区，再选中【矩形1】图层，在画布中按【Delete】键将部分图形删除，再选中【矩形2】图层，拖至面板底部的【删除图层】🗑按钮上，将其删除，如图15.18所示。

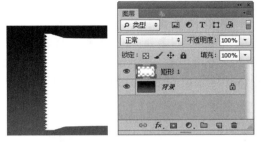

图15.18 将部分图形删除

⑱ 选择工具箱中的【矩形选框工具】▢，在选区中右击，在弹出的快捷菜单中选择【变换选区】命令，然后在出现的变形中再次右击，从弹出的菜单中选择【水平翻转】命令，再按住【Shift】键拖动变形框向右平移，以选中图形的右侧部分图形，之后按【Enter】键确认。再以同样的方法选中【矩形1】图层，在画布中按【Delete】键将多余图形删除，完成之后按【Ctrl+D】组合键将选区取消，如图15.19所示。

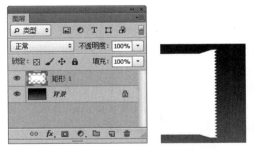

图15.19 将部分图形删除

15.1.2 绘制立体效果

❶ 执行菜单栏中的【文件】|【打开】命令，在弹出的对话框中选择配套光盘中的"调用素材\第15章\坚果包装\坚果.psd"文件，将打开的素材拖入画布中包装靠左侧位置并适当缩小，如图15.20所示。

图15.20 添加素材

❷ 在【图层】面板中，按住【Ctrl】键单击【矩形1】图层缩览图，将其载入选区，执行菜单栏中的【选择】|【反向】命令，将选区反向选择，如图15.21所示。

图15.21 选取图像

❹ 选择工具箱中的【钢笔工具】，在画布中沿着包装左侧位置绘制一个封闭路径，如图15.23所示。

图15.23 绘制路径

❺ 在画布中按【Ctrl+Enter】组合键将刚才所绘制的封闭路径转换成选区，然后在【图层】面板中，单击面板底部的【创建新图层】按钮，新建一个【图层1】图层，如图15.24所示。

图15.24 转换选区并新建图层

Ｑuestions 如何对图像进行小幅度的移动？

Answered 使用移动工具时，每按一下键盘上的→、←、↑、↓键，便可以将对象移动一个像素的距离；如果按住Shift键，再按方向键，则图像每次可以移动10个像素的距离。

❸ 在【图层】面板中，选中【坚果】图层，在画布中按【Delete】键将多余图像部分删除，完成之后按【Ctrl+D】组合键将选区取消，如图15.22所示。

Ｑuestions 羽化时弹出的提示信息是什么意思？

Answered 如果选区较小而羽化半径设置得较大，就会弹出一个羽化警告。单击【确定】按钮，表示确认当前设置的羽化半径，这时选区可能变得非常模糊，以至于在画面中看不到，但选区仍然存在。如果不想出现该警告，应减少羽化半径或增大选区的范围。

图15.22 删除图像

❻ 选中【图层1】图层，在画布中将选区填充为黑色，填充完成之后按Ctrl+D组合键将选区取消，如图15.25所示。

图15.25 填充颜色

❼ 选中【图层1】图层，执行菜单栏中的【滤镜】|【模糊】|【高斯模糊】命令，在弹出的对话框中将【半径】更改为18像素，设置完成之后单击【确定】按钮，如图15.26所示。

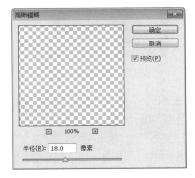

图15.26 设置高斯模糊

❽ 选中【图层1】图层，将其图层【不透明度】更改为70%，如图15.27所示。

图15.27 更改图层不透明度

❾ 在【图层】面板中，选中【图层1】图层，将其拖至面板底部的【创建新图层】🔲按钮上，复制一个【图层1 拷贝】图层，再将其【不透明度】设置为50%，如图15.28所示。

❿ 选中【图层1 拷贝】图层再复制一份，得到【图层 1 拷贝 2】，然后在画布中按【Ctrl+T】组合键，对其执行自由变换命令。将光标移至出现的变形框上右击，从弹出的快捷菜单中选择【水平翻转】命令，完成之后按【Enter】键确认，再按住【Shift】键向左移至包装左侧位置，如图15.29所示。

图15.28 复制图层　　　图15.29 变换图形

⓫ 选择工具箱中的【钢笔工具】✐，在画布中沿着刚才所绘制的左上角位置绘制一个封闭路径，如图15.30所示。

图15.30 绘制路径

⓬ 在画布中按【Ctrl+Enter】组合键将刚才所绘制的封闭路径转换成选区，然后在【图层】面板中，单击面板底部的【创建新图层】🔲按钮，新建一个【图层2】图层，如图15.31所示。

图15.31 转换选区及新建图层

⑬ 选中【图层2】图层，在画布中将选区填充为黑色，填充完成之后按【Ctrl+D】组合键将选区取消，如图15.32所示。

图15.32 填充颜色

⑭ 选中【图层2】图层，执行菜单栏中的【滤镜】|【模糊】|【高斯模糊】命令，在弹出的对话框中将【半径】更改为4像素，设置完成之后单击【确定】按钮，如图15.33所示。

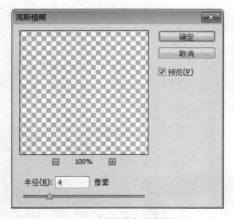

图15.33 设置高斯模糊

⑮ 选中【图层2】图层，将其图层【不透明度】更改为50%，如图15.34所示。

图15.34 更改图层不透明度

⑯ 选择工具箱中的【钢笔工具】 ，在画布中沿着包装上方位置绘制一个封闭路径，如图15.35所示。

图15.35 绘制路径

⑰ 在画布中按【Ctrl+Enter】组合键将刚才所绘制的封闭路径转换成选区，然后在【图层】面板中，单击面板底部的【创建新图层】 按钮，新建一个【图层3】图层，如图15.36所示。

图15.36 转换选区及新建图层

⑱ 选中【图层3】图层，在画布中将选区填充为白色，填充完成之后按【Ctrl+D】组合键将选区取消，如图15.37所示。

⑲ 选中【图层3】图层，执行菜单栏中的【滤镜】|【模糊】|【高斯模糊】命令，在弹出的对话框中将【半径】更改为4像素，设置完成之后单击【确定】按钮，如图15.38所示。

图15.37 填充颜色　　　　图15.38 设置高斯模糊

⓴ 选择工具箱中的【钢笔工具】，在画布中沿着包装底部位置绘制一个封闭路径，如图15.39所示。

图15.39 绘制路径

㉑ 在画布中按【Ctrl+Enter】组合键将刚才所绘制的封闭路径转换成选区，然后在【图层】面板中，单击面板底部的【创建新图层】按钮，新建一个【图层4】图层，如图15.40所示。

图15.40 转换选区及新建图层

㉒ 选中【图层4】图层，在画布中将选区填充为黑色，填充完成之后按【Ctrl+D】组合键将选区取消，如图15.41所示。

图15.41 填充颜色

㉓ 选中【图层4】图层，执行菜单栏中的【滤镜】|【模糊】|【高斯模糊】命令，在弹出的对话框中将【半径】更改为4像素，设置完成之后单击【确定】按钮，如图15.42所示。

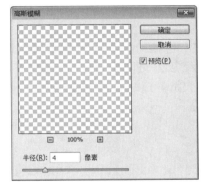

图15.42 设置高斯模糊

㉔ 选中【图层4】图层，将其图层【不透明度】更改为70%，如图15.43所示。

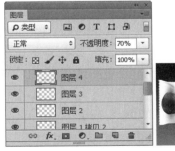

图15.43 更改图层不透明度

㉕ 选择工具箱中的【直线工具】，在选项栏中将【填充】更改为灰色（R：219，G：219，B：219），【描边】为无，【粗细】为1像素，在画布中包装右侧靠封口位置按住【Shift】键绘制一条垂直线段，此时将

生成一个【形状1】图层，如图15.44所示。

图15.44 绘制图形

26 在【图层】面板中，选中【形状1】图层，单击面板底部的【添加图层样式】 *fx* 按钮，在菜单中选择【渐变叠加】命令，将渐变颜色更改为深灰色（R：153，G：153，B：153）到浅灰色（R：222，G：222，B：222），将【样式】更改为对称的，【缩放】更改为100%，设置完成之后单击【确定】按钮，如图15.45所示。

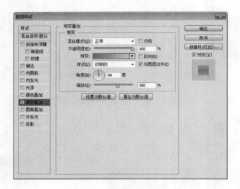

图15.45 设置图层样式

27 选中【形状1】图层，在画布中按住【Alt+Shift】键向左侧拖动，将其复制两份，此时将生成一个【形状1 拷贝】和【形状1 拷贝2】图层，如图15.46所示。

图15.46 复制图层

28 同时选中【形状1】、【形状1 拷贝】、【形状1 拷贝2】图层，执行菜单栏中的【图层】|【新建】|【从图层建立组】，在弹出的对话框中直接单击【确定】按钮，此时将生成一个【组1】图层，如图15.47所示。

图15.47 从图层新建组

29 选中【组1】组，将其【不透明度】更改为40%，如图15.48所示。

图15.48 更改组【不透明度】

㉚ 选中【组1】组，在画布中按住【Alt+Shift】组合键向右侧拖动至包装左侧边缘位置，将其复制，此时将生成一个【组1 拷贝】组，如图15.49所示。

图15.49 复制组

15.1.3 添加文字

① 选择工具箱中的【横排文字工具】**T**，在画布中靠左侧适当位置添加文字，如图15.50所示。

图15.50 添加文字

② 在【图层】面板中，选中【果然 大坚果】图层，执行菜单栏中的【图层】|【栅格化】|【文字】命令，将当前图形删格化，如图15.51所示。

图15.51 删格化图形

③ 选择工具箱中的【多边形套索工具】 ，在画布中部分文字上绘制稍小的不规则选区，如图15.52所示。

图15.52 绘制选区

④ 在【图层】面板中，选中【果然 大坚果】图层，在画布中将选区中的图形部分删除，如图15.53所示。

图15.53 删除图形

> **Tip** 对文字执行栅格化命令以后，它将以图形形式存在，此时和其他普通图形一样，可以进行任意编辑。

⑤ 在画布中将选区移动，以同样的方法选中【果然 大坚果】图层，将选区中的图形其他部分区域删除，完成之后按【Ctrl+D】组合键将选区取消，如图15.54所示。

图15.54 删除部分图形

⑥ 执行菜单栏中的【文件】|【打开】命令，在弹出的对话框中选择配套光盘中的

"调用素材\第15章\坚果包装\标志.psd"文件，将打开的素材拖入画布右上角位置并适当缩小，如图15.55所示。

图15.55 添加素材

❼ 选择工具箱中的【横排文字工具】T，在刚才所添加的标志图像下方位置添加文字，如图15.56所示。

图15.56 添加文字

❽ 同时选中除【背景】图层以外的其他图层，执行菜单栏中的【图层】|【新建】|【从图层建立组】，在弹出的对话框中直接单击【确定】按钮，此时将生成一个【组2】图层，如图15.57所示。

图15.57 从图层新建组

❾ 在【图层】面板中，选中【组2】组，将其拖至面板底部的【创建新图层】按钮上，复制一个【组2 拷贝】组。选中【组2 拷贝】组，执行菜单栏中的【图层】|【合并组】命令，此时将生成一个【组2 拷贝】图层，如图15.58所示。

图15.58 复制并合并组

❿ 在【图层】面板中，选中【组2 拷贝】图层，在画布中按【Ctrl+T】组合键对其执行【自由变换】命令，将光标移至出现的变换框上右击，从弹出的快捷菜单中选择【垂直翻转】命令，完成之后按【Enter】键确认，再按住【Shift】键向下将其移动一定距离，如图15.59所示。

⓫ 选中【组2 拷贝】图层，执行菜单栏中的【滤镜】|【模糊】|【动感模糊】命令，在弹出的对话框中将【角度】更改为90度，【距离】更改为10像素，设置完成之后单击【确定】按钮，如图15.60所示。

图15.59 变换图形　　图15.60 设置动感模糊

⓬ 在【图层】面板中，选中【组2拷贝】图层，单击面板底部的【添加图层蒙版】按

钮，为其图层添加图层蒙版，如图15.61所示。

⓭ 选择工具箱中的【渐变工具】██，在选项栏中单击【点按可编辑渐变】按钮，在弹出的对话框中选择【黑白渐变】，设置完成之后单击【确定】按钮，再单击【线性渐变】██ 按钮，如图15.62所示。

⓮ 在【图层】面板中，单击【组2拷贝】图层蒙版缩览图，在画布中按住【Shift】键从下至上拖动将图像中多余的部分擦除，这样就完成了效果制作，最终效果如图15.63所示。

图15.63 最终效果

 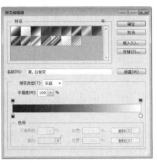

图15.61 添加图层蒙版　　　图15.62 设置渐变

<table>
<tr><td>Section
15.2</td><td>茶叶包装</td></tr>
</table>

设计构思

- 新建画布并填充渐变，为包装的绘制制作画布。
- 学会利用大小不同的图形搭配并添加滤镜效果绘制出立体包装质感效果。
- 通过为图形添加图层样式将上盖制作出类似金属质感的效果。
- 本例主要讲解的是茶叶包装的制作方法，此款包装以突出高品质茶叶，采用了单一文字简约的设计，瓶身采用单一颜色展示出茶叶包装的韵味感，商业效果不错，同时绘制方法也相对简单。

本例设计最终效果如图15.64所示。

图15.64 茶叶包装设计效果

15.2.1 绘制包装主体部分

❶ 执行菜单栏中的【文件】|【新建】命令，在弹出的对话框中设置【宽度】为10厘米，【高度】为7厘米，【分辨率】为300像素/英寸，【颜色模式】为RGB颜色，新建一个空白画布，如图15.65所示。

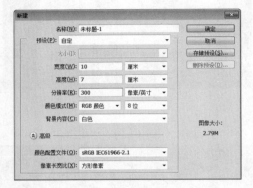

图15.65 新建画布

❷ 选择工具箱中的【渐变工具】█，在选项栏中单击【点按可编辑渐变】按钮，在弹出的对话框中设置渐变颜色从黑色到灰色（R：106，G：99，B：93）再到白色，设置完成之后单击【确定】按钮，再单击【线性渐变】█按钮，如图15.66所示。

❸ 在画布中按住【Shift】键从上至下拖动，为其填充渐变，如图15.67所示。

图15.66 设置渐变　　图15.67 填充渐变

❹ 选择工具箱中的【矩形工具】█，在选项栏中选择【选择工具模式】为形状，再将【填充】更改为深黄色（R：158，G：

111，B：85），【描边】为无，在画布中绘制一个矩形，此时将生成一个【矩形1】图层，如图15.68所示。

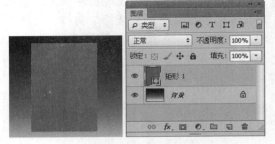

图15.68 绘制图形

Questions 如何用渐隐命令修改编辑结果？

Answered 使用画笔、滤镜编辑图像，或者进行填充、颜色调整、添加图层效果等操作以后，【编辑】菜单中的【渐隐去色】命令可以使用，执行该命令可修改操作结果的不透明度和混合模式。

❺ 在【图层】面板中，选中【矩形1】图层，单击 面板底部的【添加图层样式】**fx**按钮，在菜单中选择【渐变叠加】命令，在弹出的对话框中将渐变颜色更改为深黄色（R：104，G：77，B：60）到透明再到深黄色（R：104，G：77，B：60），将【角度】更改为0度，【缩放】更改为97%，设置完成之后单击【确定】按钮，如图15.69所示。

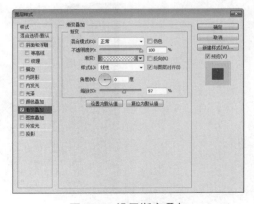

图15.69 设置渐变叠加

⑥ 选择工具箱中的【矩形工具】，在选项栏中将【填充】更改为白色，【描边】为无，在画布中绘制一个矩形，此时将生成一个【矩形2】图层，如图15.70所示。

图15.70 绘制图形

⑦ 选中【矩形2】图层，执行菜单栏中的【图层】|【栅格化】|【形状】命令，将图层栅格化，此时【矩形2】图形将变成一个可以进行任意编辑的图像，如图15.71所示。

> **Tip** 在图层名称上右击鼠标，从弹出的快捷菜单中选择【栅格化图层】命令，也可以将当前图层栅格化，由于此命令是针对于图层操作，所以此方法适用于任何图形及文字。

⑧ 选中【矩形2】图层，执行菜单栏中的【滤镜】|【模糊】|【高斯模糊】命令，在弹出的对话框中将【半径】更改为8像素，设置完成之后单击【确定】按钮，如图15.72所示。

图15.71 栅格化图层

图15.72 设置高斯模糊

⑨ 在【图层】面板中，选中【矩形2】图层，单击面板底部的【添加图层蒙版】按钮，为其图层添加图层蒙版，如图15.73所示。

⑩ 选择工具箱中的【矩形选框工具】，在画布中的【矩形2】图形上绘制一个选区，如图15.74所示。

图15.73 添加图层蒙版

图15.74 绘制选区

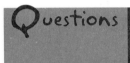

Questions 使用矩形或椭圆等选区工具时，如何在绘制过程中移动选区的位置？

Answered 在使用矩形/椭圆选框工具绘制选择范围时，按住鼠标左键不放，再按住空格键即可随意调整选区的位置，释放空格键以后可以继续调整选取范围的大小。

⑪ 执行菜单栏中的【选择】|【修改】|【羽化】命令，在弹出的对话框中将【羽化半径】更改为2像素，设置完成之后单击【确定】按钮，如图15.75所示。

图15.75 设置羽化半径

⑫ 单击【矩形2】图层蒙版缩览图，在画布中将选区填充为黑色，将多余图形部分擦除，如图15.76所示。

图15.76 擦除多余图像

⑬ 选中【矩形2】图层，将其图层【不透明度】更改为70%，如图15.77所示。

图15.77 更改图层不透明度

⑭ 选中【矩形2】图层复制一份，在画布中按【Ctrl+T】组合键对其执行【自由变换】命令，将光标移至出现的变形框上右击，从弹出的快捷菜单中选择【水平翻转】命令，完成之后按【Enter】键确认，如图15.78所示。

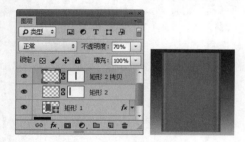

图15.78 变换图形

⑮ 分别选择工具箱中的【横排文字工具】T和【直排文字工具】IT，在画布中适当位置添加文字，如图15.79所示。

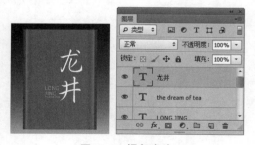

图15.79 添加文字

⑯ 在【图层】面板中，选中【龙井】图层，单击面板底部的【添加图层样式】*fx*按钮，在菜单中选择【描边】命令，在弹出的对话框中将【大小】更改为1像素，【填充类型】更改为【渐变】，将渐变颜色设置

为从黄绿色（R：164，G：143，B：0）到白色，【角度】为0，如图15.80所示。

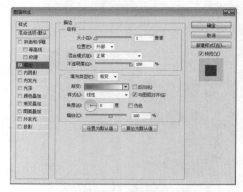

图15.80 设置描边

⑰ 勾选【颜色叠加】复选框，将【混合模式】设置为【正常】，【颜色】更改为灰色（R：240，G：240，B：240），设置完成之后单击【确定】按钮，如图15.81所示。

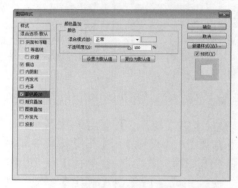

图15.81 设置颜色叠加

⑱ 选择工具箱中的【矩形工具】，在选项栏中将【填充】更改为黄色（R：227，G：178，B：137），【描边】为无，在画布中包装靠底部位置绘制一个矩形，此时将生成一个【矩形3】图层，如图15.82所示。

图15.82 绘制矩形

⓳ 在【图层】面板中，选中【矩形3】图层，单击面板底部的【添加图层样式】 *fx* 按钮，在菜单中选择【渐变叠加】命令，在弹出的对话框中将渐变颜色更改为浅黄色（R：227，G：178，B：137）到深黄色（R：112，G：82，B：64），将【角度】更改为0度，【样式】为对称的，设置完成之后单击【确定】按钮，如图15.83所示。

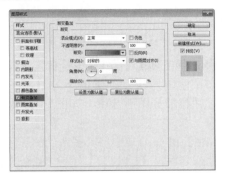

图15.83 设置渐变叠加

⓴ 在【图层】面板中，选择【矩形3】图层，将其向下移至【矩形1】图层上方，如图15.84所示。

图15.84 更改图层顺序

㉑ 执行菜单栏中的【文件】|【打开】命令，在弹出的对话框中选择配套光盘中的"调用素材\第15章\茶叶包装\logo.psd"文件，将打开的素材拖入画布中包装左上角位置并适当缩小，如图15.85所示。

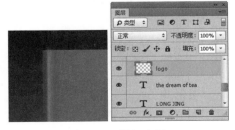

图15.85 添加素材

㉒ 在【图层】面板中，选中【logo】图层，单击面板底部的【添加图层样式】 *fx* 按钮，在菜单中选择【描边】命令，在弹出的对话框中将【大小】更改为1像素，将【颜色】更改为深黄色（R：153，G：132，B：16），如图15.86所示。

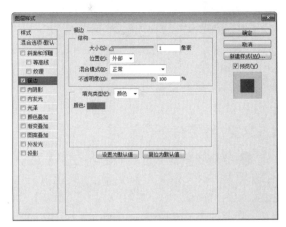

图15.86 设置描边

㉓ 勾选【外发光】复选框，将【不透明度】更改为50%，【大小】更改为2像素，设置完成之后单击【确定】按钮，如图15.87所示。

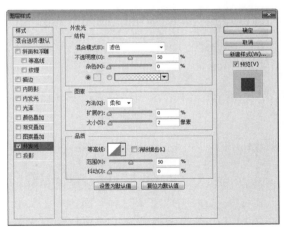

图15.87 设置外发光

㉔ 选择工具箱中的【横排文字工具】T，在画布中刚才所添加的logo图像下方以及包装底部适当位置添加文字，如图15.88所示。

图15.88 添加文字

15.2.2 绘制盖子效果

❶ 选择工具箱中的【圆角矩形工具】 ◻，在选项栏中将【填充】更改为灰色（R：229，G：229，B：229），【描边】为无，【半径】为6像素，在画布中包装顶部位置绘制一个矩形，此时将生成一个【圆角矩形1】图层，如图15.89所示。

图15.89 绘制图形

Questions 图层的可见性是如何操作的？

Answered 在【图层】面板中，如果在当前图层无锁定的情况下，可以通过单击图层前面的小眼睛图标将当前的图层内容隐藏或者显示，这种方法同样适用于在通道面板中。

❷ 选中【圆角矩形1】图层，执行菜单栏中的【图层】|【栅格化】|【形状】命

令，将当前图层栅格化，如图15.90所示。

图15.90 栅格化图层

❸ 选择工具箱中的【矩形选框工具】 ⬚，在画布中刚才所绘制的图形下方绘制一个矩形选区并将部分图形选中，如图15.91所示。

❹ 选中【圆角矩形1】图层，按【Delete】键在画布中将其多余的图形部分删除，完成之后按【Ctrl+D】组合键将选区取消，如图15.92所示。

图15.91 绘制选区　　图15.92 删除多余图形

❺ 选中【圆角矩形1】图层，执行菜单栏中的【滤镜】|【杂色】|【添加杂色】命令，在弹出的对话框中将【数量】更改为2%，选中【高斯分布】单选按钮，勾选【单色】复选框，设置完成之后单击【确定】按钮，如图15.93所示。

图15.93 设置添加杂色

⑥ 在【图层】面板中，选中【圆角矩形1】图层，单击面板底部的【添加图层样式】fx 按钮，在菜单中选择【渐变叠加】命令，在弹出的对话框中将渐变颜色更改为灰色（R：163，G：163，B：163）到白色到灰色（R：163，G：163，B：163）到白色再到灰色（R：163，G：163，B：163），将【角度】更改为0度，设置完成之后单击【确定】按钮，如图15.94所示。

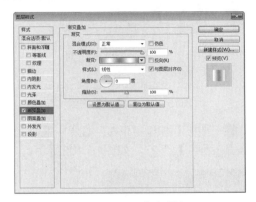

图15.94 设置渐变叠加

⑦ 选择工具箱中的【圆角矩形工具】，在选项栏中将【填充】更改为灰色（R：229，G：229，B：229），【描边】为无，【半径】为2像素，在画布中圆角矩形1下方位置绘制一个矩形，此时将生成一个【圆角矩形2】图层，如图15.95所示。

图15.95 绘制图形

⑧ 在【圆角矩形1】图层上右击，从弹出的快捷菜单中选择【拷贝图层样式】命令，在【圆角矩形2】图层上右击，从弹出的快捷菜单中选择【粘贴图层样式】命令，如图15.96所示。

图15.96 拷贝并粘贴图层样式

⑨ 双击【圆角矩形2】图层名称下方的图层样式名称，在弹出的对话框中将渐变颜色更改为从灰色（R：163，G：163，B：163）到白色，将【角度】更改为90度，如图15.97所示。

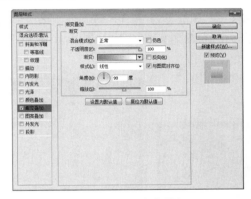

图15.97 设置渐变叠加

⑩ 勾选【投影】复选框，在弹出的对话框中将【不透明度】更改为75%，【角度】更改为90度，【距离】更改为2像素，【大小】更改为5像素，设置完成之后单击【确定】按钮，如图15.98所示。

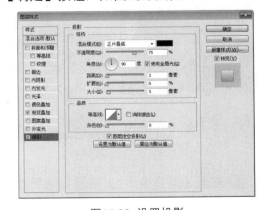

图15.98 设置投影

Questions 菜单栏中的【描边】命令和图层样式中的描【描边】命令的区别?

Answered 它们的作用是一样的,所产生的效果也相同,只是在图层面板中所添加的描边效果方便随时进行更改,而使用菜单栏中的描边命令所产生的描边效果是不能进行更改的。

⑪ 选择工具箱中的【圆角矩形工具】 ⬜,在选项栏中将【填充】更改为灰色(R:229,G:229,B:229),【描边】为无,【半径】为2像素,在画布中圆角矩形1上方位置绘制一个矩形,此时将生成一个【圆角矩形3】图层,如图15.99所示。

图15.99 绘制图形

⑫ 在【图层】面板中,【圆角矩形3】图层上右击,从弹出的快捷菜单中选择【粘贴图层样式】命令,如图15.100所示。

图15.100 拷贝并粘贴图层样式

⑬ 双击【圆角矩形3】图层名称下方的图层样式名称,在弹出的对话框中将【不

透明度】更改为70%,【缩放】更改为78%,设置完成之后单击【确定】按钮,如图15.101所示。

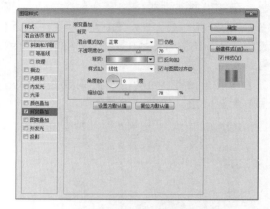

图15.101 设置图层样式

⑭ 选中【圆角矩形3】图层,将其移至【圆角矩形1】下方,如图15.102所示。

图15.102 更改图层顺序

Questions 为什么删除图层时,【删除图层】按钮和【删除图层】命令不能使用?

Answered 如果当前【图层】面板中只有一个图层,或要删除的图层为全部锁定状态,这时将不能再执行删除图层操作。

⑮ 选中【圆角矩形2】图层,在画布中按住【Alt+Shift】组合键向下拖动至包装底部位置,此时将生成一个【圆角矩形2 拷贝】图层,如图15.103所示。

图15.103 复制图形

⑯ 同时选中除【背景】图层以外的所有图层，执行菜单栏中的【图层】|【新建】|【从图层建立组】，在弹出的对话框中将【名称】更改为【包装1】，再单击【确定】按钮，此时将生成一个【组1】图层，如图15.104所示。

图15.104 从图层新建组

15.2.3 制作包装背面

① 选中【包装1】组，在画布中按住【Alt+Shift】键向右拖动，将其复制，此时将生成一个【包装1 拷贝】组，如图15.105所示。

图15.105 复制组

② 展开【包装1 拷贝】组，将组中的文字及logo所在的图层删除，只保留与包装相关的图形，如图15.106所示。

图15.106 删除文字及logo

③ 选择工具箱中的【直排文字工具】↓T，在画布中右侧包装适当位置添加文字，如图15.107所示。

图15.107 添加文字

④ 选择工具箱中的【直线工具】／，在选项栏中将【填充】更改为黑色，【描边】为无，【粗细】为3像素，设置完成之后在右侧包装位置按住【Shift】键从上至下绘制一个垂直线段，此时将生成一个【形状1】图层，如图15.108所示。

图15.108 绘制图形

⑤ 在【图层】面板中，选中【形状1】图层，单击面板底部的【添加图层样式】*fx* 按钮，在菜单中选择【渐变叠加】命令，

在弹出的对话框中将渐变颜色更改为深黄色（R：152，G：115，B：89）到浅黄色（R：227，G：178，B：137），将【角度】更改为90度，设置完成之后单击【确定】按钮，如图15.109所示。

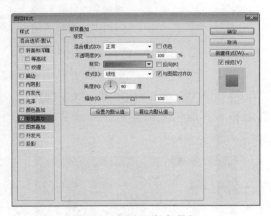

图15.109 设置渐变叠加

❻ 选择工具箱中的【直排文字工具】 T，在刚才所绘制的垂直线段右侧位置添加文字，如图15.110所示。

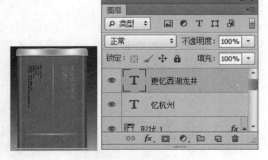

图15.110 添加文字

Questions 合并图层与链接图层的区别是什么？

Answered 合并图层顾名思义就是将两个图层合并为一个图层，而链接图层则是将两个图层相关连，在这种情况下即使不合并图层也可以对图层进行相关联的操作。

❼ 执行菜单栏中的【文件】|【打开】命令，在弹出的对话框中选择配套光盘中的"调用素材\第15章\茶叶包装\条形码.psd"

文件，将打开的素材拖入画布中包装右下角位置并适当缩小，如图15.111所示。

图15.111 添加素材

❽ 在【图层】面板中，展开【包装1】组，选中【中国……china】文字图层，在画布中按住【Alt+Shift】组合键向右拖动，将其水平复制至右侧包装位置，并将其移至图层最上方，如图15.112所示。

图15.112 将文字复制

❾ 选择工具箱中的【钢笔工具】 ，在画布中右侧包装底部位置绘制一个封闭路径，如图15.113所示。

图15.113 绘制路径

❿ 在画布中按【Ctrl+Enter】组合键将刚才所绘制的封闭路径转换成选区，然后在【图层】面板中，单击面板底部的【创建新图层】 按钮，新建一个【图层1】图层，如图15.114所示。

图15.114 转换选区并新建图层

⑪ 选中【图层1】，在画布中将选区填充为黑色，填充完成之后按【Ctrl+D】组合键将选区取消，再选中此图层将其移至【包装1】组下方，如图15.115所示。

图15.115 填充颜色并更改图层顺序

⑫ 选中【图层1】图层，执行菜单栏中的【滤镜】|【模糊】|【高斯模糊】命令，在弹出的对话框中将【半径】更改为10像素，设置完成之后单击【确定】按钮，如图15.116所示。

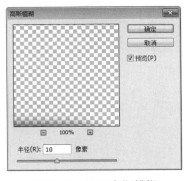

图15.116 设置高斯模糊

⑬ 在【图层】面板中，选中【图层1】图层，单击面板底部的【添加图层蒙版】按钮，为其图层添加图层蒙版，如图15.117所示。

图15.117 添加图层蒙版

⑭ 选择工具箱中的【渐变工具】 ，在选项栏中单击【点按可编辑渐变】按钮，在弹出的对话框中选择【黑白渐变】，设置完成之后单击【确定】按钮，再单击【线性渐变】  按钮，如图15.118所示。

⑮ 单击【图层1】图层蒙版缩览图，在画布中其图形上从上至下拖动将多余的图形部分擦除，如图15.119所示。

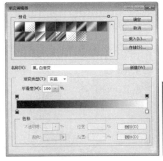 

图15.118 设置渐变　　图15.119 擦除多余图形

Tip 在画布中使用渐变工具进行拖动擦除图形的时候要注意拖动的方向。

⑯ 选中【图层1】图层，在画布中按住【Alt+Shift】组合键向右拖动至左侧包装的底部位置，将其复制，这样就完成了效果制作，最终效果如图15.120所示。

图15.120 最终效果

设计构思

- 新建画布后利用【钢笔工具】绘制出不规则图形转换选区后并利用添加滤镜效果的方法制作出包装所需的动感立体背景。
- 使用图形工具绘制出包装整体效果，再利用定义画笔预设制作出包装封口锯齿效果。
- 利用椭圆图层工具绘制图章效果，并通过绘制图形、添加滤镜效果制作出不规则选区并将所得到的不规则选区移至所绘制的圆形图形上，删除部分图形从而得到一个图章效果，对包装制作有画龙点睛的设计效果。
- 利用【钢笔工具】绘制不规则图形为包装侧面添加真实的立体感，之后利用图层蒙版为包装制作出倒影效果。
- 最后将包装进行复制并添加滤镜效果制作出近大远小的真实立体感效果。
- 本例主要讲解的是调料包装设计的制作方法，此包装设计简约，可在较短时间内传达极强的品质感，通过添加实体的新鲜蔬菜图片以强调产品的新鲜。

本例设计最终效果如图15.121所示。

图15.121 调料包装设计效果

操作步骤

15.3.1 绘制背景

❶ 执行菜单栏中的【文件】|【新建】命令，在弹出的对话框中设置【宽度】为10厘米，【高度】为6.5厘米，【分辨率】为300像素/英寸，【颜色模式】为RGB颜色，新建一个空白画布，如图15.122所示。

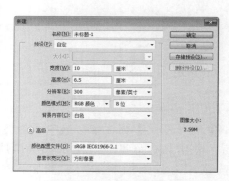

图15.122 新建画布

② 选中【背景】图层，将画布填充为黑色，如图15.123所示。

图15.123 填充颜色

③ 选择工具箱中的【钢笔工具】 ，在画布中靠上半部分位置绘制一个封闭路径，如图15.124所示。

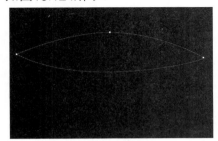

图15.124 绘制路径

④ 在画布中按【Ctrl+Enter】组合键将刚才所绘制的封闭路径转换成选区，然后在【图层】面板中，单击面板底部的【创建新图层】 按钮，新建一个【图层1】图层，如图15.125所示。

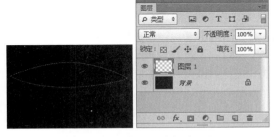

图15.125 转换选区并新建图层

⑤ 选中【图层1】图层，在画布中将选区填充为深红色（R：165，G：31，B：53），填充完成之后按【Ctrl+D】组合键将选区取消，如图15.126所示。

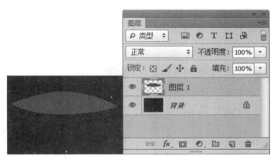

图15.126 填充颜色

⑥ 选中【图层1】图层，执行菜单栏中的【滤镜】|【模糊】|【高斯模糊】命令，在弹出的对话框中将【半径】更改为60像素，设置完成之后单击【确定】按钮，如图15.127所示。

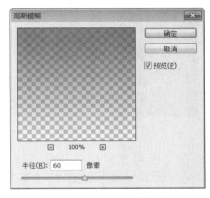

图15.127 设置高斯模糊

⑦ 选中【图层1】图层，将其【不透明度】设置为86%。然后在画布中按【Ctrl+T】组合键将其等比放大，完成之后按【Enter】键确认，如图15.128所示。

图15.128 变换图形

⑧ 选中【图层1】图层，在画布中按住【Alt+Shift】组合键向下拖动，将其复制，此时将生成一个【图层1 拷贝】图层，如图15.129所示。

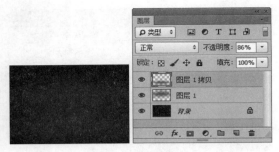

图15.129 复制图形

⑨ 选中【图层1 拷贝】图层，在画布中按【Ctrl+T】组合键对其执行自由变换命令，当出现变形框以后按住【Alt+Shift】组合键将其等比缩放，完成之后按【Enter】键确认，如图15.130所示。

图15.130 变换图形

⑩ 在【图层】面板中，选中【图层1拷贝】图层，单击面板底部的【锁定透明像素】▣按钮，将图形填充为紫色（R：176，G：55，B：100），填充完成之后再次单击【锁定透明像素】▣按钮，如图15.131所示。

图15.131 填充颜色

⑪ 同时选中【图层1】和【图层1 拷贝】图层，单击面板顶部的 ✛ 按钮，将其位置锁定，如图15.132所示。

图15.132 锁定图层位置

15.3.2 绘制包装展开面

❶ 选择工具箱中的【矩形工具】▬，在选项栏中将【填充】更改为白色，【描边】为无，在画布中绘制一个矩形，此时将生成一个【矩形1】图层，如图15.133所示。

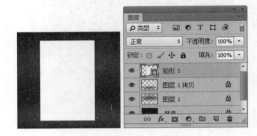

图15.133 绘制图形

> **Tip** 在绘制图形的时候可以根据整个画布的比例将所绘制的图形大小依照原来的两个图形适当地缩放及移动。

❷ 执行菜单栏中的【文件】|【打开】命令，在弹出的对话框中选择配套光盘中的"调用素材\第15章\调料包装\图标.psd"文件，将打开的素材拖入画布中矩形1图形上方并适当缩小，如图15.134所示。

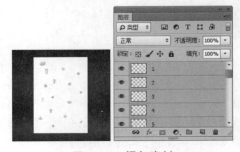

图15.134 添加素材

❸ 同时选中所添加的图标所在的所有图层，执行菜单栏中的【图层】|【新建】|【从图层建立组】，在弹出的对话框中将【名称】更改为图标，更改完成之后单击【确定】按钮，此时将生成一个【图标】图层，如图15.135所示。

图15.135 从图层新建组

❹ 在【图层】面板中，选中【图标】组，将其拖至面板底部的【创建新图层】按钮上，复制一个【图标 拷贝】组，如图15.136所示。

图15.136 复制组

❺ 选中【图标 拷贝】组，在画布中按【Ctrl+T】组合键，对其执行自由变换命令，将光标移至出现的变形框上右击，从弹出的快捷菜单中选择【水平翻转】命令，完成之后再右击，从弹出的快捷菜单中选择【垂直翻转】命令，完成之后按【Enter】键确认，如图15.137所示。

图15.137 变换图形

❻ 同时选中【图标】及【图标 拷贝】组，将其【不透明度】更改为20%，如图15.138所示。

图15.138 更改图层不透明度

❼ 选择工具箱中的【圆角矩形工具】，在选项栏中将【填充】更改为橙色（R：243，G：152，B：0），【描边】为无，【半径】为10像素，在画布中【矩形1】图形上方绘制一个矩形，此时将生成一个【圆角矩形1】图层，如图15.139所示。

图15.139 绘制图形

❽ 在【图层】面板中，选中【圆角矩形1】图层，将其向下移至【矩形1】图层上方，如图15.140所示。

图15.140 更改图层顺序

⑨ 选中【圆角矩形1】图层，执行菜单栏中的【图层】|【创建剪切蒙版】命令，如图15.141所示。

图15.141 创建剪切蒙版

Skill 选中当前图层按【Ctrl+Alt+G】组合键可快速执行剪切蒙版命令，或者在【图层】面板中，按住【Alt】键在当前图层与下方图层缩览图之间单击也可以创建剪切蒙版效果。

⑩ 执行菜单栏中的【文件】|【打开】命令，在弹出的对话框中选择配套光盘中的"调用素材\第15章\调料包装\logo.psd"文件，将打开的素材拖入画布中圆角矩形图形上并适当缩小，如图15.142所示。

图15.142 添加素材

⑪ 选择工具箱中的【直线工具】 ，在选项栏中将【填充】更改为黑色，【描边】为无，【粗细】为1像素，设置完成之后在刚才所添加的logo图像下方按住【Shift】键绘制一条水平线段，此时将生成一个【形状1】图层，如图15.143所示。

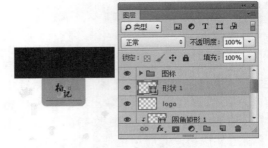

图15.143 绘制图形

⑫ 选择工具箱中的【横排文字工具】 T ，在画布中刚才所绘制的水平直线下方位置添加文字，如图15.144所示。

图15.144 添加文字

⑬ 同时选中【圆角矩形1】、【logo】、【形状1】、【美味…】文字图层，单击选项栏中的【水平居中对齐】 按钮，将图形与文字对齐，如图15.145所示。

图15.145 将图形与文字对齐

⑭ 选择工具箱中的【横排文字工具】 T ，在画布中靠上方位置添加文字，如图15.146所示。

图15.146 添加文字

⓯ 同时选中【fresh…】、【蔬之鲜】、【矩形1】图层，单击选项栏中的【水平居中对齐】 按钮，将文字与图形对齐，如图15.147所示。

图15.147 将文字与图形对齐

⓰ 执行菜单栏中的【文件】|【打开】命令，在弹出的对话框中选择配套光盘中的"调用素材\第15章\调料包装\青菜.psd"文件，将打开的素材拖入画布中并适当缩小，如图15.148所示。

⓱ 在【图层】面板中，选中【青菜】图层，将其拖至面板底部的【创建新图层】 按钮上，复制一个【青菜 拷贝】图层，如图15.149所示。

图15.148 添加素材　　图15.149 复制图层

⓲ 在【图层】面板中，选中【青菜】图层，单击面板顶部的【锁定透明像素】 按钮，将当前图层中的透明像素锁定，在画布中将其填充为黑色，填充完成之后再次单击此按钮，如图15.150所示。

图15.150 填充颜色

> **Tip**　由于所填充颜色的素材图像所在的图层在其副本图层下方，所以在画布中填充的效果不可见。

⓳ 选中【青菜】图层，执行菜单栏中的【滤镜】|【模糊】|【高斯模糊】命令，在弹出的对话框中将【半径】更改为2像素，设置完成之后单击【确定】按钮，如图15.151所示。

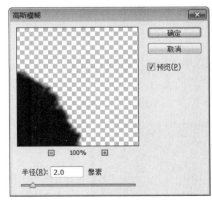

图15.151 设置高斯模糊

⓴ 在【图层】面板中，选中【青菜】图层，单击面板底部的【添加图层蒙版】 按钮，为其图层添加图层蒙版，如图15.152所示。

图15.152 添加图层蒙版

21 选择工具箱中的【渐变工具】█，在选项栏中单击【点按可编辑渐变】按钮，在弹出的对话框中选择【黑白渐变】，设置完成之后单击【确定】按钮，再单击【线性渐变】█按钮，如图15.153所示。

图15.153 设置渐变

22 单击【青菜】图层蒙版缩览图，在画布中其图形上从上至下拖动，将多余的图像部分擦除，如图15.154所示。

图15.154 擦除多余图像

23 选择工具箱中的【横排文字工具】█，在画布中刚才所添加的素材下方位置添加文字，如图15.155所示。

图15.155 添加文字

24 选择工具箱中的【椭圆工具】█，在选项栏中将【填充】更改为无，【描边】为深红色（R：105，G：37，B：34），宽度为0.6，设置完成之后在包装适当位置按住【Shift】键绘制一正圆图形，此时将生成一个【椭圆1】图层，如图15.156所示。

图15.156 绘制图形

25 在【图层】面板中，选中【椭圆1】图层，将其拖至面板底部的【创建新图层】█按钮上，复制一个【椭圆1 拷贝】图层，如图15.157所示。

26 选中【椭圆1 拷贝】图层，在画布中按【Ctrl+T】组合键对其执行自由变换命令，当出现变形框以后按住【Alt+Shift】组合键将其等比缩放，完成之后按【Enter】键确认，如图15.158所示。

图15.157 复制图层　　图15.158 变换图形

㉗ 选择工具箱中的【横排文字工具】T，在刚才所绘制的椭圆图形位置添加文字，如图15.159所示。

图15.159 添加文字

㉘ 选择工具箱中的【直线工具】/，在选项栏中将【填充】更改为无，【描边】更改为深红色（R：105，G：37，B：34），【粗细】为2像素，设置完成之后在刚才所绘制的椭圆位置上绘制一条倾斜的线段，并且使部分线段与椭圆图形相交叉，此时将生成一个【形状2】图层，如图15.160所示。

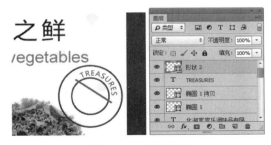

图15.160 绘制图形

㉙ 在【图层】面板中，选中【形状2】图层，将其拖至面板底部的【创建新图层】按钮上，复制一个【形状2 拷贝】图层，如图15.161所示。

图15.161 复制图层

㉚ 同时选中【椭圆1】、【椭圆1拷贝】、【TER…】、【形状2】及【形状2拷贝】图层，执行菜单栏中的【图层】|【新建】|【从图层建立组】命令，在弹出的对话框中将【名称】更改为【标志】，设置完成之后单击【确定】按钮，此时将生成一个【标志】组，如图15.162所示。

图15.162 从图层新建组

㉛ 在【图层】面板中，选中【标志】组，将其拖至面板底部的【创建新图层】按钮上，复制一个【标志 拷贝】组，单击【标志】组前面的图标，将其隐藏，再选中【标志 拷贝】组，执行菜单栏中的【图层】|【合并组】命令，将当前组中的图层进行合并，如图15.163所示。

图15.163 复制组及合并组

㉜ 选择工具箱中的【矩形选框工具】[]，在画布中包装左侧位置绘制一个矩形选区，单击面板底部的【创建新图层】按钮，新建一个【图层2】图层，如图15.164所示。

图15.164 绘制选区并新建图层

㉝ 选中【图层2】图层，将其填充为白色，填充完成之后按【Ctrl+D】组合键将选区取消，如图15.165所示。

㉞ 选中【图层2】图层，执行菜单栏中的【滤镜】|【杂色】|【添加杂色】命令，在弹出的对话框中将【数量】更改为19%，分别勾选【高斯分布】单选按钮及【单色】复选框，设置完成之后单击【确定】按钮，如图15.166所示。

图15.165 填充颜色　图15.166 设置添加杂色

㉟ 选择工具箱中的【魔棒工具】，选中【图层2】图层，在画布中其图形上黑色部分单击，此时将生成一个复杂的选区，如图15.167所示。

图15.167 生成选区

㊱ 在画布中将选区移至【标志 拷贝】图层中的图形上方，将其图层中的图形覆盖，再执行菜单栏中的【选择】|【反向】命令，将选区反向，如图15.168所示。

㊲ 选中【标志 拷贝】图层，在画布中按【Delete】键将其图层中多余图形部分删除，完成之后按【Ctrl+D】组合键将选区取消，如图15.169所示。

图15.168 将选区反向　图15.169 删除多余图形

㊳ 在【图层】面板中，选中【图层2】图层，移至面板底部的【删除图层】按钮上将其删除，如图15.170所示。

图15.170 删除图层

㊴ 选择工具箱中的【多边形套索工具】，在画布中【标志 拷贝】图形上绘制一个不规则选区以将其图形中部分选中，如图15.171所示。

㊵ 选中【标志 拷贝】图层，在画布中将选区中的图形删除，完成之后按【Ctrl+D】组合键将选区取消，如图15.172所示。

图15.171 绘制选区　图15.172 删除多余图形

㊶ 选择工具箱中的【横排文字工具】，在画布中适当位置添加文字，如图15.173所示。

图15.173 添加文字

④② 选中【私厨珍品】图层，在画布中
按【Ctrl+T】组合键对其执行自由变换命
令，当出现变形框以后将其旋转一定角度，
完成之后按【Enter】键确认，再将其移至
【标志 拷贝】图层中图形的适当位置，如
图15.174所示。

图15.174 变换文字

④③ 同时选中除【背景】、【图层1】及
【图层1 拷贝】之外的所有图层，执行菜单
栏中的【图层】|【新建】|【从图层建立
组】，在弹出的对话框中将【名称】更改为
【包装正面】，再单击【确定】按钮，此时
将生成一个【包装正面】图层，如图15.175
所示。

图15.175 从图层新建组

④④ 选择工具箱中的【矩形工具】，
在选项栏中将【填充】更改为白色，【描
边】为无，在画布包装位置靠左侧位置绘制
一个矩形使所绘制的矩形与包装正面高度相

等，此时将生成一个【矩形2】图层，如图
15.176所示。

图15.176 绘制图形

④⑤ 选中【矩形2】图层，在画布中按住
【Shift】键向左平移使其右侧边缘与包装正
面的左侧边缘对齐，如图15.177所示。

图15.177 移动图形

④⑥ 选中【矩形2】图层，在画布中按住
【Alt+Shift】组合键向右平移并复制使其左
侧边缘与包装正面的右侧边缘对齐，此时将
生成一个【矩形2 拷贝】图层，如图15.178
所示。

图15.178 复制图形

④⑦ 选择工具箱中的【直排文字工具】，
在画布中左侧位置添加文字，如图15.179
所示。

图15.179 添加文字

㊽ 执行菜单栏中的【文件】|【打开】命令，在弹出的对话框中选择配套光盘中的"调用素材\第15章\调料包装\条形码.psd"文件，将打开的素材拖入刚才所添加的文字下方并适当缩小，如图15.180所示。

图15.180 添加素材

㊾ 选择工具箱中的【直排文字工具】，在画布中左侧适当位置添加文字，如图15.181所示。

图15.181 添加文字

15.3.3 制作包装立体效果

❶ 同时选中除【背景】、【图层1】、【图层1 拷贝】、【包装正面】组以外的图层，执行菜单栏中的【图层】|【新建】|

【从图层建立组】，在弹出的对话框中将【名称】更改为【包装背面】，再单击【确定】按钮，此时将生成一个【包装背面】组，如图15.182所示。

图15.182 从图层新建组

❷ 在【图层】面板中，选中【包装背面】组，执行菜单栏中的【图层】|【排列】|【后移一层】，将其向下移至【包装正面】的下方，再单击其组名称前面的 👁 图标，将其隐藏，如图15.183所示。

图15.183 更改组顺序

❸ 在【图层】面板中，选中【包装正面】组，将其拖至面板底部的【创建新图层】 按钮上，复制一个【包装正面 拷贝】组，单击【包装正面】组前面的 👁 图标，将其隐藏。选中【包装正面 拷贝】组执行菜单栏中的【图层】|【合并组】命令，将当前组合并。此时将生成一个【包装正面】图层，双击【包装正面 拷贝】图层名称，将其名称更改为【立体效果】，如图15.184所示。

图15.184 复制组并隐藏组

④ 选择工具箱中的【钢笔工具】✐，在画布中沿着立体效果图形的左侧边缘绘制一个封闭路径，如图15.185所示。

⑤ 按【Ctrl+Enter】组合键将所绘制的路径转换为选区，选中【立体效果】图层，在画布中按【Delete】键将多余图像删除，如图15.186所示。

图15.185 绘制路径　　图15.186 删除图像

⑥ 选择工具箱中的【矩形选框工具】▢，在画布中的选区中右击，在弹出的快捷菜单中选择【变换选区】命令。然后在出现的变形中再次右击，从弹出的菜单中选择【水平翻转】命令，再按住【Shift】键拖动变形框向右水平移动，以选中图形的右侧部分图形，之后按【Enter】键确认，再以同样的方法选中【立体效果】图层，按【Delete】键将多余图形删除，完成之后按【Ctrl+D】组合键将选区取消，如图15.187所示。

图15.187 删除多余图形

⑦ 选择工具箱中的【矩形工具】▢，在选项栏中将其【填充】更改为黑色，【描边】为无，在画布中任意位置按住Shift键绘制一个矩形，此时将生成一个【矩形3】图层，如图15.188所示。

图15.188 绘制图形

⑧ 选中【矩形3】图层，执行菜单栏中的【图层】|【栅格化】|【形状】命令，将当前图形栅格化，如图15.189所示。

⑨ 选中【矩形3】图层，在画布中按【Ctrl+T】组合键对其执行自由变换命令，在选项栏中的【旋转】文本框中输入45度，如图15.190所示。

图15.189 将图形栅格化　　图15.190 将图形缩小

⑩ 选择工具箱中的【矩形选框工具】▢，选中【矩形3】图层，在画布中绘制选区选中部分图形，按【Delete】键将多余图形删除，删除完成之后按【Ctrl+D】组合键将选区取消，如图15.191所示。

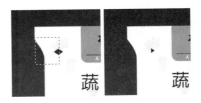

图15.191 绘制选区并填充图形

⑪ 在【图层】面板中，按住【Ctrl】键单击【矩形3】图层将其载入选区，执行菜单栏中的【编辑】|【定义画笔预设】命令，在出现的对话框中将【名称】更改为"包装锯齿"，完成之后单击【确定】按钮，然后按

【Ctrl+D】组合键将选区取消，再选中【矩形3】图层，将其删除，如图15.192所示。

图15.192 定义画笔预设

⑫ 选中【矩形3】图层，在画布中按【Ctrl+A】组合键将图层中的小三角图形选中，按【Delete】键将其删除，完成之后按【Ctrl+D】组合键将选区取消，如图15.193所示。

图15.193 删除图形

⑬ 选择工具箱中的【画笔工具】，执行菜单栏中的【窗口】|【画笔】命令，在弹出的面板中选择刚才所定义的【包装锯齿】笔触，将【大小】更改为9像素，【角度】为-90，勾选【间距】复选框，将其数值更改为108%，设置完成之后关闭面板，如图15.194所示。

⑭ 将前景色设置为黑色，选中【矩形3】图层，在画布中的【立体效果】图层中图形的右上角位置单击，再按住【Shift】键在左上角位置再次单击绘制图形，如图15.195所示。

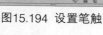

图15.194 设置笔触　　图15.195 绘制图形

⑮ 在【图层】面板中，按住【Ctrl】键单击【矩形3】图层，将其载入选区；再选中【立体效果】图层，在画布中按【Delete】键将部分图形删除；再选中【矩形3】图层，拖至面板底部的【删除图层】按钮上，将其删除，如图15.196所示。

图15.196 载入选区删除图形

⑯ 选择工具箱中的【矩形选框工具】，在选区中右击，在弹出的快捷菜单中选择变换选区命令，然后在出现的变形中再次右击，从弹出的菜单中选择【垂直翻转】命令，再按住【Shift】键拖动变形框向下垂直移动，以选中图形的底部部分图形，之后按【Enter】键确认。再以同样的方法选中【立体效果】图层，在画布中按【Delete】键将多余图形删除，完成之后按【Ctrl+D】组合键将选区取消，如图15.197所示。

图15.197 删除图形

⑰ 选择工具箱中的【钢笔工具】，在画布中沿着左侧部分位置绘制一个封闭路径，如图15.198所示。

图15.198 绘制路径

⑱ 在画布中按【Ctrl+Enter】组合键将刚才所绘制的封闭路径转换成选区，然后在【图层】面板中，单击面板底部的【创建新图层】按钮，新建一个【图层2】图层，如图15.199所示。

图15.199 转换选区并新建图层

⑲ 选中【图层2】图层，在画布中将选区填充为黑色，填充完成之后按【Ctrl+D】组合键将选区取消，如图15.200所示。

图15.200 填充颜色

⑳ 选中【图层2】图层，执行菜单栏中的【滤镜】|【模糊】|【高斯模糊】命令，在弹出的对话框中将【半径】更改为10像素，设置完成之后单击【确定】按钮，如

图15.201所示。

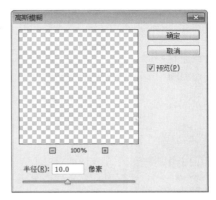

图15.201 设置高斯模糊

㉑ 选中【图层2】图层，将其图层【不透明度】更改为60%，如图15.202所示。

图15.202 更改图层不透明度

㉒ 选择工具箱中的【钢笔工具】，在画布中沿着左侧刚才所绘制的图形再稍靠左的位置绘制一个细长型的封闭路径，如图15.203所示。

图15.203 绘制路径

㉓ 在画布中按【Ctrl+Enter】组合键将刚才所绘制的封闭路径转换成选区，然后在

【图层】面板中，单击面板底部的【创建新图层】▣按钮，新建一个【图层3】图层，如图15.204所示。

图15.204 转换选区并新建图层

❷❹ 选中【图层3】图层，在画布中将选区填充为黑色，填充完成之后按【Ctrl+D】组合键将选区取消，如图15.205所示。

图15.205 填充颜色

❷❺ 选中【图层2】图层，执行菜单栏中的【滤镜】|【模糊】|【高斯模糊】命令，在弹出的对话框中将【半径】更改为7像素，设置完成之后单击【确定】按钮，如图15.206所示。

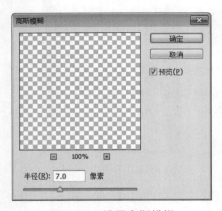

图15.206 设置高斯模糊

❷❻ 选中【图层3】图层，在画布中按【Ctrl+T】组合键对其执行自由变换命令，将光标移至变形框上方控制点，按住【Alt+Shift】组合键将其等比放大，完成之后按【Enter】键确认，如图15.207所示。

图15.207 变换图形

❷❼ 选中【图层3】图层，将其图层【不透明度】更改为80%，如图15.208所示。

图15.208 更改图层不透明度

❷❽ 选择工具箱中的【钢笔工具】❏，在画布中沿着右侧包装靠边缘位置绘制一个细长型的封闭路径，如图15.209所示。

图15.209 绘制路径

㉙ 在画布中按【Ctrl+Enter】组合键将刚才所绘制的封闭路径转换成选区，然后在【图层】面板中，单击面板底部的【创建新图层】按钮，新建一个【图层4】图层，如图15.210所示。

图15.210 转换选区并新建图层

㉚ 选中【图层4】图层，在画布中将选区填充为黑色，填充完成之后按【Ctrl+D】组合键将选区取消，如图15.211所示。

图15.211 将选区填充黑色

㉛ 选中【图层4】图层，执行菜单栏中的【滤镜】|【模糊】|【高斯模糊】命令，在弹出的对话框中将【半径】更改为9像素，设置完成之后单击【确定】按钮，如图15.212所示。

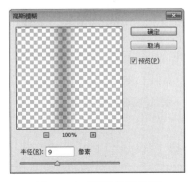

图15.212 设置高斯模糊

㉜ 在【图层】面板中，选中【图层4】图层，将其拖至面板底部的【创建新图层】按钮上，复制一个【图层4 拷贝】图层，如图15.213所示。

㉝ 选中【图层4 拷贝】图层，在画布中按【Ctrl+T】组合键对其执行自由变换命令，将光标移至变形框上方控制点，按住【Alt+Shift】组合键将其等比放大，完成之后按【Enter】键确认，再按住【Shift】键向左平移一定距离，如图15.214所示。

图15.213 复制图层　　　图15.214 变换图形

㉞ 选中【图层4 拷贝】图层，将其图层【不透明度】更改为80%，如图15.215所示。

图15.215 更改图层不透明度

㉟ 选择工具箱中的【直线工具】，在选项栏中将【填充】更改为灰色（R：200，G：200，B：200），【描边】为无，【粗细】为2像素，在画布中包装顶部位置按住【Shift】键绘制一条水平线段，此时将生成一个【形状3】图层，如图15.216所示。

图15.216 绘制图形

㊱ 选中【形状3】图层，在画布中按住【Alt+Shift】组合键向下拖动两次，将其复制两份【形状3 拷贝】和【形状3 拷贝2】图层，如图15.217所示。

图15.217 复制图层

㊲ 同时选中【形状3】、【形状3 拷贝】、【形状3 拷贝2】图层，单击选项栏中的【垂直居中分布】 按钮，将图形对齐，如图15.218所示。

图15.218 将图形对齐

㊳ 选择工具箱中的【矩形工具】 ，在选项栏中将【填充】更改为黑色，【描边】为无，在画布中包装顶部位置绘制一个矩形，此时将生成一个【矩形3】图层，如图15.219所示。

图15.219 绘制图形

㊴ 选中【矩形3】图层，执行菜单栏中的【图层】|【栅格化】|【形状】命令，将当前图形删格化。在【图层】面板中，选中【矩形3】图层，单击面板底部的【添加图层蒙版】 按钮，为其图层添加图层蒙版，如图15.220所示。

图15.220 栅格化图层

㊵ 选择工具箱中的【渐变工具】 ，在选项栏中单击【点按可编辑渐变】按钮，在弹出的对话框中选择【黑，白渐变】，设置完成之后单击【确定】按钮，如图15.221所示。

图15.221 设置渐变

㊶ 单击【矩形3】图层蒙版缩览图，在画布中按住【Shift】键从上至下拖动，将多余图形擦除，如图15.222所示。

图15.222 擦除多余图形

㊷ 同时选中【矩形3】、【形状3】、【形状3 拷贝】、【形状3 拷贝2】图层，执行菜单栏中的【图层】|【新建】|【从图层建立组】，在弹出的对话框中将【名称】更改为【顶部封口】，完成之后单击【确定】按钮，此时将生成一个【顶部封口】组，如图15.223所示。

图15.223 从图层新建组

㊸ 在【图层】面板中，选中【顶部封口】组，将其混合模式设置为【正片叠底】，再将其【不透明度】更改为60%，如图15.224所示。

图15.224 设置图层混合模式及更改图层不透明度

㊹ 在【图层】面板中，选中【顶部封口】组，将其拖至面板底部的【创建新图层】 🔲 按钮上，复制一个【顶部封口拷贝】组，双击【顶部封口拷贝】组名称，将其名称更改为【底部封口】，如图15.225所示。

图15.225 复制组并更改组名称

㊺ 选中【底部封口】组，在画布中按【Ctrl+T】组合键，对其执行【自由变换】命令，将光标移至出现的变形框上右击，从弹出的快捷菜单中选择【垂直翻转】命令，完成之后按【Enter】键确认，再按住【Shift】键向下垂直移至包装底部位置，如图15.226所示。

图15.226 变换及移动图形

㊻ 同时选中【立体效果】、【图层2】、【图层3】、【图层4】、【图层4 拷贝】、【顶部封口】、【底部封口】图层，执行菜单栏中的【图层】|【新建】|【从图层建立组】，在弹出的对话框中将【名称】更改为【最终整体立体效果】，单击【确定】按钮，此时将生成一个【最终整体立体效果】组，如图15.227所示。

图15.227 从图层新建组

47 在【图层】面板中，选中【最终整体立体效果】组，将其拖至面板底部的【创建新图层】🗗 按钮上，复制一个【最终整体立体效果 拷贝】组。再选中【最终整体立体效果 拷贝】组，执行菜单栏中的【图层】|【合并组】命令将当前组合并，此时将生成一个【最终整体立体效果 拷贝】图层，双击其图层名称将其更改为【阴影】，再向下移至【最终整体立体效果】组下方，如图15.228所示。

图15.228 复制组及合并组

48 在【图层】面板中，选中【阴影】图层，单击【锁定透明像素】🔲 按钮，在画布中将其填充为黑色，填充完成之后再次单击此按钮，取消透明像素锁定，如图15.229所示。

图15.229 填充颜色

49 选中【阴影】图层，执行菜单栏中的【滤镜】|【模糊】|【高斯模糊】命令，在弹出的对话框中将【半径】更改为5.0像

素，设置完成之后单击【确定】按钮，如图15.230所示。

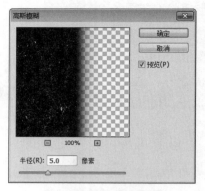

图15.230 设置高斯模糊

50 在【图层】面板中，选中【最终整体立体效果】组，将其拖至面板底部的【创建新图层】🗗 按钮上，复制一个【最终整体立体效果 拷贝】组。再选中【最终整体立体效果 拷贝】组执行菜单栏中的【图层】|【合并组】命令将当前组合并，此时将生成一个【最终整体立体效果 投影】图层，双击其图层名称，将其更改为【投影】，如图15.231所示。

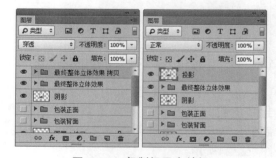

图15.231 复制组及合并组

51 选中【投影】图层，在画布中按【Ctrl+T】组合键，对其执行自由变换命令，将光标移至出现的变形框上右击，从弹出的快捷菜单中选择【垂直翻转】命令，完成之后按【Enter】键确认，再按住Shift键将其向下移动一定距离，使其与立体包装底部边缘相接触并留一定空隙，如图15.232所示。

52 在【图层】面板中，选中【投影】图层，单击面板底部的【添加图层蒙版】🔲 按钮，为其图层添加图层蒙版，如图15.233所示。

图15.232 变换图形　　图15.233 添加图层蒙版

❸ 选择工具箱中的【渐变工具】█，在选项栏中单击【点按可编辑渐变】按钮，在弹出的对话框中选择【黑，白渐变】，设置完成之后单击【确定】按钮，如图15.234所示。

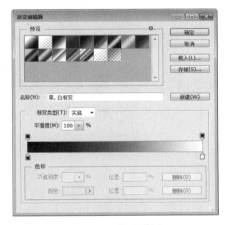

图15.234 设置渐变

❹ 单击【投影】图层蒙版缩览图，在画布中按住【Shift】键从下至上拖动，将其图层中部分图形擦除，如图15.235所示。

图15.235 擦除多余图形

❺ 同时选中【投影】及【最终整体立

体效果】组，执行菜单栏中的【图层】|【新建】|【从图层建立组】，在弹出的对话框中将【名称】更改为【最终立体效果】，再单击【确定】按钮，此时将生成一个【最终立体效果】图层，如图15.236所示。

图15.236 从图层新建组

❻ 选中【最终立体效果】组，在画布中按住【Alt】键向左拖动，将其复制，此时将生成一个【最终立体效果 拷贝】组，如图15.237所示。

图15.237 复制图形

❼ 选中【最终立体效果 拷贝】组，执行菜单栏中的【图层】|【合并组】命令，将当前组合并，此时将生成一个【最终立体效果 拷贝】图层，如图15.238所示。

图15.238 合并组

❽ 选中【最终立体效果 拷贝】图层，在画布中按【Ctrl+T】组合键对其执行自由变换命令，将光标移至出现的变形框右上角控制点，按住【Alt+Shift】组合键将其等比缩小，完成之后按【Enter】键确认，如图15.239所示。

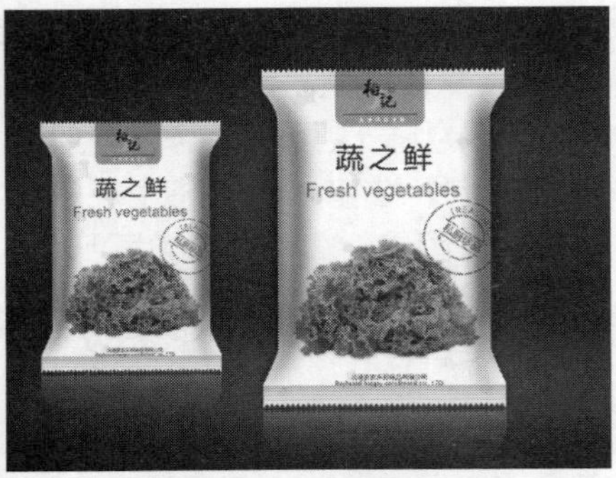

图15.239 变换图形

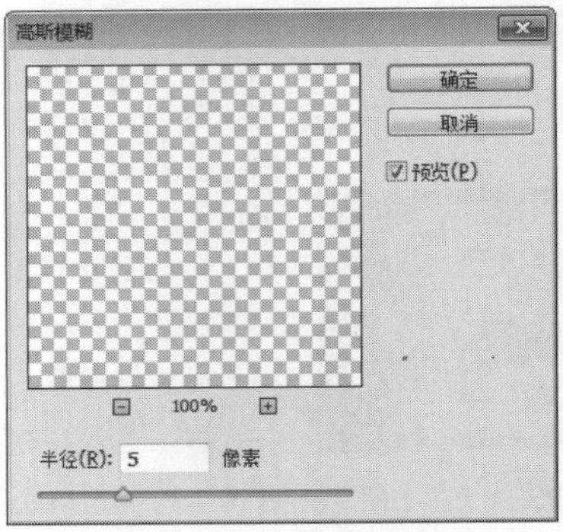

图15.240 设置高斯模糊

(59) 选中【最终立体效果 拷贝】图层，执行菜单栏中的【滤镜】|【模糊】|【高斯模糊】命令，在弹出的对话框中将【半径】更改为5像素，设置完成之后单击【确定】按钮，如图15.240所示。

(60) 选中【最终立体效果 拷贝】图层，在画布中按住【Alt+Shift】组合键将其向右平移并复制，此时将生成一个【最终立体效果 拷贝2】图层，这样就完成了效果制作，最终效果如图15.241所示。

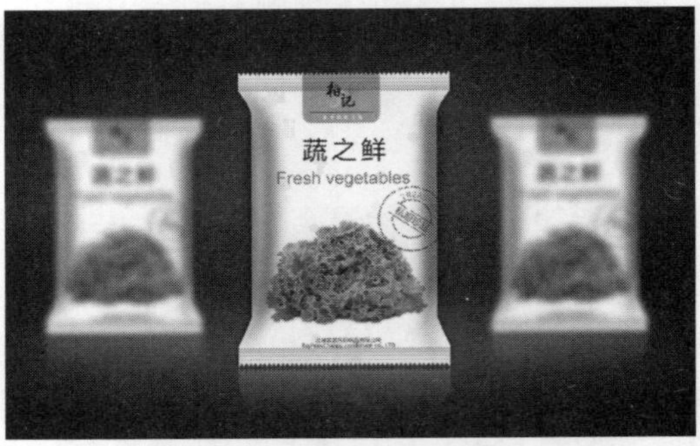

图15.241 最终效果

商业广告设计精粹

广告是为了某种特定的需要，通过一定形式的媒体，公开而广泛地向公众传递信息的宣传手段。广告有广义和狭义之分，广义广告包括非经济广告和经济广告。非经济广告指不以盈利为目的的广告，又称效应广告，如政府行政部门、社会事业单位乃至个人的各种公告、启事、声明等，主要目的是推广；狭义广告仅指经济广告，又称商业广告，是指以盈利为目的的广告，通常是商品生产者、经营者和消费者之间沟通信息的重要手段，或企业占领市场、推销产品、提供劳务的重要形式，主要目的是扩大经济效益。广告的本质是传播，广告的灵魂是创意。本章通过4个专业的商业广告案例讲解，详细解析了商业广告的制作过程及方法。

Chapter 16

 教学视频

○ 音乐手机广告	视频时间：26:37
○ 抽油烟机广告	视频时间：18:04
○ 电饭锅广告	视频时间：30:20
○ 空调广告	视频时间：11:28

设计构思

- 首先新建画布，为背景填充渐变效果并使用画笔工具加以修饰。
- 然后添加素材并为其制作倒影效果，再绘制路径并利用画笔工具为路径描边，在画布中添加特效。

本例设计最终效果如图16.1所示。

图16.1 音乐手机广告设计

操作步骤

16.1.1 制作背景

❶ 执行菜单栏中的【文件】|【新建】命令，在弹出的对话框中设置【宽度】为12厘米，【高度】为9厘米，【分辨率】为300像素/英寸，【颜色模式】为RGB颜色，新建一个空白画布，如图16.2所示。

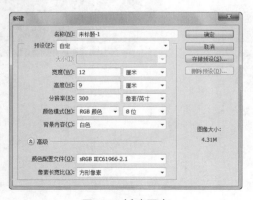

图16.2 新建画布

❷ 选择工具箱中的【渐变工具】，在选项栏中单击【点按可编辑渐变】按钮，在弹出的面板中设计渐变颜色从蓝色（R：0，G：90，B：207）到黑色的径向渐变，然后再为背景进行填充，如图16.3所示。

图16.3 编辑渐变并填充

❸ 在【图层】面板中单击面板底部的【创建新图层】按钮，新建一个图层

【图层1】，选择工具箱中的【画笔工具】✏，单击选项栏中的【点按可打开"画笔预设"选取器】按钮，在弹出的面板中设置【大小】为550像素，【硬度】为0%；将前景色设置为青色（R：34，G：185，B：236），选中【图层1】图层，在画布中左侧单击，如图16.4所示。

图16.4 新建图层并添加效果

④ 在【图层】面板中，选中【图层1】图层，将其拖至面板底部的【创建新图层】🔲按钮上，将其复制一个图层——【图层1 拷贝】图层，选中【图层1 拷贝】图层，将其图层【不透明度】更改为50%，如图16.5所示。

图16.5 复制图层并更改不透明度

⑤ 在【图层】面板中，选中【图层1拷贝】图层，在画布中按【Ctrl+T】组合键对

其执行自由变换命令，当出现变形框以后按【Alt+Shift】组合键拖动控制点对其执行等比放大，如图16.6所示。

图16.6 将图形放大

16.1.2 添加手机并绘制线丝

① 执行菜单栏中的【文件】|【打开】命令，在弹出的对话框中选择配套光盘中的"调用素材\第16章\音乐手机广告\音乐手机.psd"文件，将打开的图像拖入画布中适当位置，并对其进行适当缩放，如图16.7所示。

图16.7 打开调用素材并拖入画布

② 选中【音乐手机】图层，将其拖至图面板面板底部的【创建新图层】🔲按钮上，将其复制一个图层——【音乐手机 拷贝】图层。选中【音乐手机 拷贝】图层，在画布中按【Ctrl+T】组合键对其执行自由变换，在出现的变形框中右击，从弹出的快捷菜单中选择【垂直翻转】命令，如图16.8所示。

图16.8 复制图层并变换

❸ 在变形框中右击，从弹出的快捷菜单中选择【斜切】命令，将光标移至变形框右侧控制点向上拖动，拖动完成之后按【Enter】键确认。选中【音乐手机 拷贝】图层，单击面板底部的【添加图层蒙版】◻按钮，为其添加图层蒙版，如图16.9所示。

图16.9 将图形变形并为其添加图层蒙版

❹ 选择工具箱中的【渐变工具】▱，在选项栏中单击【点按可编辑渐变】按钮，在弹出的面板中选择【黑白渐变】，在【图层】面板中，单击【音乐手机 副本】图层蒙版缩览图，在画布中按住【Shift】键从下至上为其图层蒙版填充黑白渐变，将多余的图像擦除，如图16.10所示。

图16.10 添加蒙版并将多余图像擦除

❺ 选择工具箱中的【画笔工具】✎，在选项栏中单击【点按可打开"画笔预设选

取器"】按钮，在弹出的面板中将【大小】更改为100像素，将【硬度】更改为0%，在【图层】面板中单击【音乐手机 拷贝】图层蒙版缩览图，将前景色设置为黑色，在画布中将图像中多余的图像擦除，如图16.11所示。

图16.11 选择画笔工具并将多余图像擦除

❻ 选择工具箱中的【画笔工具】，单击选项栏中的【点按可打开"画笔预设"选取器】按钮，在弹出的面板中将【大小】更改为1像素，将【硬度】更改为100%，执行菜单栏中的【窗口】|【画笔】命令，在弹出的【画笔】面板中，确认勾选【平滑】复选框，选择工具箱中的【钢笔工具】在画布中绘制一个曲线路径，绘制完成之后按【Esc】键结束，如图16.12所示。

图16.12 绘制路径

❼ 在【图层】面板中单击面板底部的【创建新图层】按钮，新建一个新的图层——【图层2】图层，将前景色设置为黑色执行菜单栏中的【窗口】|【路径】命令，打开【路径】面板，在弹出的面板中选中【工作路径】，在其缩览图上右击，从弹出的快捷菜单中选择【描边路径】命令，在弹出的对话框中选择【工具】为【画笔】，勾选【模拟

压力】复选框，设置完成之后单击【确定】按钮，如图16.13所示。

图16.13 描边路径

❽ 在【图层】面板中按住Ctrl键单击【图层2】图层缩览图，将其载入选区，执行菜单栏中的【编辑】|【定义画笔预设】命令，在弹出的【画笔名称】对话框中将【名称】更改为【纱质】，更改完成之后单击【确定】按钮，然后将【图层2】删除，如图16.14所示。

图16.14 定义画笔预设

❾ 执行菜单栏中的【窗口】|【画笔】命令，在弹出的面板中选择刚才所定义的【纱质】画笔，单击【画笔笔尖形状】，在右侧将【角度】更改为39度，勾选【间距】复选框并将其数值更改为1%，如图16.15所示。

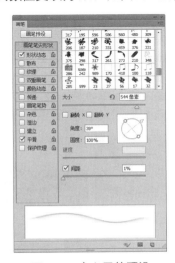

图16.15 定义画笔预设

❿ 在【图层】中单击面板底部的【创建新图层】按钮，新建一个新的图层——【图层2】图层，将前景色设置为青色（R：34，G：185，B:236），在画布中绘制图形，如图16.16所示。

图16.16 新建图层并绘制图形

⓫ 在【图层】中选中【图层2】图层，将其拖至面板底部的【创建新图层】按钮上，将其复制一个新的图层——【图层2 拷贝】图层。选中【图层2 拷贝】图层，在画布中按【Ctrl+T】组合键对其执行自由变换，在出现的变形框中右击，从弹出的快捷菜单中选择【垂直翻转】命令，如图16.17所示。

图16.17 将图形变形

⓬ 在【图层】中同时选中【图层2】和【图层2 拷贝】图层，按【Ctrl+T】组合键对其执行自由变换命令，在出现的变形框中按【Ctrl+Shift】组合键将其等比放大，如图16.18所示。

图16.18 将图形放大

⓭ 在【图层】面板中同时选中【图层2】和【图层2 拷贝】图层，按【Ctrl+E】组合键将其合并，此时将合并成一个新的图层【图层2 拷贝】图层，选中【图层2 拷贝】图层，将其图层【不透明度】更改为50%，如图16.19所示。

图16.19 合并图层并更改图层不透明度

⓮ 在【图层】中选中【图层2 拷贝】图层，将其拖至面板底部的【创建新图层】按钮上，将其复制一个新的图层——【图层2 拷贝2】图层，如图16.20所示。

图16.20 复制图层

⓯ 在【图层】面板中选中【图层2 拷贝2】图层，执行菜单栏中的【图像】|【调整】|【色相/饱和度】命令，在弹出的对话框中将【色相】更改为−18，调整完成之后单击【确定】按钮，如图16.21所示。

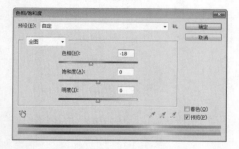

图16.21 调整【色相/饱和度】

⓰ 在【图层】面板中选中【图层2 拷贝2】图层，将其图层【不透明度】更改为80%，按【Ctrl+T】组合键对其执行自由变换命令，在出现的变形框中右击，从弹出的快捷菜单中选择【垂直翻转】命令，将其翻转完成之后按【Enter】键确认，如图16.22所示。

图16.22 更改图层不透明度并将其变换

⓱ 在【图层】面板中选中【图层2 拷贝2】和【图层2 拷贝】图层，按【Ctrl+E】组合键将其合并，此时将生成一个【图层2拷贝】图层，单击面板底部的【添加图层蒙版】按钮，为其添加图层蒙版，如图16.23所示。

图16.23 合并图层并添加图层蒙版

⓲ 选择工具箱中的【画笔工具】，将前景色设置为黑色，在画布任意地方右击，从弹出的面板中选择一种柔边圆笔触，并设置合适大小。在【图层】面板中单击【图层2 拷贝】图层蒙版缩览图，在画布中将多余的图像擦除，如图16.24所示。

图16.24 选择画笔工具将多余图像擦除

⑲ 执行菜单栏中的【文件】|【打开】命令，在弹出的对话框中选择配套光盘中的"调用素材\第16章\音乐手机广告\摇滚人物.psd"文件，将打开的图像拖入画布中适当位置，并对其进行适当缩放，如图16.25所示。

图16.27 将图形旋转

图16.25 打开调用素材并拖入画布

⑳ 单击【图层】面板底部的【创建新图层】按钮，新建一个图层——【图层2】图层。选择工具箱中的【椭圆选框工具】，在图像中所添加的摇滚人物图像下方绘制一个椭圆。选中【图层2】图层，在画布中将椭圆选区填充为黑色，填充完成之后按【Ctrl+D】组合键将选区取消，如图16.26所示。

㉒ 选中【图层2】图层，执行菜单栏中的【滤镜】|【模糊】|【高斯模糊】命令，在出现的对话框中将【半径】更改为14，设置完成之后单击【确定】按钮，再将【图层2】图层【不透明度】更改为50%，如图16.28所示。

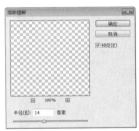

图16.28 添加模糊效果并更改其图层不透明度

16.1.3 制作艺术文字

❶ 选择工具箱中的【文字工具】，在画布中输入文字，如图16.29所示。

图16.29 添加文字

图16.26 新建图层并绘制椭圆

㉑ 选中【图层2】图层，在画布中按【Ctrl+T】组合键对其执行自由变换命令，当出现变形框以后将其旋转一定的角度，旋转完成之后按【Enter】键确认，如图16.27所示。

❷ 在【图层】面板中，选中文字图层，在其图层上右击，从弹出的快捷菜单中选择【转换为形状】命令，将文字图层转换为形状，如图16.30所示。

图16.30 将文字图层转换为形状

③ 选中【文字】图层，按【Ctrl+T】组合键对其执行自由变换命令，在出现的变形框中右击，从弹出的快捷菜单中选择【斜切】命令，将光标移至变形框中的中间点位置，向右拖动，将文字变形，变形完成之后按【Enter】键确认，如图16.31所示。

图16.31 将文字变形

④ 选择工具箱中的【直接选择工具】，在画布中选中某个文字的部分区域中的某一个锚点，将其拖动变形，如图16.32所示。

图16.32 将文字变形

⑤ 用同样的方法将所有文字的部分区域进行变形，在【文字】图层上右击，在弹出的快捷菜单中选择【栅格化图层】命令，将其栅格化，如图16.33所示。

图16.33 将文字栅格化

⑥ 择工具箱中的【多边形套索工具】，在画布中选中部分文字，在其上方绘制选区，然后单击选项栏中的【添加到选区】 按钮，在画布中以同样的方法将其他部分文字区域选中，如图16.34所示。

图16.34 创建选区

⑦ 【图层】面板中选中文字图层，单击面板顶部的【锁定透明像素】 按钮，为选区内的文字填充灰色（R：192，G：190，G：190），填充完成之后按【Ctrl+D】组合键将选区取消，如图16.35所示。

图16.35 创建选区并填充颜色

⑧ 【图层】面板中选中文字图层，单击面板底部的【添加图层样式】fx 按钮，在弹出的菜单中选择【斜面和浮雕】命令，在弹出的【图层样式】对话框中选择【样式】为【描边浮雕】，【方法】为【平滑】，【深度】为174%，【大小】为2，将【光泽等高线】更改为【环形】，如图16.36所示。

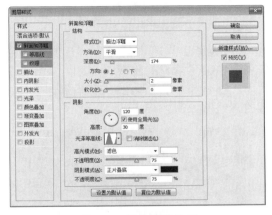

图16.36 添加浮雕效果

⑨ 勾选【描边】复选框，将【大小】更改为4像素，【位置】为【外部】，【混合模式】为【线性光】，【填充类型】为【颜色】，将【颜色】更改为青色（R：108，G：208，B：255），如图16.37所示。

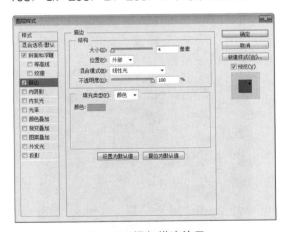

图16.37 添加描边效果

Questions 图层样式中的【投影】和【内阴影】的区别?

Answered 在图层样式中的投影包括了两种方式一种是正常的投影，还有一种就是内投影，这两种投影各有不同的效果，其中，投影效果就是普通的一种图像投影效果，而内投影则是在图像内容内部的投影。

⑩ 勾选【光泽】复选框，将【不透明度】更改为6%，【角度】为19度，【距离】为44像素，【大小】为60像素，如图16.38所示。

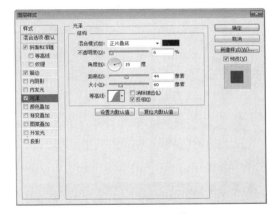

图16.38 添加光泽效果

⑪ 勾选【投影】复选框，将【距离】改为20【像素】，【扩展】为0%，【大小】为0【像素】，如图16.39所示。

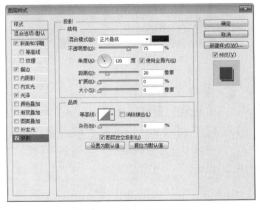

图16.39 添加投影效果

⑫ 执行菜单栏中的【文件】|【打开】命令，在弹出的对话框中选择配套光盘中的"调用素材\第16\音乐手机广告\ walkman logo.psd、索尼爱立信 logo.psd"文件，将打开的图像拖入画布中适当位置，并对其进行适当缩放，放在画布左上角和右上角位置，如图16.40所示。

图16.40 打开调用素材并拖入画布

⑬ 选择工具箱中的【文字工具】，在画布中左上角的位置输入相关文字，如图16.41所示。

图16.41 输入文字

⑭ 选择工具箱中的【文字工具】，在画布中右下角位置输入相关文字，在输入文字的过程中每输入一个文字按两次空格，使每个文字之间相隔两个空格的距离，如图16.42所示。

图16.42 输入文字

⑮ 选择工具箱中的【直线工具】，在选项栏中将【填充】更改为白色，【描边】为无，在画布中右下角的文字间隔部分绘制短的直线，如图16.43所示。

图16.43 输入文字

⑯ 在画布中选择刚才所绘制的直线，按住【Alt】键将其向右平移复制，使每个文字之间都添加一个直线，如图16.44所示，这样就完成了最终效果制作。

图16.44 最终效果

Section 16.2 抽油烟机广告

设计构思

- 首先新建画布，然后利用钢笔工具及渐变工具为部分图像填充效果并为其添加滤镜效果加以修饰。
- 之后再以同样的方法在画布中绘制图形及填充渐变，最后添加相关素材及文字完成效果制作。本例设计最终效果如图16.45所示。

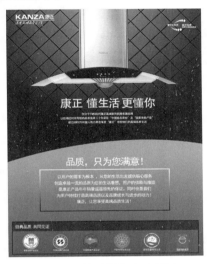

图16.45 抽油烟机广告设计

操作步骤

16.2.1 制作艺术背景

❶ 执行菜单栏中的【文件】|【新建】命令，在弹出的对话框中设置【宽度】为10厘米，【高度】为13厘米，【分辨率】为300像素/英寸，【颜色模式】为RGB，新建一个空白画布，如图16.46所示。

❷ 选择工具箱中的【钢笔工具】 ✎，在画布中靠上半部分绘制一个封闭路径，如图16.47所示。

❸ 按【Ctrl+Enter】组合键将所绘制的路径转换为选区，单击【图层】面板底部的【创建新图层】 ◻ 按钮，新建一个【图层1】图层，如图16.48所示。

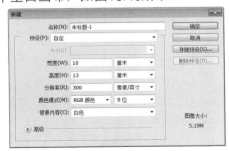

图16.46 新建画布

图16.47 绘制路径

图16.48 新建图层

④ 选择工具箱中的【渐变工具】，在选项栏中单击【点按可编辑渐变】按钮，在弹出的面板中设置渐变颜色从蓝色（R：93，G：168，B：195）到深蓝色（R：8，G：11，B：16），单击【径向渐变】按钮，如图16.49所示。

⑤ 选中【图层1】图层，在画布选区中按住【Shift】键从上至下为其填充渐变，如图16.50所示。

⑥ 选中【图层1】图层，执行菜单栏中的【滤镜】|【杂色】|【添加杂色】命令，在弹出的对话框中将【数量】更改为2%，勾选【高斯分布】单选按钮以及【单色】复选框，如图16.51所示。

⑦ 选择工具箱中的【直线工具】，在选项栏中选择【选择工具模式】为形状，再将【填充】更改为深蓝色（R：30，G：56，B：67），【描边】为无，【粗细】为5像素，在画布中左上角位置绘制一个倾斜并大于画布的直线，此时将生成一个【形状1】图层，如图16.52所示。

图16.49 编辑渐变　　　图16.50 填充渐变

图16.51 设置高斯模糊　　　图16.52 绘制直线

⑧ 在【图层】面板中，在画布中按【Ctrl+Alt+T】组合键对其执行复制变换命令，当出现变形框以后将其向右下角方向拖动一定距离，如图16.53所示。

⑨ 在画布中按住【Ctrl+Shift+Alt】组合键的同时按【T】键数次执行多重复制命令，直至将画布中上半部分区域铺满，按【Enter】键确认，然后将所有形状层合并，重命名为【形状】层，组合如图16.54所示。

图16.53 变换复制　　　图16.54 多重复制

Tip 在对图层中的图像或者图形进行多重复制的时候不要取消选区，这样可以使复制所产生的图像或者图形保留在一个图层中。

⑩ 在【图层】面板中选中【形状1】图层，单击面板底部的【添加图层样式】*fx*按钮，从菜单中选择【外发光】命令，在弹出的对话框中设置【混合模式】为【颜色减淡】，【颜色】为青色（R：149，G：218，B：243），【扩展】为2%，【大小】为4像素，【范围】为60%，设置完成之后单击【确定】按钮，如图16.55所示。

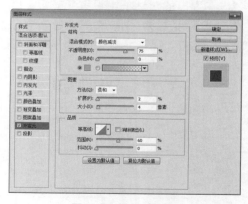

图16.55 设置外发光

⑪ 在【图层】面板中，选中【形状1】图层拖至面板底部的【创建新图层】  按钮上，将其复制一个【形状1 拷贝】图层，如图16.56所示。

⑫ 选中【形状1 拷贝】图层，在画布中按【Ctrl+T】组合键对其执行自由变换命令，当出现变形框以后，将其旋转一定角度按【Enter】键确认，如图16.57所示。

图16.56 复制图层　　图16.57 变换图形

⑬ 同时选中【形状1】以及【形状1 拷贝】图层，按【Ctrl+G】组合键对其进行编组，此时将生成一个【组1】，如图16.58所示。

图16.58 将图层编组

⑭ 选中【组1】，将其图层混合模式更改为【亮光】，此时的图像效果如图16.59所示。

图16.59 设置图层混合模式以及图像效果

⑮ 在【图层】面板中，按住【Ctrl】键单击【图层1】图层，将其载入选区，再执行菜单栏中的【选择】|【反向】命令，将选区反向选择，再单击面板底部的【创建新图层】  按钮，新建一个【图层2】图层，如图16.60所示。

图16.60 新建图层

⑯ 选择工具箱中的【渐变工具】 ，在选项栏中单击【点按可编辑渐变】按钮，在弹出的对话框中设置渐变颜色从浅灰色（R：154，G：168，B：170）到深灰色（R：61，G：75，B：75），单击【线性渐变】 按钮，设置完成之后单击【确定】按钮，如图16.61所示。

⑰ 在画布中按住【Shift】键从上至下为选区填充渐变，填充完成之后按【Ctrl+D】组合键将选区取消，如图16.62所示。

图16.61 编辑渐变　　图16.62 填充渐变

16.2.2 添加油烟机和文字

❶ 执行菜单栏中的【文件】|【打开】命令，在弹出的对话框中选择配套光盘中的"调用素材\第16章\抽油烟机广告\抽油烟机.psd"文件，将打开的图像拖入画布中进行适当缩小并放在合适的位置，如图16.63所示。

❷ 同时选中【抽油烟机】以及【背景】图层，单击选项栏中的【水平居中对齐】按钮，将图像与背景对齐，如图16.64所示。

图16.63 添加并调整图像　图16.64 将图像与背景对齐

❸ 选择工具箱中的【横排文字工具】T，在画布中适当位置添加文字，如图16.65所示。

❹ 选择工具箱中的【直线工具】，在选项栏中将【填充】更改为白色，【描边】为无，【粗细】为1像素，在画布中左上角文字空隙位置按住【Shift】键绘制一个直线，如图16.66所示。

图16.65 添加文字　　图16.66 绘制直线

❺ 选择工具箱中的【钢笔工具】，在画布中任意位置绘制一个有弧度的路径，如图16.68所示。

❻ 选择工具箱中的【画笔工具】，

将前景色设置为白色，执行菜单栏中的【窗口】|【画笔】命令，在打开的【画笔】面板中将【大小】更改为30像素，【硬度】更改为100%，【间距】更改为126%，如图16.68所示。

图16.67 绘制路径　　图16.68 设置画笔

❼ 在【图层】面板中，单击面板底部的【创建新图层】按钮，新建一个【图层3】图层，如图16.69所示。

图16.69 新建图层

❽ 选中【图层3】图层，执行菜单栏中的【窗口】|【路径】命令，在打开的对话框中选择【工具】为画笔，勾选【模拟压力】复选框，设置完成之后单击【确定】按钮，如图16.70所示。

图16.70 设置描边路径

⑨ 选中【图层3】图层，在画布中按【Ctrl+T】组合键对其执行自由变换命令，当出现变形框以后按住【Shift+Alt】组合键将其左右等比缩小，变换完成之后按【Enter】键确认，如图16.71所示。

⑩ 选择工具箱中的【多边形套索工具】，选中【图层3】，在画布中选中部分图形，按【Delete】键将多余的图像删除，如图16.72所示。

图16.71 变换图形　　　图16.72 删除部分图形

⑪ 在【图层】面板中选中【图层3】图层，拖至面板底部的【创建新图层】按钮上，将其复制一个【图层3 拷贝】图层，选中此图层，在画布中按【Ctrl+T】组合键对其执行自由变换，在光标移动出现的变形框上右击，从弹出的快捷菜单中选择【垂直翻转】命令，变换完全之后按【Enter】键确认，再将其向下及向左移动一定距离，如图16.73所示。

⑫ 选择工具箱中的【横排文字工具】，在刚才所绘制的图形周围添加文字，如图16.74所示。

图16.73 将图形变换　　　图16.74 添加文字

⑬ 同时选中【图层3】、【图层3 拷贝】以及刚才所添加的文字图层，按【Ctrl+G】组合键对其进行编组，此时将生成一个【组2】，选中【组2】将其移至画布右上角，如图16.75所示

图16.75 将图层编组并移动

16.2.3 制作细节文字及标识

❶ 选择工具箱中的【矩形工具】，在选项栏中将【填充】更改为无，设置【描边】大小为1点，单击【描边】后面的【设置形状描边类型】，在弹出的面板中选择渐变，设置其渐变颜色从黑色到白色，渐变类型为【线性】，如图16.76所示。

❷ 在画布中靠下方位置绘制一个矩形，此时将生成一个【矩形1】图层，同时选中【矩形1】和【背景】图层，单击选项栏中的【水平居中对齐】按钮，将矩形与背景对齐，如图16.77所示。

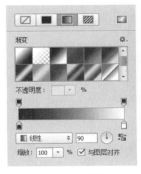 

图16.76 设置渐变　　　图16.77 绘制矩形并对齐

❸ 选择工具箱中的【横排文字工具】，在刚才所绘制的矩形中及上方输入文字，如图16.78所示。

❹ 在【图层】面板中，选中【矩形1】图层，拖动至面板底部的【创建新图层】按钮上，将其复制一个【矩形1 拷贝】图层，以同样的方法再复制一个【矩形1 拷贝

2】图层，如图16.89所示。

图16.78 添加文字　　图16.79 复制图层

图16.82 设置矩形参数　图16.83 添加素材

❺ 选中【矩形1 拷贝】图层，选择工具箱中的【矩形工具】■，在选项栏中将其【填充】更改为深蓝色（R：25，G：47，B：58），【描边】为无，如图16.80所示。

❻ 选中【矩形1 拷贝】图层，在画布中按【Ctrl+T】组合键对其执行自由变换命令，当出现变形框以后分别将其上下缩小以及左右放大，按【Enter】键确认并向下移动，如图16.81所示。

图16.80 设置矩形参数　　图16.81 将图形变形

❼ 选中【矩形1 拷贝2】图层，选择工具箱中的【矩形工具】■，在选项栏中将其【填充】更改为无，【描边】为1点，按【Ctrl+T】组合键将其适当放大，如图16.82所示。

❽ 执行菜单栏中的【文件】|【打开】命令，在弹出的对话框中选择配套光盘中的"调用素材\第16章\抽油烟机广告\标志.psd"文件，将打开的图像拖入画布中放在【矩形1 拷贝2】图形中，如图16.83所示。

❾ 选择工具箱中的文字工具，在画布中的【矩形1 拷贝】图形左侧添加文字，并选中其文字图层与【矩形1 拷贝】图层，单击选项栏中的【重直居中对齐】┡┡按钮，将其与图形水平对齐，如图16.84所示。

❿ 输入文字，在【图层】面板中选中最上面的一个图层，按【Ctrl+Alt+Shift+E】组合键执行盖印可见图层命令，此时将生成一个【图层4】图层，如图16.85所示。

图16.84 添加文字并　　图16.85 盖印可见图层
　与图形对齐

⓫ 选中【图层4】图层，单击面板底部的【创建新的填充或调整图层】◗按钮，从菜单中选择【色阶】命令，在弹出的面板中将数值更改为（R：19，G：1.32，B：241），这样就完成了效果制作，最终效果如图16.86所示。

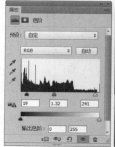 

图16.86 调整色阶及最终效果

电饭锅广告

设计构思

- 首先新建画布，然后利用钢笔工具及渐变工具为画布绘制图形并分别填充渐变及颜色。
- 再添加文字并将部分文字变形，然后添加相应图层样式效果，最后再绘制图形及添加相应的文字，并以同样的方法为部分文字添加图层样式效果，完成效果制作。

本例设计最终效果如图16.87所示。

图16.87 电饭锅广告设计

操作步骤

16.3.1 制作艺术背景

❶ 执行菜单栏中的【文件】|【新建】命令，在弹出的对话框中设置【宽度】为8厘米，【高度】为10厘米，【分辨率】为300像素/英寸，【颜色模式】为RGB颜色，新建一个空白画布，如图16.88所示。

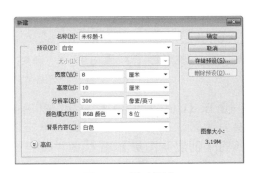

图16.88 新建画布

❷ 选择工具箱中的【渐变工具】■，在选项栏中单击【点按可打开'渐变'拾色器】按钮，在弹出的面板中设置渐变颜色从浅灰色（R：248，G：244，B：240）到土黄色（R：177，G：163，B：152），如图16.89所示。

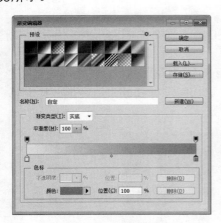

图16.89 编辑渐变

❸ 在选项栏中单击【径向渐变】■按钮，在画布中以画布中心为起点向外拖动为其填充渐变，如图16.90所示。

❹ 选择工具箱中的【钢笔工具】✐，在选项栏中单击【选择工具模式】按钮，从弹出的选项中选择【路径】，在画布中绘制一个封闭路径，如图16.91所示。

图16.90 填充渐变

图16.91 填充渐变并绘制封闭路径

❺ 按【Ctrl+Enter】键将所绘制的路径转换为选区，在【图层】面板中单击面板底部的【创建新图层】■按钮，新建一个【图层1】图层，将选区填充为橙色（R：241，G：95，B：35），填充完成之后按

【Ctrl+D】组合键将选区取消，如图16.92所示。

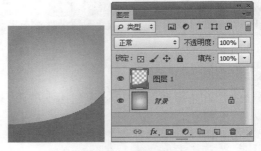

图16.92 填充颜色

❻ 选择工具箱中的【钢笔工具】✐，在选择项栏中单击【选择工具模式】按钮，从弹出的选项中选择【路径】，用和前面同样的方法在画布中绘制一个封闭路径，如图16.93所示。

图16.93 绘制路径

❼ 按【Ctrl+Enter】键将所绘制的路径转换为选区，在【图层】面板中单击面板底部的【创建新图层】■按钮，新建一个【图层2】图层，将选区填充为深黄色（R：254，G：196，B：9），填充完成之后按【Ctrl+D】组合键将选区取消，如图16.94所示。

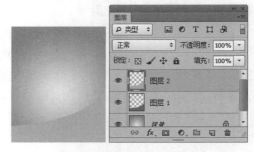

图16.94 新建图层并填充颜色

⑧ 在图层面板中选中【图层2】图层，将其向下移动至【图层1】下方，如图16.95所示。

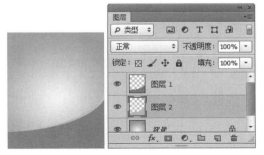

图16.95 移动图层顺序

Skill 在【图层】面板中选中所需要移动位置的图层按【Ctrl+[】组合键可以将图层向下移动一层，按【Ctrl+]】组合键可以将图层向上移动一层，按【Ctrl+Shift+[】组合键可以将当前图层移至除背景层之外所有图层最下方，按【Ctrl+Shift+]】组合键可以将图层移至所有图层最上方。

⑨ 选择工具箱中的【钢笔工具】 ✎，在选择项栏中单击【选择工具模式】按钮，从弹出的选项中选择【路径】，用和前面同样的方法在画布中绘制一个封闭路径，如图16.96所示。

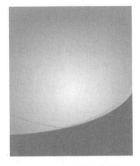

图16.96 绘制路径

⑩ 按【Ctrl+Enter】组合键将所绘制的路径转换为选区，在【图层】面板中单击面板底部的【创建新图层】 □ 按钮，新建一个【图层3】图层，将选区填充为绿色（R：147，G：184，B：97），填充完成之后按【Ctrl+D】组合键将选区取消，如图16.97所示。

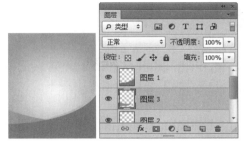

图16.97 新建图层并填充颜色

⑪ 在图层面板中选中【图层3】图层，将其移动至【图层2】下方，如图16.98所示。

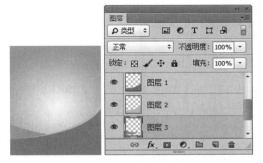

图16.98 移动图层顺序

16.3.2 添加素材

① 执行菜单栏中的【文件】|【打开】命令，在弹出的对话框中选择配套光盘中的"调用素材\第16章\电饭锅广告\排骨.psd、米饭.psd"文件，将打开的图像拖入画布中适当的位置，并对其进行适当缩放，再将所添加的素材移至【图层3】上方，如图16.99所示。

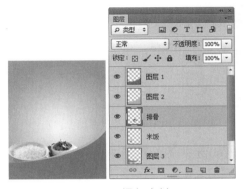

图16.99 添加素材

❷ 执行菜单栏中的【文件】|【打开】命令，在弹出的对话框中选择配套光盘中的"调用素材\第16章\电饭锅广告\苞菜.psd、电饭煲.psd、热水壶.psd、蔬菜.psd"文件，将打开的图像拖入画布中适当的位置，并对其进行适当缩放，再将所添加的素材移至所有图层最上方并更改每个图层的图层顺序，如图16.100所示。

❸ 选择工具箱中的【钢笔工具】 🖊，在选项栏中单击【选择工具模式】按钮，从弹出的选项中选择【路径】，在画布中沿着刚才所添加的除【苞菜】以外的素材底部位置绘制一个封闭路径，如图16.101所示。

图16.100 添加素材　　　图16.101 绘制路径

❹ 按【Ctrl+Enter】组合键将所绘制的路径转换为选区，再单击【图层】面板底部的【创建新图层】 🔲 按钮，新建一个【图层4】图层，将选区填充为黑色，填充完成之后按【Ctrl+D】组合键将选区取消，如图16.102所示。

图16.102 新建图层并填充颜色

❺ 选中【图层4】图层，将其移至所添加的素材图层下方，如图16.103所示。

❻ 选中【图层4】图层，执行菜单栏中

的【滤镜】|【模糊】|【高斯模糊】命令，在弹出的对话框中将【半径】更改为22.3像素，设置完成之后单击【确定】按钮，如图16.104所示。

 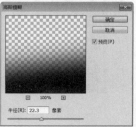

图16.103 移动图层　　图16.104 【高斯模糊】
　　　　 顺序　　　　　　　　 对话框

❼ 选中【图层4】图层，将其图层【不透明度】更改为80%，如图16.105所示。

图16.105 更改图层【不透明度】

❽ 选择工具箱中的【椭圆选框工具】 ⬭，在画布中的苞菜图像下方绘制一个椭圆选区，单击【图层】面板底部的【创建新图层】 🔲 按钮，新建【图层5】图层，如图16.106所示。

图16.106 新建图层

⑨ 选中【图层5】图层，将其选区填充为黑色，填充完成之后按【Ctrl+D】组合键将选区取消，并将其图层顺序移至【苞菜】图层下方，如图16.107所示。

图16.107 填充颜色并移动图层

⑩ 在【图层】面板中选中【图层5】图层，执行菜单栏中的【滤镜】|【模糊】|【高斯模糊】命令，在弹出的对话框中将【半径】更改为20像素，设置完成之后单击【确定】按钮，如图16.108所示。

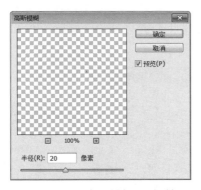

图16.108 【高斯模糊】对话框

⑪ 在【图层】面板中选中【图层5】图层，将其图层【不透明度】更改为85%，如图16.109所示。

图16.109 更改图层【不透明度】

16.3.3 创建艺术文字

❶ 选择工具箱中的【横排文字工具】T，在画布中输入文字，单击选项栏中的【设置文本颜色】■，在弹出的对话框中将颜色设置为橙色（R：241，G：95，B：35），设置完成之后单击【确定】按钮，如图16.110所示。

❷ 在【图层】面板中，选中所添加的文字，执行菜单栏中的【窗口】|【字符】命令，在弹出的窗口中单击【仿斜体】T按钮，将文字样式设置为斜体，如图16.111所示。

图16.110 添加文字　图16.111 【字符】面板

❸ 在【图层】面板中，选中所添加的文字右击，从弹出的菜单中选择【转换为形状】命令，将其转换为形状，如图16.112所示。

❹ 选择工具箱中的【直接选择工具】▶，在画布中选中文字上的部分节点对其转换使其变成棱角样式，如图16.113所示。

图16.112 将文字转换为形状　图16.113 转换节点

❺ 在【图层】面板中，选中经过变形后的【文字】图层，单击面板底部的【添加图层样式】 fx 按钮，从弹出的菜单中选择【描边】命令，在弹出的【图层样式】对话框中将【大小】更改为5像素，将【颜色】设置为淡黄色（R：253，G：253，B：242），如图16.114所示。

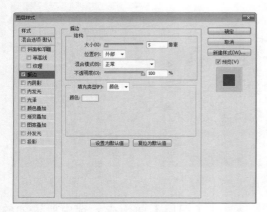

图16.114 设置【描边】

❻ 勾选左侧的【外发光】复选框，将【不透明度】更改为75%，将【大小】更改为20像素，设置完成之后单击【确定】按钮，如图16.115所示。

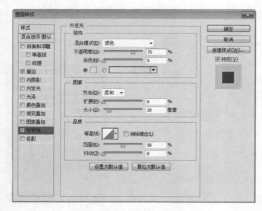

图16.115 设置【外发光】

Answered 在图层样式中为用户提供了两种发光方式，一种是【内发光】，另外一种是【外发光】。当使用不同的发光样式时，图像中被应用图层样式后的图像会呈现不同的发光效果，其发光效果模拟灯光的光源对图像应用发光效果。外发光是指被应用外发光效果的图像外部呈现一种发光效果，而内发光则刚好与其相反。

❼ 选中【文字】图层，将其拖至图层面板底部的【创建新图层】 ▣ 按钮上，将其复制一个新的图层——【健康智能厨房电器 拷贝】图层，如图16.116所示。

❽ 选中【健康智能厨房电器 拷贝】图层，在画布中按【Ctrl+T】组合键对其执行自由变换命令，在出现的变形框中右击，从弹出的快捷菜单中选择【垂直翻转】命令，再按【Shift】键将其向下拖动，如图16.117所示。

图16.116 设置【外发光】　图16.117 将文字变换并移动

❾ 在【图层】面板中，选中【健康智能厨房电器 拷贝】图层，单击面板底部的【添加图层蒙版】 ▣ 按钮，为当前图层添加图层蒙版，如图16.118所示。

❿ 选择工具箱中的【渐变工具】 ▣，在选项栏中单击【点按可编辑渐变】按钮，在弹出的对话框中选择【黑白渐变】，如图16.119所示。

图16.118 添加图层蒙版

图16.119 设置渐变

⓫ 在【图层】面板中，单击【健康智能厨房电器 拷贝】图层样式名称将其拖至面板底部的【删除图层】🗑按钮上，将当前图层样式删除，再单击其图层蒙版缩览图，在画布中按住【Shift】键从下至上拖动，将多余内容擦除，如图16.120所示。

图16.120 将当前图层中多余图像擦除

⓬ 选中【健康智能厨房电器 拷贝】图层，将其图层【不透明度】更改为50%，如图16.121所示。

图16.121 更改图层不透明度

⓭ 选择工具箱中的【椭圆选框工具】⭕，在画布中的文字下方绘制一个细长形状的椭圆形选区，如图16.122所示。

Tip 在绘制选区的过程中可以将画布适当放大再绘制，这样可以使绘制的选区位置更加准确。

⓮ 在【图层】面板中单击面板底部的【创建新图层】🗋按钮，新建一个新的图层【图层6】，选中【图层6】图层，将选区填充为黑色，填充完成之后按【Ctrl+D】组合键将选区取消，如图16.123所示。

图16.122 绘制选区

图16.123 新建图层并
填充颜色

⓯ 在【图层】面板中选中【图层6】图层，执行菜单栏中的【滤镜】|【模糊】|【高斯模糊】命令，在弹出的对话框中将【半径】更改为5像素，设置完成之后单击【确定】按钮，如图16.124所示。

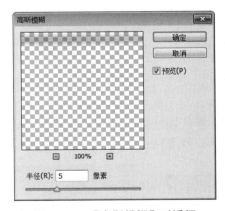
图16.124 【高斯模糊】对话框

⓰ 选中【图层6】图层，将其图层【不透明度】更改为30%，如图16.125所示。

⓱ 选择工具箱中的【横排文字工具】**T**，在画布中的适当位置添加文字，如图16.126所示。

图16.125 更改图层不透明度　图16.126 添加文字

⑱ 选中【健康……电器】文字图层，在其图层名称上右击，从弹出的快捷菜单中选择【拷贝图层样式】命令，将当前图层样式进行拷贝，然后在【健康……生活】文字图层上右击，从弹出的快捷菜单中选择【粘贴图层样式】命令，如图16.127所示。

⑲ 选择工具箱中的【矩形工具】，在选项栏中将其颜色设置为橙色（R：241，G：95，B：35），【描边】为白色，【大小】为0.3点，设置完成之后在画布中的右上角绘制一个矩形，如图16.128所示。

图16.127 粘贴图层样式　图16.128 绘制矩形

⑳ 选择工具箱中的【横排文字工具】T，在刚才所绘制的矩形上方及周围适当位置添加文字，如图16.129所示。

图16.129 添加文字

㉑ 选择工具箱中的【自定形状工具】，在画布中右击，在弹出的面板中选择【注册商标符号】，在右上角的矩形图形右上角按住【Shift】键绘制图形，如图16.130所示。

㉒ 选择工具箱中的【横排文字工具】T，在画布下方添加文字，如图16.131所示。

图16.130 绘制图形　图16.131 添加文字

㉓ 在画布中将光标移至所添加的文字中，分别在'礼'字前面和后面各按一次空格，再选中'礼'字将其字号大小设置得大一些，设置完成之后按【Ctrl+Enter】组合键结束编辑，如图16.132所示。

图16.132 添加空格

㉔ 在【图层】面板中，选中刚才所添加的【文字】图层，在其面板底部单击【添加图层样式】fx按钮，在弹出的菜单中选择【描边】命令，在弹出的【图层样式】对话框中将【大小】更改为5像素，【颜色】更改为深红色（R：200，G：59，B：51），如图16.133所示。

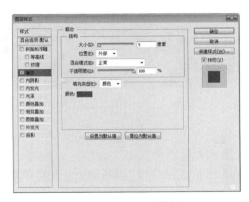

图16.133 设置【描边】

㉕ 勾选【外发光】复选框，将其【不透明度】更改为60%，【扩展】40%，【大小】为15像素，设置完成之后单击【确定】按钮，如图16.134所示。

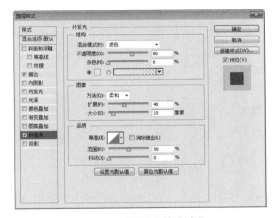

图16.134 设置【外发光】

$\mathcal{Q}$uestions 【消除锯齿】的作用？

Answered 在【图层样式】对话框中的【外发光】选项中可以看到，在【品质】选项组中有一个【消除锯齿】复选框，此复选框的作用是将当前图层样式的等高线平滑，使图层样式更为细腻。

㉖ 选择工具箱中的【椭圆工具】 ，在选项栏中将【填充】更改为深红色（R：200，G：59，B：51），【描边】为白色，

【大小】为0.1点，在画布中刚才所添加的文字位置按住【Shift】键绘制一个正圆图形，【图层】面板中将生成一个【椭圆1】图层，如图16.135所示。

㉗ 在【图层】面板中选中【椭圆1】图层，将其移至【厨乐……相送】下方，如图16.136所示。

图16.135 绘制图形　　图16.136 调整图层顺序

㉘ 选择工具箱中的【横排文字工具】 T ，在画布左下方添加文字，这样就完成了制作，最终效果如图16.137所示。

图16.137 添加文字最终效果

设计构思

- 首先新建画布，为背景添加素材图像，通过添加素材图像突出广告的主体内容。
- 然后添加文字并在文字周围绘制图形，最后在画布底部位置绘制相关的图形并添加文字，完成效果制作。

本例设计最终效果如图16.138所示。

图16.138 空调广告设计

操作步骤

16.4.1 打开素材并组合素材

❶ 执行菜单栏中的【文件】|【新建】命令，在弹出的对话框中设置【宽度】为10厘米，【高度】为13厘米，【分辨率】为300像素/英寸，【颜色模式】为RGB颜色，新建一个空白画布，如图16.139所示。

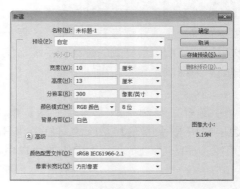

图16.139 新建画布

② 执行菜单栏中的【文件】|【打开】命令，在弹出的对话框中选择配套光盘中的"调用素材\第16章\空调广告\背景.psd"文件，将打开的素材拖入画布中，如图16.140所示。

图16.140 添加素材

③ 执行菜单栏中的【图像】|【调整】|【色阶】命令，在弹出的对话框中将其数值更改为（3，1.11，246），设置完成之后单击【确定】按钮，如图16.141所示。

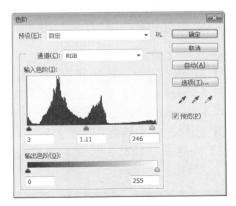

图16.141 调整色阶

④ 执行菜单栏中的【文件】|【打开】命令，在弹出的对话框中选择配套光盘中的"调用素材\第16章\空调广告\绿叶.psd"文件，将打开的素材拖入画布中并适当缩小放在画布顶部位置，如图16.142所示。

⑤ 执行菜单栏中的【文件】|【打开】命令，在弹出的对话框中选择配套光盘中的"调用素材\第16章\空调广告\空调.psd"文件，将打开的素材拖入画布中并适当缩小放在画布顶部位置，在图层面板中将其移至

【绿叶】图层下方，如图16.143所示。

图16.142 添加素材　　图16.143 添加素材

⑥ 执行菜单栏中的【文件】|【打开】命令，在弹出的对话框中选择配套光盘中的"调用素材\第17章\空调广告\模特.psd"文件，将打开的素材拖入画布中靠右侧位置，如图16.144所示。

图16.144 添加素材

⑦ 选择工具箱中的【钢笔工具】，在选项栏中单击【选择工具模式】按钮，在弹出的选项中选择【形状】，将【填充】更改为黄色（R：255，G：253，B：229），【描边】为无，在画布中底部位置绘制一个图形，如图16.145所示。

图16.145 绘制图形

⑧ 以同样的方法在【形状1】上方再次绘制一个图形，此时将生成一个【形状2】图层，如图16.146所示。

图16.146 绘制图形

⑨ 选中【形状2】图层，将其图层【不透明度】更改为50%，再移至【形状1】图层下方，如图16.147所示。

图16.147 更改图层顺序及不透明度

16.4.2 添加艺术文字

❶ 选择工具箱中的【横排文字工具】T，在画布中靠左侧位置添加文字，并分别设置不同的字号及字体，如图16.148所示。

❷ 选择工具箱中的【直线工具】✐，在选项栏中将【填充】更改为白色，【描边】为无，【粗细】为4像素，在画布中刚才所添加的文字底部位置绘制一条直线，此时将生成一个【形状3】图层，如图16.149所示。

图16.148 添加文字　　图16.149 绘制图形

❸ 选中【形状3】图层，在画布中按住【Alt+Shift】组合键向右拖动，将其复制，此时将生成一个【形状3 拷贝】图层，如图16.150所示。

❹ 选择工具箱中的【椭圆工具】◯，在选项栏中将【填充】更改为无，【描边】为白色，【大小】为1点，在画布中按住【Shift】键绘制一个矩形，此时将生成一个【椭圆1】图层，如图16.151所示。

图16.150 复制图形　　图16.151 绘制图形

❺ 选中【椭圆1】图层，在画布中按住【Alt】键向上拖动，将其复制两个新的图层——【椭圆1 拷贝】和【椭圆1 拷贝2】图层，如图16.152所示。

❻ 分别选中【椭圆1 拷贝】和【椭圆1 拷贝2】图层，在画布中分别将其放大，如图16.153所示。

图16.152 复制图形　　图16.153 将图形放大

16.4.3 绘制圆形标识并添加文字

❶ 选择工具箱中的【椭圆工具】◯，在选项栏中将【填充】更改为浅绿色（R：

184，G：212，B：133），【描边】为深绿色（R：22，G：158，B：78），【大小】为2点，在画布中左下角位置按住【Shift】键绘制一个正圆，此时将生成一个【椭圆2】图层，如图16.154所示。

❷ 选择工具箱中的【横排文字工具】T，在刚才所绘制的椭圆图形中添加文字，如图16.155所示。

❺ 在【ROHQQS】图层名称上右击，从弹出的快捷菜单中选择【拷贝图层样式】命令，在【环保制冷剂】图层上右击，从弹出的快捷菜单中选择【粘贴图层样式】命令，如图16.158所示。

图16.154 绘制图形　　图16.155 添加文字

Tip 在椭圆图形中添加文字时尽量避免创建文字路径，可以在椭圆外部添加文字之后再移至图形中。

❸ 在【图层】面板中，选中【ROHQQS】图层，单击面板底部的【添加图层样式】fx按钮，在菜单中选择【描边】命令，在弹出的对话框中将【大小】更改为2像素，将填充颜色更改为绿色（R：22，G：158，B：78），如图16.156所示。

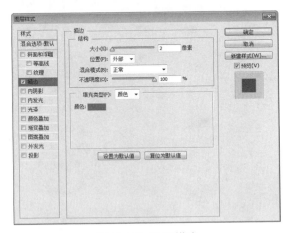

图16.156 设置描边

❹ 选择工具箱中的【横排文字工具】T，在刚才所绘制的椭圆图形中再次添加文字，如图16.157所示。

图16.157 添加文字　　图16.158 拷贝并粘贴

❻ 同时选中【ROHQQS】、【环保制冷剂】和【椭圆2】图层，单击选项栏中的【水平居中对齐】按钮，将图形与文字对齐，如图16.159所示。

❼ 选择工具箱中的【横排文字工具】T，在刚才所绘制的椭圆图形中再次添加文字，如图16.160所示。

图16.159 将文字与　　图16.160 添加文字
图形对齐

⑧ 选择工具箱中的【钢笔工具】 ✍，在画布中右下角位置绘制一个封闭路径，如图16.161所示。

图16.161 绘制路径

⑨ 在画布中按【Ctrl+Enter】组合键将刚才所绘制的封闭路径转换成选区，然后在【图层】面板中单击面板底部的【创建新图层】 按钮，新建一个【图层1】图层，如图16.162所示。

图16.162 新建图层

⑩ 在画布中将选区填充为绿色（R：0，G：77，B：38），填充完成之后按【Ctrl+D】组合键将选区取消，如图16.163所示。

图16.163 填充颜色

⑪ 选择工具箱中的【横排文字工具】 T，在刚才所绘制的椭圆图形中及周围添加文字，如图16.164所示。

图16.164 添加文字

⑫ 选择工具箱中的【椭圆工具】 ◯，在选项栏中将【填充】更改为绿色（R：0，G：77，B：38），【描边】为无，在画布中右下角附近位置绘制一个椭圆图形，这样就完成了效果制作，最终效果如图16.165所示。

图16.165 最终效果

图解教学＋情景互助＋实战练习
＋视听光盘＝行业高手！

本书特点：
■采用最新版本讲解
■知识讲解系统全面
■精心提取实用技巧
■附赠多媒体教学盘

读 者 意 见 反 馈 表

亲爱的读者：

感谢您对中国铁道出版社的支持，您的建议是我们不断改进工作的信息来源，您的需求是我们不断开拓创新的基础。为了更好地服务读者，出版更多的精品图书，希望您能在百忙之中抽出时间填写这份意见反馈表发给我们。随书纸制表格请在填好后剪下寄到：北京市西城区右安门西街8号中国铁道出版社综合编辑部 王宏 收（邮编：100054）。或者采用传真（010-63549458）方式发送。此外，读者也可以直接通过电子邮件把意见反馈给我们，E-mail地址是：lych@foxmail.com 我们将选出意见中肯的热心读者，赠送本社的其他图书作为奖励。同时，我们将充分考虑您的意见和建议，并尽可能地给您满意的答复。谢谢！

— —

所购书名：_____

个人资料：

姓名：_____ 性别：_____ 年龄：_____ 文化程度：_____

职业：_____ 电话：_____ E-mail：_____

通信地址：_____ 邮编：_____

— —

您是如何得知本书的：

□书店宣传 □网络宣传 □展会促销 □出版社图书目录 □老师指定 □杂志、报纸等的介绍 □别人推荐 □其他（请指明）_____

您从何处得到本书的：

□书店 □邮购 □商场、超市等卖场 □图书销售的网站 □培训学校 □其他

影响您购买本书的因素（可多选）：

□内容实用 □价格合理 □装帧设计精美 □带多媒体教学光盘 □优惠促销 □书评广告 □出版社知名度 □作者名气 □工作、生活和学习的需要 □其他

您对本书封面设计的满意程度：

□很满意 □比较满意 □一般 □不满意 □改进建议

您对本书的总体满意程度：

从文字的角度 □很满意 □比较满意 □一般 □不满意

从技术的角度 □很满意 □比较满意 □一般 □不满意

您希望书中图的比例是多少：

□少量的图片辅以大量的文字 □图文比例相当 □大量的图片辅以少量的文字

您希望本书的定价是多少：

本书最令您满意的是：

1.

2.

您在使用本书时遇到哪些困难：

1.

2.

您希望本书在哪些方面进行改进：

1.

2.

您需要购买哪些方面的图书？对我社现有图书有什么好的建议？

您更喜欢阅读哪些类型和层次的计算机书籍（可多选）？

□入门类 □精通类 □综合类 □问答类 □图解类 □查询手册类 □实例教程类

您在学习计算机的过程中有什么困难？

您的其他要求：